中国中药资源大典
National Survey of Chinese Materia Medica Resources

黑龙江省
中药植物资源
药典篇

杨　波　邵成文　樊锐锋　主编

全国百佳图书出版单位
中国中医药出版社
·北 京·

图书在版编目（CIP）数据

黑龙江省中药植物资源.药典篇/杨波,邵成文,樊锐锋主编.-- 北京:中国中医药出版社,2025.5

ISBN 978-7-5132-9493-5

Ⅰ.S567.029.2

中国国家版本馆 CIP 数据核字第 2025BS7386 号

中国中医药出版社出版

北京经济技术开发区科创十三街 31 号院二区 8 号楼

邮政编码　100176

传真　010-64405721

山东临沂新华印刷物流集团有限责任公司印刷

各地新华书店经销

开本 787×1092　1/16　印张 25　字数 517 千字

2025 年 5 月第 1 版　2025 年 5 月第 1 次印刷

书号　ISBN 978 - 7 - 5132 - 9493 - 5

定价　198.00 元

网址　www.cptcm.com

服 务 热 线　010-64405510

购 书 热 线　010-89535836

维 权 打 假　010-64405753

微信服务号　zgzyycbs

微商城网址　https://kdt.im/LIdUGr

官 方 微 博　http://e.weibo.com/cptcm

天猫旗舰店网址　https://zgzyycbs.tmall.com

如有印装质量问题请与本社出版部联系（010-64405510）

版权专有　侵权必究

《黑龙江省中药植物资源——药典篇》
编委会

主 审 王喜军 孙慧峰

主 编 杨 波 邵成文 樊锐锋

副主编 董 上 郭盛磊 张立剑 工鼎慧

关子赫 康 勋

编 委 杨居东 张 巍 李 阳 张 欣

张 岩 何录文 孙 畅 李军建

王和祥 于明慧 杜艳秋

编写说明

黑龙江省地处我国最东北部，总面积约为 47 万平方公里。丘陵山地海拔范围为 300 ～ 1780m，约占全省面积的 70%；平原海拔范围为 50 ～ 250m，约占全省面积的 30%。全省南部属于中温带大陆性季风气候，北部则属于寒温带大陆性季风气候。冬季寒冷多变，夏季高温多雨，春秋两季气候多变。初霜期南部地区一般在 9 月下旬，而北部地区可能提前至 9 月中旬；终霜期南部地区一般在 5 月上旬，北部地区可能延长至 5 月中旬。年降水量为 400 ～ 650mm。夏季最高气温多出现在南部平原地区，可达 38℃；冬季最低气温则出现在北部大兴安岭地区，可达 –52.3℃。全省地形复杂，植被类型多样，包括森林、森林草甸、草甸草原和沼泽湿地等。由于黑龙江省地处长白山植物区系、大兴安岭植物区系和蒙古植物区系的交汇处，因此区系成分十分复杂。尽管植物资源种类数量不及南方地区，但黑龙江省拥有许多特有物种和珍稀濒危植物，具有重要的生态和经济价值，在全国药用植物资源中占有重要地位。

本书基于全国第四次中药资源普查工作，通过彩色图片介绍了黑龙江省 172 种药用植物资源。这些植物均被收录到《中国药典》（2020 年版），包括野生和人工栽培的基原植物。书中详细介绍了每种植物的植物形态、生境、入药部位、采收加工、药材性状、质量要求及功能主治等内容。植物的中文名和学名均参考《中国药典》（2020 年版），其中与《中国植物志》和最新的 APG Ⅳ 系统不一致的，已在分类学地位或备注中进行了标注。

本书由杨波、邵成文和樊锐锋主编。具体编写分工如下：杨波负责编写总论及各论中卷柏至山楂部分的内容；邵成文负责编写各论中欧李至车前部分的内容；樊锐锋负责编写各论中忍冬至天麻部分的内容；董上、郭盛磊、张立剑、张巍、李阳、张欣、张岩、何录文负责植物图片的拍摄、鉴定和整理工作；王鼎慧、康勋、杨居东、孙畅、李军建、王和祥负责药材的收集、拍摄和整理工作；关子赫、于明慧、杜艳秋负责对中药应用相关部分的内容进行审定。

本书在编写和出版过程中得到了黑龙江中医药大学产业处、黑龙江省林业科学院伊春分院的大力支持。大连自然博物馆张淑梅老师、哈尔滨师范大学张欣欣老师、黑龙江大学孙阎老师、勃利县农业农村局刘凤清老师提供了部分植物照片，在此一并表示感谢。

鉴于作者知识水平所限，虽经反复鉴定和修改，但不足之处和错误仍在所难免，敬请读者提出宝贵意见，以便再版时修订提高。

《黑龙江省中药植物资源——药典篇》编委会

2025 年 3 月

目 录

总 论

各 论

总　论

第一章
中药的概述

一、中药的概念及其数量变化

1. 中药的概念

中药（Chinese materia medica）是指在中医理论指导下使用的药物的总称，包括中药材、中药饮片及中成药。广义的中药不仅包括传统中药，还涵盖了民间药、草药、民族药，以及由境外引进的植物药（如穿心莲、水飞蓟等）。这些药物因其自然属性均来源于天然，故统称为天然药物（natural medicine），也是中药资源的重要组成部分。中药的认识和使用必须遵循中医理论，它是用于预防和治疗疾病的重要药物。中药具有独特的理论体系和应用形式，充分展现了我国历史、文化和自然资源等方面的特色。在很长的历史时期内，中国各族人民所依赖的医药体系中主要有中医中药和民族医药。19世纪中叶，随着西方药物和医学的传入，才有了传统"中药"和外来"西药"的区分。

2. 中药种类和数量的变化

中药的来源以植物性药材为主，使用也最为广泛，因此我国传统药物学著作被称为"本草"。随着历史和生活环境的不断变迁，人们在中医理论的指导下不断筛选与验证药物，使得中药种类逐渐增加。表1-1是根据成书年代所梳理的一些代表性本草著作收载的药物数量。

表1-1　代表性本草著作收载的药物数量

书名	成书年代	著者	收载药物数量（味）
神农本草经	汉	不详	365
本草经集注	南北朝（梁）	陶弘景	730
新修本草（唐本草）	唐	李勣、苏敬等22人编写	850
经史证类备急本草（证类本草）	宋	唐慎微	1746

续表

书名	成书年代	著者	收载药物数量（味）
本草纲目	明	李时珍	1892
全国中草药汇编	1975 年	卫生部	3925（含附录）
中药大辞典	1977 年	江苏新医学院	5767
中华本草	1999 年	国家中医药管理局《中华本草》编委会	8980

值得注意的是，尽管历代本草著作收载的中药数量不断增加，但实际上在临床应用中较为普遍的中药种类并不多。例如，中医经典著作《伤寒论》中所使用的中药为 80 多种；而《中国药典》（2020 年版）第一部收载的中药材也不到 620 种。黑龙江省种植面积较大的金莲花、月见草等并未被列入药典。

二、中药的分类

中药的分类方法众多，目前较常用的主要有三种，即依据药效、药用部位和自然分类系统进行分类。这三种分类方法根据用途不同而各有应用。

1. 按药物功效分类

现今通行的中药类著作多采用此种分类方法，如解表药、清热药等（表 1-2）。这种分类方法继承并发展了传统中药分类方法的优点，遵循了中医理、法、方、药相统一的原则，突出了中医药疗效和功效的共性，因此被广泛重视和采纳。然而，该方法的缺点是中药中常存在一药多用和一味药兼具多种功效的情况，因此这种分类方法还需更加严密合理、繁简适当。

表 1-2　中药按药物功效分类

分类		代表中药
解表药	发散风寒药	紫苏、防风、细辛、藁本
	发散风热药	薄荷、牛蒡子、柴胡、升麻
清热药	清热泻火药	知母、鸭跖草、决明子
	清热燥湿药	黄芩、黄柏、苦参、白鲜皮
	清热解毒药	蒲公英、板蓝根、射干、白头翁、马齿苋
	清热凉血药	生地黄、赤芍、紫草
	清虚热药	青蒿、地骨皮、白薇

分类		代表中药
泻下药	攻下药	大黄、芒硝、芦荟
	润下药	火麻仁、郁李仁
	峻下逐水药	芫花、商陆、牵牛子、千金子
祛风湿药	祛风寒湿药	独活、威灵仙、伸筋草、油松节
	祛风湿热药	秦艽、桑枝
	祛风湿强筋骨药	五加皮、桑寄生、狗脊
化湿药		广藿香、苍术、厚朴
利水渗湿药	利水消肿药	茯苓、薏苡仁、玉米须、荠菜
	利尿通淋药	车前子、萹蓄、地肤子、冬葵子
	利湿退黄药	茵陈、虎杖、垂盆草
温里药		干姜、小茴香、胡椒
理气药		青皮、木香、玫瑰花、薤白
消食药		山楂、麦芽、莱菔子
驱虫药		槟榔、南瓜子、鹤草芽、雷丸
止血药	凉血止血药	小蓟、地榆、白茅根、羊蹄
	化瘀止血药	三七、茜草、蒲黄
	收敛止血药	白及、仙鹤草、血余炭
	温经止血药	炮姜、艾叶、灶心土
活血化瘀药	活血止痛药	川芎、延胡索、郁金、姜黄
	活血调经药	丹参、红花、益母草、牛膝、月季花
	活血疗伤药	苏木、骨碎补、马钱子、血竭
	破血消癥药	莪术、三棱、水蛭
化痰药	温化寒痰药 清热化痰药	半夏、旋覆花、天南星 桔梗、昆布、前胡
	止咳平喘药	苦杏仁、紫菀、葶苈子、白果
安神药	重镇安神药	朱砂、龙骨、琥珀
	养心安神药	酸枣仁、远志、柏子仁
平肝息风药	平抑肝阳药	珍珠母、牡蛎、罗布麻叶
	息风止痉药	羚羊角、牛黄、天麻、地龙、全蝎

续表

分类		代表中药
开窍药		麝香、冰片、石菖蒲
补虚药	补气药	人参、西洋参、党参、黄芪、山药、甘草
	补阳药	淫羊藿、肉苁蓉、菟丝子、沙苑子
	补血药	当归、白芍、何首乌、阿胶
	补阴药	北沙参、百合、玉竹、黄精、枸杞子
收涩药	固表止汗药	麻黄根、浮小麦
	敛肺涩肠药	五味子、乌梅、石榴皮
	固精缩尿止带药	山茱萸、覆盆子、金樱子、莲子、芡实
涌吐药		常山、甜瓜蒂、胆矾
攻毒杀虫止痒药		雄黄、白矾、蛇床子、蜂房、大蒜
拔毒化腐生肌药		轻粉、铅丹、硼砂

2. 按药用部位分类

在中药鉴定学、中药栽培学和中药炮制学中，常采用此种分类方法。通常分为根及根茎类，茎木类，皮类，叶类，花类，果实及种子类，全草类，藻、菌、地衣类，树脂类和其他类，以及动物类和矿物类等（表1–3）。

表1–3　中药按药用部位分类

药用部位	代表中药
根及根茎类	人参、西洋参、川贝母、牛膝、升麻、丹参、黄精、甘草、龙胆、北豆根、北沙参、白头翁、白芍、白薇、半夏、地榆、防风、黄芪、红景天、远志、赤芍、苦参、板蓝根、刺五加、知母、细辛、草乌、威灵仙、秦艽、桔梗、柴胡、射干、黄芩、绵马贯众、紫草、紫菀、藁本
茎木类	川木通、苏木、沉香、鸡血藤、降香
皮类	白鲜皮、地骨皮、香加皮、黄柏、牡丹皮
叶类	大青叶、山楂叶、艾叶、石韦、罗布麻叶、荷叶、紫苏叶
花类	红花、芫花、辛夷、鸡冠花、玫瑰花、金银花、洋金花、菊花、旋覆花
果实及种子类	大枣、山楂、千金子、小茴香、五味子、车前子、牛蒡子、火麻仁、水飞蓟、水红花子、白果、地肤子、决明子、赤小豆、苍耳子、芡实、苦杏仁、郁李仁、胡芦巴、柏子仁、枸杞子、牵牛子、韭菜子、莱菔子、莲子、核桃仁、桑葚、菟丝子、蛇床子、葶苈子、紫苏子、蓖麻子、薏苡仁

续表

药用部位	代表中药
全草类	大蓟、石斛、仙鹤草、老鹳草、青蒿、垂盆草、委陵菜、卷柏、茵陈、益母草、蒲公英、薄荷
藻、菌、地衣类	海藻、冬虫夏草、灵芝、茯苓、猪苓、马勃、松萝
树脂类	乳香、没药、阿魏、安息香、血竭
动物类	牛黄、水蛭、全蝎、地龙、牡蛎、龟甲、阿胶、鸡内金、鹿茸、蟾酥、羚羊角、蜈蚣
矿物类	石膏、白矾、芒硝、朱砂、雄黄、滑石

3. 按植物自然分类系统分类

在药用植物学、药用植物志及中药资源类著作中，多采用此方法。此方法的优点在于能够将每种药物按照自然分类系统归入相应的门、纲、目、科、属、种，并以"种"作为分类的基本单位，从而明确每种中药在各分类等级中的具体位置，充分体现各种药物的特征及其系统关系。尽管此方法具有诸多优点，但随着植物分类系统学的不断发展，其不足之处也逐渐显现。应用不同的分类系统，可能会导致分类结果不一致，进而产生矛盾。表1-4列出了《中国药典》（2020年版）中的部分被子植物来源的中药种类，其科名、植物中文名和学名与《中国植物志》、*Flora of China* 及最新的 APG IV 分类系统存在诸多差异，在实际应用中需特别注意这些问题。

表1-4 《中国药典》（2020年版）中部分被子植物来源的中药种类

科名	代表中药
桑科	火麻仁
苋科	地肤子
木兰科	五味子
毛茛科	升麻、白芍、赤芍
蔷薇科	仙鹤草、苦杏仁、郁李仁
豆科	黄芪、葛根、沙苑子、白扁豆
伞形科	柴胡、藁本
萝藦科	白薇、徐长卿、杠柳
唇形科	泽兰、薄荷
菊科	鹅不食草、菊花、禹州漏芦、漏芦、苍术、小蓟
百合科	大蒜、韭菜子、薤白、知母、玉竹、黄精、藏菖蒲

三、中药名与植物名的关系

在实际应用中，中药名和植物名经常容易混淆。有同一植物不同部位入药而名称各异的，如十字花科植物菘蓝（*Isatis indigotica* Fort.），其根入药，药材名称为板蓝根，其叶入药，药材名称为大青叶；有同一中药来源于多种植物的，如黄精来源于百合科植物滇黄精 *Polygonatum kingianum* Coll.et Hemsl.、黄精 *Polygonatum sibiricum* Red. 或多花黄精 *Polygonatum cyrtonema* Hua 的干燥根茎；还有中药名跟植物名相似，但实际上却毫无关系的，如中药葶苈子来源于十字花科植物播娘蒿 *Descurainia sophia*（L.）Webb. ex Prantl. 或独行菜 *Lepidium apetalum* Willd. 的干燥成熟种子，前者习称"南葶苈子"，后者习称"北葶苈子"，它与植物葶苈 *Draba nemorosa* L. 并无关系。要避免混淆，必须了解中药名和植物名的关系及查询方法。

1. 中药名

中药拉丁名：用于中药的国际交流，是用拉丁文书写的名称，由植物学名的一部分和入药部位共同组成。如中药甘草的拉丁名为 Glycyrrhizae Radix et Rhizoma，其中 Glycyrrhizae 为甘草属的学名，词尾因词性变形，Radix et Rhizoma 表示入药部位是根和根茎。

中药正式中文名：主要为《中国药典》中确定并使用的中文名称。

中药别名：古代本草及地方中药书籍中记载的，不被广泛使用的中药名称。目前仅少数中医在手写开方时使用，如将中药甘草写为"国老"，益母草写为"坤草"等。

2. 植物名

植物学名：指植物的科学名称，采用双名法命名，用拉丁文书写，国际统一。每个植物只有一个学名，如植物甘草的学名为 *Glycyrrhiza uralensis* Fisch.。

植物中文名：《中国植物志》致力于统一全国范围内的植物中文名称，但目前尚未完全实现这一目标。当前仍存在同名异物现象，为此，相关部门和专家正通过持续的研究和修订工作来逐步解决这一问题。

植物别名：是指除《中国植物志》中记载的植物中文名外的中文名称，一般见于地方植物志或植物检索表。

第二章
植物分类学基础知识

一、植物分类学的发展过程

人类在很久以前就开始对植物进行分类，用于遮蔽身体、食用或治疗疾病。随着语言和文字的出现，这些分类信息得以被记录和传播。早期的植物分类主要依据宏观形态，即观察到的特征和现象。

著名的瑞典分类学家林奈，根据花的构造特点和雄蕊数目，将植物分为 24 纲 56 目，开创了当代植物分类学的新纪元。他率先使用双名法为植物命名，因此被后人誉为"分类学之父"。双名法由属名和种加词构成，为植物命名提供了统一的标准，而我国明代的李时珍，在其著作《本草纲目》中，也早有将植物分门别类进行记录的写法，这比林奈的系统早了一百多年。李时珍的分类方法主要基于植物的药用价值，为中药学的发展奠定了坚实的基础。然而，这些都是人为分类系统时期的工作成果。

随着生产力的提高和科技的进步，人类对植物的认识日益广泛和深入，不少自然分类系统应运而生。1859 年，达尔文的《物种起源》发表后，进化论的思想极大地拓宽了人类视野，植物分类系统也逐渐从人为分类转变为系统发育树，百余年来取得了显著的成就和进展。

经典的植物分类系统是恩格勒分类系统（最初于 19 世纪末提出，1964 年进行修订），这是《中国植物志》和许多地方植物志所采用的分类体系。《中国药典》中与植物分类相关的内容也主要参照了这一分类系统。此外，哈钦松系统、塔赫他间系统、克朗奎斯特系统等几个国际上的主流分类系统也各具特色。

1998 年，"被子植物系统发育研究组"经过近 20 年的不懈努力，提出了"APG 分类系统"。至今，该系统已更新至第四代，是一个基于分子系统发育研究的现代被子植物分类体系。它在揭示植物进化方面取得了重要进展，已逐渐成为当代最具影响力和权威性的分类系统。与 APG Ⅳ 系统相类似，裸子植物、石松植物和蕨类植物也有基于分子系统发育的新分类系统，即克里斯滕许斯裸子植物系统和 PPG Ⅰ 系统。

二、植物形态术语

常见的植物形态术语如图 1-1 至图 1-17 所示。

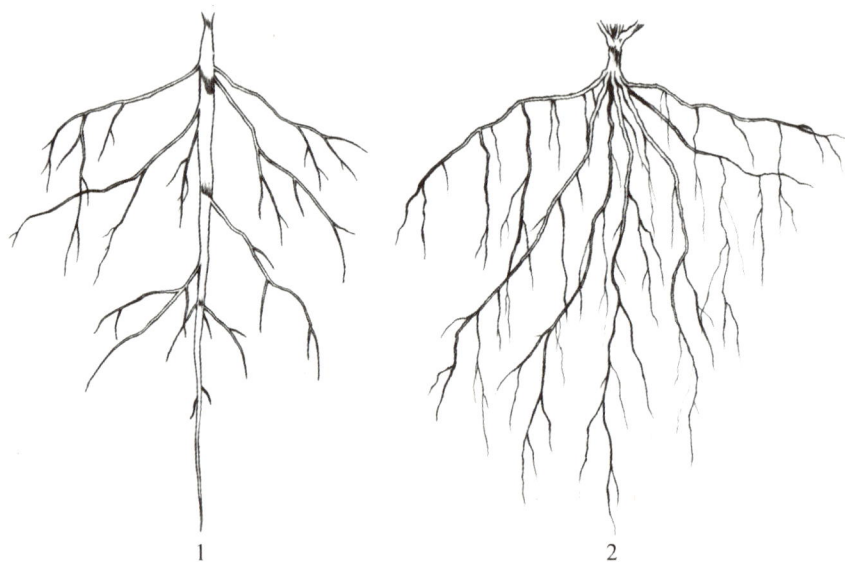

1. 直根系　2. 须根系

图 1-1　根的类型

1. 直立茎　2. 缠绕茎　3. 匍匐茎　4. 攀援茎　5. 平卧茎

图 1-2　茎的类型

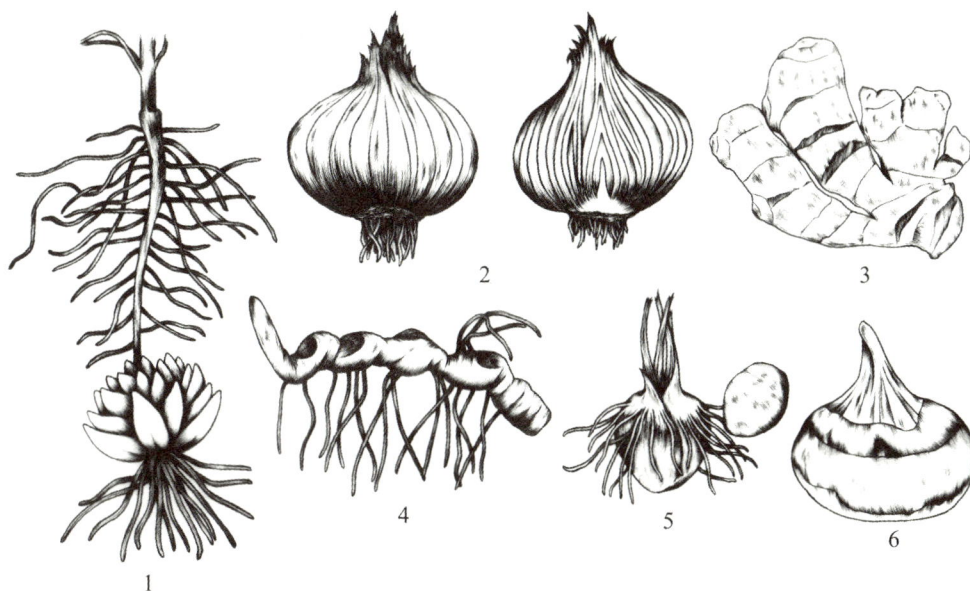

1.鳞茎（百合） 2.鳞茎（洋葱） 3.根状茎（生姜）

4.根状茎（玉竹） 5.块茎（半夏） 6.球茎（荸荠）

图1-3 茎的变态

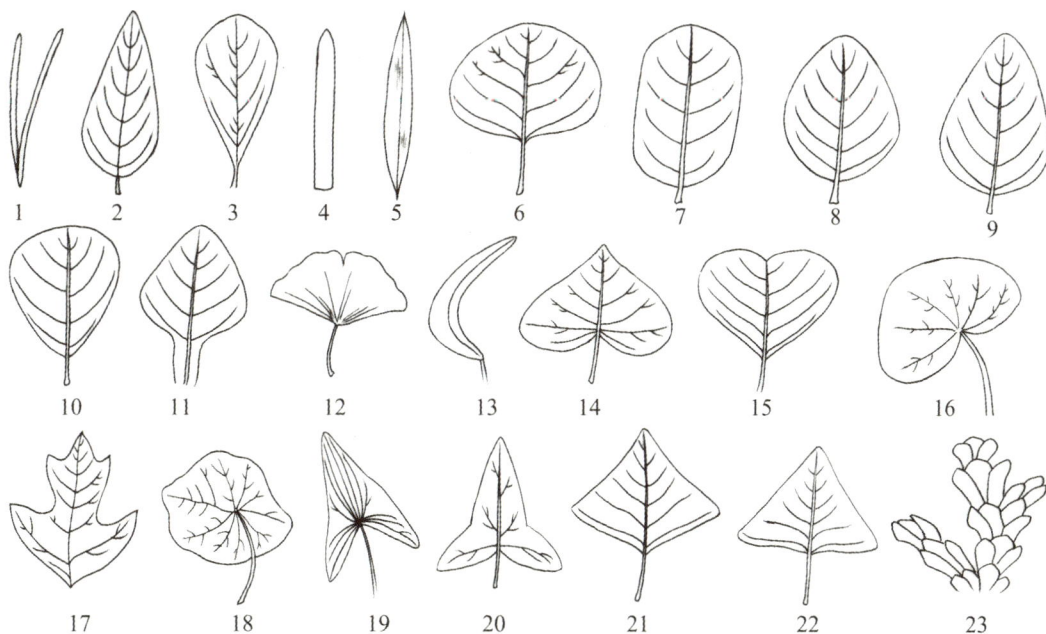

1.针形 2.披针形 3.倒披针形 4.条形 5.剑形 6.圆形 7.矩圆形

8.椭圆形 9.卵形 10.倒卵形 11.匙形 12.扇形 13.镰形 14.心形

15.倒心形 16.肾形 17.提琴形 18.盾形 19.箭头形 20.戟形

21.菱形 22.三角形 23.鳞形

图1-4 叶形

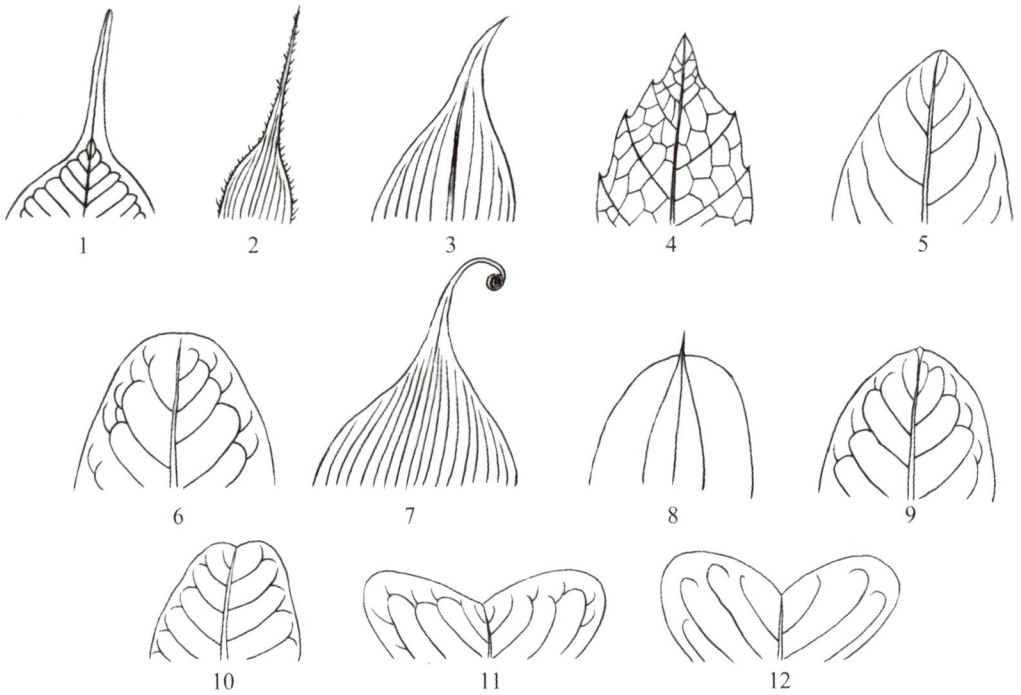

1   2   3   4   5

6   7   8   9

10   11   12

1.尾尖　2.芒尖　3.聚凸　4.渐尖　5.锐尖　6.钝尖　7.卷须状

8.凸尖　9.微凹　10.尖凹　11.凹缺　12.心形

图1-5　叶尖

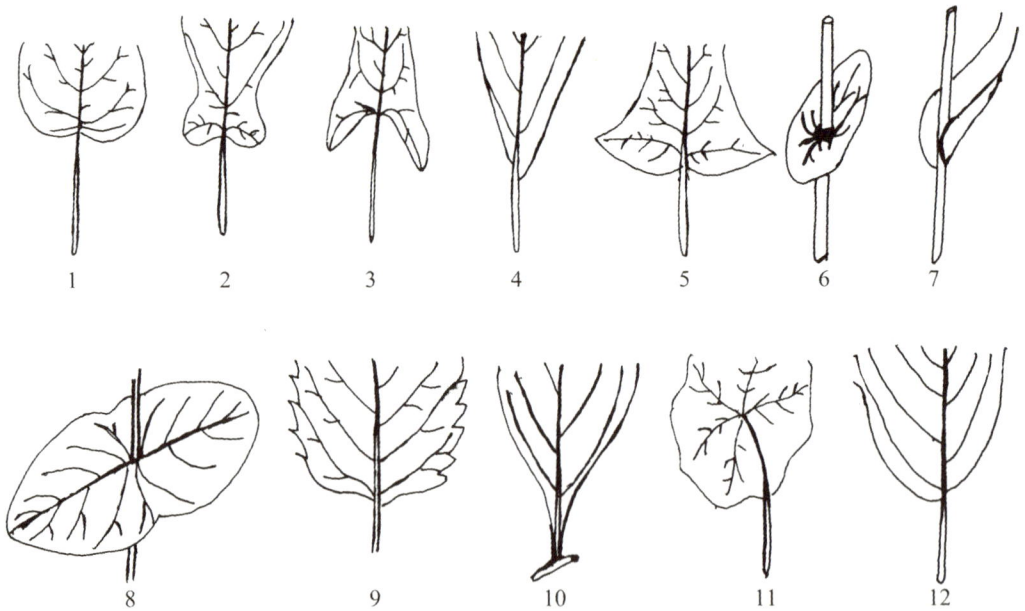

1   2   3   4   5   6   7

8   9   10   11   12

1.心形　2.耳形 3.箭形　4.楔形　5.戟形　6.穿茎

7.抱茎　8.合生抱茎　9.截形　10.渐狭　11.盾形　12.偏斜

图1-6　叶基

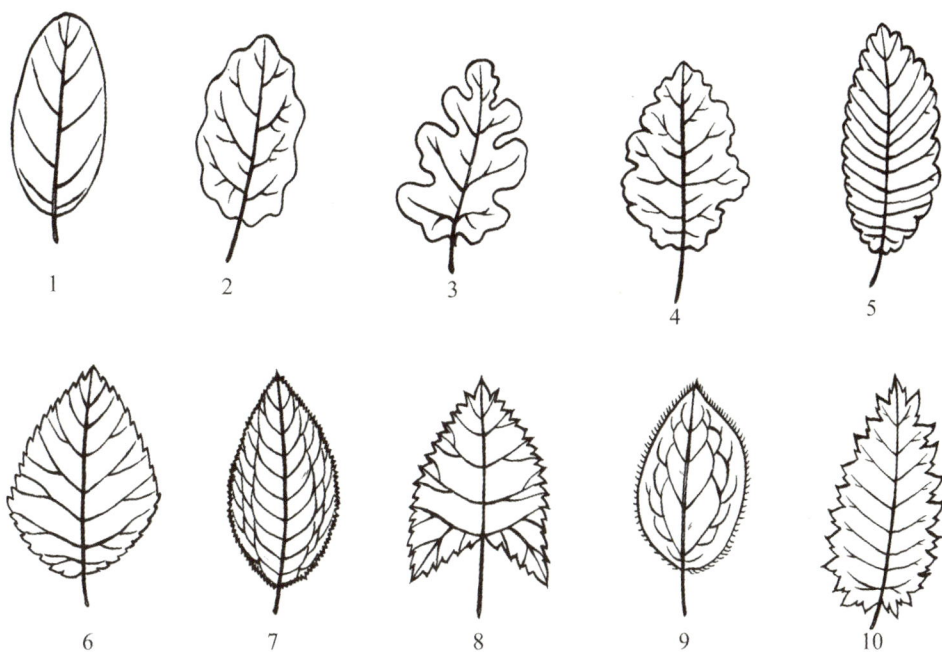

1. 全缘　2. 浅波状　3. 波状　4. 深波状　5. 皱波状

6. 圆齿状　7. 锯齿状　8. 细锯齿状　9. 睫毛状　10. 重锯齿状

图 1-7　叶缘

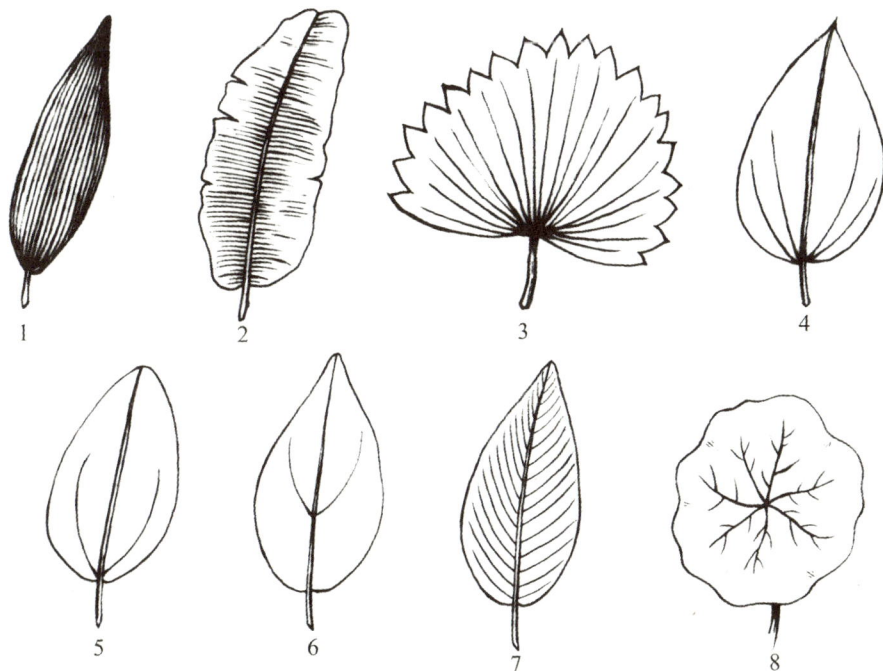

1. 直出平行脉　2. 横出平行脉　3. 射出脉　4. 掌状五出脉

5. 掌状三出脉　6. 离基三出脉　7. 羽状脉　8. 射出脉

图 1-8　叶脉

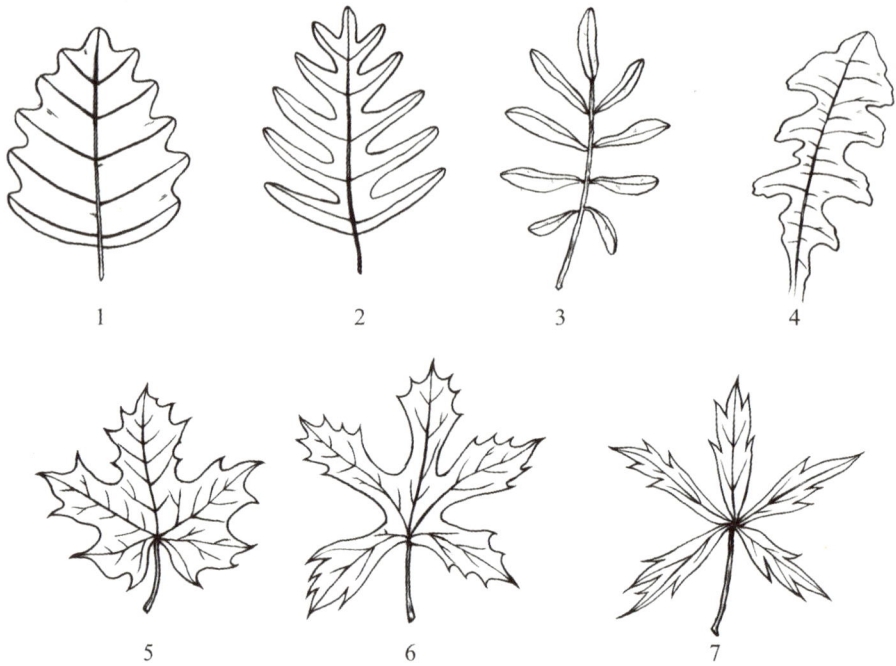

1.羽状浅裂　2.羽状深裂　3.羽状全裂　4.倒羽状裂
5.掌状浅裂　6.掌状深裂　7.掌状全裂

图1-9　叶裂

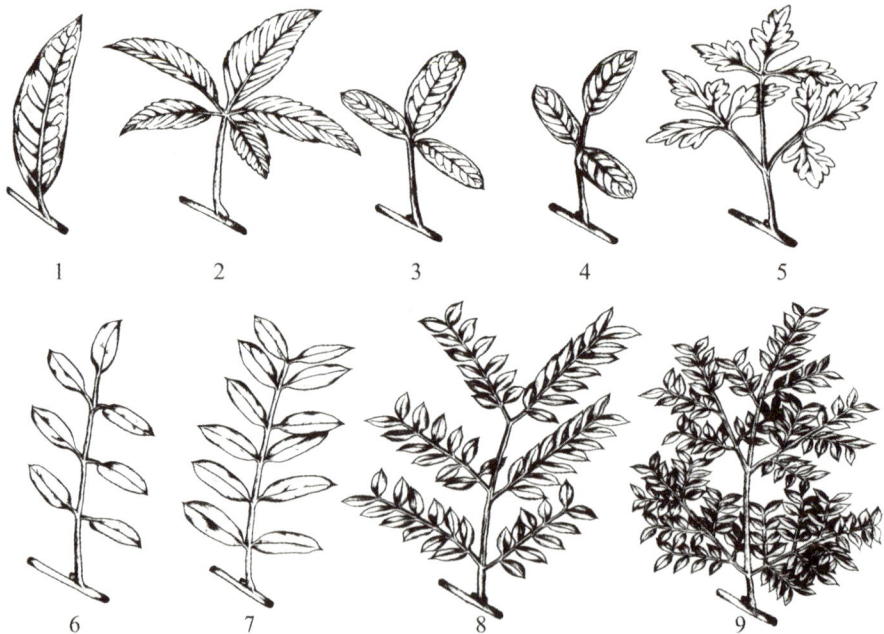

1.单叶　2.掌状复叶　3.掌状三出　4.羽状三出　5.二回三出　6.奇数羽状复叶
7.偶数羽状复叶　8.二回偶数羽状复叶　9.三回偶数羽状复叶

图1-10　复叶的类型

1.互生 2.对生 3.轮生 4.鳞叶 5.针叶

图 1-11 叶序

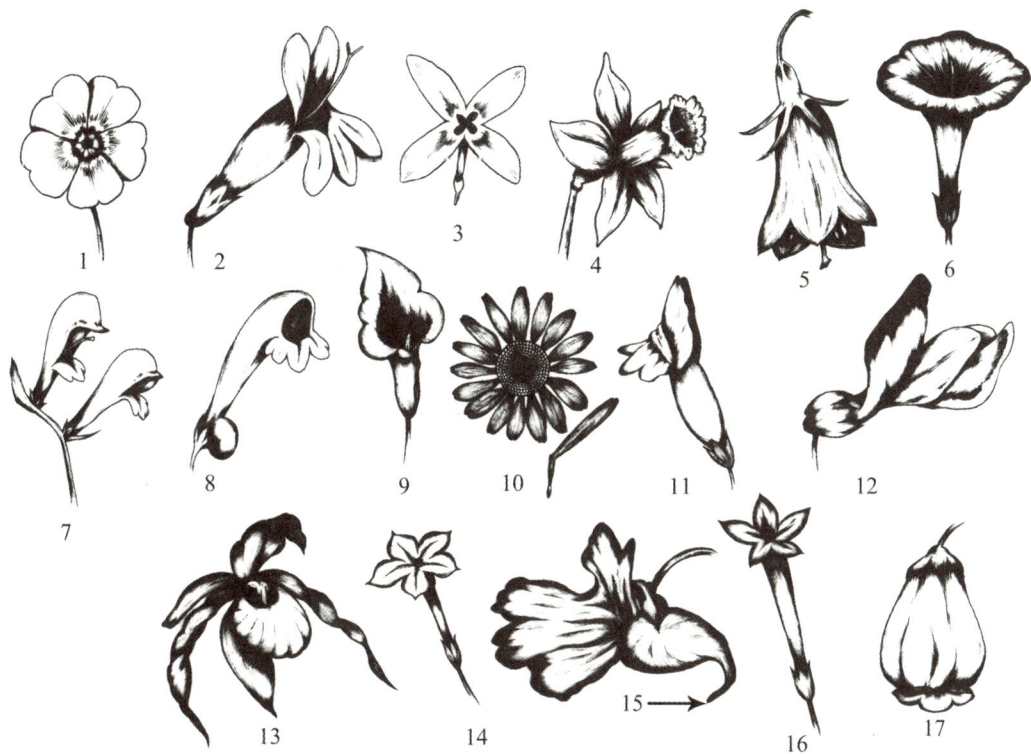

1.轮状 2.唇形 3.十字状 4.副花冠 5.钟形 6.漏斗形 7.盆状
8.囊状 9.佛焰苞 10.舌状花 11.假面状 12.蝶形 13.囊状 14.高脚杯状
15.距状 16.筒状 17.坛状

图 1-12 花冠的类型

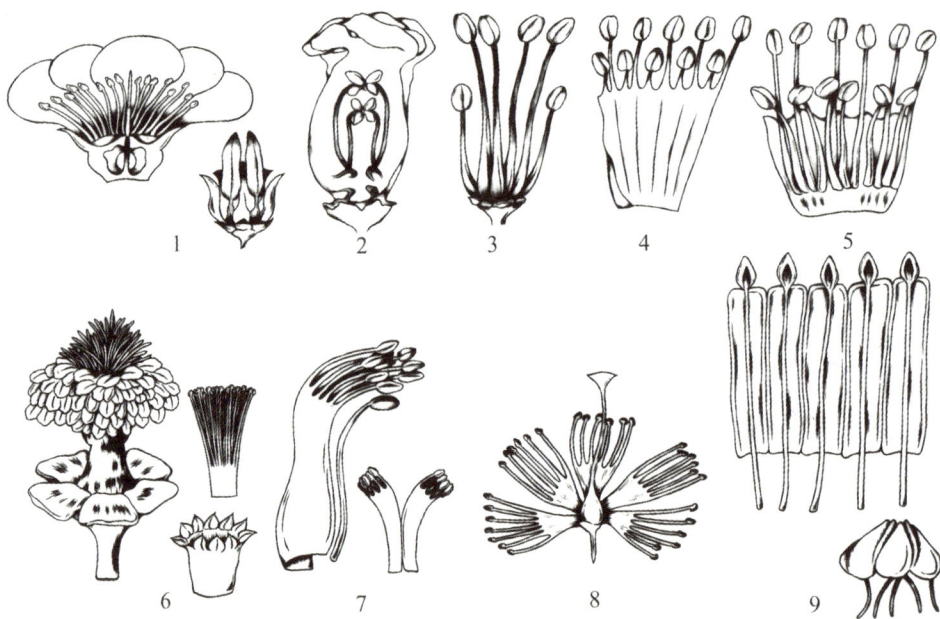

1. 离生雄蕊　2. 二强雄蕊　3. 四强雄蕊　4. 五强雄蕊　5. 六强雄蕊

6. 单体雄蕊　7. 二体雄蕊　8. 多体雄蕊　9. 聚药雄蕊

图 1-13　雄蕊的类型

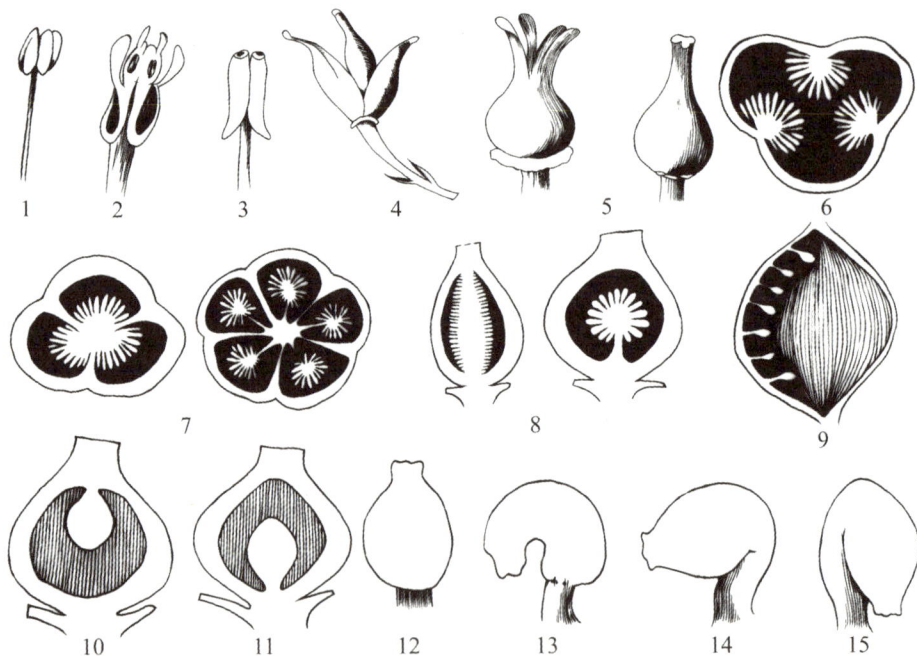

1. 纵裂　2. 瓣裂　3. 孔裂　4. 离生心皮　5. 合生心皮　6. 侧膜胎座　7. 中轴胎座

8. 特立中央胎座　9. 边缘胎座　10. 顶生胎座　11. 基生胎座　12. 直立胚珠　13. 弯生胚珠

14. 半倒生胚珠　15. 倒生胚珠

图 1-14　花药开裂的类型和雌蕊的类型

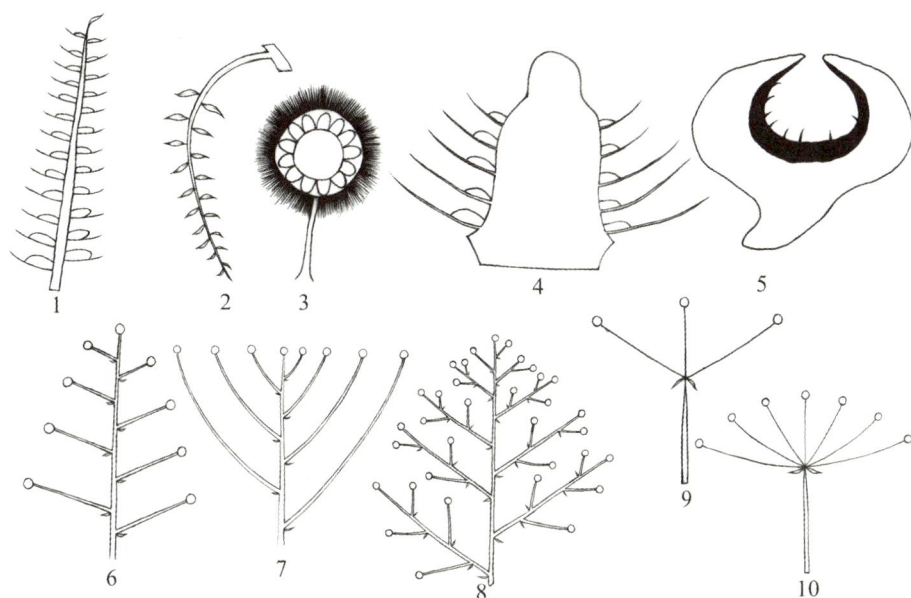

1. 穗状花序　2. 柔荑花序　3. 头状花序　4. 肉穗花序　5. 隐头花序　6. 总状花序
7. 伞房花序　8. 圆锥花序　9. 聚伞花序　10. 伞形花序

图 1-15　花序的类型

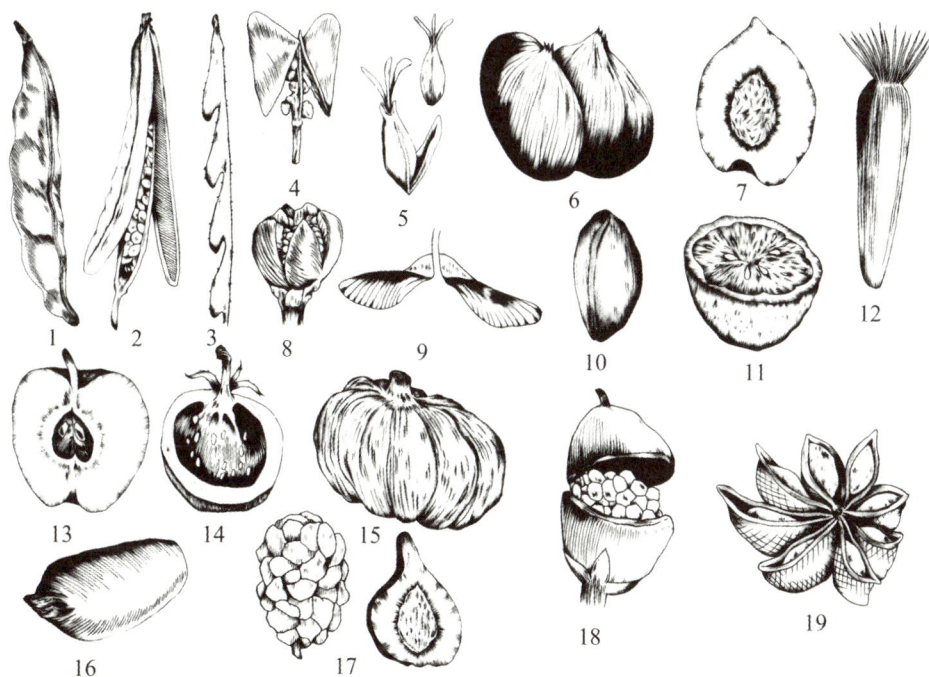

1. 荚果　2. 长角果　3. 节荚果　4. 短角果　5. 胞果　6. 坚果　7. 核果　8. 蓇葖果
9. 翅果　10. 小坚果　11. 柑果　12. 瘦果　13. 梨果　14. 浆果　15. 瓠果
16. 颖果　17. 聚花果　18. 盖果　19. 蒴荚果

图 1-16　果实的类型

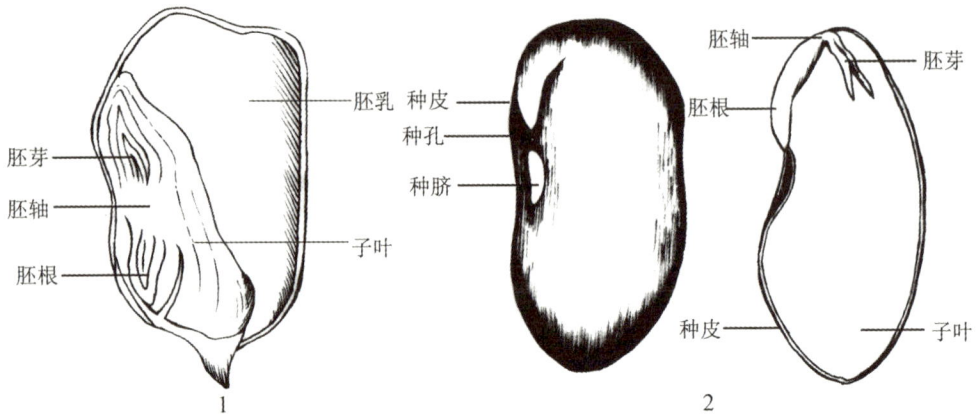

1. 有胚乳种子   2. 无胚乳种子

图 1-17   种子

三、植物的鉴定过程

学习植物分类学必须系统掌握植物鉴定的科学方法。植物分类学的核心环节之一是通过将待鉴定植物标本与权威分类文献，以及标本馆收藏的已鉴定标本进行详细比对，从而实现对植物种类的准确识别。这一过程需要严谨的方法和完整的标本资料作为支撑。

1. 植物标本的采集

植物标本的规范化采集是分类鉴定的首要步骤。采集时应当特别注意保持标本的完整性：对于草本植物和草质藤本，需要采集包含根、叶、花在内的完整植株；对于灌木、乔木和木质藤本等木本植物，则应当同时采集营养枝和生殖枝，确保标本能够完整呈现叶部和花部的形态特征。

翔实的采集记录对后续鉴定工作至关重要，必须准确记录植物的学名、科属分类、采集地、海拔范围、生境等基础数据，尤其需要着重记载花的颜色等容易在标本制作过程中发生变化的形态特征。

采集后的标本需要经过科学的处理流程，包括压制、干燥、消毒、防虫、装订和贴标签等环节。经过规范处理的腊叶标本通常可以长期保存，但对于松柏类植物、水生植物、肉质植物及黏液含量较高的特殊类群，则需要采用针对性的特殊处理方法，以确保标本的完整性和可研究性。

2. 植物标本的鉴定方法

鉴定未知标本是分类学的一项基本工作。我们可以通过咨询相关植物类群研究领域的专家，或将标本送至专业标本馆进行鉴定；也可以系统运用分类学文献中的检索表开展物种鉴定工作，在必要情况下还需要与模式标本进行比对，并参阅原始分类文献。常用的分类学参考资料包括《中国植物志》、地方植物志及针对特定分类群的专著等。随着信息技术的发展，智能鉴定工具如中国植物图像库、"花伴侣""形色""标本伴侣"等，对标本鉴定工作也起到一定的辅助作用。

3. 基于照片的植物鉴定要点

许多植物爱好者和博物学研究者倾向于通过拍摄植物照片来进行物种鉴定，这本质上也是分类鉴定的过程。然而需要明确的是，照片鉴定存在明显的局限性：一是会缺失许多关键分类特征，如植株表面的毛被情况、特殊气味等感官特征；二是无法呈现植物的微观结构特征。高等植物中许多近缘种的准确鉴定往往需要借助解剖镜甚至显微镜观察细微特征。植物爱好者在拍摄鉴定照片时，应当尽可能拍摄一组多角度的照片，完整呈现植物的根、茎、叶、花、果等关键分类特征。近年来大量出版的植物图鉴类科普读物，为基于照片的植物鉴定提供了有价值的参考资料。

四、植物分类阶元

居群作为物种的基本结构单元，由多个个体组成，而一个物种则由若干居群构成。种是分类的基本单位，在理想状态下，根据形态特征可以明确识别为一个独立实体。种内变异具有连续性，但与其他物种存在生殖隔离，种内个体能够进行有性繁殖。

地理区域内具有特定生物型的居群往往形成种内的地域特色。同种但生长在不同地区的居群可能在形态、分布或季节特征上存在差异，但彼此间仍可杂交，仅存在地理隔离，这样的居群可视为同一物种的不同亚种。

当种内类群呈现相对稳定的形态变异，且分布范围显著小于亚种时，这样的类群可认定为变种。若形态变异无明显分布区，仅表现为零星分布的个体，则应视为变型。

属作为分类阶元包含一个或多个形态相似的种，不同属之间通过明确的间断性特征加以区分。科则是相近属的集合，这种分类方式有助于保持分类系统的稳定性。

生物学种概念的核心在于生殖隔离，即同种居群可杂交，而异种间存在生殖隔离。虽然这一概念最初基于动物研究而建立，但在植物分类应用中面临诸多挑战。例如，部分植物仅通过营养繁殖进行繁衍，还有一些植物种类之间并不存在严格的生殖隔离机制。

分类学种的概念主要体现为形态变异的间断性特征，它是指与其他居群存在永久生殖隔离且在生物学特性上表现出显著间断性的最小居群单元。

进化种在表型、行为和生化特征上均表现出差异性。能够自由进行基因交流并能产生可育后代的生态型群体构成近缘种。

五、被子植物的系统发育

1. 系统发育学的概念和术语

系统发育学是研究生物分类群系统演化历史和演化进程的重要学科。该学科主要基于系统发育数据，运用科学方法对各类生物类群进行系统分析和科学分类，并在此基础上构建系统发育树（又称系统发育树状图），用以准确描述不同生物类群之间的谱系演化关系。

在系统发育学研究中，需要重点掌握以下几个关键术语及其科学定义。

祖征与衍征：决定某一生物类群在系统发育中演化地位的关键因素在于该类群所保留的祖征（祖先特征）和新获得的衍征（衍生特征）的数量比例关系。由于不同植物类群在进化过程中表现出明显的速率差异，现存某些类群可能比其他类群具有更高级的进化特征。在进行特征进化程度比较时，必须首先准确判断哪些性状属于祖征，哪些属于衍征。

单系群、复系群和并系群：单系群是指由一个共同祖先演化而来的所有后裔组成的自然类群；复系群则是指起源于多个不同祖先的类群；并系群特指由最近共同祖先部分后裔组成的类群，这类群未能包含该祖先的全部后裔。现代系统发育学研究普遍主张建立以单系群为标准的分类体系。然而需要特别指出的是，单系群的概念仍存在局限性，它无法完全解释自然界中广泛存在的网状物种进化现象。正因如此，系统发育学领域仍有许多重要的科学问题需要研究者们深入探索和解决。

2. 被子植物的起源和演化特征

被子植物作为植物界中最为繁盛的类群，其物种多样性显著超过其他所有植物类群的总和，其生态适应范围也远比其他陆地植物更为广泛。被子植物具有一系列独特的形态结构与生理特征，这些特征使其在种子植物中形成明显的区分标志。其典型特征：胚珠由心皮结构完全包被；花粉粒在柱头上开始萌发；韧皮部筛管伴随伴胞存在；具有独特的双受精现象、三倍体性质的胚乳细胞、高度简化的雌雄配子体结构，以及木质部中发育完善的导管组织等。

关于被子植物的起源时间，目前学界普遍认为，该类群可能在三叠纪至晚侏罗纪时期就已经出现分化。最新的系统发育分析支持木兰类植物是被子植物基部类群的重要代表之一，这一发现为理解被子植物的早期演化提供了关键证据。

3.APG 分类系统的发展和特点

APG 分类系统是由国际植物分类学组织"被子植物系统发育研究组"（Angiosperm Phylogeny Group）建立并持续完善的分类体系。该系统自 1998 年首次发布以来历经多次修订：第一代系统（1998 年）包含 462 个科，第二代系统（2003 年）调整为 457 个科，第三代系统（2009 年）精简为 415 个科，至 2016 年发布的第四代系统（APG Ⅳ）最终确立 416 个科。值得注意的是，尽管 APG Ⅳ 分类系统已取得显著进展，但仍存在若干待完善之处。例如，中国科学家提出的美丽桐科等十余个科级分类单元，依据 APG Ⅳ 分类系统的分类原则应当予以承认，但目前尚未被完全纳入。

APG Ⅳ 分类系统现行框架包含 64 个目和 416 个科，其分类层级设置合理，兼具科学性与实用性，已被国际植物分类学界广泛推荐作为学术研究、教学实践及科学传播的标准分类体系。然而需要特别说明的是，该系统的完善仍需持续开展大量研究工作。尽管 APG 系统在不断演进并取得显著改进，但其分类框架仍需经受长期的多维度验证，相关研究工作仍需全球植物分类学家的通力合作与持续探索。

六、国内植物系统分类学的网络资源

随着网络数据库技术的快速发展，许多植物分类学资源已经能够便捷地在互联网上被查询到，这为植物分类学研究者及爱好者提供了更加便利的研究途径。

"植物智"网站（http://www.iplant.cn/）是国内重要的植物智慧信息系统，该平台整合了《中国植物志》《中国植物图像库》及"花伴侣"智能识别体系等多方资源，为用户提供植物物种百科、高清图片、地理分布、智能识别工具及移动端应用等服务。此外，该网站还收录了国际权威著作 *Flora of China* 的最新研究成果，并设有中国珍稀濒危植物信息系统、中国外来入侵物种信息系统等专题数据库，极大提升了植物分类信息的查询效率。

物种 2000 中国节点（http://www.sp2000.org.cn/）是国际物种 2000 项目的地区性分支机构，其筹建工作始于 2006 年 2 月 7 日，并于同年 10 月 20 日正式投入运行。该节点由中国科学院生物多样性委员会（Biodiversity Committee–Chinese Academy of Sciences，BC–CAS）联合多家合作机构共同建设与管理，其核心职能是依照物种 2000 标准数据格式，系统整理与核对中国境内所有生物物种的分类学信息，构建并维护中国生物物种名录数据库，面向全球用户提供免费查询服务。目前该名录已更新至 2024 版。遵照物种 2000 的数据标准，名录中每个物种包含了科学名、同物异名、别名、文献、分类系统、分布区等数据，还包括中文名和中文名的汉语拼音的内容。

中国自然标本馆（Chinese Field Herbarium，CFH；网址：www.cfh.ac.cn）的筹建历程可追溯至 2005 年，其概念框架于 2006 年 10 月成形，2007 年 4 月启动信息平台建设，经过多轮创新性开发，第一版于 2008 年 2 月上线，第二版于 2009 年 6 月发布。该平台现已实现生物多样性名称与分类系统管理、高效物种鉴定、野外调查数据自动化整合、个性化功能定制等功能。除基础信息服务外，该平台还致力于为个人生物多样性数据管理、野外生物多样性调查监测，以及特定类群或区域的项目团队提供专业的信息化支持。

多识植物百科（duocet.ibiodiversity.net）是由上海辰山植物园科研中心服务器搭载的专业百科平台，采用 MediaWiki 程序架构，其长期目标是构建中文领域最具权威性的植物百科全书。该平台由多识团队负责运营，核心成员包括刘夙博士与刘冰博士等青年植物分类学家，他们通过系统梳理国际前沿研究成果，向公众提供精准的植物分类学知识。自 2016 年试运行以来，该百科率先基于 APG Ⅳ 系统构建被子植物分类体系，同时推广裸子植物、蕨类及石松类植物的分子分类系统，并提供中国植物科属名录、物种名录及省级植物名录等实用查询功能，成为专业研究者与爱好者的重要参考资源。

第三章
中药鉴定的方法

一、中药基原鉴定

中药基原鉴定又称为来源鉴定，是确定中药临床传承品种真伪的重要鉴定方法。中药基原主要运用植物、动物或矿物的分类学知识，对中药的来源进行科学鉴定，通过确定其规范学名来保证物种的准确性。以原植物鉴定为例，其具体鉴定流程包含以下关键环节。

1. 观察植物形态

对于具有较完整植物体的检品，应当系统观察其根、茎、叶、花、果实等器官的形态特征，必要时可借助放大镜或立体显微镜来观察微小的鉴别特征。若检品不完整，通常需要追溯其原植物来源。在条件允许的情况下应当前往产地实地调查，采集完整标本进行对照鉴定。

2. 核对文献

根据观察记录的形态特征，结合检品的产地、别名及药用功效等线索，系统查阅《中国药典》及全国性或地方性的中草药专著、图谱等权威资料，通过综合分析比对得出初步结论。

3. 核对标本

在初步确定检品所属科、属、种的基础上，需要前往具有资质的专业植物标本馆，核对已经定名的该科属植物标本。在进行标本比对时，必须充分考虑同种植物在不同生长发育阶段的形态差异，通常需要参考多个标本才能确保鉴定结果的准确性。对于疑难品种或新发现物种，还需要核对模式标本，即该物种首次发表时作为原始描述依据的植物标本。

整个鉴定过程要求严谨细致，各个环节相互印证，以确保鉴定结果的科学性和可靠性。

二、性状鉴定

性状鉴定是中药传统经验鉴别方法的重要组成部分，主要通过眼看、手触、鼻闻、口尝、水试、火试等多种手段，对药材的外观性状特征进行系统观察和分析，从而实现对药材的准确鉴别。性状鉴定的具体内容包括以下方面：①形状：每种药材的形状通常较为固定，具有独特的形态特征，可作为鉴别的重要依据；②大小：药材的大小包括长度、直径、厚度等具体尺寸指标；③颜色：不同药材具有特定的颜色特征，其色泽变化往往与药材的质量密切相关；④表面特征：指药材表面的纹理特征，包括光滑度、粗糙度，以及是否具有皮孔、毛茸等特殊附属结构；⑤质地：指药材的物理特性，如软硬程度、坚韧性、疏松度、致密性、黏性或粉性等；⑥折断面：反映药材在折断时的断面形态特征及相关现象，包括易折性、断面粉尘散落情况等；⑦气：某些药材具有独特的气味特征，如特殊香气或异味，可作为鉴别要点，对于香、臭气不明显的药材，可通过切碎或热水浸泡后增强气味辨识；⑧味：通过口尝获得的药材实际滋味，直接反映其所含化学成分的特征；⑨水试：是利用药材在水中或遇水发生沉浮、溶解及颜色、透明度、膨胀性、旋转性、黏性、酸碱性变化等特殊现象鉴别药材的方法，此类特征与药材的组织构造或化学成分密切相关；⑩火试：有些药材用火烧之，能产生特殊的气味、颜色、烟雾、闪光和响声等现象，可作为鉴别手段之一。

三、显微鉴定

显微鉴定是指利用显微镜观察药材的组织构造、细胞形态及内含物特征，从而进行药材品种鉴别的方法。当药材因外形特征不明显、破碎或呈粉末状而难以鉴别时，此法具有显著优势。

1. 显微制片方法

（1）横切或纵切片：选取药材适当部位，切成 10～20μm 的薄片，用甘油乙酸试液（斯氏液）、水合氯醛试液或其他试液处理后观察。对于根、根茎、茎藤、皮、叶类等药材，一般制作横切片观察，必要时再制备纵切片；果实、种子类需同时制备横、纵切片；木类药材需观察三维切片（横切面、径向纵切面及切向纵切面）。常用的切片方法包括徒手切片法、滑走切片法、石蜡切片法及冰冻切片法等。

（2）解离组织片：通过化学试剂溶解细胞间质，使细胞分离以便观察完整形态，尤其适用于纤维、导管、管胞和石细胞等组织。如薄壁组织为主且木化组织分散时，采用氢氧化钾法；样品中木化组织密集或成束时，选用硝铬酸法或氯酸钾法。

（3）表面制片：适用于叶、花、果实、种子及全草类药材。取叶片、萼片、花冠、果皮或种皮制成表面片，添加适宜试液后观察表皮特征。

（4）粉末制片：粉末药材可选用甘油乙酸试液、水合氯醛试液等处理。水合氯醛透化是关键步骤，可溶解淀粉粒、蛋白质等干扰物，同时使收缩细胞恢复膨胀状态。

（5）花粉粒与孢子制片：取花粉、花药（或小的花朵）或孢子囊群（干燥样品需冰醋酸软化），用玻璃棒捣碎，离心；取沉淀物，加新配制的醋酐–硫酸（9∶1）混合液1～3mL，置水浴上加热2～3分钟，再次离心；取沉淀物，用水洗涤2次，加50%甘油与1%苯酚3～4滴，用品红甘油胶封片观察。

（6）矿物药的显微鉴定：可粉碎成细粉观察或进行磨片观察。对于透明矿物，可将其磨成薄片，在偏光显微镜下，根据光透射到矿物晶体内部所发生的折射、反射、干涉等现象进行鉴定；对于不透明矿物，则可磨成光片，在矿相显微镜下，根据光在磨光面上反射时所产生的现象，观察测定反射力、反射色、偏光图等，进行鉴定。

2. 细胞内含物和细胞壁性质检查

（1）细胞内含物性质检查：细胞内含物是指细胞中营养物质与代谢产物的总称，通过观察细胞内含物可以辅助鉴定药材品种。观察中药组织切片或粉末中的内含物时，需根据检测目标选择相应方法：①淀粉粒：加碘试液，显蓝色或紫色；用甘油醋酸试液装片，置偏光显微镜下观察，未糊化的淀粉粒显偏光现象，已糊化的无偏光现象。②糊粉粒：采用甘油装片，加入碘试液显棕色或黄棕色，加入硝酸汞试液显砖红色。③菊糖：加10% α–萘酚乙醇溶液，再加硫酸，显紫红色并溶解。④草酸钙结晶：装片时加入硫酸溶液，可见结晶逐渐溶解并析出针状硫酸钙结晶；⑤碳酸钙结晶（钟乳体）：装片时加入稀盐酸，可见结晶溶解并伴随气泡产生；⑥硅质：装片时加硫酸不溶解；⑦黏液细胞：装片时加入钌红试液显红色；⑧脂肪油、挥发油或树脂：装片时加苏丹Ⅲ试液呈橘红色、红色或紫红色；加90%乙醇，脂肪油和树脂不溶解（蓖麻油及巴豆油例外），挥发油则溶解。

（2）细胞壁性质检查：①木质化细胞壁：加入间苯三酚试液1～2滴，稍放置后加盐酸1滴，根据木化程度显红色或紫红色；②木栓化或角质化细胞壁：加入苏丹Ⅲ试液，稍放置或微热后显橘红色至红色；③纤维素细胞壁：加入氯化锌碘试液（或先加碘试液再加硫酸溶液），显蓝色或紫色；④硅质化细胞壁：加入硫酸后无颜色变化。

3. 显微测量

在观察植物细胞及其内含物时，常需对其直径、长度等参数进行显微测量（以 μm 为单位），这些数据可作为重要的鉴定依据。测量工作需使用目镜测微尺完成，具体步骤：用载台测微尺对目镜测微尺进行标定，计算出目镜测微尺上每一小格对应的实际微米数。正式测量时，记录被测目标物所占的目镜测微尺格数，再乘以标定得出的每格微米数，即可获得被测物的实际尺寸。

测量微小物体时，建议在高倍镜下进行操作，因为高倍镜下目镜测微尺的每格微米数较小，可显著提高测量精度；测量较大物体时，则可选用低倍镜以提高操作效率。

四、理化鉴定

利用物理方法、化学方法或仪器分析技术，对中药的真实性、纯度和品质优劣进行鉴定的过程，统称为理化鉴定。常用的理化鉴定方法主要包括以下内容。

1. 物理常数的测定

通过对中药材的物理常数进行测定，可反映其内在质量特性。常见的测定项目包括相对密度、旋光度、折光率、硬度、黏稠度、沸点、凝固点及熔点等。

2. 常规测定及检查

（1）水分测定：水分含量是影响中药材质量与保存稳定性的重要指标。常用的测定方法包括费休氏法、烘干法、甲苯法、减压干燥法及气相色谱法。

（2）灰分测定：中药材的生理灰分通常在一定范围内波动。若所测灰分含量超出正常范围，则可能提示在加工、运输或贮藏过程中存在无机物污染或掺杂现象。部分中药材（如含草酸钙较多的大黄）因组织构造特殊，总灰分差异较大，此时生理灰分难以真实反映纯度，需进一步测定其酸不溶性灰分，即用 10% 盐酸处理样品，所得不溶于盐酸的灰分即为酸不溶性灰分，该指标能更准确地评估药材的纯净度。

（3）膨胀度检查：膨胀度是指按干燥品计算，每 1g 药品在水或其他规定溶剂中，于特定温度和时间条件下膨胀后所占的体积（以 mL 计）。该检查主要适用于含黏液质、胶质和半纤维素类的中药材。

（4）酸败度测定：酸败是指油脂或含油脂的种子类药材和饮片，在贮藏过程中发生复杂的化学变化，生成游离脂肪酸、过氧化物和低分子醛类、酮类等产物，出现特异臭味，影响药材和饮片的感观和质量。本方法通过测定酸值、羰基值和过氧化值，以检查药材和饮片中油脂的酸败度。

（5）有害残留物检查：是指农药残留量、黄曲霉毒素、重金属及砷盐的检查。

1）农药残留量检查：有机氯类农药中，滴滴涕（总 DDT）和六六六（总 BHC）因其历史上使用时间最长、范围最广，虽已被禁用，但由于其在土壤及生物体内具有持久残留性和生物蓄积性，中药材中有机氯农药残留量仍是必检指标。《中国药典》（2020 年版）采用气相色谱－电子捕获检测法（GC–ECD）测定中药有机氯农药残留，并对甘草、黄芪等药材明确规定了最高残留限量标准。

2）黄曲霉毒素检查：本项检测主要针对毒性最强的黄曲霉毒素 B_1、黄曲霉毒素 B_2、

黄曲霉毒素 G_1 和黄曲霉毒素 G_2。利用该类毒素可溶于三氯甲烷、甲醇，不溶于己烷、乙醚及石油醚的特性，通过溶剂萃取法制备样品与标准品对照溶液，采用薄层色谱法进行分析。在 365nm 紫外光照射下，黄曲霉毒素成分显现蓝色或黄绿色荧光斑点，根据斑点大小进行定量检测。

3）重金属检查：重金属是指在实验条件下能与硫代乙酰胺或硫化钠反应显色的金属杂质（如铅等）。《中国药典》（2020 年版）对矿物类中药（如石膏含重金属不得过 0.01%）、少数挥发油（如薄荷油含重金属不得过 0.01%）及个别加工品（如阿胶含重金属不得过 0.03%）设有专项检测。现行标准中，多数药材重金属限量控制在 0.02% 以下。

4）砷盐检查：《中国药典》（2020 年版）采用古蔡法或二乙基硫代氨基甲酸银法进行检测。在两种方法中，均取标准砷溶液 2mL（相当于 2μg 的砷）所呈现的颜色作为比对标准。通过调整供试品的取用量，使其溶液颜色与标准砷溶液的颜色相比较，从而确定供试品中砷的含量限度。《中国药典》（2020 年版）规定，玄明粉中含砷盐不得超过 0.02%；芒硝中含砷盐不得超过 0.01%；石膏中含砷盐不得超过 0.002%；阿胶中含砷盐不得超过 0.003%。

一般而言，砷盐限度不得超过 0.01%，若含量低于 0.002%，则可不列入常规检查项目。

3. 显微化学反应法

将中药粉末、切片或浸出液置于载玻片上，滴加相应试剂使其产生沉淀、结晶或特殊颜色反应，通过显微镜观察反应结果并对药材进行品种鉴定的方法，称为显微化学反应法。

（1）切片或粉末显微化学定性：取药材切片或粉末置于载玻片上，滴加相应试剂，加盖玻片，静置片刻后于显微镜下观察生成的结晶、沉淀或颜色变化。例如，取黄连粉末置于载玻片上，滴加稀盐酸 1 滴，镜检可见黄色针簇状小檗碱盐酸盐结晶；若滴加 30% 硝酸 1 滴，则可见红色针状小檗碱硝酸盐结晶析出。

（2）浸出液显微化学定性：取药材粗粉加入适量溶剂浸提，滤取浸出液置于载玻片上，滴加相应试剂，加盖玻片，静置后于显微镜下观察反应现象。例如，取槟榔粉末 0.5g，加蒸馏水 3～4mL 及稀硫酸 1 滴，微热数分钟，过滤后取滤液 1 滴于载玻片上，加碘化铋钾试液 1 滴，溶液立即呈浑浊状，静置 10 分钟后可见石榴红色球形或方形结晶（为槟榔碱与碘化铋钾形成的络合物）。

（3）成分显微化学定位试验：通过显微组织学观察与化学反应相结合，确定化学成分在中药组织构造中的具体分布位置。例如，取北柴胡横切片加 1 滴无水乙醇–浓硫酸（1∶1）混合液，镜下可见木栓层、栓内层及皮层呈现黄绿色至蓝绿色渐变，表明柴胡皂苷类成分主要分布于这些显色区域。

4. 微量升华

微量升华是利用中药中所含的某些化学成分在一定温度下能够升华的性质，通过加热获得升华物，并在显微镜下观察其结晶形态、颜色及特征化学反应，从而作为中药鉴别依据的一种方法。例如，大黄粉末的升华物在低温时呈现黄色针状结晶，在高温时则形成枝状和羽状结晶；若加入碱液，结晶会溶解并呈现红色，这一现象可确证其为蒽醌类成分。

5. 荧光分析

荧光分析是利用中药中所含的某些化学成分在紫外光或自然光下能够产生特定颜色荧光的性质，进行中药品种鉴别的方法。采用荧光法鉴别药材时，需将样品置于紫外灯下约10cm处观察荧光现象。通常使用的紫外光波长为365nm；若使用短波（254～265nm），应特别注明。

（1）饮片、粉末或浸出物直接观察：黄连饮片在紫外光灯下呈现金黄色荧光，且木质部的荧光尤为显著，表明小檗碱主要富集于木质部；浙贝母粉末在紫外光灯下显亮淡绿色荧光；秦皮的水浸出液在自然光下可观察到碧蓝色荧光。

（2）用酸、碱或其他化学方法处理后观察：芦荟水溶液与硼砂共热后，与所含芦荟素发生反应，产生黄绿色荧光；将枳壳的乙醇浸出液滴于滤纸上，干燥后喷施0.5%乙酸镁甲醇溶液，烘干后可观察到淡蓝色荧光。

6. 色谱法

色谱法又称层析法，是一种基于物理或物理化学原理的分离分析方法，也是中药化学成分分离与鉴别的重要技术之一。色谱法可用于药材及制剂的定性鉴别、有效成分含量测定及中药指纹图谱的构建。

7. 光谱法（分光光度法）

光谱法是通过测定被测物质在特定波长下的吸光度，对其进行定性和定量分析的一类方法，主要有紫外分光光度法、可见分光光度法、红外分光光度法及原子吸收分光光度法。此外，目前用于中药中微量元素测定的方法还包括原子发射光谱法、中子活化分析法、离子发射光谱法、等离子体吸收光谱法、X射线荧光光谱法、X射线能量色散分析法、荧光光谱法及X射线衍射法等。

8. 色谱－光谱联用仪分析法

色谱技术具有分离能力强、分析速度快的特点，是复杂混合物分析的首选技术，但其在对未知物定性分析方面往往难以提供可靠信息。光谱技术如质谱（MS）、红外光谱（IR）和核磁共振波谱（NMR）等，虽然具有很强的未知物结构鉴定能力，却不具备分离功能，因而难以应对复杂混合物的分析。将色谱技术与光谱技术联用，不仅能获取更丰富的分析数据，还可能产生单一分析技术无法得到的新信息。因此，对于中药的多成分复杂体系而言，联用技术已成为通用且高效的定性与定量分析方法。

目前，在中药鉴定领域，常用的联用技术包括气相色谱－质谱联用（GC-MS）、气相色谱－红外光谱联用（GC-IR）、高效液相色谱－质谱联用（HPLC-MS）、超高效液相色谱－质谱联用（UPLC-MS）及高效液相色谱－核磁共振波谱联用（HPLC-NMR）等。其中，气相色谱－质谱联用技术充分发挥了气相色谱的高分离效能和质谱的高鉴别能力优势，已获得广泛应用。例如在辛夷、细辛、牡荆叶、土鳖虫等含挥发性成分的中药分析中，该技术可准确分析出十至数十种单一成分及其含量。通过对 9 种辛夷挥发油成分的分析研究，共鉴定出 69 种化合物，并分别测定了它们的精确含量。

9. 含量测定

含量测定的主要对象为药效物质基础及有毒成分。在药效物质基础不明确或缺乏有效含量测定方法的情况下，可对中药材中的总成分（如总黄酮、总生物碱、总皂苷、总蒽醌等）进行含量测定；对于含挥发油成分的中药材，则可测定其挥发油含量。此外，通过测定浸出物含量也可作为评价中药内在质量的重要指标。常用的测定方法包括容量法、重量法、分光光度法、气相色谱法、高效液相色谱法、薄层扫描法及薄层－分光光度联用法等。

随着现代数码技术、分子生物学技术及系统生物学技术的快速发展，中药真实性鉴定已进入现代技术研究领域。数码成像技术的进步，使中药原植物及药材的原色鉴定达到了近乎图像传真、复制和扫描的逼真程度，能够清晰展现原植物和药材的固有形态学特征；显微成像技术可将中药材的内部组织结构和粉末特征以接近 100% 的真实度呈现给检验者；DNA 分子遗传标记技术的发展为中药种质鉴定和评价提供了新方法，能从遗传物质层面准确鉴定药材基原；色谱技术及色谱与波谱联用技术（如 HPLC、HPCE、UPLC、HPLC-MS/MS 及 UPLC-MS/MS 等）的不断创新，实现了通过指纹图谱全面反映中药化学特征，从而系统有效地控制样品的真实性；代谢组学技术则从小分子代谢产物的组成及积累轨迹变化角度，为快速准确鉴定中药品种提供了新途径。这些先进技术的引入，不仅显著提升了中药鉴定学的技术水平，更使其检测手段与国际标准接轨。

第四章
黑龙江省中药植物资源的分布

　　黑龙江省野生中药植物资源种类繁多，每种植物皆具有独特的形态学特征、特异性化学成分及差异化的生态适应性，其地理分布格局是物种长期与环境协同进化的结果。系统掌握特定区域中药植物资源的分布规律，可为该地区药用植物的可持续开发利用及规范化栽培提供坚实的科学依据。基于此，本章将从植物区划的角度系统阐述黑龙江省野生中药植物资源的空间分布特征。

　　黑龙江省位于我国东北边陲，地理坐标北起漠河（北纬 53°30′），南至东宁（北纬 43°25′），南北纵跨约 10 个纬度；东起黑龙江与乌苏里江汇流点（东经 135°20′），西至泰来（东经 122°20′），东西横跨约 13 个经度。受此广袤疆域影响，省内水热条件呈现显著梯度变化，进而形成差异化的植物区系组成和植被类型。根据中国植被区划及本省实际，全省可划分为 3 个一级植物区和 3 个二级植物亚区（详见黑龙江省植物分区示意图）：一是大兴安岭植物区（Ⅰ）；二是小兴安岭 – 老爷岭植物区（Ⅱ），下设Ⅱ1 小兴安岭 – 张广才岭亚区（Ⅰ1）、老爷岭亚区（Ⅱ2）和穆棱 – 三江平原亚区（Ⅱ3）；三是松嫩平原植物区（Ⅲ）。

一、大兴安岭植物区（Ⅰ）

　　大兴安岭植物区包括北纬 49°20′ 以北，东经 127°22′ 以西的大兴安岭北部及其支脉伊勒呼里山地。本区东南部地势较低，西北部较高，海拔范围为 700 ～ 1100m，河谷宽阔，山势和缓，多为丘陵状台地。年均气温在 0℃ 以下，绝对最低气温可达 –48℃，冬季漫长，全年无夏，大陆性气候特征显著，年积温为 1100 ～ 1700℃，无霜期仅为 90 ～ 110天，年降水量为 360 ～ 500mm。土壤类型以暗棕壤为主，兼有石质土，土层较为浅薄。

　　本地区的代表植被为寒温带针叶林，优势种兴安落叶松适应力极强，其主要特征是群落结构简单。乔木层中偶见混生樟子松，林下草本植物发育较差，下木层以兴安杜鹃、杜香、越橘等为主。在山地中部还广泛分布有沼泽植被，其上长有柴桦，下层则以苔草、莎草等草本植物为主。

　　本区植被植物种属相对较少，野生维管束植物有 800 余种。植物区系以东西伯利亚成分为主，占比超过 50%，同时混有少量东北植物区系和蒙古植物区系成分。该区是我国主要原始林区之一，林相整齐，同龄纯林较多，并以兴安落叶松林占绝对优势。由于多为浅根性树种，易发生风倒现象，同时也是天然火灾频发地区。本区常见的药用植物及其生境情况见表 1-5。

表 1-5　大兴安岭植物区常见的药用植物及其生境情况

中文名	学名	生境
芍药	*Paeonia lactiflora* Pall.	山坡草地或林下
兴安杜鹃	*Rhododendron dauricum* L.	山地落叶松林、桦木林下或林缘
龙胆	*Gentiana scabra* Bge.	山坡草地、路边、河滩、灌丛中、林缘、林下或草甸
条叶龙胆	*Gentiana manshurica* Kitag.	山坡草地、湿草地或路旁
三花龙胆	*Gentiana triflora* Pall.	草地、湿草地或林下
防风	*Saposhnikovia divaricata*（Turcz.）Schischk.	草原、丘陵或多砾石山坡
远志	*Polygala tenuifolia* Willd.	草原、山坡草地、灌丛中或杂木林下
兴安升麻	*Cimicifuga dahurica*（Turcz.）Maxim.	山地林缘灌丛中、山坡疏林或草地
大三叶升麻	*Cimicifuga heracleifolia* Kom.	山坡草地或灌丛中
金莲花	*Trollius chinensis* Bunge	山坡草地或疏林下
杜香	*Rhododendron tomentosum* Harmaja	针叶林下
越橘	*Vaccinium vitis-idaea* L.	林下、高山草原或水湿台地
兴安百里香	*Thymus dahuricus* Serg.	干旱的山坡上
黄芩	*Scutellaria baicalensis* Georgi	向阳草坡或撂荒地
山杏	*Prunus sibirica* L.	干燥向阳山坡或丘陵草原
紫菀	*Aster tataricus* L. f.	低山阴坡湿地、山顶或低山草地，以及沼泽地
山丹	*Lilium pumilum* DC.	山坡草地或林缘
轮叶贝母	*Fritillaria maximowiczii* Freyn	山坡、草甸或灌丛边缘
北柴胡	*Bupleurum chinense* DC.	向阳山坡路边、岸旁或草丛中

续表

中文名	学名	生境
兴安柴胡	*Bupleurum sibiricum* Vest	山坡、草原或林缘
桔梗	*Platycodon grandiflorus*（Jacq.）A.DC.	阳处草丛或灌丛中，少生于林下
轮叶沙参	*Adenophora tetraphylla*（Thunb.）Fisch.	草地或灌丛中
裂叶荆芥	*Schizonepeta tenuifolia*（Benth.）Briq.	山坡路边、山谷或林缘
岩败酱	*Patrinia rupestris*（Pall.）Juss.	小丘顶部、石质山坡岩缝、草地、草甸草原、山坡桦树林缘或杨树林下
瓦松	*Orostachys fimbriata*（Turcz.）Berger	山坡石上或屋瓦上
草苁蓉	*Boschniakia rossica*（Cham. et Schlecht.）Fedtsch.	山坡、林下低湿处或河边，多寄生于桤木属（*Alnus* Mill.）植物的根部
五味子	*Schisandra chinensis*（Turcz.）Baill.	沟谷、溪旁或山坡
苍术	*Atractylodes lancea*（Thunb.）DC.	山坡草地、林下、灌丛中或岩缝隙中
白鲜	*Dictamnus dasycarpus* Turcz.	丘陵土坡、平地灌丛中、草地或疏林下
缬草	*Valeriana officinalis* L.	山坡草地、林下或沟边

二、小兴安岭老爷岭植物区（Ⅱ）

小兴安岭老爷岭植物区包括松嫩平原以北的广阔山地，北起黑河以南的小兴安岭山地，西南延伸至吉林省敦化市北部交界处。全区地势以重峦叠嶂为特征，形成复杂多样的山区地形。气候类型属海洋性（湿润型）温带季风气候，年降水量充沛，可达500～800mm，且主要集中在夏季（6～8月）。夏季气温较高，7月平均气温普遍在20～26℃，极端高温可达37℃。这种水热同步的气候特征为植物生长提供了优越条件，使得境内森林茂密，植物种类丰富，分布有近1400种维管植物，约占黑龙江省植物物种总数的3/5。该区域地带性土壤以暗棕壤为主。

本区南北跨度大，导致水热条件存在显著空间差异，进而造成植被组成上的区域性分化。基于水平分布规律，本区可划分为3个亚区：分界线自东部东宁市附近（约北纬44°20′）经镜泊湖区域（约北纬43°40′）向西延伸至省界。此线以北为小兴安岭-张广才岭亚区及穆棱-三江平原亚区；以南则为老爷岭亚区。本区常见的药用植物及其生境情况见表1-6。

表 1-6 小兴安岭老爷岭植物区常见的药用植物及其生境情况

中文名	学名	生境
东北红豆杉	*Taxus cuspidata* Sieb. et Zucc.	针、阔叶混交林内阴湿处或沟谷
暴马丁香	*Syringa reticulata*（Blume）Hara var. *amurensis*（Rupr.）Pringle	山坡灌丛中、林边、草地、沟边或针、阔叶混交林中
黄檗	*Phellodendron amurense* Rupr.	低山湿润阔叶林或河谷阶地
毛榛	*Corylus mandshurica* Maxim. et Rupr.	山坡灌丛中或林下
刺五加	*Acanthopanax senticosus*（Rupr. et Maxim.）Harms	森林或灌丛中
刺楸	*Kalopanax septemlobus*（Thunb.）Koidz.	阳性森林、灌木林中或林缘，水湿丰富、腐殖质较多的密林，向阳山坡，甚至岩质山地也能生长
五味子	*Schisandra chinensis*（Turcz.）Baill.	沟谷、溪旁或山坡
山葡萄	*Vitis amurensis* Rupr.	山坡、沟谷林中或灌丛中
软枣猕猴桃	*Actinidia arguta*（Sieb. et Zucc）Planch. ex Miq.	山林中、溪旁或湿润处
狗枣猕猴桃	*Actinidia kolomikta*（Maxim. et Rupr.）Maxim.	山地混交林或杂木林中的开旷地
葛枣猕猴桃	*Actinidia polygama*（Sieb. et Zucc.）Maxim	山林中
铃兰	*Convallaria keiskei* Miq.	阴坡林下潮湿处或沟边
二歧银莲花	*Anemone dichotoma* L.	丘陵、山坡湿草地或林中
多被银莲花	*Anemone raddeana* Regel	山地林中或草地阴处
北细辛	*Asarum heterotropoides* Fr. Schmidt var. *mandshuricum*（Maxim.）Kitag.	山坡林下或山沟土质肥沃的阴湿地上
平贝母	*Fritillaria ussuriensis* Maxim.	柞树林下或林间湿润草甸
芍药	*Paeonia lactiflora* Pall.	山坡草地或林下
轮叶沙参	*Adenophora tetraphylla*（Thunb.）Fisch.	草地或灌丛中
党参	*Codonopsis pilosula*（Franch.）Nannf.	山地林边或灌丛中

续表

中文名	学名	生境
苍术	*Atractylodes lancea*（Thunb.）DC.	山坡草地、林下、灌丛中或岩缝隙中
兴安杜鹃	*Rhododendron dauricum* L.	山地林下或林缘
龙芽草	*Agrimonia eupatoria* L.	溪边、路旁、草地、灌丛、林缘或疏林下
郁李	*Prunus japonica* Thunb.	灌丛中
牛蒡	*Arctium lappa* L.	山坡、山谷、林缘、林中、灌木丛中、河边潮湿地、村庄路旁或荒地
马兜铃	*Aristolochia debilis* Sieb. et Zucc.	山谷、沟边、路旁阴湿处或山坡灌丛中
槲寄生	*Viscum coloratum*（Kom.）Nakai	寄生于杨、桦、栎等落叶阔叶乔木枝干上
人参	*Panax ginseng* C. A. Mey.	落叶阔叶林或针、阔叶混交林下中

三、松嫩平原植物区（Ⅲ）

松嫩平原植物区代表植被为温带草甸草原，主要分布于黑龙江省西部。该区域东临张广才岭，北接小兴安岭，西靠大安台地，三面环山，南界为松辽分水岭，形成封闭性地形，地势低平，海拔范围为 120～250m。年降水量在 400～700mm，土壤类型以黑土为主，兼有碱土、盐土等分布。本区植物资源相对贫乏，现存植物种类 500 余种。本区常见的药用植物及其生境情况见表 1-7。

表 1-7 松嫩平原植物区常见的药用植物及其生境情况

中文名	学名	生境
防风	*Saposhnikovia divaricata*（Turcz.）Schischk.	草原、丘陵、多砾石山坡
甘草	*Glycyrrhiza uralensis* Fisch.	干旱沙地、河岸砂质地、山坡草地及盐渍化土壤中
黄芩	*Scutellaria baicalensis* Georgi	向阳草坡地、休荒地上
苦参	*Sophora flavescens* Ait.	山坡、沙地草坡灌木林中或田野
轮叶沙参	*Adenophora tetraphylla*（Thunb.）Fisch.	草地或灌丛中

续表

中文名	学名	生境
远志	*Polygala tenuifolia* Willd.	草原、山坡草地、灌丛中及杂木林下
芡实	*Euryale ferox* Salisb.	池塘、湖沼中
桔梗	*Platycodon grandiflorum*（Jacq.）A.DC.	阳处草丛、灌丛中，少生于林下
知母	*Anemarrhena asphodeloides* Bge.	山坡、草地或路旁较干燥或向阳处
徐长卿	*Cynanchum paniculatum*（Bge.）Kitag.	向阳山坡及草丛中
蒺藜	*Tribulus terrestris* L.	沙地、荒地、山坡、居民点附近
列当	*Orobanche coerulescens* Steph.	沙丘、山坡及沟边草地上，多寄生于蒿属（*Artemisia* L.）植物的根部
棉团铁线莲	*Clematis hexapetala* Pall.	固定沙丘、干山坡或山坡草地
马蔺	*Iris lactea* Pall.	荒地、路旁、山坡草地
地榆	*Sanguisorba officinalis* L.	草原、草甸、山坡草地、灌丛中、疏林下
东北蒲公英	*Taraxacum ohwianum* Kitam.	田间、路旁或低地草甸

各 论

第五章
蕨类植物

🟢 1. 卷柏

【分类学地位】卷柏科 Selaginellaceae 卷柏属 *Selaginella*。

【植物形态】土生或石生植物（图 2-1-1）。本品属于复苏植物，整体呈垫状。其根托仅生于茎的基部，根系多分叉，密被细毛；主茎自中部开始羽状分枝或不等二叉分枝，呈禾秆色或棕色，茎为卵圆柱状，表面光滑，具 1 条维管束。小枝稀疏，排列规则，分枝无毛，背腹压扁。叶全部为交互排列，二形，叶质较厚，表面光滑，边缘具白色狭边；主茎上的叶较小枝上的叶略大，呈覆瓦状排列，绿色或棕色，边缘具细锯齿。分枝上的腋叶对称，边缘具细锯齿，呈黑褐色。中叶不对称，小枝上的中叶为椭圆形，覆瓦状排列，先端具芒，外展或与轴平行，基部平截，边缘具细锯齿，叶缘不外卷亦不内卷。侧叶不对称，略斜升，相互重叠，先端具芒，基部上侧扩大并加宽，覆盖小枝，边缘呈撕裂状或具细锯齿，下侧边缘近全缘，基部具细锯齿或睫毛，常反卷。孢子叶穗紧密，呈四棱柱形，单生于小枝末端；孢子叶一形，边缘具细锯齿，具白色狭边，先端有尖头或芒；大孢子为浅黄色；小孢子为橘黄色。

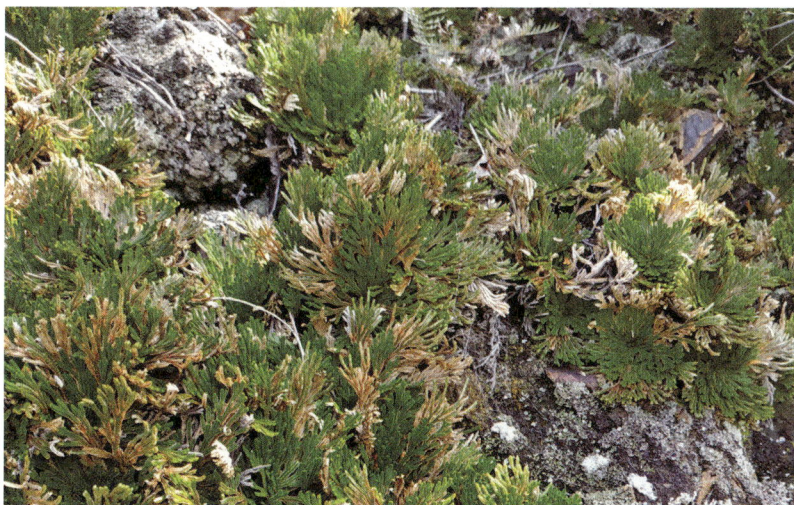

图 2-1-1　卷柏 *Selaginella tamariscina*（Beauv.）Spring

【生境】常见于石灰岩上，海拔范围为 500 ～ 1500m。

【入药部位】以干燥全草入药，药材名称为卷柏。

【释名】叶如柏叶，干枯时卷曲。

卷柏 Selaginellae Herba

【来源】《中国药典》（2020 年版）规定，卷柏药材的植物来源有 2 种，分别为卷柏科植物卷柏 *Selaginella tamariscina*（Beauv.）Spring 或垫状卷柏 *Selaginella pulvinata*（Hook. et Grev.）Maxim.。

【采收加工】全年均可采收，除去须根和泥沙，晒干。

【药材性状】

1. 卷柏 本品卷缩似拳状，长 3 ～ 10cm（图 2-1-2）。枝丛生，扁而有分枝，绿色或棕黄色，向内卷曲，枝上密生鳞片状小叶，叶先端具长芒。中叶（腹叶）两行，卵状矩圆形，斜向上排列，叶缘膜质，有不整齐的细锯齿；背叶（侧叶）背面的膜质边缘常呈棕黑色。基部残留棕色至棕褐色须根，散生或聚生成短干状。质脆，易折断。气微，味淡。

2. 垫状卷柏 须根多散生。中叶（腹叶）两行，卵状披针形，直向上排列。叶片左右两侧不等，内缘较平直，外缘常因内折而加厚，呈全缘状。

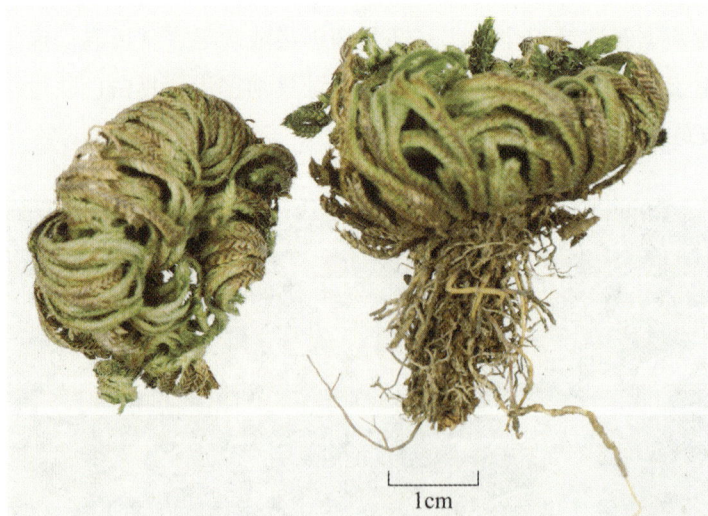

图 2-1-2　卷柏药材

【质量要求】传统经验认为，本品以色绿、叶多、完整不碎者为佳。《中国药典》（2020 年版）规定，本品水分不得过 10.0%；按干燥品计算，含穗花杉双黄酮（$C_{30}H_{18}O_{10}$）不得少于 0.30%。

【功能主治】活血通经。用于经闭痛经，癥瘕痞块，跌打损伤。卷柏炭化瘀止血。用于吐血，崩漏，便血，脱肛。

【用法用量】5～10g。

【禁忌】孕妇慎用。

【中药别名】豹足，求股，神投时，交时，回阳草，不死草，长生不死草，万年松，长生草，石花，还魂草，九死还魂草，见水还阳草，老虎爪，山卷柏，打不死，铁拳头，岩松。

● 2. 木贼

【分类学地位】木贼科 Equisetaceae 木贼属 *Equisetum*。

【植物形态】大型植物。根茎横走或直立，呈黑棕色，节部及根部密生黄棕色长毛（图 2-2-1）。地上茎多年生，单一型，株高 1m 以上，通体绿色，通常不分枝或仅在基部具少数直立侧枝。茎干具 16～22 条纵棱，棱脊背部呈弧形或近方形，表面无明显小瘤或具 2 行规则排列的小瘤状突起；鞘筒呈黑棕色，部分个体仅在顶部或基部具一圈黑棕色环带，偶见两端均具环带者。鞘齿 16～22 枚，披针形，小型，上部淡棕色，膜质，呈芒状且易早落，下部黑棕色，薄革质，基部背面具 3～4 条纵棱；鞘齿多数宿存，少数与鞘筒同步早落。孢子囊穗卵圆形，顶端具短尖突，无柄。

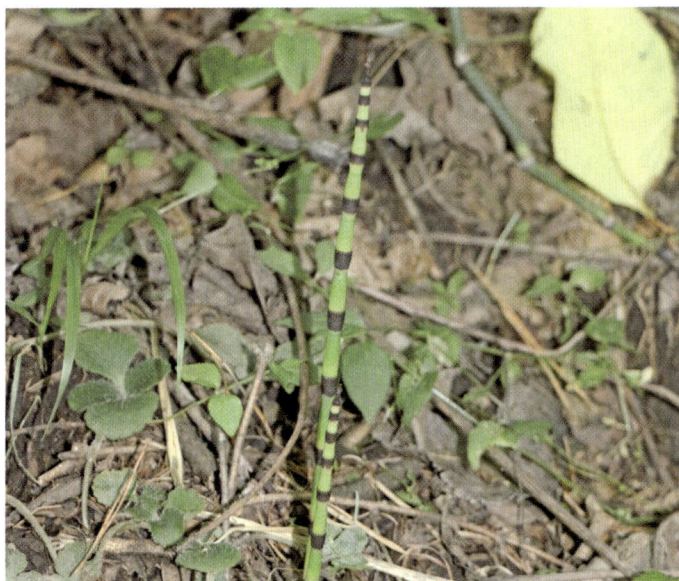

图 2-2-1 木贼 *Equisetum hyemale* L.

【生境】生长于海拔范围为 100～3000m 的林下或林缘。

【入药部位】以干燥地上部分入药，药材名称为木贼。

【释名】《本草纲目》曰："此草有节，面糙涩。治木骨者，用之磋擦则光净，犹云木之贼也。"

木贼 Equiseti Hiemalis Herba

【采收加工】夏、秋二季采割，除去杂质，晒干或阴干。

【药材性状】本品呈长管状，不分枝，长 40～60cm，直径 0.2～0.7cm（图 2-2-2）。表面灰绿色或黄绿色，有 18～30 条纵棱，棱上有多数细小光亮的疣状突起；节明显，节间长 2.5～9cm，节上着生筒状鳞叶，叶鞘基部和鞘齿黑棕色，中部淡棕黄色。体轻，质脆，易折断，断面中空，周边有多数圆形的小空腔。气微，味甘淡、微涩，嚼之有沙粒感。

1cm

图 2-2-2　木贼药材

【质量要求】传统经验认为，本品以茎粗长、色绿、质厚、不脱节者为佳。《中国药典》（2020 年版）规定，本品水分不得过 13.0%；醇溶性浸出物（热浸法测定）不得少于 5.0%；按干燥品计算，含山奈酚（$C_{15}H_{10}O_6$）不得少于 0.20%。

【功能主治】疏散风热，明目退翳。用于风热目赤，迎风流泪，目生云翳。

【用法用量】3～9g。

【禁忌】气血虚者慎服。

【中药别名】木贼草，锉草，节节草，节骨草，响草，笔杆草，笔筒草，擦草，无心草，笔头草，笔管草。

🟢🟠 3. 粗茎鳞毛蕨

【分类学地位】鳞毛蕨科 Dryopteridaceae 鳞毛蕨属 Dryopteris。

【植物形态】植株高达 1m（图 2-3-1）。根状茎粗大，直立或斜升。叶簇生；叶柄与根状茎密被鳞片；叶轴上的鳞片明显扭卷，呈线形至披针形，红棕色；叶柄呈深麦秆色，长度显著短于叶片；叶片基部狭缩，先端短渐尖，二回羽状深裂；羽片通常 30 对以上，无柄，线状披针形，下部羽片明显缩短，中部稍上处羽片最大，向两端羽片依次缩短，羽状深裂；裂片排列紧密，呈长圆形，基部与羽轴广合生，先端圆或钝圆，边缘具浅钝锯齿或近全缘；叶脉羽状，侧脉多分叉，偶见单一。叶厚草质至纸质，背面淡绿色，沿羽轴着生具长缘毛的卵状披针形鳞片，裂片两面及边缘散生扭卷的窄鳞片和鳞毛。孢子囊群圆形，多着生于叶片背面上部 1/3～1/2 处，背生于小脉中下部，每裂片具 1～4 对；囊群盖圆肾形或马蹄形，边缘近全缘，呈棕色，偶带淡绿色或灰绿色，膜质，成熟时不完全覆盖孢子囊群。孢子具周壁。

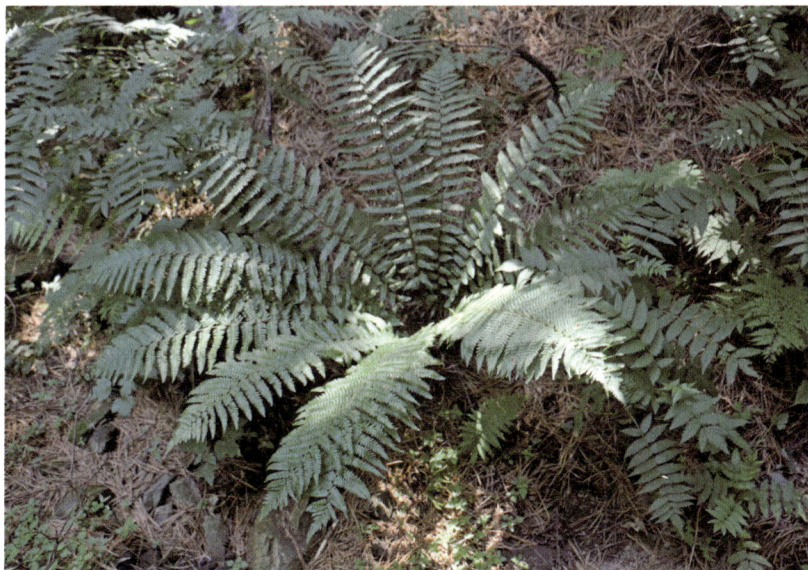

图 2-3-1　粗茎鳞毛蕨 *Dryopteris crassirhizoma* Nakai

【生境】生于山地林下。

【入药部位】以干燥根茎和叶柄残基入药，药材名称为绵马贯众。

【释名】贯众之名源于其根茎直立，且表面密布多层叶柄残基。

绵马贯众 Dryopteridis　Crassirhizomatis　Rhizoma

【采收加工】秋季采挖，削去叶柄，须根，除去泥沙，晒干。

【药材性状】本品呈长倒卵形，略弯曲，上端钝圆或截形，下端较尖，有的纵剖为两半，长 7～20cm，直径 4～8cm（图 2-3-2）。表面黄棕色至黑褐色，密被排列整齐的叶柄残基及鳞片，并有弯曲的须根。叶柄残基呈扁圆形，长 3～5cm，直径 0.5～1.0cm；

表面有纵棱线，质硬而脆，断面略平坦，棕色，有黄白色维管束 5 ～ 13 个，环列；每个叶柄残基的外侧常有 3 条须根，鳞片条状披针形，全缘，常脱落。质坚硬，断面略平坦，深绿色至棕色，有黄白色维管束 5 ～ 13 个，环列，其外散有较多的叶迹维管束。气特异，味初淡而微涩，后渐苦、辛。

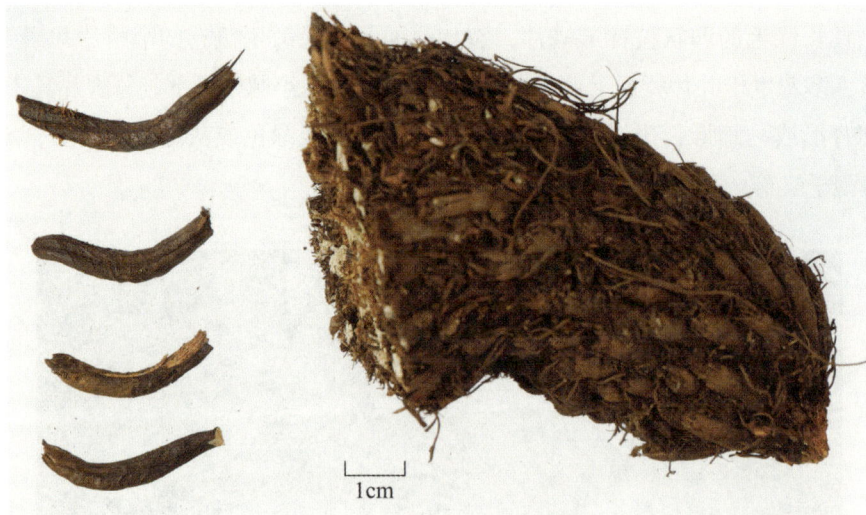

图 2-3-2　绵马贯众药材

【质量要求】传统经验认为，本品以个大、质坚实、叶柄残基断面棕绿色者为佳。《中国药典》（2020 年版）规定，本品水分不得过 12.0%；总灰分不得过 7.0%；酸不溶性灰分不得过 3.0%；醇溶性浸出物（热浸法测定）不得少于 25.0%。

【功能主治】清热解毒，驱虫。用于虫积腹痛，疮疡。

【用法用量】4.5 ～ 9g。

【禁忌】阴虚内热及脾胃虚寒者不宜，孕妇慎用。

【中药别名】贯众，贯仲，绵马，野鸡膀子，牛毛黄，止涍，贯节，贯渠，百头，虎卷，扁苻，贯来，贯中，渠母，贯钟，伯芹，药渠，黄钟，伯萍，乐藻，草鸱头，伯药，药藻，蕨薇菜根，绵马贯仲。

🟢 4. 有柄石韦

【分类学地位】水龙骨科 Polypodiaceae 石韦属 *Pyrrosia*。

【植物形态】多年生草本植物（图 2-4-1）。其植株高度为 5 ～ 15cm。根状茎细长横走，幼时密被披针形棕色鳞片；鳞片具长尾状渐尖头，边缘具睫毛状锯齿。叶远生，一型；叶柄明显，长度通常为叶片长度的 1/2 ～ 2 倍，基部密被鳞片，向上渐被星状毛，呈棕色或灰棕色；叶片椭圆形，先端急尖且短钝，基部楔形并下延，干后呈厚革质，叶缘全缘。叶表面（上面）呈灰淡棕色，具明显洼点，疏被星状毛；叶背面（下面）被厚层星状毛，初生时为淡棕色，成熟后转为砖红色。主脉在叶背面稍隆起，在叶表面明显凹陷，侧脉及小脉均不明显。孢子囊群密布于叶片背面，成熟时扩散并相互汇合。

图 2-4-1　有柄石韦 *Pyrrosia petiolosa*（Christ）Ching

【生境】多附生于于旱裸露岩石上，海拔范围为 250 ～ 2200m。

【入药部位】以干燥叶入药，药材名称为石韦。

【释名】"石"指其附生石上之特性，"韦"喻其叶片质地坚韧如熟牛皮（源自《史记·孔子世家》"韦编三绝"典故）。

石韦 Pyrrosiae Folium

【来源】《中国药典》（2020 年版）规定，石韦药材的植物来源有 3 种，分别为水龙骨科植物庐山石韦 *Pyrrosia sheareri*（Bak.）Ching、石韦 *Pyrrosia lingua*（Thunb.）Farwell 或有柄石韦 *Pyrrosia petiolosa*（Christ）Ching。

【采收加工】全年均可采收，除去根茎和根，晒干或阴干。

【药材性状】

1. 庐山石韦　叶片略皱缩，展平后呈披针形，长 10 ～ 25cm，宽 3 ～ 5cm。先端渐尖，基部耳状偏斜，全缘，边缘常向内卷曲；上表面黄绿色或灰绿色，散布有黑色圆形小凹点；下表面密生红棕色星状毛，有的侧脉间布满棕色圆点状的孢子囊群。叶柄具四棱，长 10 ～ 20cm，直径 1.5 ～ 3mm，略扭曲，有纵槽。叶片革质。气微，味微涩苦。

2. 石韦 叶片披针形或长圆披针形，长 8 ～ 12cm，宽 1 ～ 3cm。基部楔形，对称。孢子囊群在侧脉间，排列紧密而整齐。叶柄长 5 ～ 10cm，直径约 1.5mm。

3. 有柄石韦 叶片多卷曲呈筒状，展平后呈长圆形或卵状长圆形，长 3 ～ 8cm，宽 1 ～ 2.5cm。基部楔形，对称；下表面侧脉不明显，布满孢子囊群（图 2-4-2）。叶柄长 3 ～ 12cm，直径约 1mm。

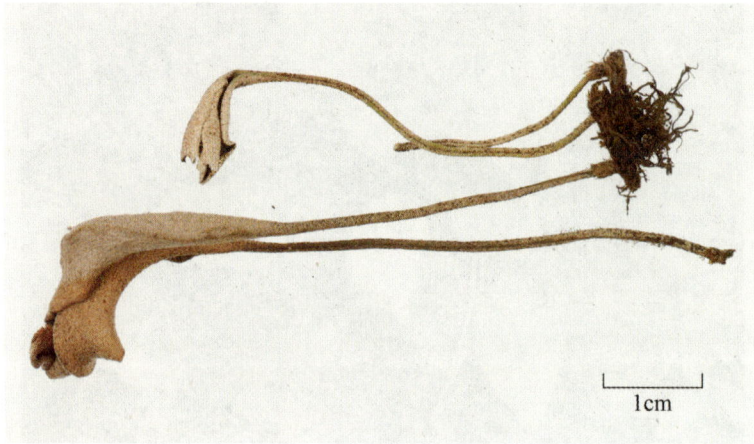

图 2-4-2　有柄石韦药材

【质量要求】传统经验认为，本品以叶厚、整齐、洁净者为佳。《中国药典》（2020 年版）规定，本品水分不得过 13.0%；杂质不得过 3%；总灰分不得过 7.0%；醇溶性浸出物（热浸法测定）不得少于 18.0%；按干燥品计算，含绿原酸（$C_{16}H_{18}O_9$）不得少于 0.20%。

【功能主治】利尿通淋，清肺止咳，凉血止血。用于热淋，血淋，石淋，小便不通，淋沥涩痛，肺热喘咳，吐血，衄血，尿血，崩漏。

【用法用量】6 ～ 12g。

【禁忌】阴虚及无湿热者忌服。

【中药别名】小石韦，飞刀剑，石皮，石剑，石兰，金星草，金茶匙，金汤匙，潭剑。

第六章
裸子植物

5. 银杏

【分类学地位】银杏科 Ginkgoaceae 银杏属 Ginkgo。

【植物形态】落叶大乔木（图 2-5-1）。幼树树皮浅纵裂，表面较光滑；一年生长枝呈淡褐黄色，二年生以上枝条逐渐转为灰色，并出现细纵裂纹；短枝密被叶痕，呈黑灰色，短枝上有时可抽生长枝。叶为扇形，具长柄，叶片淡绿色，无毛，叶脉呈多数叉状并列的细脉；短枝上的叶片边缘常具波状缺刻，长枝上的叶片多呈 2 裂状，基部宽楔形；幼树及萌生枝上的叶片通常较大且裂刻较深；叶在一年生长枝上呈螺旋状散生，在短枝上则 3～8 枚簇生。球花雌雄异株，单性，着生于短枝顶端鳞片状叶的腋内，呈簇生状；雄球花呈葇黄花序状，下垂；雌球花具长梗，梗端通常分两叉，每叉顶端着生一盘状珠座，胚珠着生于珠座上。种子具长梗，下垂；外种皮肉质，表面被白粉，成熟时有特殊臭味；中种皮白色，骨质，具 2～3 条明显纵脊；内种皮膜质，呈淡红褐色。

图 2-5-1　银杏 *Ginkgo biloba* L.

【生境】银杏为喜光树种，具有深根性特征，对气候条件和土壤类型的适应范围较广。该树种既能在高温多雨地区生长，也能耐受雨量稀少、冬季寒冷的气候环境，但在极端条件下会出现生长迟缓或发育不良现象。目前在黑龙江省作为栽培树种存在。

【入药部位】以干燥成熟种子入药，药材名称为白果；以叶入药，药材名称为银杏叶。

【释名】因其果实的外观与杏子相似，同时果核呈白色，故古人称之为"银杏"。

白果 Ginkgo Semen

【采收加工】秋季种子成熟时采收，除去肉质外种皮，洗净，稍蒸或略煮后，烘干。炮制方法：取白果，除去杂质及硬壳，用时捣碎。

【药材性状】本品略呈椭圆形，一端稍尖，另一端钝，长1.5～2.5cm，宽1～2cm，厚约1cm。表面黄白色或淡棕黄色，平滑，具2～3条棱线。中种皮（壳）骨质，坚硬。内种皮膜质，种仁宽卵球形或椭圆形，一端淡棕色，另一端金黄色，横断面外层黄色，胶质样，内层淡黄色或淡绿色，粉性，中间有空隙。气微，味甘、微苦。

【质量要求】传统经验认为，本品以外壳白色、种仁饱满、里面色白者佳。《中国药典》（2020年版）规定，本品水分不得过10.0%；醇溶性浸出物（热浸法测定）不得少于13.0%。

【功能主治】敛肺定喘，止带缩尿。用于痰多喘咳，带下白浊，遗尿尿频。

【用法用量】5～10g。

【禁忌】生食有毒。

【中药别名】白果仁，鸭脚子，灵眼，银杏果。

银杏叶 Ginkgo Folium

【采收加工】秋季叶尚绿时采收，及时干燥。

【药材性状】本品多皱折或破碎，完整者呈扇形，长3～12cm，宽5～15cm（图2-5-2）。黄绿色或浅棕黄色，上缘呈不规则的波状弯曲，有的中间凹入，深者可达叶长的4/5。本品具二叉状平行叶脉，细而密，光滑无毛，易纵向撕裂。叶基楔形，叶柄长2～8cm。体轻。气微，味微苦。

【质量要求】传统经验认为，本品以平整、无杂质者为佳。《中国药典》（2020年版）规定，本品杂质不得过2%；水分不得过12.0%；总灰分不得过10.0%；酸不溶性灰分不得过2.0%；醇溶性浸出物（热浸法测定）不得少于25.0%；按干燥品计算，含总黄酮醇苷不得少于 0.40%，含萜类内酯 [以银杏内酯 A（$C_{20}H_{24}O_9$）、银杏内酯 B（$C_{20}H_{24}O_{10}$）、银杏内酯 C（$C_{20}H_{24}O_{11}$）和白果内酯（$C_{15}H_{18}O_8$）的总量计] 不得少于 0.25%。

图 2-5-2　银杏叶药材

【功能主治】活血化瘀，通络止痛，敛肺平喘，化浊降脂。用于瘀血阻络，胸痹心痛，中风偏瘫，肺虚咳喘，高脂血症。

【用法用量】9 ～ 12g。

【禁忌】有实邪者忌用。

6. 油松

【分类学地位】松科 Pinaceae 松属 *Pinus*。

【植物形态】乔木（图 2-6-1）。高达 25m，胸径可达 1m 以上；树皮灰褐色或褐灰色，裂成不规则且较厚的鳞状块片，裂缝及上部树皮呈红褐色；一年生枝条较粗壮，呈淡红褐色或淡灰黄色，无毛，幼时微被白粉；冬芽圆柱形，红褐色；叶 2 针一束，粗硬；雄球花圆柱形，簇生于新枝下部呈穗状；球果卵形或圆卵形，具短梗，下垂，成熟前为绿色，成熟时呈淡黄色或淡褐黄色，常宿存树上数年不落；中部种鳞近矩圆状倒卵形，鳞盾肥厚、显著隆起，呈扁菱形或菱状多角形，横脊明显，鳞脐凸起并具短尖刺；种子卵圆形或长卵圆形，淡褐色，具不规则斑纹。

【生境】生长于海拔范围为 100 ～ 2600m 的山地。

【入药部位】以干燥瘤状节或分枝节入药，药材名称为油松节；以干燥花粉入药，药材名称为松花粉；以渗出的油树脂经蒸馏或其他方法提取后的挥发油入药，药材名称为松节油。

图 2-6-1　油松 *Pinus tabuliformis* Carr.

油松节 Pini Lignum Nodi

【来源】《中国药典》（2020 年版）规定，油松节药材的植物来源有 2 种，分别为松科植物油松 *Pinus tabuliformis* Carr. 或马尾松 *Pinus massoniana* Lamb.。

【采收加工】全年均可采收，锯取后阴干。

【药材性状】本品呈扁圆节段状或不规则的块状，长短粗细不一。外表面黄棕色、灰棕色或红棕色，有时带有棕色至黑棕色油斑，或有残存的栓皮。质坚硬。横截面木部淡棕色，心材色稍深，可见明显的年轮环纹，显油性；髓部小，淡黄棕色。纵断面具纵直或扭曲纹理。有松节油香气，味微苦辛。

【质量要求】《中国药典》（2020 年版）规定，本品挥发油不得少于 0.40%（mL/g）；按干燥品计算，α- 蒎烯（$C_{10}H_{16}$）不得少于 0.10%。

【功能与主治】祛风除湿，通络止痛。用于风寒湿痹，历节风痛，转筋挛急，跌打伤痛。

【用法与用量】9 ～ 15g。

【禁忌】阴虚血燥者慎用。

【中药别名】松节，松木节。

松花粉 Pini Pollen

【来源】《中国药典》（2020 年版）规定，松花粉药材的植物来源有多种，包括松科植物马尾松 *Pinus massoniana* Lamb.、油松 *Pinus tabuliformis* Carr. 或同属数种植物。

【采收加工】春季花刚开时，采摘花穗，晒干，收集花粉，除去杂质。

【药材性状】本品为淡黄色的细粉。体轻，易飞扬，手捻有滑润感。气微，味淡。

【质量要求】传统经验认为，本品以匀细、色淡黄、流动性较强者为佳。《中国药典》（2020 年版）规定，本品水分不得过 13.0%；总灰分不得过 8.0%。

【功能与主治】收敛止血，燥湿敛疮。用于外伤出血，湿疹，黄水疮，皮肤糜烂，脓水淋漓。

【用法与用量】外用适量，撒敷患处。

【禁忌】血虚、内热者慎服。

【中药别名】松黄，松粉。

松节油 Turpentine Oil

【采收加工】松科松属数种植物茎干中渗出的油树脂，经蒸馏或其他方法提取而得。

【药材性状】本品为无色至微黄色的澄清液体；臭特异。久贮或暴露空气中，臭渐增强，色渐变黄。本品易燃，燃烧时产生浓烟。本品在乙醇中易溶，与三氯甲烷、乙醚或冰醋酸能任意混溶，在水中不溶。

【质量要求】《中国药典》（2020 年版）规定，取本品 1mL，加 90% 乙醇 7mL，振摇使溶解，溶液应澄清。本品酸值应不大于 0.5；含 α–蒎烯（$C_{10}H_{16}$）不得少于 80.0%。

【功能主治】祛风，杀虫。用于疥疮，皮癣。

【用法用量】外用适量，涂擦。

【中药别名】松油，松脂油。

● 7. 侧柏

【分类学地位】柏科 Cupressaceae 侧柏属 *Platycladus*。

【植物形态】乔木（图 2-7-1）。树皮薄，浅灰褐色，纵裂成条片。枝条向上伸展或斜展；生鳞叶的小枝细，向上直展或斜展，扁平，排成一平面。叶鳞形，先端微钝，小枝中央的叶的露出部分呈倒卵状菱形或斜方形，背面中间有条状腺槽，两侧的叶船形，先端微内曲，背部有钝脊，尖头的下方有腺点。雄球花黄色，卵圆形；雌球花近球形，蓝绿色，被白粉。球果近卵圆形，成熟前近肉质，蓝绿色，被白粉，成熟后木质，开裂，红褐色；中间两对种鳞倒卵形或椭圆形，鳞背顶端的下方有一向外弯曲的尖头，上部 1 对种鳞窄长，近柱状，顶端有向上的尖头，下部 1 对种鳞极小，稀退化而不显著。种子卵圆形或近椭圆形，顶端微尖，灰褐色或紫褐色，稍有棱脊，无翅或有极窄之翅。

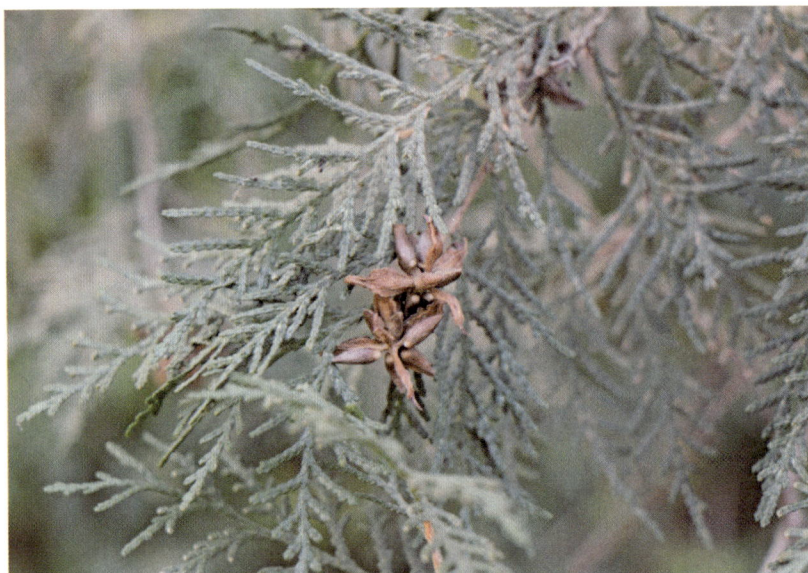

图 2-7-1　侧柏 *Platycladus orientalis*（L.）Franco

【生境】海拔多在 1000m 以下。侧柏在黑龙江省多为人工栽培。

【释名】侧柏之名与其生鳞叶的小枝扁平而排成一平面有关。

【入药部位】以干燥枝梢和叶入药，药材名称为侧柏叶；以干燥成熟种仁入药，药材名称为柏子仁。

侧柏叶 Platycladi Cacumen

【采收加工】多在夏、秋二季采收，阴干。除去硬梗及杂质。

【药材性状】本品多分枝，小枝扁平（图 2-7-2）。叶细小鳞片状，交互对生，贴伏于枝上，深绿色或黄绿色。质脆，易折断。气清香，味苦涩、微辛。

【质量要求】传统经验认为，以叶嫩、色青绿、无碎末者为佳。《中国药典》（2020年版）规定，本品杂质不得过 6%；水分不得过 11.0%；总灰分不得过 10.0%；酸不溶性灰分不得过 3.0%；醇溶性浸出物（热浸法测定）不得少于 15.0%；按干燥品计算，含槲皮苷（$C_{21}H_{20}O_{11}$）不得少于 0.10%。

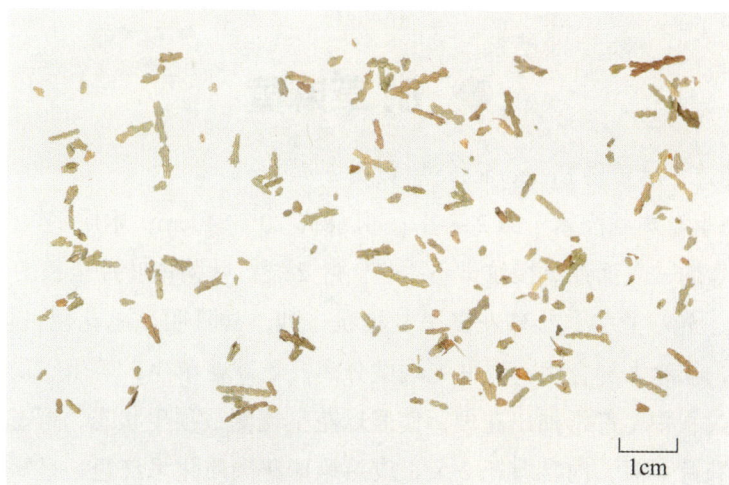

图 2-7-2　侧柏叶药材

【功能主治】凉血止血，化痰止咳，生发乌发。用于吐血，衄血，咯血，便血，崩漏下血，肺热咳嗽，血热脱发，须发早白。

【用法用量】6 ～ 12g。外用适量。

【禁忌】长期或过量服用可伤及脾胃。

【中药别名】扁柏，侧柏。

柏子仁 Platycladi Semen

【采收加工】秋、冬二季采收成熟种子，晒干，除去种皮，收集种仁。

【药材性状】本品呈长卵形或长椭圆形，长 4 ～ 7mm，直径 1.5 ～ 3mm。表面黄白色或淡黄棕色，外包膜质内种皮，顶端略尖，有深褐色的小点，基部钝圆。质软，富油性。气微香，味淡。

【质量要求】传统经验认为，以粒饱满、色黄白、油性大而不泛油、无皮壳杂质者为佳。《中国药典》（2020 年版）规定，本品水分不得过 6.0%；酸值不得过 40.0；羰基值不得过 30.0；过氧化值不得过 0.26。本品每 1000g 含黄曲霉毒素 B_1 不得过 5μg，黄曲霉毒素 G_2、黄曲霉毒素 G_1、黄曲霉毒素 B_2 和黄曲霉毒素 B_1 总量不得过 10μg。

【功能主治】养心安神，润肠通便，止汗。用于阴血不足，虚烦失眠，心悸怔忡，肠燥便秘，阴虚盗汗。

【用法用量】3 ～ 10g。

【禁忌】便溏及痰多者忌服。

【中药别名】柏实，柏子，柏仁。

8. 草麻黄

【分类学地位】麻黄科 Ephedraceae 麻黄属 *Ephedra*。

【植物形态】草本状灌木（图 2-8-1）。其株高 20 ～ 40cm；木质茎短缩或呈匍匐状，小枝直立或稍弯曲，表面细纵棱纹常不明显。叶 2 裂，叶鞘占叶片全长的 1/3 ～ 2/3，裂片呈锐三角形，先端急尖。雄球花多呈复穗状排列，常具明显总花梗，苞片通常 4 对，雄蕊 7 ～ 8 枚，花丝大部合生，偶见先端微分离；雌球花单生，着生于幼枝顶端或老枝叶腋，在发育过程中基部常抽出花梗，使雌球花呈现侧枝顶生状态，形态为卵圆形或矩圆状卵圆形，苞片 4 对，内含雌花 2 朵。成熟雌球花肉质化呈红色，呈矩圆状卵圆形或近圆球形；种子通常 2 粒，包被于苞片内，部分隐匿或与苞片等长，色泽为黑红色或灰褐色，形状为三角状卵圆形或宽卵圆形，表面具细密皱纹，种脐显著，呈半圆形。花期 5 ～ 6 月，种子成熟期 8 ～ 9 月。

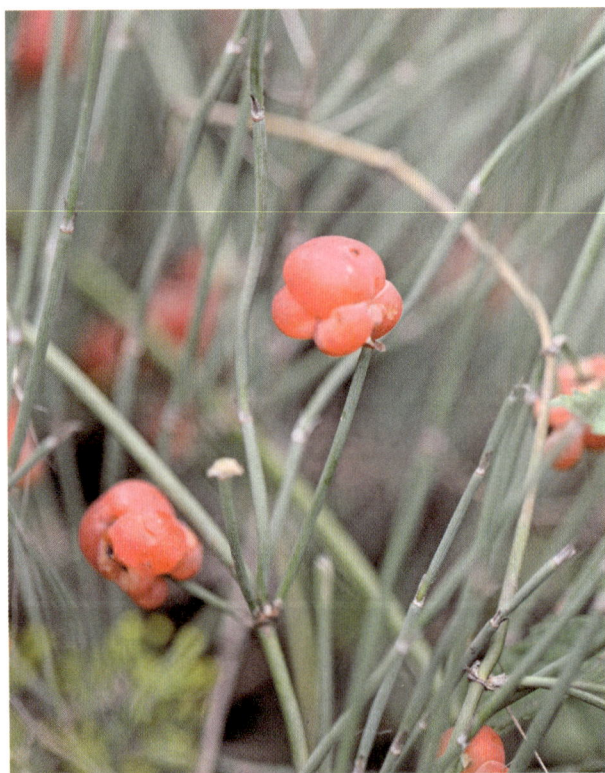

图 2-8-1　草麻黄 *Ephedra sinica* Stapf

【生境】适应性强，习见于山坡、平原、干燥荒地、河床及草原等处，常组成大面积的单纯群落。

【入药部位】以干燥草质茎入药，药材名称为麻黄；以干燥根和根茎入药，药材名称为麻黄根。

【释名】李时珍认为，麻黄得名源于"味麻色黄"；另有学者提出，麻黄因其雄花序呈淡黄色而得名；此外，因其茎枝呈黄绿色，表面具细密纵棱，触之有显著粗糙感，故以"麻黄"为名。

麻黄 Ephedrae Herba

【来源】《中国药典》（2020年版）规定，麻黄药材的植物来源有3种，分别为麻黄科植物草麻黄 *Ephedra sinica* Stapf、中麻黄 *Ephedra intermedia* Schrenk et C. A. Mey. 或木贼麻黄 *Ephedra equisetina* Bge.。

【采收加工】秋季采割绿色的草质茎，晒干。干后切段供药用。

【药材性状】

1. 草麻黄　呈细长圆柱形，少分枝，直径 1～2mm（图2-8-2）。有的带少量棕色木质茎。表面淡绿色至黄绿色，有细纵脊线，触之微有粗糙感。节明显，节间长 2～6cm。节上有膜质鳞叶，长 3～4mm；裂片2（稀3），锐三角形，先端灰白色，反曲，基部联合成筒状，红棕色。休轻，质脆，易折断，断面略呈纤维性，周边绿黄色，髓部红棕色，近圆形。气微香，味涩、微苦。

1cm

图 2-8-2　草麻黄药材

2. 中麻黄 多分枝，直径 1.5 ～ 3mm，有粗糙感。节上膜质鳞叶长 2 ～ 3mm，裂片 3（稀 2），先端锐尖。断面髓部呈三角状圆形。

3. 木贼麻黄 较多分枝，直径 1 ～ 1.5mm，无粗糙感。节间长 1.5 ～ 3cm。膜质鳞叶长 1 ～ 2mm；裂片 2（稀 3），上部为短三角形，灰白色，先端多不反曲，基部棕红色至棕黑色。

【质量要求】传统经验认为，以色淡绿或黄绿、内心红棕色、手拉不脱节、味苦涩者为佳。《中国药典》（2020 年版）规定，本品杂质不得过 5%；水分不得过 9.0%；总灰分不得过 10.0%；按干燥品计算，含盐酸麻黄碱（$C_{10}H_{15}NO \cdot HCl$）和盐酸伪麻黄碱（$C_{10}H_{15}NO \cdot HC1$）的总量不得少于 0.80%。

【功能主治】发汗散寒，宣肺平喘，利水消肿。用于风寒感冒，胸闷喘咳，风水浮肿。蜜麻黄润肺止咳，多用于表证已解，气喘咳嗽。

【用法用量】2 ～ 10g。

【禁忌】凡素体虚弱而自汗、盗汗、气喘者，均忌服。

【中药别名】龙沙，卑相，狗骨。

麻黄根 Ephedrae Radix et Rhizoma

【来源】《中国药典》（2020 年版）规定，麻黄根药材的植物来源有 2 种，分别为麻黄科植物草麻黄 *Ephedra sinica* Stapf 或中麻黄 *Ephedra intermedia* Schrenk et C. A. Mey.。

【采收加工】秋末采挖，除去残茎、须根和泥沙，干燥。

【药材性状】本品呈圆柱形，略弯曲，长 8 ～ 25cm，直径 0.5 ～ 1.5cm。表面红棕色或灰棕色，有纵皱纹和支根痕。外皮粗糙，易成片状剥落。根茎具节，节间长 0.7 ～ 2cm，表面有横长突起的皮孔。体轻，质硬而脆，断面皮部黄白色，木部淡黄色或黄色，射线放射状，中心有髓。气微，味微苦。

【质量要求】《中国药典》（2020 年版）规定，本品水分不得过 10.0%；总灰分不得过 8.0%；水溶性浸出物（冷浸法测定）不得少于 8.0%。

【功能主治】固表止汗。用于自汗，盗汗。

【用法用量】3 ～ 9g。外用适量，研粉撒扑。

【禁忌】有表邪者忌服。

第七章
被子植物

● 9. 桑

【分类学地位】桑科 Moraceae 桑属 *Morus*。

【植物形态】乔木或灌木（图 2-9-1）。其株高 3 ～ 10m 或更高；树皮厚，呈灰色，具不规则浅纵裂纹；小枝被细柔毛。叶为卵形或广卵形，先端急尖、渐尖或圆钝，基部圆形至浅心形，边缘具粗钝锯齿，偶见叶片呈不规则分裂；叶表面鲜绿色，无毛，背面沿叶脉疏生柔毛，脉腋处具簇毛；叶柄被柔毛；托叶披针形，早落，外表面密被细硬毛。花单性，腋生或生于芽鳞腋内，与叶片同期萌发；雄花序下垂，密被白色柔毛；雄花花被片宽椭圆形，淡绿色；花丝在花芽期内折，花药 2 室，呈球形至肾形，纵裂；雌花序被毛，总花梗密被柔毛；雌花无梗，花被片倒卵形，顶端圆钝，外表面及边缘被毛，两侧紧包子房；雌花无花柱，柱头 2 裂，内面具乳头状突起。聚花果为卵状椭圆形，成熟时呈红色或暗紫色。

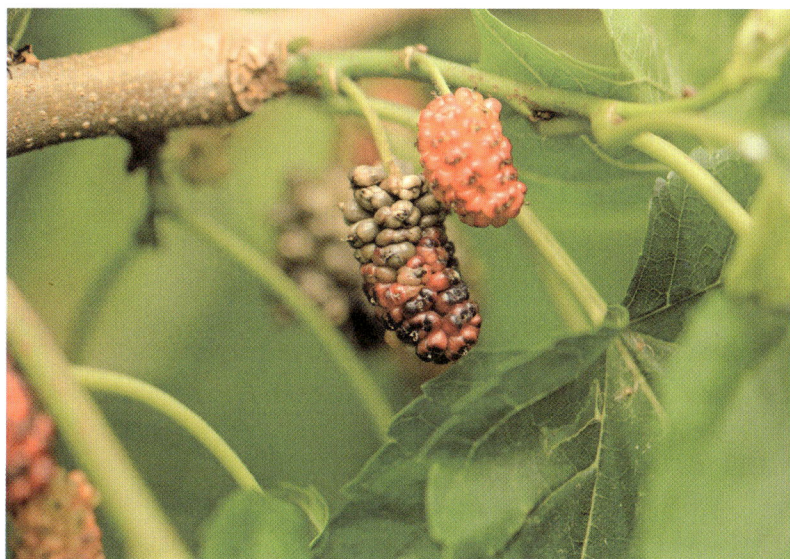

图 2-9-1　桑 *Morus alba* L.

【生境】本种原产于我国中部和北部，现由东北至西南各省区，西北至新疆维吾尔自治区均有栽培。

【入药部位】以干燥嫩枝入药，药材名称为桑枝；以干燥果穗入药，药材名称为桑椹；以干燥叶入药，药材名称为桑叶；以干燥根皮入药，药材名称为桑白皮。

桑枝 Mori Ramulus

【采收加工】春末夏初采收，去叶，晒干，或趁鲜切片，晒干。

【药材性状】本品呈长圆柱形，少有分枝，长短不一，直径 0.5～15cm（图 2-9-2）。表面灰黄色或黄褐色，有多数黄褐色点状皮孔及细纵纹，并有灰白色略呈半圆形的叶痕和黄棕色的腋芽。质坚韧，不易折断，断面纤维性。切片厚 0.2～0.5cm，皮部较薄，木部黄白色，射线放射状，髓部白色或黄白色。气微，味淡。

1cm

图 2-9-2　桑枝药材

【质量要求】传统经验认为，本品以质嫩、断面黄白色者为佳。《中国药典》（2020年版）规定，本品水分不得过 11.0%；总灰分不得过 4.0%；醇溶性浸出物（热浸法测定）不得少于 3.0%。

【功能主治】祛风湿，利关节。用于风湿痹病，肩臂、关节酸痛麻木。

【用法用量】9～15g。

【中药别名】桑条。

桑椹 Mori Fructus

【采收加工】4～6月果实变红时采收，晒干，或略蒸后晒干。

【药材性状】本品为聚花果，由多数小瘦果集合而成，呈长圆形，长 1～2cm，直径

0.5～0.8cm（图2-9-3）。黄棕色、棕红色或暗紫色，有短果序梗。小瘦果卵圆形，稍扁，长约2mm，宽约1mm，外具肉质花被片4枚。气微，味微酸而甜。

图2-9-3 桑椹药材

【质量要求】传统经验认为，本品以个大、肉厚、色紫红、糖性大者为佳。《中国药典》（2020年版）规定，本品水分不得过18.0%；总灰分不得过12.0%；醇溶性浸出物（热浸法测定）不得少于15.0%。

【功能主治】滋阴补血，生津润燥。用于肝肾阴虚，眩晕耳鸣，心悸失眠，须发早白，津伤口渴，内热消渴，肠燥便秘。

【用法用量】9～15g。

【禁忌】脾胃虚寒或腹泻者忌服。

【中药别名】葚，桑实，乌椹，文武实，黑椹，桑枣，桑葚子，桑果，桑粒，桑蔗。

桑叶 Mori Folium

【采收加工】初霜后采收，除去杂质，晒干。

【药材性状】本品多皱缩、破碎（图2-9-4）。完整者有柄，叶片展平后呈卵形或宽卵形，长8～15cm，宽7～13cm。先端渐尖，基部截形、圆形或心形，边缘有锯齿或钝锯齿，有的不规则分裂。上表面黄绿色或浅黄棕色，有的有小疣状突起；下表面颜色稍浅，叶脉突出，小脉网状，脉上被疏毛，脉基具簇毛。质脆。气微，味淡、微苦涩。

【质量要求】传统经验认为，本品以叶片完整、叶大而厚、色黄绿、质脆、无杂质者为佳。《中国药典》（2020年版）规定，本品水分不得过15.0%；总灰分不得过13.0%；酸不溶性灰分不得过4.5%；醇溶性浸出物（热浸法测定）不得少于5.0%；按干燥品计算，含芦丁（$C_{27}H_{30}O_{16}$）不得少于0.10%。

图 2-9-4　桑叶药材

【功能主治】疏散风热，清肺润燥，清肝明目。用于风热感冒，肺热燥咳，头晕头痛，目赤昏花。

【用法用量】5 ～ 10g。

【中药别名】铁扇子，蚕叶。

桑白皮 Mori Cortex

【采收加工】秋末叶落时至次春发芽前采挖根部，去净泥土及须根，趁鲜时刮去黄棕色粗皮，用刀纵向剖开皮部，以木槌轻击，使皮部与木部分离，除去木心，晒干。

【药材性状】本品呈扭曲的卷筒状、槽状或板片状，长短宽窄不一，厚 1 ～ 4mm。外表面白色或淡黄白色，较平坦，有的残留橙黄色或棕黄色鳞片状粗皮；内表面黄白色或灰黄色，有细纵纹（图 2-9-5）。体轻，质韧，纤维性强，难折断，易纵向撕裂，撕裂时有粉尘飞扬。气微，味微甘。

图 2-9-5　桑白皮药材

【质量要求】传统经验认为，本品以色白、皮厚、粉性足者为佳。《中国药典》（2020年版）规定，本品水分不得过 10.0%。

【功能主治】泻肺平喘，利水消肿。用于肺热喘咳，水肿胀满尿少，面目肌肤浮肿。

【用法用量】6 ～ 12g。

【禁忌】肺虚无火力、便多及风寒咳嗽者忌服。

【中药别名】桑根白皮，白桑皮，桑皮。

⬤ 10. 大麻

【分类学地位】桑科 Moraceae 大麻属 *Cannabis*。在最新的 APG Ⅳ 系统中，大麻已调整至大麻科 Cannabaceae 大麻属 *Cannabis*。

【植物形态】一年生直立草本（图 2-10-1）。植株高度 1 ～ 3m。茎枝表面具纵沟槽，密被灰白色贴伏毛。叶为掌状全裂，裂片呈披针形或线状披针形，其中中央裂片最长；先端渐尖，基部狭楔形；叶面深绿色，微被糙毛；叶背幼时密被灰白色贴伏毛，成熟后逐渐脱落；叶缘具向内弯曲的粗锯齿；中脉及侧脉在叶面微下陷，叶背显著隆起。叶柄密被灰白色贴伏毛；托叶线形。雄圆锥花序长达 25cm，黄绿色，花被片 5 枚，膜质，外被细伏贴毛；雄蕊 5 枚，花丝极短，花药长圆形。雌花绿色，花被 1 枚，紧包子房，表面略被小毛；子房近球形，外被苞片包裹。瘦果外包宿存的黄褐色苞片，果皮坚脆，表面具细密网纹。

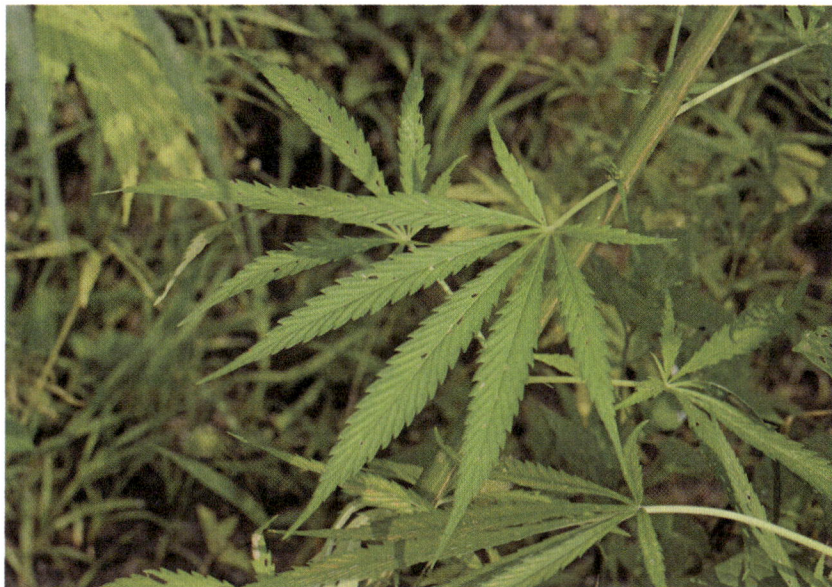

图 2-10-1 大麻 *Cannabis sativa* L.

【**生境**】我国各地均有栽培或野生。在黑龙江省多为栽培。

【**入药部位**】以干燥果实入药，药材名称为火麻仁。

火麻仁 Cannabis Fructus

【**采收加工**】秋季果实成熟时采收，除去杂质，晒干。

【**药材性状**】本品呈卵圆形，长 4 ～ 5.5mm，直径 2.5 ～ 4mm（图 2–10–2）。表面灰绿色或灰黄色，有微细的白色或棕色网纹，两边有棱，顶端略尖，基部有 1 圆形果梗痕。果皮薄而脆，易破碎。种皮绿色，子叶 2，乳白色，富油性。气微，味淡。

图 2–10–2　火麻仁药材

【**质量要求**】传统经验认为，本品以色黄、无皮壳且饱满者佳。

【**功能与主治**】润肠通便。用于血虚津亏，肠燥便秘。

【**用法用量**】10 ～ 15g。

【**禁忌**】肠滑者尤忌。

【**中药别名**】麻子，麻子仁，大麻子，大麻仁，冬麻子，火麻子。

● 11. 槲寄生

【**分类学地位**】桑寄生科 Loranthaceae 槲寄生属 *Viscum*。在最新的 APG Ⅳ 系统中，槲寄生调整至檀香科 Santalaceae 槲寄生属 *Viscum*。

【**植物形态**】灌木，高 0.3 ～ 0.8m。茎、枝均呈圆柱状，二歧或三歧分枝，稀多歧分枝，节稍膨大。叶对生，稀 3 枚轮生，厚革质或革质，长椭圆形至椭圆状披针形，顶端圆形或圆钝，基部渐狭；叶具基出脉 3～5 条；叶柄短。雌雄异株；花序顶生或腋生于茎叉状分枝处（图 2-11-1）。雄花序为聚伞状，总苞呈舟形，通常具花 3 朵，中央的花具 2 枚苞片或无苞片；雄花在花蕾时期呈卵球形，萼片 4 枚，卵形；花药椭圆形。雌花序为聚伞式穗状，具花 3～5 朵，顶生的花具 2 枚苞片或无苞片，交叉对生的花各具 1 枚苞片；苞片阔三角形；雌花在花蕾时期呈长卵球形。果实球形，具宿存花柱，成熟时呈淡黄色或橙红色，果皮平滑。

图 2-11-1　槲寄生 *Viscum coloratum*（Kom.）Nakai

【生境】生长于海拔范围为 500～2000m 的阔叶林中，主要寄生于榆、杨、柳、桦、栎等树种，偶见寄生梨、李、苹果等果树，也可寄生于枫杨属、赤杨属、椴属植物上。常生于树枝干上，形成簇生状灌木丛，多散生分布。

【入药部位】以干燥带叶茎枝入药，药材名称为槲寄生。

槲寄生 Visci Herba

【采收加工】冬季至次春采割，除去粗茎，切段，干燥，或蒸后干燥。

【药材性状】本品茎枝呈圆柱形，2～5 叉状分枝，长约 30cm，直径 0.3～1cm；表面黄绿色、金黄色或黄棕色，有纵皱纹；节膨大，节上有分枝或枝痕；体轻，质脆，易折断，断面不平坦，皮部黄色，木部色较浅，射线放射状，髓部常偏向一边（图 2-11-2）。叶对生于枝梢，易脱落，无柄；叶片呈长椭圆状披针形，长 2～7cm，宽 0.5～1.5cm；先端钝圆，基部楔形，全缘；表面黄绿色，有细皱纹，主脉 5 出，中间 3 条明显；革质。气微，味微苦，嚼之有黏性。

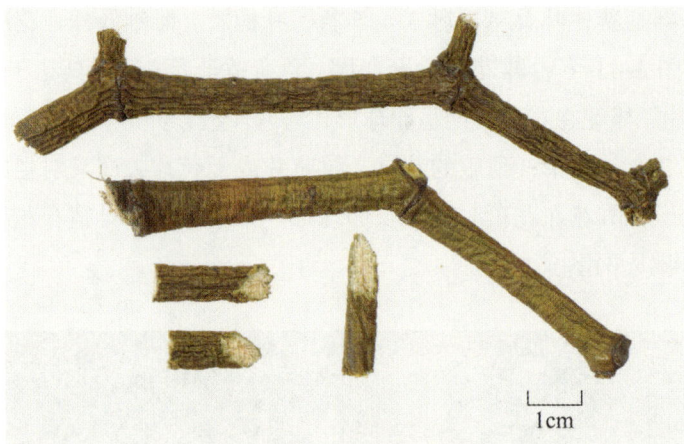

图 2-11-2 槲寄生药材

【质量要求】 传统经验认为，本品以枝嫩、色黄绿、叶多者为佳。《中国药典》（2020年版）规定，本品杂质不得过 2%；水分不得过 12.0%；总灰分不得过 9.0%；酸不溶性灰分不得过 2.5%；醇溶性浸出物（热浸法测定）不得少于 20.0%；按干燥品计算，含紫丁香苷（$C_{17}H_{24}O_9$）不得少于 0.040%。

【功能主治】 祛风湿，补肝肾，强筋骨，安胎元。用于风湿痹痛，腰膝酸软，筋骨无力，崩漏经多，妊娠漏血，胎动不安，头晕目眩。

【用法用量】 9～15g。

【中药别名】 北寄生，柳寄生，倾寄，寄生，黄寄生。

● 12. 萹蓄

【分类学地位】 蓼科 Polygonaceae 蓼属 *Polygonum*。

【植物形态】 一年生草本（图 2-12-1）。茎平卧、上升或直立，高 10～40cm，自基部多分枝，表面具纵棱。叶呈椭圆形、狭椭圆形或披针形，顶端钝圆或急尖，基部楔形，边缘全缘，两面无毛，下表面侧脉明显；叶柄短或近无柄，基部具关节；托叶鞘膜质，下部褐色，上部白色，撕裂状脉纹明显。花单生或 2～5 朵簇生于叶腋，遍布植株；苞片薄膜质，透明；花梗纤细，顶部具关节；花被 5 深裂，裂片椭圆形，绿色，边缘白色或淡红色；雄蕊 8 枚，花丝基部扩展；花柱 3 枚，柱头头状。瘦果卵形，具 3 棱，黑褐色，表面密布由微细点状突起组成的条纹，无光泽，与宿存花被近等长或稍伸出。

【生境】 全国各地均有分布。生长于田边路旁、沟渠边及湿地环境中，海拔范围为 10～4200m。

【入药部位】 以干燥地上部分入药，药材名称为萹蓄。

图 2-12-1　萹蓄 *Polygonum aviculare* L.

萹蓄 Polygoni Avicularis Herba

【采收加工】在播种当年的 7～8 月生长旺盛时采收，齐地割取全株，除去杂草、泥沙，捆成把，晒干。

【药材性状】本品茎呈圆柱形而略扁，有分枝，长 15～40cm，直径 0.2～0.3cm。表面灰绿色或棕红色，有细密微突起的纵纹；节部稍膨大，有浅棕色膜质的托叶鞘，节间长约 3cm；质硬，易折断，断面髓部白色。叶互生，近无柄或具短柄，叶片多脱落或皱缩、破碎，完整者展平后呈披针形，全缘，两面均呈棕绿色或灰绿色。气微，味微苦。

【质量要求】传统经验认为，本品以色绿、叶多、质嫩、无杂质者为佳。《中国药典》（2020 年版）规定，本品水分不得过 12.0%；总灰分不得过 14.0%；酸不溶性灰分不得过 4.0%；醇溶性浸出物（热浸法测定）不得少于 8.0%；按干燥品计算，含杨梅苷（$C_{21}H_{20}O_{12}$）不得少于 0.030%。

【功能主治】利尿通淋，杀虫，止痒。用于热淋涩痛，小便短赤，虫积腹痛，皮肤湿疹，阴痒带下。

【用法用量】9～15g。外用适量，煎洗患处。

【禁忌】多服泄精气。

【中药别名】竹、萹竹、萹苋、畜辩、萹蔓、扁蓄、地萹蓄、编竹、扁畜、粉节草、道生草、扁竹、扁竹蓼、乌蓼、野铁扫把、路柳、疳积药、斑鸠台、蚂蚁草、猪圈草、桌面草、路边草、七星草、铁片草、竹节草、扁猪牙、残竹草、妹子草、大铁马鞭、地蓼、百节、百节草、铁绵草。

13. 红蓼

【分类学地位】蓼科 Polygonaceae 蓼属 *Polygonum*。

【植物形态】一年生草本植物（图 2-13-1）。茎直立，粗壮，株高 1 ~ 2m，上部多分枝，密被开展的长柔毛。叶为宽卵形、宽椭圆形或卵状披针形，顶端渐尖，基部圆形或近心形，微下延，边缘全缘，密生缘毛；叶柄具开展的长柔毛；托叶鞘呈筒状，膜质，被长柔毛，具长缘毛，通常沿顶端具草质、绿色的翅状结构。花序为总状花序，呈穗状排列，顶生或腋生，花排列紧密，微下垂，通常数个花序再组成圆锥状；苞片呈宽漏斗状，草质，绿色，被短柔毛，边缘具长缘毛，每苞内着生 3 ~ 5 朵花；花梗长度超过苞片；花被 5 深裂，花色淡红色或白色；花被片呈椭圆形；雄蕊 7 枚，长度超过花被；花盘明显；花柱 2 枚，中下部合生，长度超过花被，柱头呈头状。瘦果近圆形，双凸镜状，黑褐色，具光泽，包被于宿存花被内。

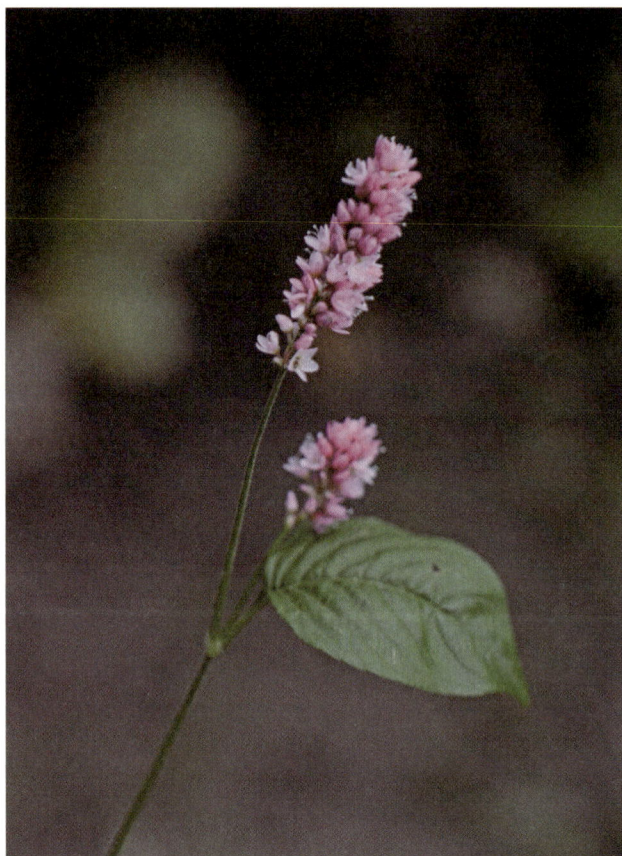

图 2-13-1　红蓼 *Polygonum orientale* L.

【生境】多生长于沟渠边湿地、村边路旁等潮湿环境，海拔范围为 30～2700m。

【入药部位】以干燥成熟果实入药，药材名称为水红花子。

水红花子 Polygoni Orientalis Fructus

【采收加工】秋季果实成熟时割取果穗，晒干，打下果实，除去杂质。

【药材性状】本品呈扁圆形，直径 2～3.5mm，厚 1～1.5mm（图 2-13-2）。表面棕黑色，有的红棕色，有光泽，两面微凹，中部略有纵向隆起。顶端有突起的柱基，基部有浅棕色略突起的果梗痕，有的有膜质花被残留。质硬。气微，味淡。

1cm

图 2-13-2　水红花子药材

【质量要求】传统经验认为，本品以粒大而饱满、色棕黑者为佳。《中国药典》（2020 年版）规定，本品总灰分不得过 5.0%；按干燥品计算，含花旗松素（$C_{15}H_{12}O_7$）不得少于 0.15%。

【功能主治】散血消癥，消积止痛，利水消肿。用于癥瘕痞块，瘿瘤，食积不消，胃脘胀痛，水肿腹水。

【用法用量】15～30g。外用适量，熬膏敷患处。

【禁忌】凡血分无瘀滞及脾胃虚寒者忌服。

【中药别名】水荭子，荭草实，河蓼子，水红子，川蓼子。

14. 杠板归

【分类学地位】蓼科 Polygonaceae 蓼属 *Polygonum*。

【植物形态】一年生攀援草本（图 2-14-1）。茎细长，多分枝，长 1～2m，具明显纵棱，沿棱疏生倒钩状皮刺。叶片呈三角形，先端钝圆或微尖，基部截形或微心形，薄纸质，上表面绿色无毛，下表面沿叶脉疏生细小皮刺；叶柄与叶片近等长，具倒生皮刺，盾状着生于叶片基部近 1/3 处；托叶鞘叶状，草质，绿色，圆形或近圆形，穿茎。花序为短穗状总状花序，顶生或腋生；苞片卵圆形，膜质，每苞片内生 2～4 朵花；花被 5 深裂，白色或淡红色，花被片椭圆形，长约 3mm，果期增大至 5～6mm，肉质化，呈深蓝色；雄蕊 8 枚，略短于花被；花柱 3 枚，中上部合生；柱头头状。瘦果球形，直径约 3mm，黑色，具光泽，包被于宿存肉质花被内。

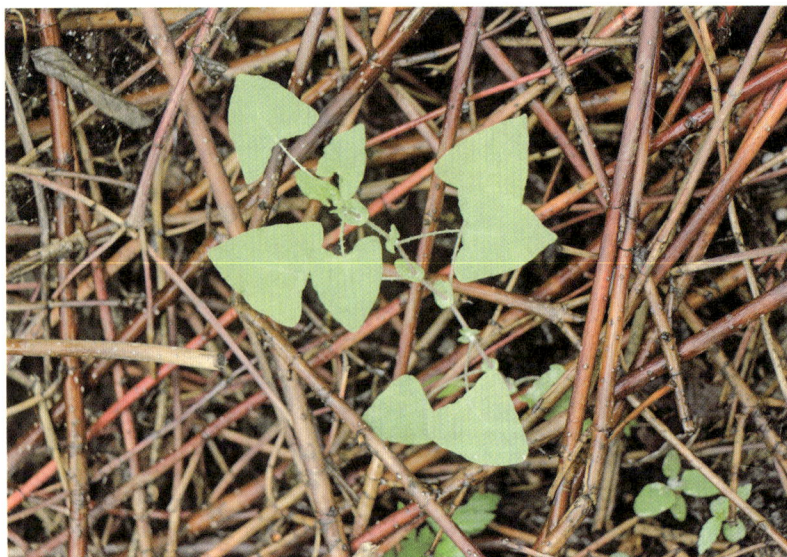

图 2-14-1　杠板归 *Polygonum perfoliatum* L.

【生境】多生长于田边、路旁、山谷湿地及灌丛中，海拔范围为 80～2300m。

【入药部位】以干燥地上部分入药，药材名称为杠板归。

【释名】本品为藤本植物，其茎蔓常攀附于木板等物体上生长，故得名"杠板归"。

杠板归 Polygoni Perfoliati Herba

【采收加工】夏季开花时采割，除去杂质，略洗，切段，干燥。

【药材性状】本品茎略呈方柱形，有棱角，多分枝，直径可达 0.2cm；表面紫红色或紫棕色，棱角上有倒生钩刺，节略膨大，节间长 2～6cm，断面纤维性，黄白色，有髓或中空（图 2-14-2）。叶互生，有长柄，盾状着生；叶片多皱缩，展平后呈近等边三角形，灰绿色至红棕色，下表面叶脉和叶柄均有倒生钩刺；托叶鞘包于茎节上或脱落。短穗状花序顶生或生于上部叶腋，苞片圆形，花小，多萎缩或脱落。气微，茎味淡，叶味酸。

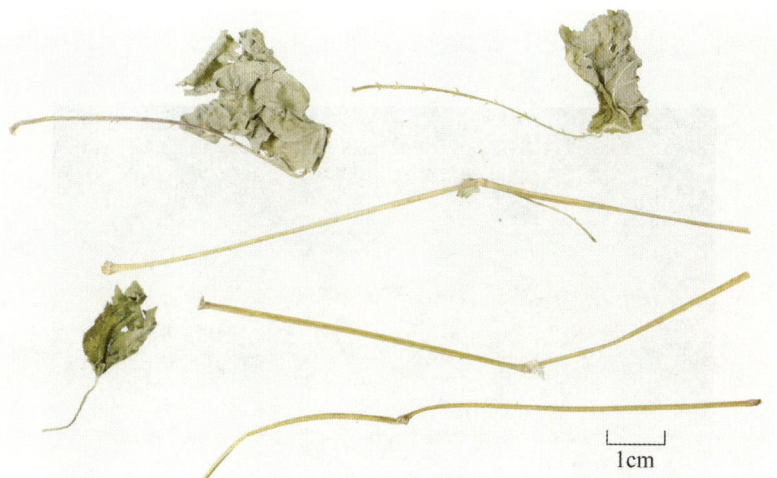

图 2-14-2 杠板归药材

【质量要求】《中国药典》（2020 年版）规定，本品水分不得过 13.0%；总灰分不得过 10.0%；水溶性浸出物（热浸法测定）不得少于 15.0%；按干燥品计算，含槲皮素（$C_5H_{10}O_7$）不得少于 0.15%。

【功能主治】清热解毒，利水消肿，止咳。用于咽喉肿痛，肺热咳嗽，小儿顿咳，水肿尿少，湿热泻痢，湿疹，疔肿，蛇虫咬伤。

【用法用量】15～30g。外用适量，煎汤熏洗。

【禁忌】体质虚弱者慎服。

【中药别名】蛇倒退，犁头刺，河白草，蚂蚱簕，老虎脷，猫爪刺，蛇不过，蛇牙草。

【备注】在《中国植物志》中，杠板归的中文正名与学名为扛板归 *Persicaria perfoliata*（L.）H. Gross。

● 15. 牛膝

【分类学地位】苋科 Amaranthaceae 牛膝属 *Achyranthes*。

【植物形态】多年生草本植物（图 2-15-1）。株高 70～120cm；主根呈圆柱形，表面土黄色；茎具明显棱角或呈四方形，绿色或带紫色，表面被白色贴伏或开展的柔毛，部分个体近无毛，分枝对生。叶片多为椭圆形或椭圆状披针形，少数为倒披针形，先端渐尖呈尾状，基部楔形至宽楔形，两面均被贴伏或开展的柔毛；叶柄密被柔毛。穗状花序顶生及腋生，花期后向下反折；总花梗密被白色柔毛；花多数，密集排列；苞片宽卵形，先端长渐尖；小苞片呈刺状，顶端弯曲，基部两侧各具1枚卵形膜质小裂片；花被片披针形，表面具光泽，先端急尖，具1条明显中脉；退化雄蕊先端平截，边缘具不明显的缺刻状细锯齿。胞果矩圆形，黄褐色，表面光滑。种子矩圆形，黄褐色。

图 2-15-1　牛膝 *Achyranthes bidentata* Blume

【生境】多生长于山坡林下阴湿处，海拔范围为 200 ～ 1750m。

【入药部位】以干燥地上部分入药，药材名称为杠板归。

【释名】因其茎节膨大似牛膝关节，故得此名。

牛膝 Achyranthis Bidentatae Radix

【采收加工】冬季茎叶枯萎时采挖，除去须根和泥沙，捆成小把，晒至干皱后，将顶端切齐，晒干。

【药材性状】本品呈细长圆柱形，挺直或稍弯曲，长 15 ～ 70cm，直径 0.4 ～ 1cm。表面灰黄色或淡棕色，有微扭曲的细纵皱纹、排列稀疏的侧根痕和横长皮孔样的突起。质硬脆，易折断，受潮后变软，断面平坦，淡棕色，略呈角质样而油润，中心维管束木质部较大，黄白色，其外周散有多数黄白色点状维管束，断续排列成 2 ～ 4 轮。气微，味微甜而稍苦涩。

【质量要求】传统经验认为，本品以条长、皮细肉肥、色黄白者为佳。《中国药典》（2020 年版）规定，本品水分不得过 15.0%；总灰分不得过 9.0%；按干燥品计算，含 β-蜕皮甾酮（$C_{27}H_{44}O_7$）不得少于 0.030%。

【功能主治】逐瘀通经，补肝肾，强筋骨，利尿通淋，引血下行。用于经闭，痛经，腰膝酸痛，筋骨无力，淋证，水肿，头痛，眩晕，牙痛，口疮，吐血，衄血。

【用法用量】5 ～ 12g。

【禁忌】孕妇慎用。

【中药别名】怀牛膝，怀夕，真夕，怀膝，牛茎，百倍。

🟢 16. 鸡冠花

【分类学地位】苋科 Amaranthaceae 青葙属 Celosia。

【植物形态】一年生草本植物（图 2-16-1）。株高 60 ～ 90cm，全株无毛；茎直立，粗壮，表面具纵棱。叶互生，叶片卵形、卵状披针形或披针形，先端渐尖，基部渐狭，全缘，两面无毛；叶柄长 1 ～ 2cm。花序顶生，扁平鸡冠状，中部以下密生多数小花；苞片、小苞片及花被片呈紫色、黄色或淡红色，干膜质，宿存；雄蕊 5 枚，花丝下部合生成杯状。胞果卵形，长约 3mm，成熟时盖裂，包裹于宿存花被内。种子黑色，肾形，表面具细网状纹。

【生境】原产热带地区，现我国南北各地广泛栽培，喜温暖湿润气候。

【入药部位】以干燥花序入药，药材名称为鸡冠花。

【释名】本品花序扁平肥厚，色泽艳丽，形似鸡冠。《本草纲目》载："鸡冠花，以花状命名。"

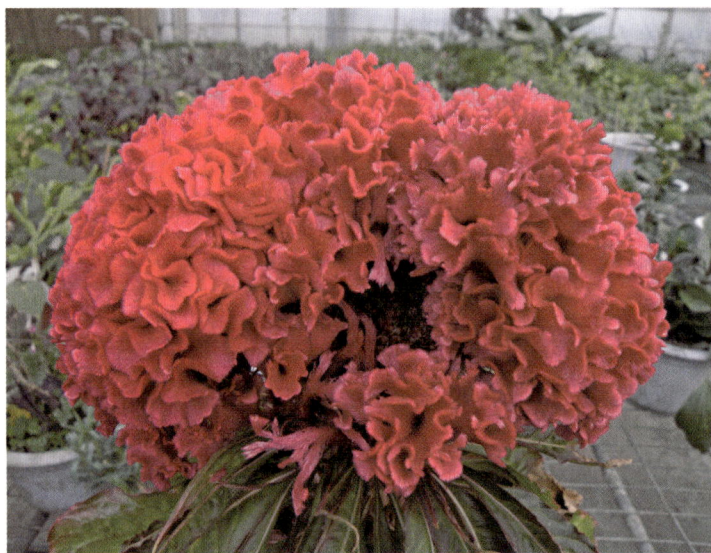

图 2-16-1　鸡冠花 *Celosia cristata* L.

鸡冠花 Celosiae　Cristatae　Flos

【采收加工】秋季花盛开时采收，晒干。

【药材性状】本品为穗状花序，多扁平而肥厚，呈鸡冠状，长 8 ～ 25cm，宽 5 ～ 20cm，上缘宽，具皱褶，密生线状鳞片，下端渐窄，常残留扁平的茎。表面红色、紫红色或黄白色。中部以下密生多数小花，每花宿存的苞片和花被片均呈膜质。果实盖裂，种子扁圆肾形，黑色，有光泽。体轻，质柔韧。气微，味淡。

【质量要求】传统经验认为，本品以朵大而扁、色泽鲜艳的白鸡冠花较佳。《中国药典》（2020 年版）规定，本品水分不得过 13.0%；总灰分不得过 13.0%；酸不溶性灰分不得过 3.0%；水溶性浸出物（热浸法测定）不得少于 17.0%。

【功能主治】收敛止血，止带，止痢。用于吐血，崩漏，便血，痔血，赤白带下，久痢不止。

【用法用量】6 ～ 12g。

【中药别名】鸡髻花，鸡公花，鸡冠头，老来少。

17. 垂序商陆

【分类学地位】商陆科 Phytolaccaceae 商陆属 *Phytolacca*。

【植物形态】多年生草本植物，株高 1 ～ 2m。根系发达，主根粗壮肥大，呈倒圆锥形，外皮黄褐色。茎直立，圆柱形，表面具纵棱，幼时常呈紫红色。单叶互生，叶片纸质，椭圆状卵形至卵状披针形，先端急尖，基部楔形下延；叶柄长 1～4cm，腹面具浅沟。总状花序顶生或腋生，花序轴被短柔毛；花梗纤细，基部具苞片 1 枚；花两性，直径约 6mm，花被片 5 枚，白色或淡粉红色；雄蕊 10 枚，2 轮排列；心皮 10 枚，合生，花柱直立。果序下垂（图 2-17-1）；浆果扁球形，具 8～10 条纵棱，成熟时呈紫黑色，多汁；种子肾形，黑色具光泽。花期 5～8 月，果期 6～10 月。

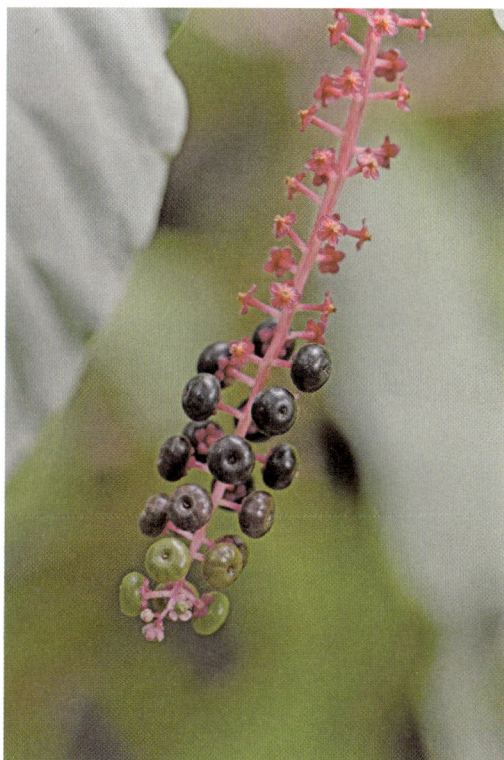

图 2-17-1　垂序商陆 *Phytolacca americana* L.

【生境】原产于北美洲，现为引入栽培种。

【入药部位】以干燥根入药，药材名称为商陆。

【释名】本品因具逐水消肿之效，古人称"蓫薚"，后音讹为"商陆"；亦有别名称"当陆"，一说因其枝序对生、叶序交互而得名，一说因多生于路径两旁故称。北方方言中又讹作"章柳"。

商陆 Phytolaccae Radix

【来源】《中国药典》（2020 年版）规定，商陆药材的植物来源有 2 种，分别为商陆

科植物商陆 *Phytolacca acinosa* Roxb. 和垂序商陆 *Phytolacca americana* L.。

【采收加工】秋季至次春采挖，除去须根和泥沙，切成块或片，晒干或阴干。

【药材性状】本品为横切或纵切的不规则块片，厚薄不等（图2-17-2）。外皮灰黄色或灰棕色。横切片弯曲不平，边缘皱缩，直径2～8cm；切面浅黄棕色或黄白色，木部隆起，形成数个突起的同心形环轮。纵切片弯曲或卷曲，长5～8cm，宽1～2cm，木部呈平行条状突起。质硬。气微，味稍甜，久嚼麻舌。

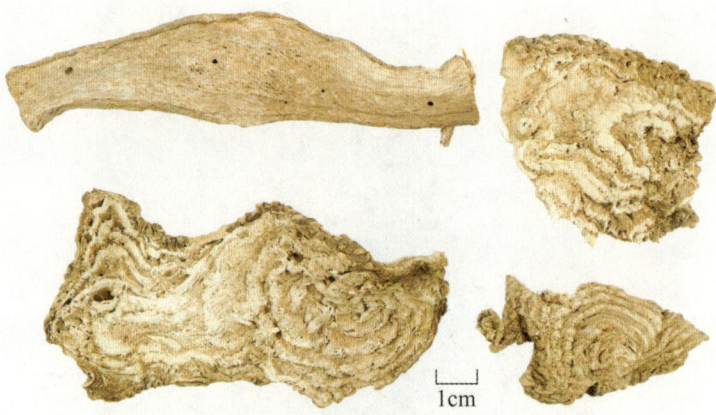

图2-17-2　商陆药材

【质量要求】传统经验认为，本品以片大色白、有粉性、两面环纹明显者为佳。《中国药典》（2020年版）规定，本品杂质不得过2%；水分不得过13.0%；酸不溶性灰分不得过2.5%；水溶性浸出物（冷浸法测定）不得少于10.0%；按干燥品计算，含商陆皂苷甲（$C_{42}H_{66}O_{16}$）不得少于0.15%。

【功能主治】逐水消肿，通利二便；外用解毒散结。用于水肿胀满，二便不通；外治痈肿疮毒。

【用法用量】3～9g。外用适量，煎汤熏洗。

【禁忌】孕妇及体虚者禁用。

【中药别名】当陆，章陆，山萝卜，见肿消，牛大黄，野萝卜，地萝卜，章柳根，白昌。

【备注】中药商陆的另外一个植物来源商陆在黑龙江省亦有分布。商陆根肥大，肉质，倒圆锥形，外皮淡黄色或灰褐色，断面黄白色。茎直立，圆柱形，具纵沟，肉质，绿色或红紫色，多分枝。叶薄纸质，椭圆形至披针状椭圆形，先端急尖或渐尖，基部楔形，两面散生细小白色针晶体，背面中脉凸起；叶柄长1.5～3cm，基部稍扁宽。总状花序顶生或与叶对生，圆柱状，直立；花两性，直径约8mm；花被片5枚，白色或黄绿色；雄蕊8～10枚；心皮通常为8枚，离生。浆果扁球形，直径约7mm，熟时黑色；

种子肾形，黑色，具 3 棱。花期 5 ～ 8 月，果期 6 ～ 10 月。商陆在黑龙江省多为人工引种栽培。除东北、内蒙古、青海、新疆维吾尔自治区外，商陆普遍野生于海拔范围为 500 ～ 3400m 的沟谷、山坡林下、林缘路旁；也栽植于房前屋后及园地中，多生于湿润肥沃地，喜生垃圾堆上。

18. 马齿苋

【分类学地位】马齿苋科 Portulacaceae 马齿苋属 *Portulaca*。

【植物形态】一年生草本植物（图 2-18-1）。全株无毛。茎呈圆柱形，平卧或斜倚生长，伏地铺散，多分枝，表面淡绿色或带暗红色。叶互生，偶见近对生；叶片扁平肥厚，倒卵形，形似马齿状，顶端圆钝或平截，偶见微凹，基部楔形，叶缘全缘；叶柄粗短。花无梗，通常 3 ～ 5 朵簇生于枝端，午时盛开；苞片 2 ～ 6 枚，呈叶状，膜质，近轮生；萼片 2 枚，对生，绿色，盔形，左右压扁，顶端急尖，背部具龙骨状凸起，基部合生；花瓣 5 枚（偶见 4 枚），黄色，倒卵形，顶端微凹，基部合生；雄蕊通常 8 枚或更多，花药黄色；子房无毛，花柱较雄蕊稍长，柱头 4 ～ 6 裂，呈线形。蒴果卵球形，成熟时盖裂；种子细小，数量众多，呈偏斜球形，表面黑褐色，具光泽，密布小疣状凸起。

图 2-18-1 马齿苋 *Portulaca oleracea* L.

【生境】适应性强，喜肥沃土壤，兼具耐旱和耐涝特性。常见生长于菜园、农田、路旁等开阔地带，是典型的田间杂草。

【入药部位】以干燥地上部分入药，药材名称为马齿苋。

马齿苋 Portulacae Herba

【采收加工】夏、秋二季采收，除去残根和杂质，洗净，略蒸或烫后晒干。

【药材性状】本品多皱缩卷曲，常结成团（图 2-18-2）。茎圆柱形，长可达 30cm，直径 0.1～0.2cm，表面黄褐色，有明显纵沟纹。叶对生或互生，易破碎，完整叶片倒卵形，长 1～2.5cm，宽 0.5～1.5cm；绿褐色，先端钝平或微缺，全缘。花小，3～5 朵生于枝端，花瓣 5，黄色。蒴果圆锥形，长约 5mm，内含多数细小种子。气微，味微酸。

1cm

图 2-18-2　马齿苋药材

【质量要求】传统经验认为，本品以棵小、质嫩、叶多、青绿色者为佳。《中国药典》（2020 年版）规定，本品水分不得过 12.0%。

【功能主治】清热解毒，凉血止血，止痢。用于热毒血痢，痈肿疔疮，湿疹，丹毒，蛇虫咬伤，便血，痔血，崩漏下血。

【用法用量】9～15g。外用适量捣敷患处。

【禁忌】凡脾胃虚寒、肠滑泄泻者勿用；煎服方剂中不得与鳖甲同用。

【中药别名】马齿草，马苋，马齿菜，五方草，长命菜，灰苋，马踏菜，酱瓣草，安乐菜，酸苋，豆板菜，瓜子菜，长命苋，酱瓣豆草，蛇草，酸味菜，猪母菜，地马菜，马蛇子菜，蚂蚁菜，长寿菜，耐旱菜。

🟢 19. 瞿麦

【分类学地位】石竹科 Caryophyllaceae 石竹属 Dianthus。

【植物形态】多年生草本，株高 50～60cm，偶可达更高。茎丛生，直立，绿色，无毛，上部具分枝。叶线状披针形，先端锐尖，中脉明显，基部合生成鞘状，叶色绿或略带粉绿色。花单生或 2 朵并生于枝端，偶见顶下腋生；苞片 2～3 对，倒卵形，长度约为花萼的 1/4，先端长渐尖；花萼圆筒形，常带紫红色晕，萼齿披针形，内藏于萼筒；花瓣宽倒卵形，边缘深裂至中部或以上，通常呈淡红色或紫色，稀为白色，喉部具丝毛状鳞片（图 2-19-1）；雄蕊与花柱稍外露。蒴果圆筒形，与宿存花萼等长或略长，顶端 4 裂；种子扁卵圆形，黑色，具光泽。

图 2-19-1　瞿麦 *Dianthus superbus* L.

【生境】多分布于海拔范围为 400～3700m 的丘陵、山地疏林下、林缘、草甸及沟谷溪边等湿润环境中。

【入药部位】以干燥地上部分入药，药材名称为瞿麦。

【释名】李时珍《本草纲目》释名："生于两旁谓之瞿。此麦之穗旁生，故也。"

瞿麦 Dianthi Herba

【来源】《中国药典》（2020 年版）规定，瞿麦药材的植物来源有 2 种，分别为瞿麦 *Dianthus superbus* L. 和石竹科植物石竹 *Dianthus chinensis* L.。石竹以瞿麦之名药用，是瞿麦药材的主要基原植物。两种植物均具有悠久的药用历史，其功效与主治在历代本草著作中均有明确记载。

【采收加工】夏、秋二季花果期采割，除去杂质，干燥。

【药材性状】

1. 瞿麦 茎圆柱形，上部有分枝，长 30～60cm；表面淡绿色或黄绿色，光滑无毛，节明显，略膨大，断面中空（图 2-19-2）。叶对生，多皱缩，展平叶片呈条形至条状披针形。枝端具花及果实，花萼筒状，长 2.7～3.7cm；苞片 4～6，宽卵形，长约为萼筒的 1/4；花瓣棕紫色或棕黄色，卷曲，先端深裂成丝状。蒴果长筒形，与宿萼等长。种子细小，多数。气微，味淡。

2. 石竹 萼筒长 1.4～1.8cm，苞片长约为萼筒的 1/2；花瓣先端浅齿裂。

图 2-19-2　瞿麦药材

【质量要求】 传统经验认为，本品以干燥、色青绿、无杂草、无根及花未开放者为佳。《中国药典》（2020 年版）规定，本品水分不得过 12.0%；总灰分不得过 10.0%。

【功能主治】 利尿通淋，活血通经。用于热淋，血淋，石淋，小便不通，淋沥涩痛，经闭瘀阻。

【用法用量】 9～15g。

【禁忌】 孕妇慎用。

【中药别名】 巨句麦，大兰，山瞿麦，南天竺草，剪绒花，竹节草，瞿麦穗，龙须，四时美，圣茏草子。

【备注】 中药瞿麦的另一个来源石竹在黑龙江省亦有分布。石竹为多年生草本，株高 30～50cm（图 2-19-3）。全株无毛，表面呈粉绿色。茎由根颈处簇生，呈疏丛状直立生长，上部具分枝。叶片为线状披针形，先端渐尖，基部略狭，叶缘全缘或具细微锯齿，中脉明显突起。花序形态多样，单生于枝顶或数朵聚集成聚伞花序；苞片 4 枚，呈卵形，先端长渐尖，长度超过花萼的 1/2，边缘为膜质且具缘毛；花萼呈圆筒状，表面具明显纵棱，萼齿披针形，直立伸展，先端尖锐且具缘毛；花瓣为倒卵状三角形，颜色多样，可见紫红色、粉红色、鲜红色或白色，先端具不规则齿裂，喉部具明显斑纹并疏生髯毛；

雄蕊显著伸出花冠喉部，花药呈蓝色；雌蕊具长圆形子房，花柱线形。果实为圆筒形蒴果，成熟时包被于宿存花萼内，顶端 4 裂；种子黑色，扁圆形。该物种主要分布于草原、山坡草地及林缘等。

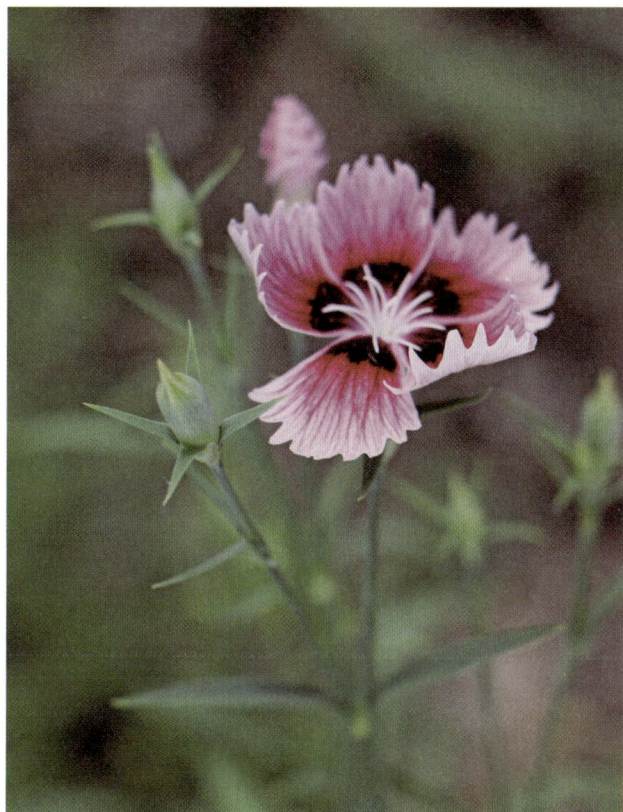

图 2-19-3　石竹 *Dianthus chinensis* L.

20. 麦蓝菜

【分类学地位】石竹科 Caryophyllaceae 石头花属 *Vaccaria*。

【植物形态】一年生或二年生草本（图 2-20-1）。株高 30 ～ 70cm；全株无毛，表面微被白粉，呈灰绿色。茎单一，直立，上部具分枝。叶片卵状披针形至披针形，基部圆形或近心形，微抱茎，顶端急尖，具 3 条基出脉。伞房花序疏松；花梗纤细；苞片披针形，着生于花梗中上部；花萼卵状圆锥形，后期稍膨大呈球形，具绿色棱线，棱间呈绿白色，近膜质，萼齿短小，三角形，顶端急尖，边缘膜质；雌雄蕊柄极短；花瓣淡红色，爪部狭楔形，淡绿色，瓣片狭倒卵形，斜展或平展，先端微凹或偶具不明显缺刻；雄蕊内藏；花柱线形，稍外露。蒴果宽卵形或近球形；种子近球形，表面红褐色至黑色。

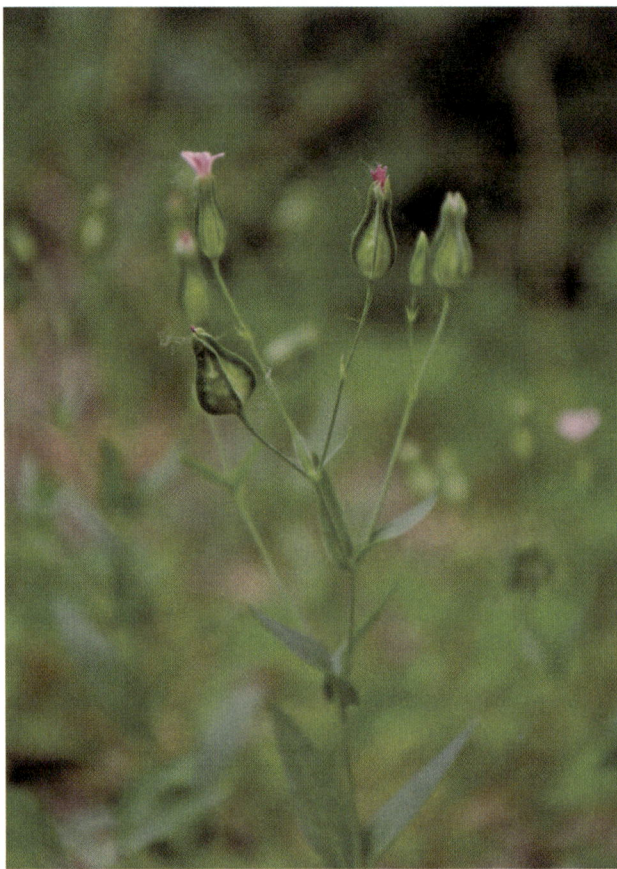

图 2-20-1 麦蓝菜 *Vaccaria segetalis*（Neck.）Garcke

【生境】多生长于草坡、撂荒地或麦田，为麦田常见杂草。黑龙江省有栽培。

【入药部位】以干燥成熟种子入药，药材名称为王不留行。

【释名】本品性善走窜，通行力强，虽有王命亦不能留其行，故名王不留行。

王不留行 Vaccariae Semen

【采收加工】待果皮未开裂、种子大部呈黄褐色（少数转黑）时采收。宜于清晨露水未干时齐地面割取地上部分，捆扎成把，置通风干燥处后熟 5～7 天，待种子全部转黑后脱粒，扬净杂质，再晒至种子含水量低于 10% 即得成品。若采用联合收割机作业，可一次性完成收割、脱粒工序，后续经晒干、清选去杂即可，此法省工高效。

【药材性状】本品呈球形，直径约 2mm（图 2-20-2）。表面黑色，少数红棕色，略有光泽，有细密颗粒状突起，一侧有 1 凹陷的纵沟。质硬。胚乳白色，胚弯曲成环，子叶 2 枚。气微，味微涩、苦。

1cm

图 2-20-2 王不留行药材

【质量要求】传统经验认为，本品以干燥、粒饱满、色乌黑、无杂质者为佳。《中国药典》（2020 年版）规定，本品水分不得过 12.0%；总灰分不得过 4.0%；醇溶性浸出物（热浸法测定）不得少于 6.0%；按干燥品计算，含王不留行黄酮苷（$C_{32}H_{38}O_{19}$）不得少于0.40%。

【功能主治】活血通经，下乳消肿，利尿通淋。用于经闭，痛经，乳汁不下，乳痈肿痛，淋证涩痛。

【用法用量】5 ～ 10g。

【禁忌】孕妇慎用。

【中药别名】留行子，奶米，王牡牛，大麦牛，不留行，王不流行，禁宫花，剪金花，金剪刀草，金盏银台，麦蓝子，剪金子。

🔵 21. 银柴胡

【分类学地位】石竹科 Caryophyllaceae 繁缕属 *Stellaria*。

【植物形态】多年生草本（图 2-21-1）。株高 15 ～ 60cm；全株呈扁球形，密被腺毛。主根粗壮，呈圆柱形。茎丛生，圆柱状，多次二歧分枝，表面被腺毛或短柔毛。叶为线状披针形、披针形或长圆状披针形，先端渐尖。聚伞花序顶生，多花；花梗纤细，被柔毛；萼片 5 枚，披针形，先端渐尖，边缘具膜质，外表面被腺毛或短柔毛，稀近无毛，中脉显著；花瓣 5 片，白色，呈倒披针形轮廓，裂片近线形；雄蕊 10 枚，长度仅为花瓣的 1/3 ～ 1/2；子房卵形或宽椭圆状倒卵形；花柱 3 枚，线形。蒴果通常含 1 粒种子。

【生境】生长于海拔范围为 1250 ～ 3100m 的石质山坡或石质草原。

【入药部位】以干燥根入药，药材名称为银柴胡。

【释名】《本草正义》云："柴胡，古以银州产者为胜。"

图 2-21-1　银柴胡 *Stellaria dichotoma* L. var. *Lanceolata* Bge.

银柴胡 Stellariae Radix

【采收加工】春、夏间植株萌发或秋后茎叶枯萎时采挖；栽培品于种植后第三年 9 月中旬或第四年 4 月中旬采挖，除去残茎、须根及泥沙，晒干。

【药材性状】本品呈类圆柱形，偶有分枝，长 15～40cm，直径 0.5～2.5cm（图 2-21-2）。表面浅棕黄色至浅棕色，有扭曲的纵皱纹和支根痕，多具孔穴状或盘状凹陷，习称"砂眼"，从砂眼处折断可见棕色裂隙中有细砂散出。根头部略膨大，有密集的呈疣状突起的芽苞、茎或根茎的残基，习称"珍珠盘"。质硬而脆，易折断，断面不平坦，较疏松，有裂隙，皮部甚薄，木部有黄、白色相间的放射状纹理。气微，味甘。

【质量要求】传统经验认为，本品以条长、外皮淡黄棕色、断面黄白色者为佳。《中国药典》（2020 年版）规定，本品酸不溶性灰分不得过 5.0%；醇溶性浸出物（冷浸法测定）不得少于 20.0%。

图 2-21-2 银柴胡药材

【功能主治】清虚热，除疳热。用于阴虚发热，骨蒸劳热，小儿疳热。

【用法用量】3 ～ 10g。

【禁忌】外感风寒及血虚无热者忌服。

【中药别名】银胡，山菜根，山马踏菜根，肚根，沙参儿，白根子，土参，银夏柴胡，牛肚根。

🟢🟠 22. 地肤

【分类学地位】藜科 Chenopodiaceae 地肤属 *Kochia*。在最新的 APG Ⅳ 系统中，地肤已调整至苋科 Amaranthaceae 沙冰藜属 *Bassia*，学名修订为 *Bassia scoparia*（L.）A. J. Scott。

【植物形态】一年生草本植物（图 2-22-1）。株高 50 ～ 100cm。根系略呈纺锤形。茎直立，圆柱形，多分枝。叶互生，呈平面披针形或条状披针形，叶面无毛或具稀疏短毛，先端短渐尖，基部渐狭并延伸为短柄，具 3 条明显主脉（偶见 5 脉），边缘具疏生的锈色绢状缘毛；茎上部叶片渐小，无柄，通常仅具 1 脉。花两性或雌性，常 1 ～ 3 朵簇生于上部叶腋，组成疏散的穗状圆锥花序；花梗基部偶见锈色长柔毛；花被近球形，淡绿色，5 裂，裂片呈三角形，先端钝圆，无毛或先端微被毛；花被背部附属物呈三角形至倒卵形，偶近扇形，膜质，脉纹不明显，边缘微波状或具缺刻；雄蕊 5 枚，花丝纤细，花药淡黄色；雌蕊具 2 枚丝状紫褐色柱头，花柱极短。胞果扁球形，果皮膜质，与种子分离。种子卵形，黑褐色，表面微具光泽；胚环形，胚乳粉质块状。

【生境】生长于田边、路旁、荒地等处。黑龙江省有栽培。

【入药部位】以干燥成熟果实入药，药材名称为地肤子。

图 2-22-1　地肤 *Kochia scoparia*（L.）Schrad.

地肤子 Kochiae Fructus

【采收加工】秋季果实成熟时采收植株，晒干，打下果实，除去杂质。

【药材性状】本品呈扁球状五角星形，直径 1～3mm。外被宿存花被，表面灰绿色或浅棕色，周围具膜质小翅 5 枚，背面中心有微突起的点状果梗痕及放射状脉纹 5～10 条；剥离花被，可见膜质果皮，半透明。种子扁卵形，长约 1mm，黑色。气微，味微苦。

【质量要求】传统经验认为，本品以色灰绿、粒饱满、无枝叶杂质者为佳。《中国药典》（2020 年版）规定，本品水分不得过 14.0%；总灰分不得过 10.0%；酸不溶性灰分不得过 3.0%；按干燥品计算，含地肤子皂苷 I_C（$C_{41}H_{64}O_{13}$）不得少于 1.8%。

【功能主治】清热利湿，祛风止痒。用于小便涩痛，阴痒带下，风疹，湿疹，皮肤瘙痒。

【用法用量】9～15g。外用适量，煎汤熏洗。

【中药别名】地葵，地麦，落帚子，竹帚子，千头子，帚菜子，铁扫把子，独扫子，扫帚子，独帚子，扫帚菜子，地肤实。

23. 五味子

【分类学地位】木兰科 Magnoliaceae 五味子属 *Schisandra*。在最新的 APG Ⅳ 系统中，五味子已调整至五味子科 Schisandraceae 五味子属 *Schisandra*。

【植物形态】落叶木质藤本。除幼叶背面被柔毛及芽鳞具缘毛外，其余部分无毛。幼枝红褐色，老枝灰褐色，表面常具皱纹，呈片状剥落。叶膜质，先端急尖，基部楔形，叶基下延成极狭的翅。雄花：中部以下具狭卵形苞片，花被片粉白色或粉红色，6～9 枚；雄蕊 5（稀 6）枚，互相靠贴。雌花：花被片与雄花相似；雌蕊群近卵圆形，由 17～40 枚心皮组成。子房卵圆形或卵状椭圆体形，柱头鸡冠状，下端下延成附属体。聚合果；小浆果红色，近球形或倒卵圆形，果皮具不明显腺点（图 2-23-1）。种子 1～2 粒，肾形，淡褐色，种皮光滑，种脐明显凹入呈"U"形。

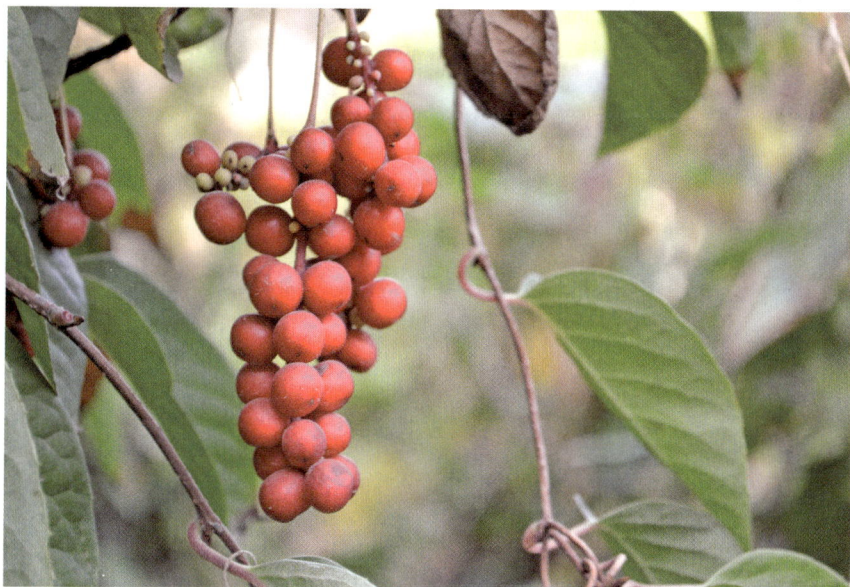

图 2-23-1 五味子 *Schisandra chinensis*（Turcz.）Baill.

【生境】生长于海拔范围为 1200～1700m 的沟谷、溪旁、山坡。

【入药部位】以干燥成熟果实入药，药材名称为五味子，习称"北五味子"。

【释名】其外皮及果肉味甘、酸；种核味辛、苦；整体兼具咸味。因五味俱全，故得名五味子。

五味子 Schisandrae Chinensis Fructus

【采收加工】秋季果实成熟时采摘，晒干或蒸后晒干，除去果梗和杂质。用时捣碎。

【药材性状】本品呈不规则的球形或扁球形，直径 5～8mm（图 2-23-2）。表面红色、紫红色或暗红色，皱缩，显油润；有的表面呈黑红色或出现"白霜"。果肉柔软，种子 1～2 粒，肾形，表面棕黄色，有光泽，种皮薄而脆。果肉气微，味酸；种子破碎后，有香气，味辛、微苦。

图 2-23-2　五味子药材

【质量要求】传统经验认为，本品以色红、粒大、肉厚、有油性及光泽者为佳。《中国药典》（2020 年版）规定，本品杂质不得过 1%；水分不得过 16.0%；总灰分不得过 7.0%；含五味子醇甲（$C_{24}H_{32}O_7$）不得少于 0.40%。

【用法用量】2～6g。

【功能与主治】收敛固涩，益气生津，补肾宁心。用于久咳虚喘，梦遗滑精，遗尿尿频，久泻不止，自汗盗汗，津伤口渴，内热消渴，心悸失眠。

【禁忌】外有表邪、内有实热，或咳嗽初起、痧疹初发者忌服。

【中药别名】北五味子，辽五味子，菋，玄及，会及，五梅子，玄及子，山花椒。

24. 北乌头

【分类学地位】毛茛科 Ranunculaceae 乌头属 *Aconitum*。

【植物形态】块根呈圆锥形或胡萝卜形。茎直立，高 65～150cm，表面无毛，具等距互生叶，多分枝。茎中部叶具稍长柄或短柄；叶片纸质至近革质，五角形，基部呈心形，三全裂，中央全裂片为菱形，先端渐尖，近羽状分裂，小裂片呈披针形，侧全裂片为斜扇形，不等二深裂。顶生总状花序着花 9 ～ 22 朵（图 2-24-1）；花序轴与花梗均无毛；下部苞片三裂，上部苞片呈长圆形或线形；小苞片着生于花梗中部或下部，线形至钻状线形；萼片紫蓝色，外被疏曲柔毛或近无毛，上萼片呈盔形或高盔形，具短喙或长喙，下萼片为长圆形；花瓣无毛，向后反卷或近拳卷；雄蕊无毛，花丝全缘或具 2 小齿；心皮 4 ～ 5 枚，光滑无毛。蓇葖果直立；种子扁椭圆球形，沿棱具狭翅，仅一面生有横膜翅。

图 2-24-1　北乌头 *Aconitum kusnezoffii* Reichb.

【生境】生长于山地草坡或疏林中，海拔范围为 1000 ～ 2400m。

【入药部位】以干燥块根入药，药材名称为草乌；以干燥叶入药，药材名称为草乌叶。

【释名】因其块根表面暗褐色，形态似乌鸦头部，故得名"乌头"。

草乌 Aconiti Kusnezoffii Radix

【采收加工】通常在 11 月下旬至 12 月上旬（地上部分枯萎后）采挖。采收时先于地块一侧开挖深约 30cm 的沟槽，依次顺序采挖，操作时需避免损伤块根，以防伤口霉变。采得后除去茎叶及附着泥土，就地摊晾以散失部分水分。待晒至微软时收回，经清水浸泡漂净表面泥沙后，均匀摊铺于竹篾席上晾晒，干燥后即得。

【药材性状】本品呈不规则长圆锥形，略弯曲，长 2 ～ 7cm，直径 0.6 ～ 1.8cm（图 2-24-2）。顶端常有残茎和少数不定根残基，有的顶端一侧有一枯萎的芽，一侧有一圆形或扁圆形不定根残基。表面灰褐色或黑棕褐色，皱缩，有纵皱纹、点状须根痕及数个瘤状侧根。质硬，断面灰白色或暗灰色，有裂隙，形成层环纹多角形或类圆形，髓部较大或中空。气微，味辛辣、麻舌。

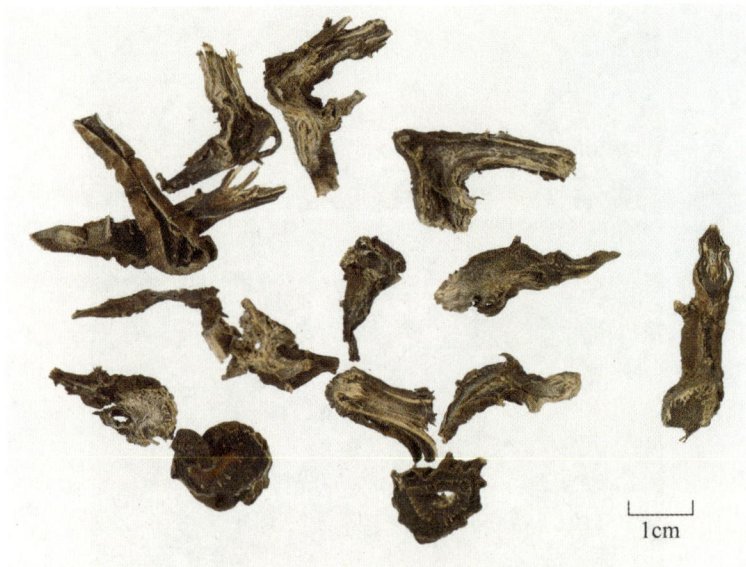

图 2-24-2　草乌药材

【质量要求】传统经验认为，本品以个大、肥壮、质坚实、粉性足、残茎及须根少者为佳。《中国药典》（2020 年版）规定，本品杂质（残茎）不得过 5%；水分不得过 12.0%；总灰分不得过 6.0%；按干燥品计算，含乌头碱（$C_{34}H_{47}NO_{11}$）、次乌头碱（$C_{33}H_{45}NO_{10}$）和新乌头碱（$C_{33}H_{45}NO_{11}$）的总量应为 0.15% ～ 0.75%。

【功能主治】祛风除湿，温经止痛。用于风寒湿痹，关节疼痛，心腹冷痛，寒疝作痛及麻醉止痛。

【用法用量】有大毒，一般炮制后用。

【禁忌】生品内服宜慎；孕妇禁用；不宜与半夏、瓜蒌、瓜蒌子、瓜蒌皮、天花粉、川贝母、浙贝母、平贝母、伊贝母、湖北贝母、白蔹、白及同用。

【中药别名】乌头，乌喙，奚毒，鸡毒，茛，千秋，毒公，果负，独白草，土附子，草乌头，竹节乌头，断肠草，即子，金鸦，五毒根，耗子头。

草乌叶 Aconiti Kusnezoffii Folium

【采收加工】本品系蒙古族习用药材。夏季叶茂盛花未开时采收，除去杂质，及时干燥。

【药材性状】本品多皱缩卷曲、破碎（图 2-24-3）。完整叶片展平后呈卵圆形，3 全裂，长 5～12cm，宽 10～17cm；灰绿色或黄绿色；中间裂片菱形，渐尖，近羽状深裂；侧裂片 2 深裂；小裂片披针形或卵状披针形。上表面微被柔毛，下表面无毛；叶柄长 2～6cm。质脆。气微，味微咸辛。

图 2-24-3　草乌叶药材

【功能主治】辛、涩，平；清热，解毒，止痛。用于热病发热，泄泻腹痛，头痛，牙痛。

【用法用量】1～1.2g。有小毒，多入丸散用。

25. 多被银莲花

【分类学地位】毛茛科 Ranunculaceae 银莲花属 *Anemone*。

【植物形态】植株高 10～30cm（图 2-25-1）。根状茎横走，呈圆柱形。基生叶 1 枚，具长柄；叶片三全裂，全裂片具细柄，三或二深裂，表面无毛；叶柄疏被柔毛。花葶近无毛；苞片 3 枚，具柄，叶片近扇形，三全裂，中全裂片呈倒卵形或倒卵状长圆形，顶端圆形，上部边缘具少数小锯齿，侧全裂片稍斜；花梗 1 条，近无毛；萼片 9～15 枚，白色，呈长圆形或线状长圆形，顶端圆或钝，无毛；雄蕊花药椭圆形，顶端圆形，花丝呈丝状；心皮约 30 枚，子房密被短柔毛，花柱短。

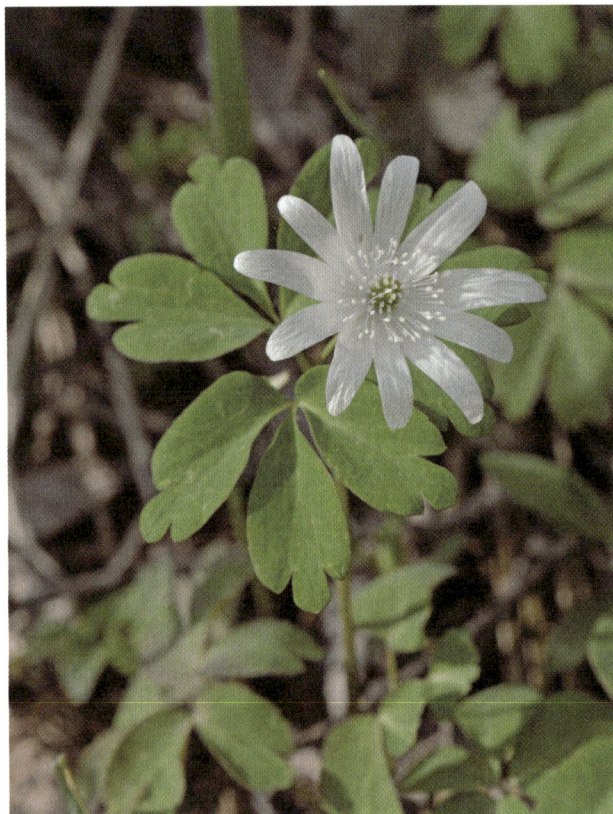

图 2-25-1　多被银莲花 *Anemone raddeana* Regel

【生境】生长于海拔约 800m 的山地林中或草地阴处。

【入药部位】以干燥根茎入药，药材名称为两头尖。

【释名】其根茎呈长纺锤形，两端尖细，故得名"两头尖"。

两头尖 Anemones Raddeanae Rhizoma

【采收加工】夏季采挖，除去须根，洗净，干燥。

【药材性状】本品呈类长纺锤形，两端尖细，微弯曲，其中近一端处较膨大，长 1～3cm，直径 2～7mm（图 2-25-2）。表面棕褐色至棕黑色，具微细纵皱纹，膨大部位常有 1～3 个支根痕呈鱼鳍状 突起，偶见不明显的 3～5 环节。质硬而脆，易折断，断面略平坦，类白色或灰褐色，略角质样。气微，味先淡后微苦而麻辣。

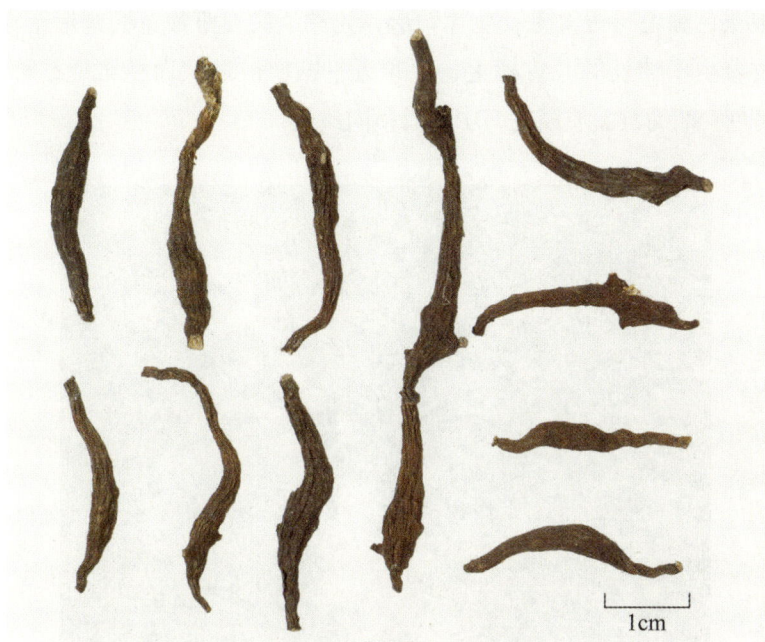

图 2-25-2 两头尖药材

【质量要求】《中国药典》（2020 年版）规定，本品水分不得过 12.0%；总灰分不得过 6.0%；酸不溶性灰分不得过 2.0%；醇溶性浸出物（热浸法测定）不得少于 12.0%；按干燥品计算，含竹节香附素 A（$C_{47}H_{76}O_{16}$）不得少于 0.20%。

【功能主治】 祛风湿，消痈肿。用于风寒湿痹，四肢拘挛，骨节疼痛，痈肿溃烂。

【用法用量】 1 ～ 3g。外用适量。

【禁忌】 有毒。内服用量不宜过大，孕妇禁用。

【中药别名】 竹节香附，关东银莲花，草乌喙。

🟢🟠 26. 兴安升麻

【分类学地位】 毛茛科 Ranunculaceae 升麻属 *Cimicifuga*。在最新的 APG Ⅳ 系统中，兴安升麻已调整至毛茛科 Ranunculaceae 类叶升麻属 *Actaea*，学名修订为 *Actaea dahurica* Turcz. ex Fisch. et C. A. Mey.。

【植物形态】 多年生草本，雌雄异株（图 2-26-1）。根状茎粗壮，多呈弯曲状，表面黑褐色，密布下陷圆洞状的老茎残基。茎直立，高可达 1m 以上，具细纵棱，疏被短柔毛或近无毛。基生叶及下部茎生叶为二至三回三出复叶；叶片轮廓三角形，基部通常微心形至圆形，边缘具不规则的锐锯齿。上部茎生叶与下部叶同形但较小，具短柄。花序为复总状花序，雄株花序较大，具 7 ～ 20 余条分枝，雌株花序相对较小且分枝较少；花序轴及花梗密被灰色腺毛与短柔毛；苞片钻形，先端渐尖；萼片宽椭圆形至宽倒卵形。蓇葖果3～5枚着生于伸长的心皮柄上，顶端近平截，被贴伏白色柔毛；种子3～4粒，椭圆形，黄褐色，四周具膜质鳞翅，中央具横向鳞翅。

图 2-26-1　兴安升麻 *Cimicifuga dahurica*（Turcz.）Maxim.

【生境】生长于海拔范围为 300～1200m 的山地、林缘、灌丛、山坡疏林或草甸。

【入药部位】以干燥根茎入药，药材名称为升麻。

【释名】其叶形似大麻叶，具升举阳气之功效，故得名"升麻"。

升麻 Cimicifugae Rhizoma

【来源】《中国药典》（2020 年版）规定，升麻药材的植物来源有 3 种，分别为毛茛科植物大三叶升麻 *Cimicifuga heracleifolia* Kom.、兴安升麻 *Cimicifuga dahurica*（Turcz.）Maxim. 或升麻 *Cimicifuga foetida* L.。

【采收加工】采收季节主要在秋季。采收时应选择晴天，先割去地上部分枯枝茎叶，将根茎挖出，去掉泥土，洗净，晒至八成干时用火燎去须根，再晒至全干，撞去表皮及残存须根。

【药材性状】本品为不规则的长形块状，多分枝，呈结节状，长 10～20cm，直径 2～4cm（图 2-26-2）。表面黑褐色或棕褐色，粗糙不平，有坚硬的细须根残留，上面有数个圆形空洞的茎基痕，洞内壁显网状沟纹；下面凹凸不平，具须根痕。体轻，质坚硬，不易折断，断面不平坦，有裂隙，纤维性，黄绿色或淡黄白色。气微，味微苦而涩。

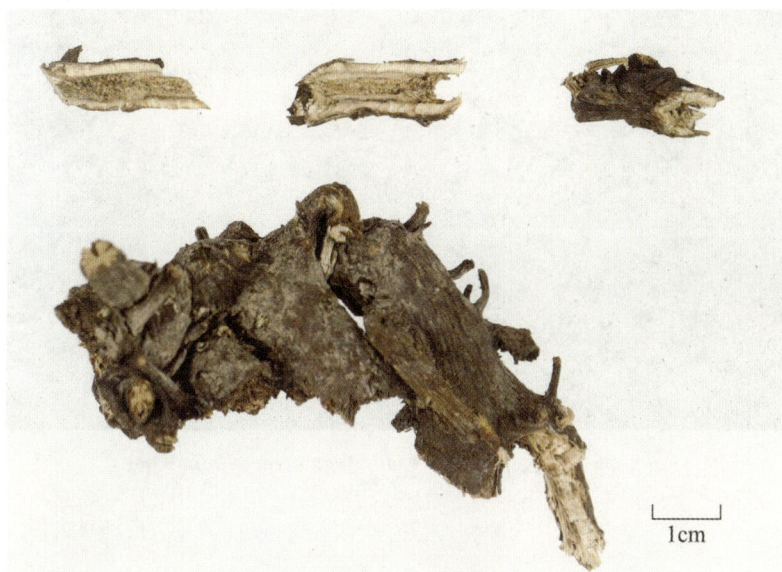

图 2-26-2 升麻药材

【质量要求】传统经验认为，本品以个大、质坚、表面色黑褐者为佳。《中国药典》（2020 年版）规定，本品杂质不得过 5%；水分不得过 13.0%；总灰分不得过 8.0%；酸不溶性灰分不得过 4.0%。醇溶性浸出物（热浸法测定）不得少于 17.0%；按干燥品计算，含异阿魏酸（$C_{10}H_{10}O_4$）不得少于 0.10%。

【功能主治】发表透疹，清热解毒，升举阳气。用于风热头痛，齿痛，口疮，咽喉肿痛，麻疹不透，阳毒发斑，脱肛，子宫脱垂。

【用法用量】3～10g。

【禁忌】上盛下虚，阴虚火旺及麻疹已透者忌服。

【中药别名】周升麻，周麻，鸡骨升麻。

【备注】中药升麻的植物来源之一大三叶升麻在黑龙江省亦有分布。大三叶升麻的根状茎粗壮，表面呈黑褐色，密布下陷的圆洞状老茎残痕（图2-26-3）。茎生叶分为两种类型：下部茎生叶为二回三出复叶，叶片三角状卵形，稍带革质，叶面无毛；上部茎生叶通常退化为一回三出复叶。圆锥花序具2～9条分枝，退化雄蕊呈椭圆形，顶端为白色，质地近膜质，边缘通常全缘。蓇葖果具明显细柄；每果内含种子通常2粒，种子四周具膜质鳞翅。该物种多生长于山坡草丛或灌木丛中，喜阴湿环境。

图 2-26-3　大三叶升麻 *Cimicifuga heracleifolia* Kom.

🟢 27. 棉团铁线莲

【分类学地位】毛茛科 Ranunculaceae 铁线莲属 *Clematis*。

【植物形态】多年生直立草本，株高30～100cm（图2-27-1）。老枝圆柱形，表面具纵沟；茎部初期疏被柔毛，后渐无毛。叶片近革质，鲜绿色，干燥后常呈黑褐色，叶型变异较大，从单叶至复叶均有，一至二回羽状深裂，裂片形态多样，包括线状披针形、长椭圆状披针形、椭圆形或线形，先端锐尖、凸尖或偶见钝圆，叶缘全缘，两面或沿叶脉疏被长柔毛或近无毛，网状脉明显隆起。花序顶生，呈聚伞花序、总状花序或圆锥状聚伞花序排列，偶见单花；萼片 4 ～ 8 枚（通常为 6 枚），白色，长椭圆形或狭倒卵形，外表面密被棉毛（花蕾期形似棉球），内面无毛；雄蕊光滑无毛。瘦果倒卵形，扁平，密被柔毛，宿存花柱具灰白色长柔毛。

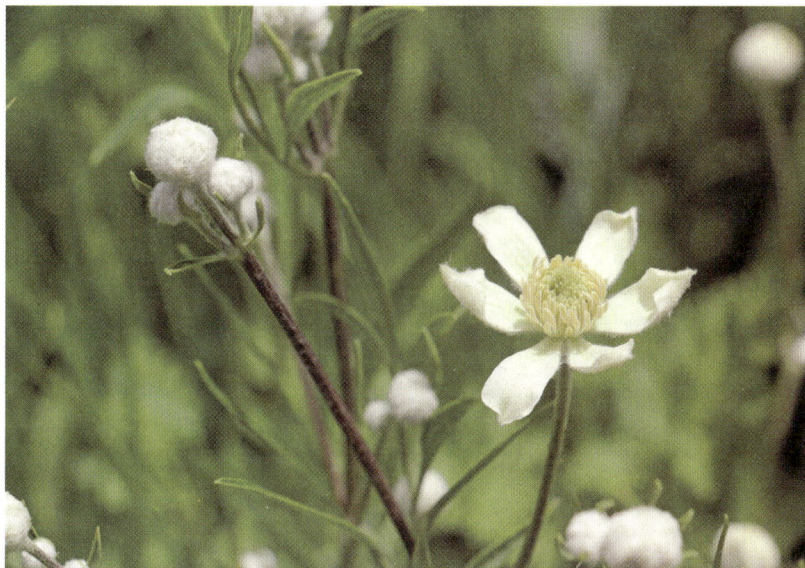

图 2-27-1　棉团铁线莲 *Clematis hexapetala* Pall.

【生境】多生长于固定沙丘、干旱山坡及草原地带，在我国东北地区及内蒙古草原分布尤为广泛。

【入药部位】以干燥根和根茎入药，药材名称为威灵仙。

【释名】"威"喻其药性峻猛，"灵仙"赞其效验如神，二者合称得名"威灵仙"。

威灵仙 Clematidis Radix et Rhizoma

【来源】《中国药典》（2020 年版）规定，威灵仙药材的植物来源有 3 种，分别为毛茛科植物威灵仙 *Clematis chinensis* Osbeck、棉团铁线莲 *Clematis hexapetala* Pall. 或东北铁线莲 *Clematis manshurica* Rupr.。

【采收加工】秋季采挖，除去泥沙，晒干。

【药材性状】

1. 威灵仙　根茎呈柱状，长 1.5 ～ 10cm，直径 0.3 ～ 1.5cm；表面淡棕黄色；顶端残留茎基；质较坚韧，断面纤维性；下侧着生多数细根（图 2-27-2）。根呈细长圆柱形，稍弯曲，长 7 ～ 15cm，直径 0.1 ～ 0.3cm；表面黑褐色，有细纵纹，有的皮部脱落，露出黄白色木部；质硬脆，易折断，断面皮部较广，木部淡黄色，略呈方形，皮部与木部间常有裂隙。气微，味淡。

2. 棉团铁线莲 根茎呈短柱状，长 1 ～ 4cm，直径 0.5 ～ 1cm。根长 4 ～ 20cm，直径 0.1 ～ 0.2cm；表面棕褐色至棕黑色；断面木部圆形。味咸。

3. 东北铁线莲 根茎呈柱状，长 1 ～ 11cm，直径 0.5 ～ 2.5cm。根较密集，长 5 ～ 23cm，直径 0.1 ～ 0.4cm；表面棕黑色；断面木部近圆形。味辛辣。

图 2-27-2　威灵仙药材

【质量要求】传统经验认为，本品以条匀、皮黑、肉白、坚实者为佳。《中国药典》（2020 年版）规定，本品水分不得过 15.0%；总灰分不得过 10.0%；酸不溶性灰分不得过 4.0%；醇溶性浸出物（热浸法测定）不得少于 15.0%；按干燥品计算，含齐墩果酸（$C_{30}H_{48}O_3$）不得少于 0.30%。

【功能主治】祛风湿，通经络。用于风湿痹痛，肢体麻木，筋脉拘挛，屈伸不利。

【用法用量】6 ～ 10g。

【禁忌】气虚血弱，无风寒湿邪者忌服。

【中药别名】铁脚威灵仙，黑脚威灵仙，灵仙，能消，铁杆威灵仙，铁脚灵仙，黑骨头，黑灵仙，黑须公，铁灵仙，灵仙藤，七寸风，铁搧帚，九草阶，葳灵仙。

【备注】中药威灵仙的植物来源之一东北铁线莲在黑龙江省亦有分布。东北铁线莲为草质藤本，长达 1m。茎圆柱形，具细肋棱，节部和嫩枝被白色柔毛，后渐脱落近无毛。叶对生，为三出羽状复叶，小叶通常 5 或 7 枚，偶见 3 枚，呈卵形或卵状披针形，基部圆形、楔形或偏斜，先端渐尖，全缘，稀 2 ～ 3 浅裂；叶表面绿色，无毛，背面淡绿色或苍白色，叶脉隆起，无毛或沿叶脉疏生长柔毛。圆锥状聚伞花序腋生或顶生，多花；

花梗具短柔毛或近无毛；萼片 4～5 枚，白色，长圆形或狭倒卵形，外被短柔毛，边缘密生白色绒毛；雄蕊多数，无毛。瘦果近卵形，褐色，扁平，边缘增厚，宿存花柱密被长柔毛。其通常生长于林缘、山坡灌丛中或阔叶林下。东北铁线莲中文名和学名已修订为辣蓼铁线莲 *Clematis terniflora* var. *Mandshurica*（Rupr.）Ohwi（图 2-27-3）。

图 2-27-3 辣蓼铁线莲 *Clematis terniflora* var. *Mandshurica*（Rupr.）Ohwi

● 28. 白头翁

【分类学地位】毛茛科 Ranunculaceae 白头翁属 *Pulsatilla*。

【植物形态】植株高 15～35cm（图 2-28-1）。根状茎粗短。基生叶 4～5 枚，通常在花期初生；叶片宽卵形，三全裂；叶柄密被白色长柔毛。花葶 1～2 枚，密被长柔毛；苞片 3 枚，基部合生成筒状，三深裂，深裂片线形，不分裂或上部三浅裂，背面密被白色长柔毛；花直立；萼片蓝紫色，长圆状卵形，背面密被柔毛；雄蕊长度约为萼片的 1/2。聚合果近球形；瘦果纺锤形，稍扁，密被长柔毛，宿存花柱长 3.5～6.5cm，具向上斜展的羽状长柔毛。

【生境】生长于平原及低山地区的向阳山坡草丛、林边或干旱多石的坡地。

【入药部位】以干燥根入药，药材名称为白头翁。

【释名】本品近根头部密被白色长柔毛，状似白发老翁，故得此名。

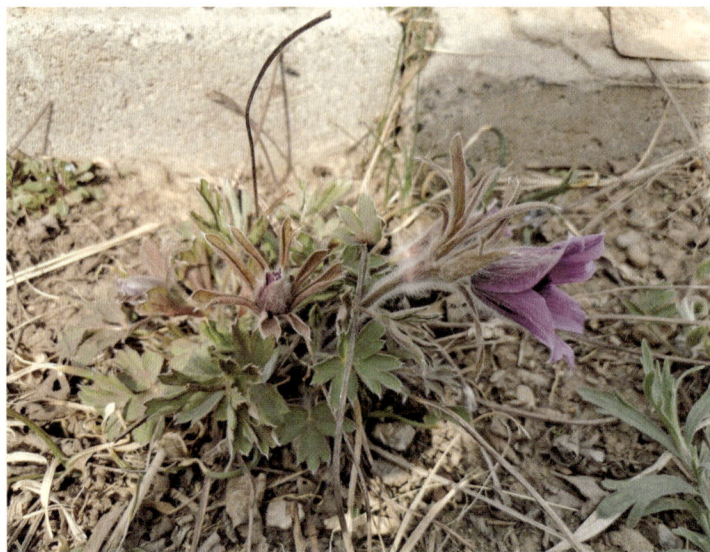

图 2-28-1　白头翁 *Pulsatilla chinensis*（Bunge）Regel

白头翁 Pulsatillae Radix

【采收加工】春、秋二季采挖，除去泥沙，干燥。

【药材性状】本品呈类圆柱形或圆锥形，稍扭曲，长 6 ～ 20cm，直径 0.5 ～ 2cm（图 2-28-2）。表面黄棕色或棕褐色，具不规则纵皱纹或纵沟，皮部易脱落，露出黄色的木部，有的有网状裂纹或裂隙，近根头处常有朽状凹洞。根头部稍膨大，有白色绒毛，有的可见鞘状叶柄残基。质硬而脆，断面皮部黄白色或淡黄棕色，木部淡黄色。气微，味微苦涩。

图 2-28-2　白头翁药材

【**质量要求**】传统经验认为，本品以条粗长、整齐、外表灰黄色、根头部有白色毛茸者为佳。《中国药典》（2020 年版）规定，本品水分不得过 13.0%；总灰分不得过 11.0%；酸不溶性灰分不得过 6.0%；醇溶性浸出物（冷浸法测定）不得少于 17.0%；含白头翁皂苷 B4（$C_{59}H_{96}O_{26}$）不得少于 4.6%。

【**功能主治**】清热解毒，凉血止痢。用于热毒血痢，阴痒带下。

【**用法用量**】9 ～ 15g。

【**禁忌**】虚寒泻痢者忌服。

【**中药别名**】野丈人，胡王使者，白头公，毛姑朵花，羊胡子花，将军草，奈何草，粉乳草。

🟢 29. 芍药

【**分类学地位**】毛茛科 Ranunculaceae 芍药属 *Paeonia*。在最新的 APG Ⅳ 系统中，芍药已调整至芍药科 Paeoniaceae 芍药属 *Paeonia*。

【**植物形态**】多年生草本植物。根粗壮，分枝呈黑褐色。茎直立，高 40 ～ 70 cm，表面无毛。下部茎生叶为二回三出复叶，上部茎生叶为三出复叶；小叶呈狭卵形、椭圆形或披针形，顶端渐尖，基部楔形或略偏斜，叶缘具白色骨质细齿，两面无毛，叶背沿叶脉疏生短柔毛。花数朵，着生于茎顶和叶腋处，有时仅顶端一朵开放，而近顶端叶腋处有发育不完全的花芽；苞片 4 ～ 5 枚，披针形，大小不等；萼片 4 枚，宽卵形或近圆形；花瓣 9 ～ 13 枚，倒卵形，通常为白色（图 2-29-1），偶见基部具深紫色斑块；花丝黄色；花盘浅杯状，包裹心皮基部，顶端裂片钝圆；心皮 4 ～ 5 枚（偶见 2 枚），无毛。蓇葖果顶端具喙。

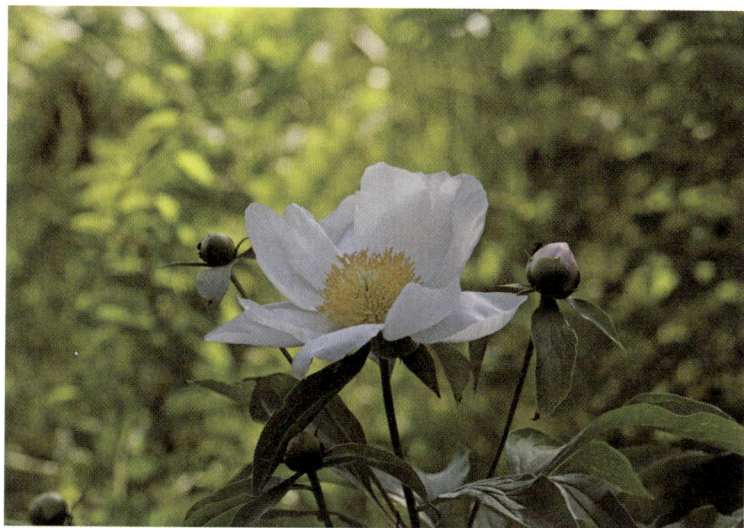

图 2-29-1 芍药 *Paeonia lactiflora* Pall.

【生境】在我国分布于东北、华北、陕西及甘肃南部。芍药在黑龙江省分布于海拔范围为 480～700m 的山坡草地及林下；在我国其他省份，其主要分布于海拔范围为 1000～2300m 的山坡草地。

【入药部位】以干燥根入药，药材名称为白芍或赤芍。

白芍 Paeoniae Radix Alba

【采收加工】夏、秋二季采挖，洗净，除去头尾和细根，置沸水中煮后除去外皮或去皮后再煮，晒干。

【药材性状】本品呈圆柱形，平直或稍弯曲，两端平截，长 5～18cm，直径 1～2.5cm（图 2-29-2）。表面类白色或淡棕红色，光洁或有纵皱纹及细根痕，偶有残存的棕褐色外皮。质坚实，不易折断，断面较平坦，类白色或微带棕红色，形成层环明显，射线放射状。气微，味微苦、酸。

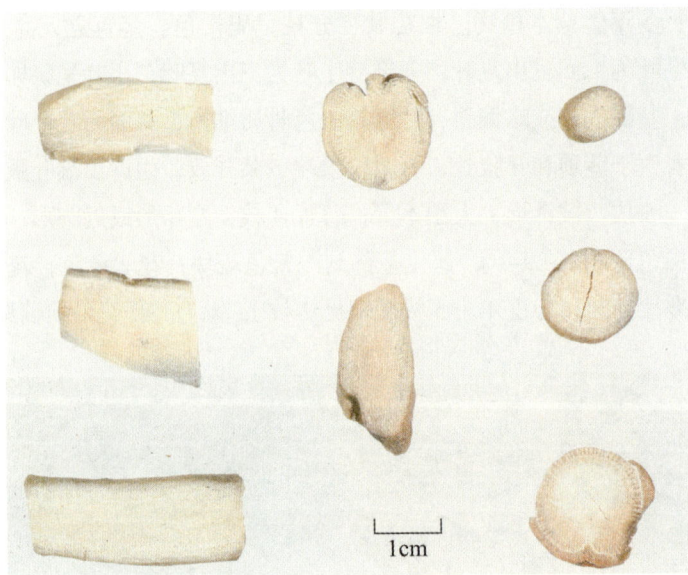

1cm

图 2-29-2　白芍药材

【质量要求】传统经验认为，本品以根粗长、体匀直、质坚实、粉性足、表面洁净者为佳。《中国药典》（2020 年版）规定，本品水分不得过 14.0%；总灰分不得过 4.0%；重金属及有害元素中，铅不得过 5mg/kg，镉不得过 1mg/kg，砷不得过 2mg/kg，汞不得过 0.2mg/kg，铜不得过 20mg/kg；二氧化硫残留量不得过 400mg/kg；水溶性浸出物（热浸法测定）不得少于 22.0%；按干燥品计算，含芍药苷（$C_{23}H_{28}O_{11}$）不得少于 1.6%。

【功能主治】养血调经，敛阴止汗，柔肝止痛，平抑肝阳。用于血虚萎黄，月经不调，自汗，盗汗，胁痛，腹痛，四肢挛痛，头痛眩晕。

【用法用量】6～15g。

【禁忌】不宜与藜芦同用。

【中药别名】白芍药，杭白芍，杭芍，亳芍，川芍。

赤芍 Paeoniae Radix Rubra

【来源】《中国药典》（2020年版）规定，赤芍药材的植物来源有2种，分别为毛茛科植物芍药 *Paeonia lactiflora* Pall. 或川赤芍 *Paeonia veitchii* Lynch。

【采收加工】春、秋二季采挖，除去根茎、须根及泥沙，晒干。

【药材性状】本品呈圆柱形，稍弯曲，长5～40cm，直径0.5～3cm。表面棕褐色，粗糙，有纵沟和皱纹，并有须根痕和横长的皮孔样突起，有的外皮易脱落（图2-29-3）。质硬而脆，易折断，断面粉白色或粉红色，皮部窄，木部放射状纹理明显，有的有裂隙。气微香，味微苦、酸涩。

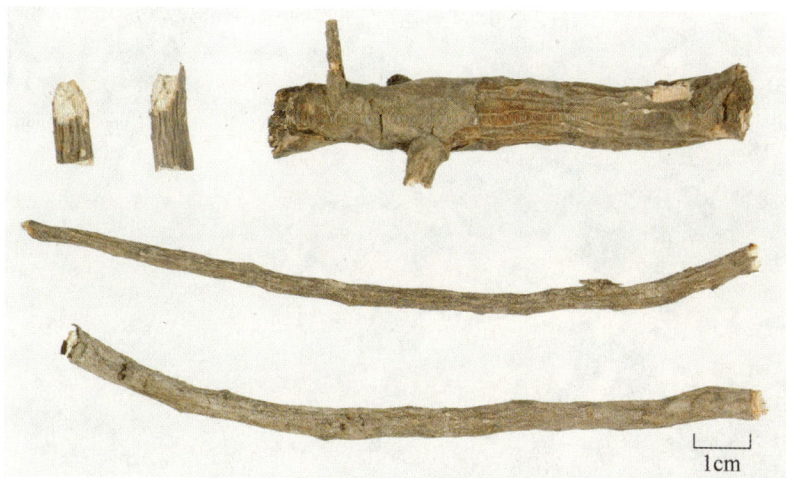

图 2-29-3　赤芍药材

【质量要求】传统经验认为，本品以根条粗壮、粉性足、断面粉白色者为佳。《中国药典》（2020年版）规定，本品含芍药苷（$C_{23}H_{28}O_{11}$）不得少于1.8%。

【功能主治】清热凉血，散瘀止痛。用于热入营血，温毒发斑，吐血衄血，目赤肿痛，肝郁胁痛，经闭痛经，癥瘕腹痛，跌扑损伤，痈肿疮疡。

【用法用量】6～12g。

【禁忌】不宜与藜芦同用。

【中药别名】木芍药，赤芍药，红芍药。

30. 细叶小檗

【分类学地位】小檗科 Berberidaceae 小檗属 Berberis。

【植物形态】落叶灌木。株高 1 ～ 2m；老枝呈灰黄色，幼枝为紫褐色，表面具黑色疣点及明显条棱。茎刺通常缺如，偶见单一或三分叉。叶片纸质，多呈倒披针形至狭倒披针形，偶见披针状匙形，先端渐尖或急尖并具小尖头，基部渐狭，叶面深绿色，中脉凹陷，叶背淡绿色至灰绿色，中脉隆起，侧脉与网脉清晰可见，两面无毛，叶缘平展，多为全缘，少数在中上部边缘具细小刺齿；叶柄极短，近无柄。穗状总状花序下垂，通常着花 8 ～ 15 朵；花梗光滑无毛；花黄色；苞片呈条形；小苞片 2 枚，披针形；萼片 2 轮排列，外萼片为椭圆形或长圆状卵形，内萼片呈长圆状椭圆形；花瓣倒卵形或椭圆形，先端锐裂，基部稍缩呈短爪状，具 2 枚分离腺体；雄蕊长约 2mm；胚珠通常单生，偶见 2 枚。浆果长圆形，成熟时红色，顶端无宿存花柱，表面无白粉覆盖（图 2-30-1）。

图 2-30-1　细叶小檗 *Berberis poiretii* Schneid.

【生境】多生长于山地灌丛、砾石地带、草原化荒漠、山沟河岸或林下，海拔范围为 600 ～ 2300m。

【入药部位】以干燥根入药，药材名称为三颗针。

【释名】因其茎干具刺的特征而得名。

三颗针 Berberidis Radix

【来源】《中国药典》（2020 年版）规定，三颗针药材的植物来源有多种，包括小黄连刺 *Berberis wilsonae* Hemsl.、细叶小檗 *Berberis poiretii* Schneid. 或匙叶小檗 *Berberis vernae* Schneid. 等同属数种植物。

【采收加工】春、秋二季采挖，除去泥沙和须根，晒干或切片晒干。

【药材性状】本品呈类圆柱形，稍扭曲，有少数分枝，长 10～15cm，直径 1～3cm。根头粗大，向下渐细。外皮灰棕色，有细皱纹，易剥落。质坚硬，不易折断，切面不平坦，鲜黄色，切片近圆形或长圆形，稍显放射状纹理，髓部棕黄色。气微，味苦。

【质量要求】《中国药典》（2020 年版）规定，本品水分不得过 12.0%；总灰分不得过 3.0%；醇溶性浸出物（热浸法测定）不得少于 9.0%；按干燥品计算，含盐酸小檗碱（$C_{20}H_{17}NO_4 \cdot HCl$）不得少于 0.60%。

【功能主治】清热燥湿，泻火解毒。用于湿热泻痢，黄疸，湿疹，咽痛目赤，聤耳流脓，痈肿疮毒。

【用法用量】9～15g。

【禁忌】脾胃虚寒者慎用。

【中药别名】钢针刺，刺黄连，铜针刺。

● 31. 蝙蝠葛

【分类学地位】防己科 Menispermaceae 蝙蝠葛属 *Menispermum*。

【植物形态】草质落叶藤本（图 2-31-1）。根状茎褐色，垂直生长；茎由近顶部的侧芽萌发，一年生茎纤细，具纵条纹，无毛。叶纸质或近膜质，轮廓通常呈心状扁圆形，边缘多浅裂，稀近全缘，基部心形，两面无毛，叶背被白粉；掌状脉 9～12 条，其中向基部延伸的 3～5 条较纤细，叶脉均在背面凸起；叶柄具纵条纹。圆锥花序单生或偶见双生，花序梗细长，着花数朵至 20 余朵，花密集成稍疏散的聚伞状；花梗纤细。雄花：萼片 4～8 枚，膜质，绿黄色，倒披针形至倒卵状椭圆形，从外向内依次增大；花瓣 6～8（偶见 9～12）枚，肉质，内凹呈兜状，基部具短爪；雄蕊通常 12 枚，数量偶有变异。雌花：雌蕊群具明显子房柄。核果成熟时紫黑色。

【生境】常生长于路边灌丛、疏林或林缘地带，喜湿润且排水良好的环境。

【入药部位】以干燥根茎入药，药材名称为北豆根。

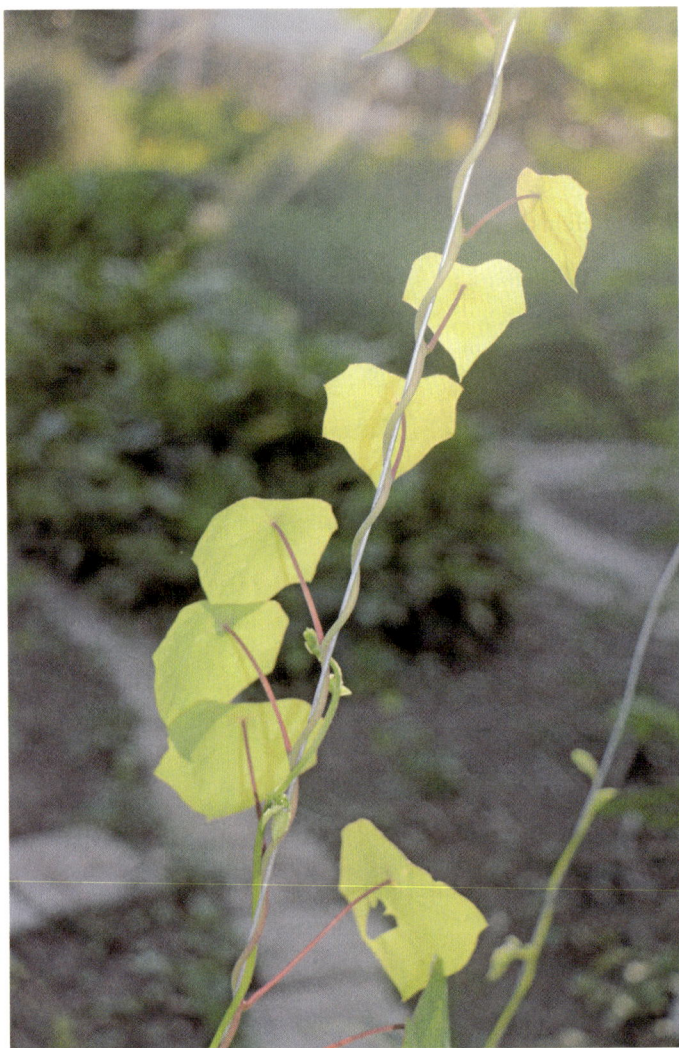

图 2-31-1 蝙蝠葛 *Menispermum dauricum DC.*

北豆根 Menispermi Rhizoma

【采收加工】春、秋二季采挖，除去须根和泥沙，干燥。

【药材性状】本品呈细长圆柱形，弯曲，有分枝，长可达 50cm，直径 0.3 ~ 0.8cm（图 2-31-2）。表面黄棕色至暗棕色，多有弯曲的细根，并可见突起的根痕和纵皱纹，外皮易剥落。质韧，不易折断，断面不整齐，纤维细，木部淡黄色，呈放射状排列，中心有髓。气微，味苦。

【质量要求】传统经验认为，本品以粗壮、味苦者为佳。《中国药典》（2020 年版）规定，本品杂质不得过 5%；水分不得过 12.0%；总灰分不得过 7.0%；酸不溶性灰分不得过 2.0%；醇溶性浸出物（热浸法测定）不得少于 13.0%；按干燥品计算，含蝙蝠葛苏林碱（$C_{37}H_{42}N_2O_6$）和蝙蝠葛碱（$C_{38}H_{44}N_2O_6$）的总量不得少于 0.60%。

【功能主治】清热解毒，祛风止痛。用于咽喉肿痛，热毒泻痢，风湿痹痛。

【用法用量】3 ～ 9g。

【禁忌】有小毒。脾虚便溏者禁用。

【中药别名】蝙蝠葛根，北山豆根，马串铃，狗骨头，野豆根，山豆根，黄根，黄条香，苦豆根，山豆秧根。

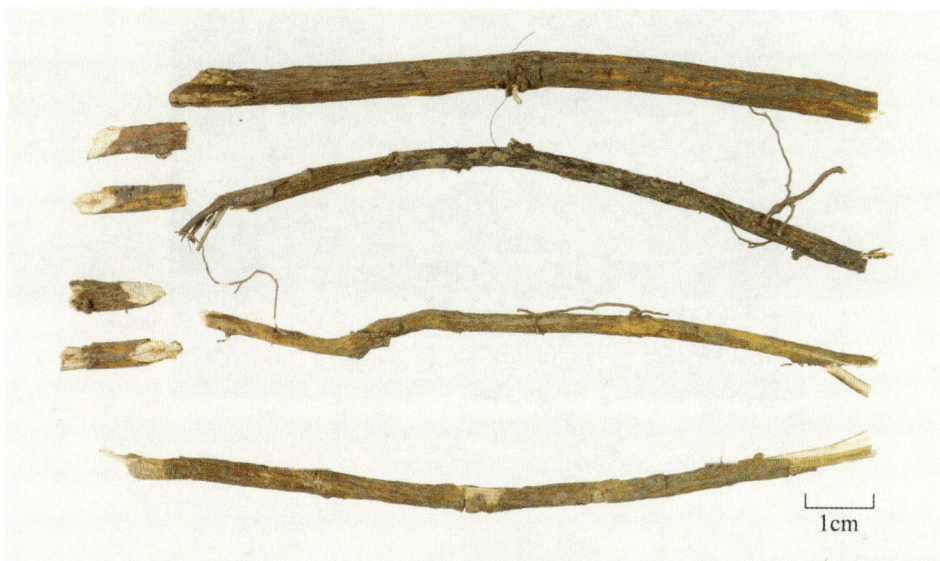

图 2-31-2　北豆根药材

32. 芡

【分类学地位】睡莲科 Nymphaeaceae 芡属 Euryale。

【植物形态】一年生大型水生草本植物（图 2-32-1）。沉水叶呈箭形或椭圆肾形，两面均无刺；叶柄光滑无刺；浮水叶为革质，形状从椭圆肾形至近圆形，呈盾状着生，叶缘全缘，基部有或无弯缺，叶片下面常带紫色，具短柔毛，两面在叶脉分枝处生有锐刺；叶柄及花梗粗壮，表面均具硬刺。萼片呈披针形，内面为紫色，外面密被稍弯曲的硬刺；花瓣呈矩圆状披针形或披针形，紫红色，呈多轮排列；花柱缺失，柱头红色，形成凹陷的柱头盘。浆果为球形，表面呈污紫红色，密被硬刺；种子球形，种皮黑色。

【生境】自然生长于池塘、湖泊及沼泽等静水水体中。

【入药部位】以干燥成熟种仁入药，药材名称为芡实。

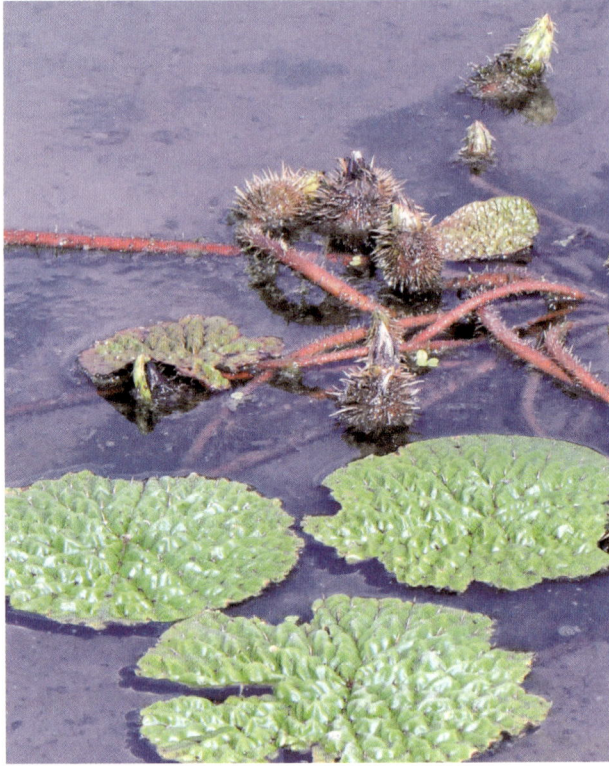

图 2-32-1　芡 *Euryale ferox* Salisb.

芡实 Euryales Semen

【采收加工】秋末冬初采收成熟果实，除去果皮，取出种子，洗净，再除去硬壳（外种皮），晒干。

【药材性状】本品呈类球形，多为破粒，完整者直径 5 ～ 8mm。表面有棕红色或红褐色内种皮，一端黄白色，约占全体 1/3，有凹点状的种脐痕，除去内种皮显白色。质较硬，断面白色，粉性。气微，味淡。

【质量要求】传统经验认为，以颗粒饱满均匀、粉性足、无碎末及皮壳者为佳。《中国药典》（2020 年版）规定，本品水分不得过 14.0%；总灰分不得过 1.0%；水溶性浸出物（热浸法测定）不得少于 8.0%。

【功能主治】益肾固精，补脾止泻，除湿止带。用于遗精滑精，遗尿尿频，脾虚久泄，白浊，带下。

【用法用量】9 ～ 15g。

【禁忌】凡外感前后、疟痢疳痔、气郁痞胀、尿赤便秘、食不运化者及新产后皆忌之。

【中药别名】卵菱，鸡瘫，鸡头实，雁喙实，鸡头，雁头，芳子，鸿头，水流黄，水鸡头，肇实，刺莲藕，刀芡实，鸡头果，苏黄，黄实，鸡咀莲，鸡头苞，刺莲蓬实。

🟢 33. 莲

【分类学地位】睡莲科 Nymphaeaceae 莲属 *Nelumbo*。在最新的 APG Ⅳ 系统中，莲已调整至莲科 Nelumbonaceae 莲属 *Nelumbo*。

【植物形态】多年生水生草本植物（图 2-33-1）。根状茎横生，肥厚多节，节间膨大，内部具多数纵向通气孔道，节部缢缩，上部着生黑色鳞叶，下部生有须状不定根。叶片圆形，呈盾状着生，全缘或稍呈波状，叶面光滑并被白粉，叶背叶脉自中央放射状分出，具 1～2 次叉状分枝；叶柄粗壮，圆柱形，中空，表面散生细小皮刺。花梗与叶柄等长或稍长，同样散生小刺；花大型，芳香；花瓣呈红色、粉红色或白色，形态为矩圆状椭圆形至倒卵形，由外向内逐渐变小，部分瓣化雄蕊先端圆钝或微尖；花药条形，花丝细长，着生于花托基部；花柱极短，柱头膨大顶生。坚果为椭圆形或卵形，果皮革质且坚硬，成熟时呈黑褐色；种子（莲子）卵形或椭圆形，种皮呈红色或白色。

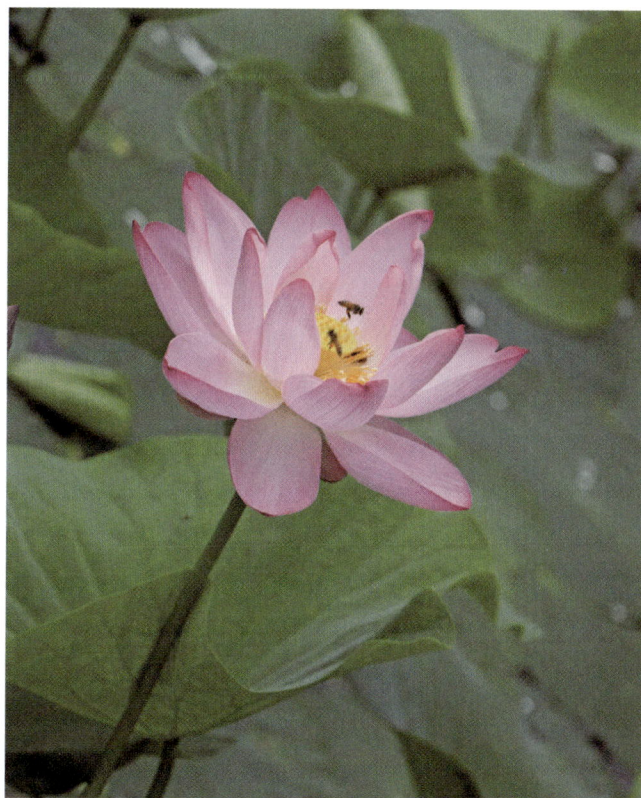

图 2-33-1 莲 *Nelumbo nucifera* Gaertn.

【生境】野生或人工栽培于静水环境，常见于池塘、湖泊及水田等水域。

【入药部位】以干燥叶入药，药材名称为荷叶；以干燥成熟种子入药，药材名称为莲子；以成熟种子中的干燥幼叶及胚根入药，药材名称为莲子心；以干燥雄蕊入药，药材名称为莲须；以干燥花托入药，药材名称为莲房。

荷叶 Nelumbinis Folium

【采收加工】夏、秋二季采收，晒至七八成干时，除去叶柄，折成半圆形或折扇形，干燥。

【药材性状】本品呈半圆形或折扇形，展开后呈类圆形，全缘或稍呈波状，直径 20 ～ 50cm。上表面深绿色或黄绿色，较粗糙；下表面淡灰棕色，较光滑，有粗脉 21 ～ 22 条，自中心向四周射出；中心有突起的叶柄残基。质脆，易破碎。稍有清香气，味微苦。

【质量要求】传统经验认为，本品以叶大、整洁、色绿者为佳。《中国药典》（2020 年版）规定，本品水分不得过 15.0%；总灰分不得过 12.0%；醇溶性浸出物（热浸法测定）不得少于 10.0%；按干燥品计算，含荷叶碱（$C_{19}H_{21}NO_2$）不得少于 0.10%。

【功能主治】清暑化湿，升发清阳，凉血止血。用于暑热烦渴，暑湿泄泻，脾虚泄泻，血热吐衄，便血崩漏。荷叶炭收涩化瘀止血，用于出血症和产后血晕。

【用法用量】3 ～ 10g；荷叶炭 3 ～ 6g。

【禁忌】凡上焦邪盛，治宜清降者，切不可使用。

【中药别名】蕅。

莲子 Nelumbinis Semen

【采收加工】秋季果实成熟时采割莲房，取出果实，除去果皮，干燥，或除去莲子心后干燥。

【药材性状】本品略呈椭圆形或类球形，长 1.2 ～ 1.8cm，直径 0.8 ～ 1.4cm。表面红棕色，有细纵纹和较宽的脉纹。一端中心呈乳头状突起，棕褐色，多有裂口，其周边略下陷。质硬，种皮薄，不易剥离。子叶 2，黄白色，肥厚，中有空隙，具绿色莲子心；或底部具有一小孔，不具莲子心。气微，味甘、微涩；莲子心味苦。

【质量要求】传统经验认为，本品以个大饱满者为佳。《中国药典》（2020 年版）规定，本品水分不得过 14.0%；总灰分不得过 5.0%；本品每 1000g 含黄曲霉毒素 B_1 不得过 5μg，黄曲霉毒素 G_2、黄曲霉毒素 G_1、黄曲霉毒素 B_2 和黄曲霉毒素 B_1 的总量不得过 10μg。

【功能主治】补脾止泻，止带，益肾涩精，养心安神。用于脾虚泄泻，带下，遗精，心悸失眠。

【用法用量】2～5g。

【禁忌】中满痞胀及大便燥结者忌服。

【中药别名】蔤，藕实，水芝丹，莲实，泽芝，莲蓬子，莲肉。

莲子心 Nelumbinis Plumula

【采收加工】将莲子剥开，取出绿色的胚（莲心），晒干。

【药材性状】本品略呈细圆柱形，长1～1.4cm，直径约0.2cm。幼叶绿色，一长一短，卷成箭形，先端向下反折，两幼叶间可见细小胚芽。胚根圆柱形，长约3mm，黄白色。质脆，易折断，断面有数个小孔。气微，味苦。

【质量要求】传统经验认为，本品以个大、色青绿。未经煮者为佳。《中国药典》（2020年版）规定，本品水分不得过12.0%；总灰分不得过5.0%；按干燥品计算，含甲基莲心碱（$C_{38}H_{45}N_2O_6$）不得少于0.70%。

【功能主治】清心安神，交通心肾，涩精止血。用于热入心包，神昏谵语，心肾不交，失眠遗精，血热吐血。

【用法用量】2～5g。

【中药别名】薏，苦薏，莲薏，莲心。

莲须 Nelumbinis Stamen

【采收加工】夏季花开时选晴天采收，盖纸晒干或阴干。

【药材性状】本品呈线形。花药扭转，纵裂，长1.2～1.5cm，直径约0.1cm，淡黄色或棕黄色。花丝纤细，稍弯曲，长1.5～1.8cm，淡紫色。气微香，味涩。

【功能主治】固肾涩精。用于遗精滑精，带下，尿频。

【用法用量】3～5g。

【禁忌】小便不利者勿服。

【中药别名】莲花须，莲花蕊，莲蕊须，佛座须。

莲房 Nelumbinis Receptaculum

【采收加工】秋季果实成熟时采收，除去果实，晒干。

【药材性状】本品呈倒圆锥状或漏斗状，多撕裂，直径5～8cm，高4.5～6cm。表面灰棕色至紫棕色，具细纵纹和皱纹，顶面有多数圆形孔穴，基部有花梗残基。质疏松，破碎面海绵样，棕色。气微，味微涩。

【质量要求】《中国药典》（2020 年版）规定，本品水分不得过 14.0%；总灰分不得过 7.0%。

【功能主治】化瘀止血。用于崩漏，尿血，痔疮出血，产后瘀阻，恶露不尽。

【用法用量】5 ～ 10g。

【中药别名】莲蓬壳，莲壳，莲蓬。

🟢🟠 34. 北细辛

【分类学地位】马兜铃科 Aristolochiaceae 细辛属 *Asarum*。

【植物形态】多年生草本植物（图 2-34-1）。根状茎横走，具明显节间；须根细长。叶片卵状心形或近肾形，先端急尖或钝圆，基部深心形，两侧裂片长 1 ～ 4cm，顶端圆形，叶面在脉上被短柔毛，有时散生稀疏短毛，叶背毛被较密；芽苞叶近圆形，边缘具缘毛。花紫棕色，稀见紫绿色变异；花梗在花期时，其近顶端处呈直角弯曲，果期变为直立；花被管壶状或半球状，喉部稍缢缩，内壁具 18 ～ 24 条纵行脊状皱褶，花被裂片三角状卵形，由基部向外反折并贴靠于花被管上；雄蕊 12 枚，着生于子房中部，花丝长度约为花药的 2/3，药隔不伸出；子房半下位或近上位，近球形，花柱 6，离生，顶端 2 裂，柱头侧生。蒴果半球状。

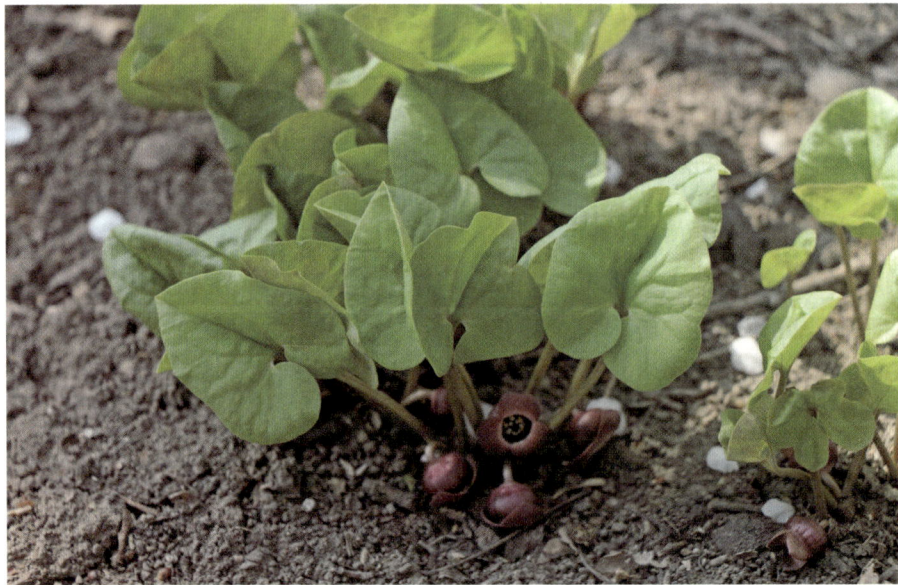

图 2-34-1 北细辛 *Asarum heterotropoides* Fr. Schmidt var. *mandshuricum*（Maxim.）Kitag.

【生境】产于黑龙江、吉林、辽宁。多生长于海拔范围为300～1000m的山坡针阔混交林下、山沟腐殖质层深厚的阴湿环境中，常成片聚生。

【入药部位】以干燥根和根茎入药，药材名称为细辛。

【释名】其根部密生多数纤细须根，具浓烈辛香气味，故得名"细辛"。《本草图经》云："华州真细辛，根细而味极辛，故名之曰细辛。"

细辛 Asari Radix et Rhizoma

【来源】《中国药典》（2020年版）规定，细辛药材的植物来源有3种，分别为马兜铃科植物北细辛 *Asarum heterotropoides* Fr. Schmidt var. *mandshuricum*（Maxim.）Kitag.、汉城细辛 *Asarum sieboldii* Miq.var. *seoulense* Nakai 或华细辛 *Asarum sieboldii* Miq.。

【采收加工】夏季果熟期或初秋采挖，除净地上部分和泥沙，阴干。

【药材性状】

1. 北细辛　常卷曲成团（图2-34-2）。根茎横生呈不规则圆柱状，具短分枝，长1～10cm，直径0.2～0.4cm；表面灰棕色，粗糙，有环形的节，节间长0.2～0.3cm，分枝顶端有碗状的茎痕。根细长，密生节上，长10～20cm，直径0.1cm；表面灰黄色，平滑或具纵皱纹；有须根和须根痕；质脆，易折断，断面平坦，黄白色或白色。气辛香，味辛辣、麻舌。

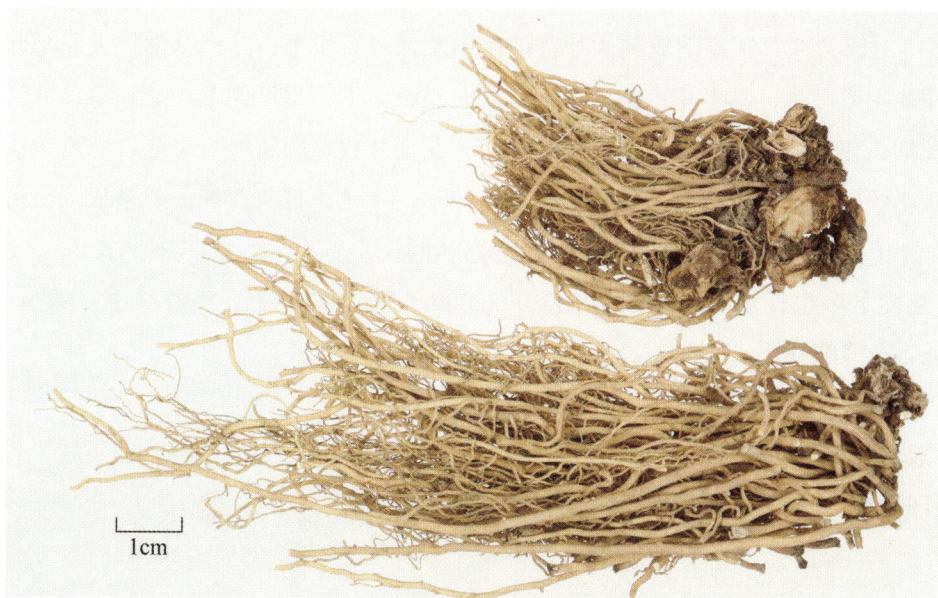

图 2-34-2　北细辛药材

2. 汉城细辛 根茎直径 0.1 ～ 0.5cm，节间长 0.1 ～ 1cm。

3. 华细辛 根茎长 5 ～ 20cm，直径 0.1 ～ 0.2cm，节间长 0.2 ～ 1cm。气味较弱。

【质量要求】传统经验认为，以根灰黄、干燥、味辛辣而麻舌者为佳。《中国药典》（2020 年版）规定，本品水分不得过 10.0%；总灰分不得过 12.0%；酸不溶性灰分不得过 5.0%；醇溶性浸出物（热浸法测定）不得少于 9.0%；含挥发油不得少于 2.0%（ml/g）；按干燥品计算，含细辛脂素（$C_{20}H_{18}O_6$）不得少于 0.050%。

【功能主治】解表散寒，祛风止痛，通窍，温肺化饮。用于风寒感冒，头痛，牙痛，鼻塞流涕，鼻鼽，鼻渊，风湿痹痛，痰饮喘咳。

【用法用量】1 ～ 3g。散剂每次服 0.5 ～ 1g。外用适量。

【禁忌】不宜与藜芦同用。气虚多汗、血虚头痛或阴虚咳嗽者忌服。

【中药别名】小辛，细草，少辛，细条，绿须姜，独叶草，金盆草，万病草，卧龙丹，铃铛花，四两麻，玉香丝，山人参。

【备注】在《中国植物志》中，北细辛的中文正名为细辛。

● 35. 白屈菜

【分布地位】罂粟科 Papaveraceae 白屈菜属 *Chelidonium*。

【植物形态】多年生草本植物（图 2-35-1）。茎呈聚伞状多分枝，分枝常被短柔毛，尤以节部较密，老后渐无毛。叶互生，叶片倒卵状长圆形或宽倒卵形，羽状全裂，全裂片 2 ～ 4 对，边缘具不规则缺刻，叶背被白粉及稀疏短柔毛；叶柄基部扩大成鞘状。伞形花序顶生或腋生，具多花；花梗纤细，幼时被长柔毛，后渐无毛；苞片小，卵形。花芽卵圆形；萼片 2 枚，卵圆形，舟状，早落；花瓣 4 枚，倒卵形，全缘，亮黄色；雄蕊多数，花丝丝状，黄色，花药长圆形；子房线形，无毛，柱头 2 裂。蒴果狭圆柱形，具短柄。种子卵形，暗褐色，表面具光泽及蜂窝状网纹。

【生境】多生长于海拔范围为 500 ～ 2200m 的山坡疏林下、山谷林缘、灌丛草地、路旁或岩石缝隙等处。

【入药部位】以干燥全草入药，药材名称为白屈菜。

【释名】其名可能源自植株幼嫩时茎叶折断面渗出橙黄色乳汁的特征，"屈"或指曲折茎秆的动作，"菜"则表明其草本属性。

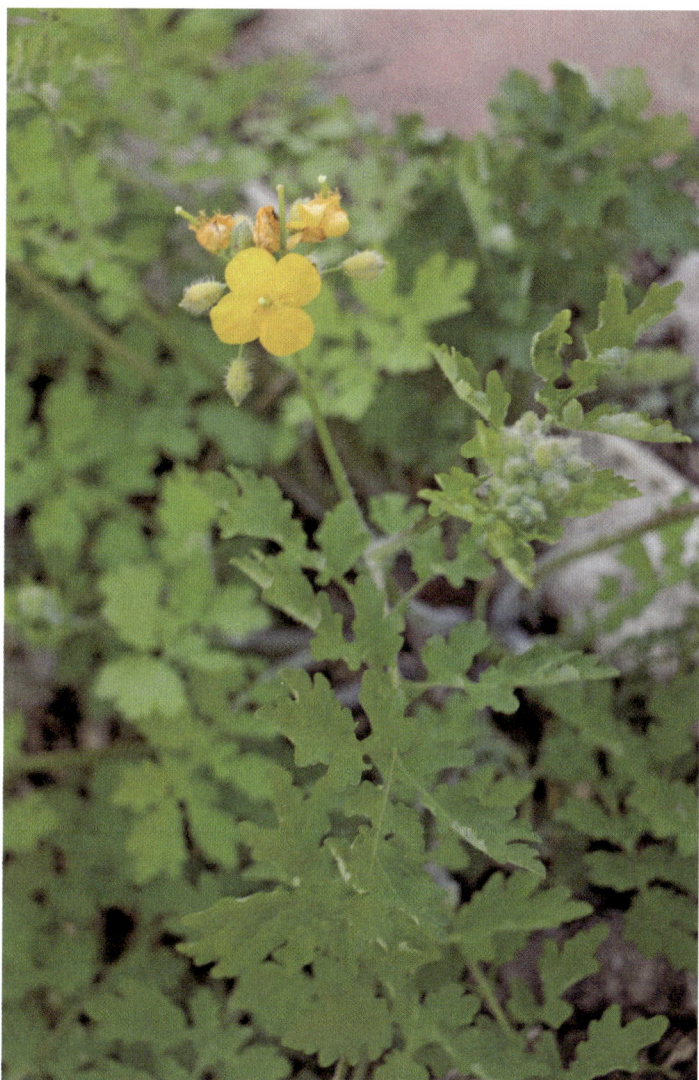

图 2-35-1 白屈菜 *Chelidonium majus* L.

白屈菜 Chelidonii Herba

【采收加工】夏、秋二季采挖，除去泥沙，阴干或晒干。

【药材性状】本品根呈圆锥状，多有分枝，密生须根（图 2-35-2）。茎干瘪中空，表面黄绿色或绿褐色，有的可见白粉。叶互生，多皱缩、破碎，完整者为一至二回羽状分裂，裂片近对生，先端钝，边缘具不整齐的缺刻；上表面黄绿色，下表面绿灰色，具白色柔毛，脉上尤多。花瓣 4 片，卵圆形，黄色，雄蕊多数，雌蕊 1。蒴果细圆柱形；种子多数，卵形，细小，黑色。气微，味微苦。

图 2-35-2　白屈菜药材

【质量要求】《中国药典》（2020 年版）规定，本品水分不得过 13.0%；总灰分不得过 12.0%；醇溶性浸出物（热浸法测定）不得少于 17.0%；按干燥品计算，含白屈菜红碱（$C_{21}H_{18}NO_4^+$）不得少于 0.020%。

【功能主治】解痉止痛，止咳平喘。用于胃脘挛痛，咳嗽气喘，百日咳。

【用法用量】9～18g。

【禁忌】有毒。

【中药别名】地黄连，牛金花，土黄连，八步紧，断肠草，山西瓜，雄黄草，山黄连，假黄连，小野人血草，黄汤子，胡黄连，小黄连。

● 36. 罂粟

【分类学地位】罂粟科 Papaveraceae 罂粟属 *Papaver*。

【植物形态】一年生草本植物（图 2-36-1）。茎直立，不分枝，表面无毛，被白粉。叶互生，叶片呈卵形或长卵形，先端渐尖至钝，基部心形，边缘具不规则的波状锯齿，两面无毛，被白粉，叶脉明显且略突起。花单生于茎顶；花梗无毛或稀疏散生刚毛。花蕾为卵圆状长圆形或宽卵形，无毛；萼片 2 枚，宽卵形，绿色，边缘膜质；花瓣 4 枚，近圆形或近扇形，边缘呈浅波状或具不规则分裂，花色多样，包括白色、粉红色、红色、紫色或杂色；雄蕊多数，花丝线形，白色，花药长圆形，淡黄色；子房球形，绿色，无毛，柱头 5～18 枚，辐射状排列，连合成扁平的盘状体，盘边缘深裂，裂片具细圆齿。蒴果为球形或长圆状椭圆形，无毛，成熟时呈褐色。种子多数，黑色或深灰色，表面具蜂窝状纹理。

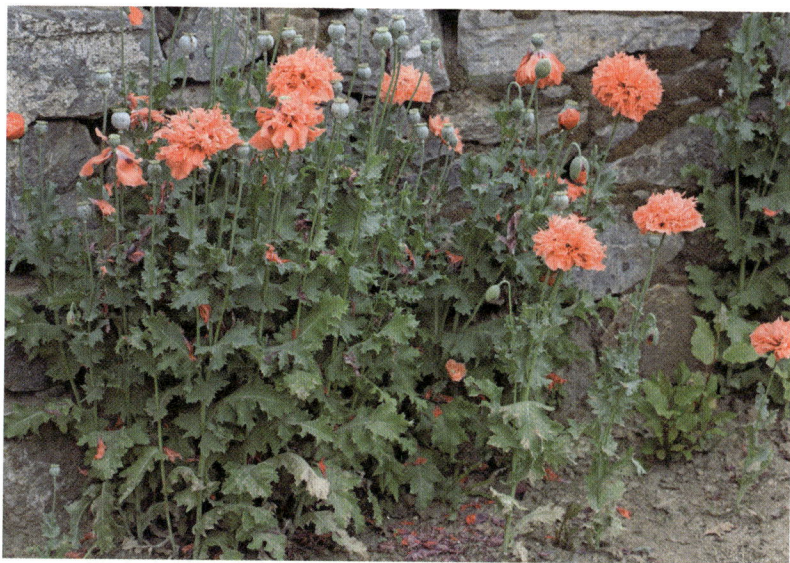

图 2-36-1　罂粟 *Papaver somniferum* L.

【生境】原产于南欧，现我国许多地区的药物研究单位有栽培。此外，印度、缅甸、老挝及泰国北部等地亦有栽培。

【入药部位】以干燥成熟果壳入药，药材名称为罂粟壳。

罂粟壳 Papaveris Pericarpium

【采收加工】秋季将成熟果实或已割取浆汁后的成熟果实摘下，破开，除去种子和枝梗，干燥。

【药材性状】本品呈椭圆形或瓶状卵形，多已破碎成片状，直径 1.5～5cm，长 3～7cm。外表面黄白色、浅棕色至淡紫色，平滑，略有光泽，无割痕或有纵向或横向的割痕；顶端有 6～14 条放射状排列呈圆盘状的残留柱头；基部有短柄。内表面淡黄色，微有光泽；有纵向排列的假隔膜，棕黄色，上面密布略突起的棕褐色小点。体轻，质脆。气微清香，味微苦。

【质量要求】传统经验认为，本品以完整、丰满者为佳。《中国药典》（2020 年版）规定，本品杂质（枝梗、种子）不得过 2%；水分不得过 12.0%；醇溶性浸出物（热浸法测定）不得少于 13.0%；按干燥品计算，含吗啡（$C_{17}H_{19}O_3N$）应为 0.06%～0.40%。

【功能主治】敛肺，涩肠，止痛。用于久咳，久泻，脱肛，脘腹疼痛。

【用法用量】3～6g。

【禁忌】本品易成瘾，不宜常服；孕妇及儿童禁用；运动员慎用。

【中药别名】米壳，粟壳，罂子粟壳，米囊子壳。

37. 白芥

【分类学地位】十字花科 Brassicaceae 白芥属 Sinapis。

【植物形态】一年生草本植物（图 2-37-1）。茎直立，具分枝，被稍外折的硬单毛。下部叶呈大头羽状分裂，具 2～3 对裂片；上部叶为卵形或长圆状卵形，叶缘具缺刻状裂齿。总状花序着生多数花朵，无苞片；花淡黄色；花梗开展或稍外折；萼片呈长圆形或长圆状卵形，无毛或疏被毛，边缘具白色膜质；花瓣倒卵形，基部具短爪。长角果近圆柱形，直立或弯曲，表面被糙硬毛，果瓣具 3～7 条平行脉，喙剑状，弯曲。种子球形，黄棕色，有网纹。

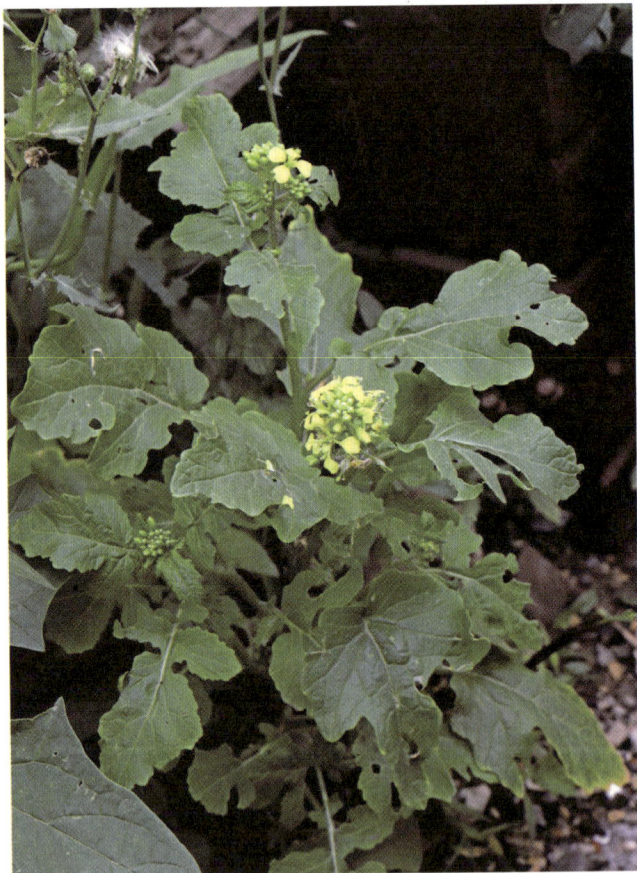

图 2-37-1　白芥 *Sinapis alba* L.

【生境】原产于欧洲，我国辽宁、山西、山东、安徽、四川等省区有引种栽培。黑龙江省亦有栽培。

【入药部位】以干燥成熟种子入药，药材名称为芥子。

芥子 Sinapis Semen

【来源】《中国药典》（2020 年版）规定，芥子药材的植物来源有 2 种，分别为白芥 *Sinapis alba* L. 或芥 *Brassica juncea*（L.）Czern. et Coss.。前者习称"白芥子"，后者习称"黄芥子"。

【采收加工】夏末秋初果实成熟的时候采割植株，晒干后，打下种子，除去杂质。

【药材性状】

1. 白芥子 呈球形，直径 1.5 ～ 2.5mm。表面灰白色至淡黄色，具细微的网纹，有明显的点状种脐（图 2-37-2）。种皮薄而脆，破开后内有白色折叠的子叶，有油性。气微，味辛辣。

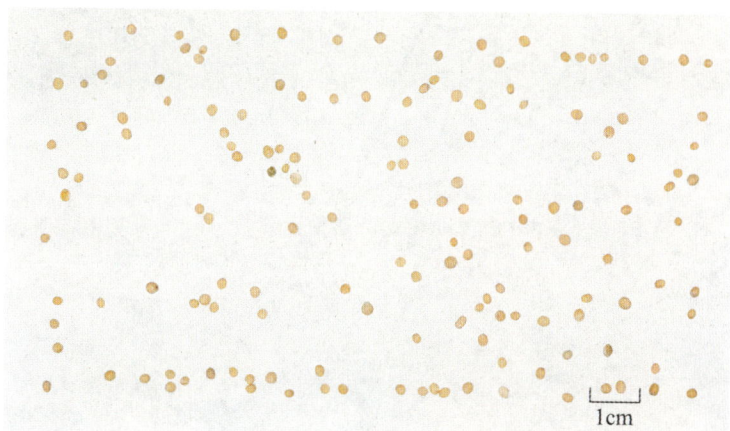

1cm

图 2-37-2 白芥子药材

2. 黄芥子 较小，直径 1 ～ 2mm。表面黄色至棕黄色，少数呈暗红棕色。研碎后加水浸湿，则产生辛烈的特异臭气。

【质量要求】传统经验认为，本品以粒饱满、大小均匀、色黄或红棕者为佳。《中国药典》（2020 年版）规定，本品水分不得过 14.0%；总灰分不得过 6.0%；水溶性浸出物（冷浸法测定）不得少于 12.0%；按干燥品计算，含芥子碱以芥子碱硫氰酸盐（$C_{16}H_{24}NO_5 \cdot SCN$）计，不得少于 0.50%。

【功能主治】温肺豁痰利气，散结通络止痛。用于寒痰咳嗽，胸胁胀痛，痰滞经络，关节麻木、疼痛，痰湿流注，阴疽肿毒。

【用法用量】3 ～ 9g。外用适量。

【禁忌】肺虚咳嗽及阴虚火旺者忌服。

【中药别名】芥菜子，青菜子，黄芥子。

● 38. 播娘蒿

【分类学地位】十字花科 Brassicaceae 播娘蒿属 *Descurainia*。

【植物形态】一年生草本植物（图 2-38-1）。株高 20～80cm，植株被叉状毛或无毛，以下部茎生叶的毛被较为密集，向上逐渐减少。茎直立，多分枝，基部常呈淡紫色。叶片为三回羽状深裂，末端裂片呈条形或长圆形；下部叶片具叶柄，上部叶片无柄。伞房状花序，果期花序伸长；萼片直立，早落，呈长圆条形，背面被分叉细柔毛；花瓣黄色，长圆状倒卵形，长度略短于或近等于萼片，基部具爪；雄蕊 6 枚。长角果圆筒状，表面无毛，稍向内弯曲，果梗与果实轴线呈一定夹角，果瓣中脉显著。种子每室排列为 1 行，种子数量多，形体微小，长圆形，略扁平，呈淡红褐色，表面具细密网纹。

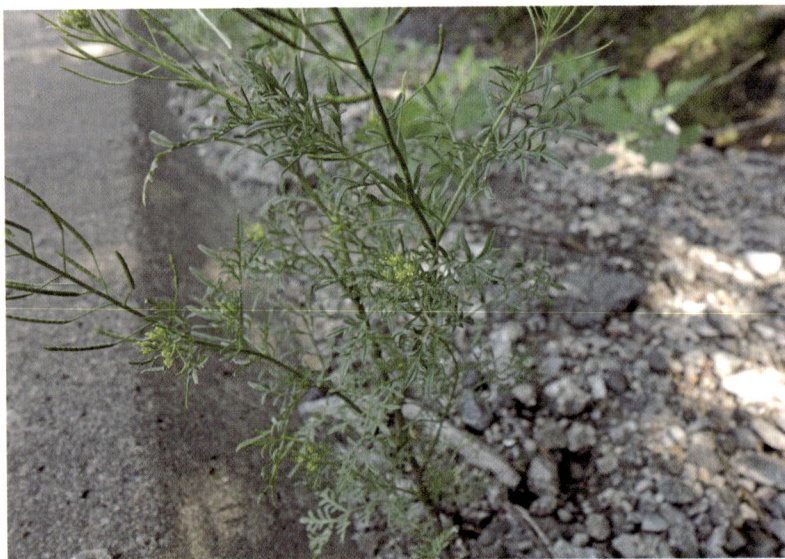

图 2-38-1　播娘蒿 *Descurainia sophia*（L.）Webb. ex Prantl.

【生境】自然生长于山坡、田野及农田。

【入药部位】以干燥成熟种子入药，药材名称为葶苈子。

葶苈子 Descurainiae Semen Lepidii Semen

【来源】《中国药典》（2020 年版）规定，葶苈子药材的植物来源有 2 种，分别为十字花科植物播娘蒿 *Descurainia sophia*（L.）Webb. ex Prantl. 或独行菜 *Lepidium apetalum* Willd.。前者习称"南葶苈子"，后者习称"北葶苈子"。

【采收加工】夏季果实成熟时采割植株，晒干，搓出种子，除去杂质。

【药材性状】

1. 南葶苈子 呈长圆形略扁，长约 0.8 ～ 1.2mm，宽约 0.5mm（图 2-38-2）。表面棕色或红棕色，微有光泽，具纵沟 2 条，其中 1 条较明显。一端钝圆，另端微凹或较平截，种脐类白色，位于凹入端或平截处。气微，味微辛、苦，略带黏性。

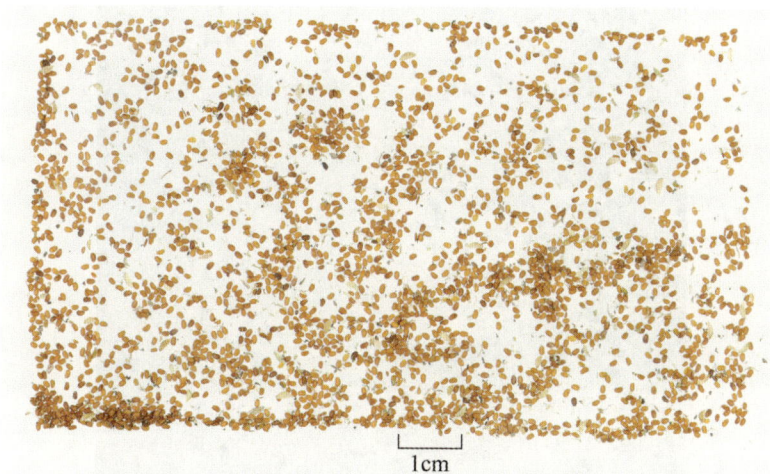

1cm

图 2-38-2 南葶苈子药材

2. 北葶苈子 呈扁卵形，长 1 ～ 1.5mm，宽 0.5 ～ 1mm。一端钝圆，另端尖而微凹，种脐位于凹入端。味微辛辣，黏性较强。

【质量要求】传统经验认为，本品以子粒充实、均匀、红棕色者为佳。《中国药典》（2020 年版）规定，本品水分不得过 9.0%；总灰分不得过 8.0%；酸不溶性灰分不得过 3.0%；南葶苈子膨胀度不得低于 3，北葶苈子膨胀度不得低于 12；按干燥品计算，含槲皮素 -3-O-β-D- 葡萄糖 -7-O-β-D- 龙胆双糖苷（$C_{33}H_{40}O_{22}$）不得少于 0.075%。

【功能主治】泻肺平喘，行水消肿。用于痰涎壅肺，喘咳痰多，胸胁胀满，不得平卧，胸腹水肿，小便不利。

【用法用量】3 ～ 10g，包煎。

【禁忌】肺虚喘咳、脾虚肿满者忌服。

【中药别名】丁历，大适，大室，蕇蒿。

【备注】葶苈子的另外一个来源独行菜在黑龙江省亦有分布。独行菜为一年生或二年生草本，株高 5 ～ 30cm（图 2-38-3）。茎直立，多分枝，表面无毛或疏被微小的头状腺毛。基生叶呈窄匙形，具一回羽状浅裂至深裂；茎生叶互生，上部叶片线形，边缘具疏齿或全缘。总状花序顶生或腋生，果期显著伸长；萼片 4 枚，卵形，早落，外被柔毛；花瓣通常缺失或退化为丝状，显著短于萼片；雄蕊 2 或 4 枚，具蜜腺。短角果近圆形或宽椭圆形，扁平，顶端微凹，上部具窄翅，隔膜宽度不足 1mm；果梗呈弧形弯曲。种子椭圆形，表面光滑，棕红色，具黏液层（遇水膨胀）。独行菜多生长于海拔范围为 400～2000m 的山坡、沟谷、路旁及村落周边荒地，适应性较强，为农田常见杂草之一。

图 2-38-3　独行菜 *Lepidium apetalum* Willd.

39. 萝卜

【分类学地位】十字花科 Brassicaceae 萝卜属 *Raphanus*。

【植物形态】一年生或二年生草本植物，株高 20～100cm（图 2-39-1）。直根肉质，形态多样，呈长圆形、球形或圆锥形；根皮颜色因品种而异，常见绿色、白色或红色。茎部具分枝，表面无毛，常被轻微粉霜。基生叶及下部茎生叶呈大头羽状半裂，顶裂片卵形，侧裂片 4～6 对，呈长圆形且边缘具钝齿，叶面疏生粗毛；上部茎生叶为长圆形，边缘有锯齿或近全缘。总状花序顶生或腋生；花冠白色或粉红色；萼片 4 枚，长圆形；花瓣 4 枚，倒卵形，基部具爪，常带有紫色脉纹。长角果圆柱形，种子间处明显缢缩，内部形成海绵质横隔。每果含种子 1～6 粒，种子卵形，略扁，红棕色，表面具细网状纹。

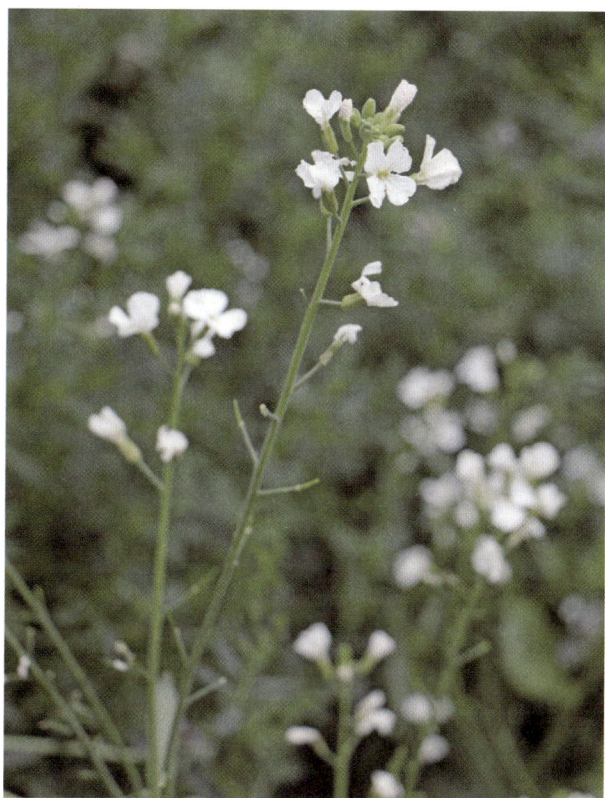

图 2-39-1　萝卜 *Raphanus sativus* L.

【生境】原产于我国，现为全球广泛栽培的重要蔬菜作物。在我国各地均有规模化种植，经长期人工选育形成众多栽培品种。

【入药部位】以干燥成熟种子入药，药材名称为莱菔子。

莱菔子 Raphani　Semen

【采收加工】夏季果实成熟时采割植株，晒干，搓出种子，除去杂质，再晒干。用时捣碎。

【药材性状】本品呈类卵圆形或椭圆形，稍扁，长 2.5 ～ 4mm，宽 2 ～ 3mm（图 2-39-2）。表面黄棕色、红棕色或灰棕色。一端有深棕色圆形种脐，一侧有数条纵沟。种皮薄而脆，子叶 2，黄白色，有油性。气微，味淡、微苦辛。

【质量要求】传统经验认为，本品以饱满粒大、坚实、红棕色者为佳。《中国药典》（2020 年版）规定，本品水分不得过 8.0%；总灰分不得过 6.0%；酸不溶性灰分不得过 2.0%；醇溶性浸出物（热浸法测定）不得少于 10.0%；按干燥品计算，含芥子碱以芥子碱硫氰酸盐（$C_{16}H_{24}NO_5 \cdot SCN$）计，不得少于 0.40%。

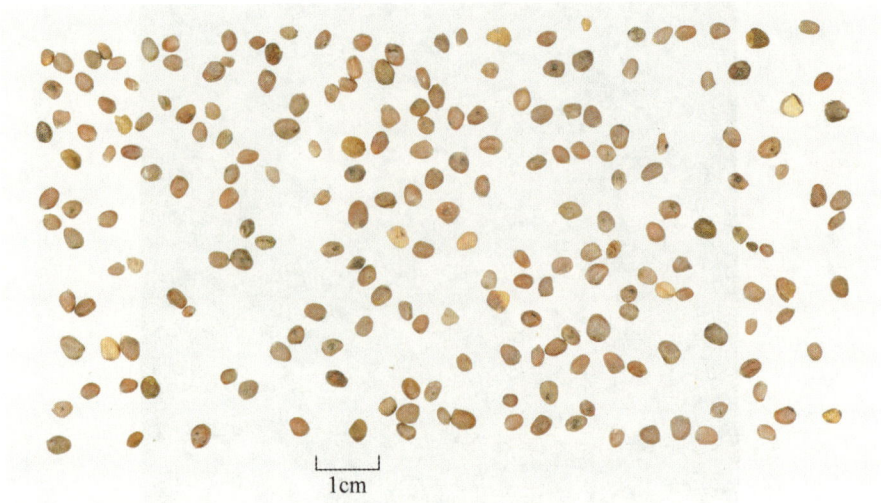

图 2-39-2　莱菔子药材

【功能主治】消食除胀，降气化痰。用于饮食停滞，脘腹胀痛，大便秘结，积滞泻痢，痰壅喘咳。

【用法用量】5 ～ 12g。

【禁忌】气虚者慎服。

【中药别名】萝卜子，芦菔子。

40. 菘蓝

【分类学地位】十字花科 Brassicaceae 菘蓝属 Isatis。

【植物形态】二年生草本植物，株高 40 ～ 100cm（图 2-40-1）。茎直立，呈绿色，上部多分枝，全株光滑无毛，表面常被白色粉霜。基生叶呈莲座状排列，叶片长圆形至宽倒披针形，顶端钝或急尖，基部渐狭，边缘全缘或具不明显波状齿，叶柄明显；茎生叶为蓝绿色，长椭圆形或长圆状披针形，基部叶耳不明显或呈圆形。花序为总状花序；萼片 4 枚，宽卵形或宽披针形；花瓣 4 枚，黄白色，宽楔形，顶端近平截，基部具短爪。短角果近长圆形，扁平，表面无毛，边缘具膜质翅；果梗细长，常呈下垂状。种子长圆形，种皮淡褐色。

【生境】原产于我国，现广泛栽培于全国各地。在黑龙江省主要为人工栽培，常见于农田及药用植物种植园。本种适应性强，喜温和湿润气候，耐寒性较好。

【入药部位】以干燥叶入药，药材名称为大青叶；以干燥根入药，药材名称为板蓝根；以叶或茎叶经加工制得的干燥粉末、团块或颗粒入药，药材名称为青黛。

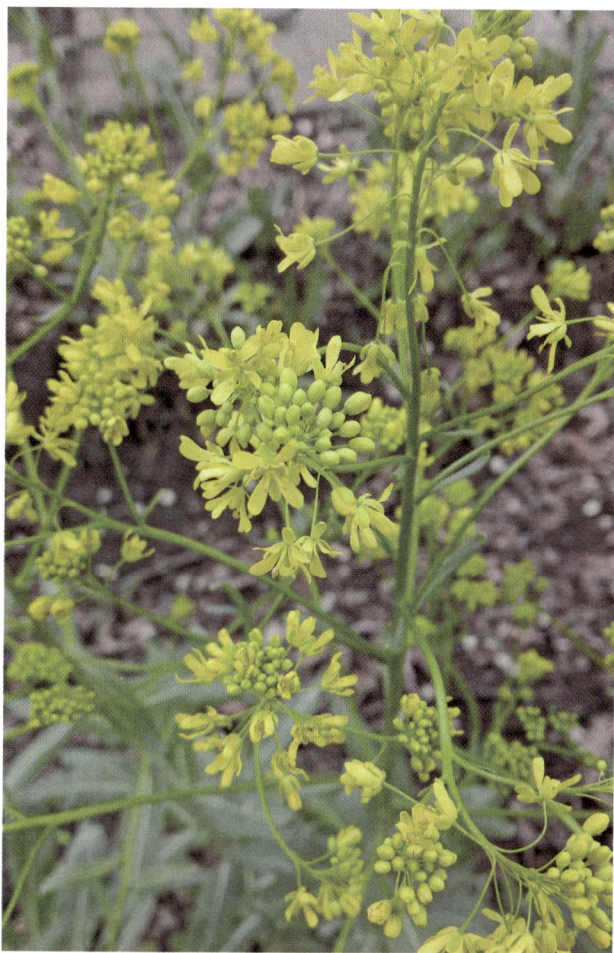

图 2-40-1　菘蓝 *Isatis indigotica* Linnaeus

大青叶 Isatidis Folium

【采收加工】夏、秋二季分 2 ～ 3 次采收，除去杂质，晒干。

【药材性状】本品多皱缩卷曲，有的破碎（图 2-40-2）。完整叶片展平后呈长椭圆形至长圆状倒披针形，长 5 ～ 20cm，宽 2 ～ 6cm；上表面暗灰绿色，有的可见色较深稍突起的小点；先端钝，全缘或微波状，基部狭窄下延至叶柄呈翼状；叶柄长 4 ～ 10cm，淡棕黄色。质脆。气微，味微酸、苦、涩。

【质量要求】传统经验认为，本品以叶大、色绿者为佳。《中国药典》（2020 年版）规定，本品水分不得过 13.0%；醇溶性浸出物（热浸法测定）不得少于 16.0%；按干燥品计算，含靛玉红（$C_{16}H_{10}N_2O_2$）不得少于 0.020%。

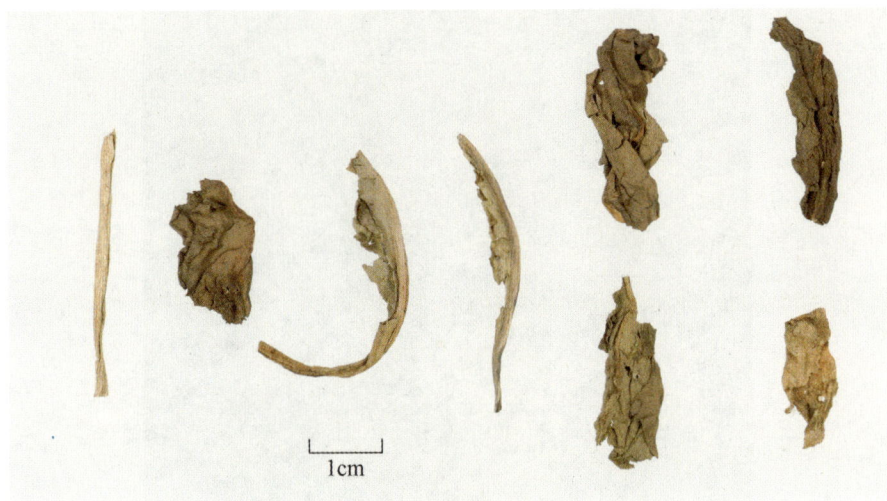

图 2-40-2　大青叶药材

【功能主治】清热解毒，凉血消斑。用于温病高热，神昏，发斑发疹，痄腮，喉痹，丹毒，痈肿。

【用法用量】9～15g。

【禁忌】脾胃虚寒者忌服。

【中药别名】蓝叶，蓝菜。

板蓝根 Isatidis Radix

【采收加工】秋季采挖，除去泥沙，晒干。

【药材性状】本品呈圆柱形，稍扭曲，长 10～20cm，直径 0.5～1cm（图 2-40-3）。表面淡灰黄色或淡棕黄色，有纵皱纹、横长皮孔样突起及支根痕。根头略膨大，可见暗绿色或暗棕色轮状排列的叶柄残基和密集的疣状突起。体实，质略软，断面皮部黄白色，木部黄色。气微，味微甜后苦涩。

【质量要求】传统经验认为，本品以条长、粗大、体实者为佳。《中国药典》（2020年版）规定，本品水分不得过 15.0%；总灰分不得过 9.0%；酸不溶性灰分不得过 2.0%；按干燥品计算，含（R，S）-告依春（C_5H_7NOS）不得少于 0.020%。

【功能主治】清热解毒，凉血利咽。用于温疫时毒，发热咽痛，温毒发斑，痄腮，烂喉丹痧，大头瘟疫，丹毒，痈肿。

【用法用量】9～15g。

【禁忌】体虚而无肝火热毒者忌服。

【中药别名】靛青根，蓝靛根。

图 2-40-3 板蓝根药材

青黛 Indigo Naturalis

【来源】《中国药典》（2020 年版）规定，青黛药材的植物来源有 3 种，分别为爵床科植物马蓝 *Baphicacanthus cusia*（Nees）Bremek.、蓼科植物蓼蓝 *Polygonum tinctorium* Ait. 或十字花科植物菘蓝 *Isatis indigotica* Fort.。

【采收加工】夏、秋二季当上述植物叶片生长旺盛时，采收其茎叶，置入大缸或木桶中。加入清水浸泡 2～3 昼夜，待叶片充分腐烂、茎部表皮脱落时，滤除茎枝残渣。按每 100kg 茎叶加入 8～10kg 石灰的比例投放，充分搅拌混合。当浸提液颜色由乌绿色逐渐转变为紫红色时，及时捞取液面产生的蓝色泡沫状物，晒干。

【药材性状】本品为深蓝色的粉末，体轻，易飞扬；或呈不规则多孔性的团块、颗粒，用手搓捻即成细末。微有草腥气，味淡。

【质量要求】传统经验认为，本品以体轻、粉细、能浮于水面、燃烧时生紫红色火焰者为佳。《中国药典》（2020 年版）规定，本品水分不得过 7.0%；水溶性色素检查时，需取本品 0.5g，加水 10mL，振摇后放置片刻，水层不得显深蓝色；本品按干燥品计算，含靛蓝（$C_{16}H_{10}N_2O_2$）不得少于 2.0%，含靛玉红（$C_{16}H_{10}N_2O_2$）不得少于 0.13%。

【功能主治】清热解毒，凉血消斑，泻火定惊。用于温毒发斑，血热吐衄，胸痛咳血，口疮，痄腮，喉痹，小儿惊痫。

【用法用量】1～3g，宜入丸散用。外用适量。

【禁忌】中寒者勿服。

【中药别名】靛花，青蛤粉，青缸花，蓝露，淀花，靛沫花。

41. 菥蓂

【分类学地位】十字花科 Brassicaceae 菥蓂属 *Thlaspi*。

【植物形态】一年生草本植物（图 2-41-1）。株高可达 60cm。茎单一，直立，上部多分枝；基生叶具明显叶柄；茎生叶呈长圆状披针形，先端圆钝或急尖，基部呈箭形并抱茎，叶缘具疏锯齿。总状花序顶生；萼片 4 枚，直立，卵形，先端钝圆；花瓣 4 枚，白色，长圆状倒卵形，先端圆形或微凹。短角果近圆形或宽倒卵形，边缘具显著宽翅，顶端凹陷。种子倒卵形，略扁平，黄褐色至深褐色，表面具同心环状纹。

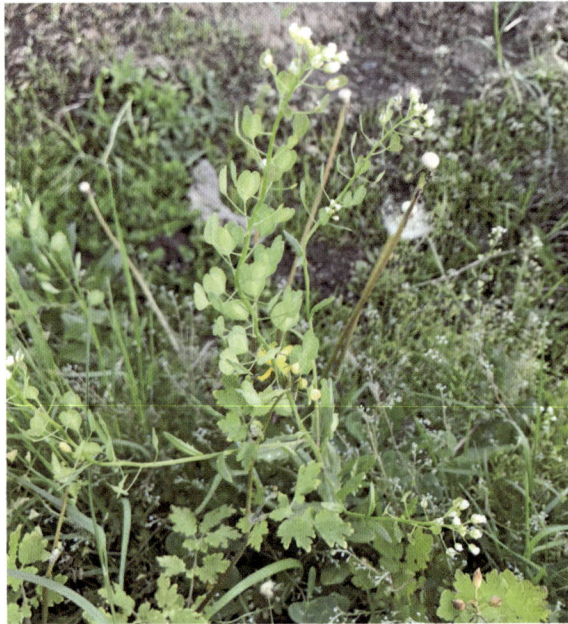

图 2-41-1　菥蓂 *Thlaspi arvense* L.

【生境】常见于平原地区路旁、沟渠边缘、村落周边及农田周边地带。

【入药部位】以干燥地上部分入药，药材名称为菥蓂。

菥蓂 Thlaspi Herba

【采收加工】夏季果实成熟时采割，除去杂质，干燥。

【药材性状】本品茎呈圆柱形，长 20 ～ 40cm，直径 0.2 ～ 0.5cm；表面黄绿色或灰黄色，有细纵棱线；质脆，易折断，断面髓部白色。叶互生，披针形，基部叶多为倒披针形，多脱落。总状果序生于茎枝顶端和叶腋，果实卵圆形而扁平，直径 0.5 ～ 1.3cm；

表面灰黄色或灰绿色，中心略隆起，边缘有翅，宽约 0.2cm，两面中间各有 1 条纵棱线，先端凹陷，基部有细果梗，长约 1cm；果实内分 2 室，中间有纵隔膜，每室种子 5 ～ 7 粒。种子扁卵圆形。气微，味淡。

【质量要求】传统经验认为，本品以果实完整、色黄绿者为佳；《中国药典》（2020 年版）规定，本品杂质不得过 3.0%；水分不得过 10.0%；总灰分不得过 10.0%；酸不溶性灰分不得过 2.0%；水溶性浸出物（冷浸法）不得少于 15.0%。

【功能主治】清肝明目，和中利湿，解毒消肿。用于目赤肿痛，脘腹胀痛，胁痛，肠痛，水肿，带下，疮疖痈肿。

【用法用量】9 ～ 15g。

【中药别名】大荠，蓂荠，大蕺，马辛，析目，荣目，马驹，老荠，遏蓝菜，花叶荠，水荠，老鼓草，瓜子草，苏败酱。

42. 瓦松

【分类学地位】景天科 Crassulaceae 瓦松属 *Orostachys*。

【植物形态】二年生草本植物（图 2-42-1）。一年生莲座丛的叶短；莲座叶线形，先端增大，为白色软骨质，半圆形，有齿；二年生花茎一般高 10 ～ 20cm，小的只长 5cm，高的有时达 40cm。叶互生，疏生，有刺，线形至披针形。花序总状，紧密，或下部分枝，可呈金字塔形；苞片线状渐尖；萼片 5，长圆形；花瓣 5，红色，披针状椭圆形，先端渐尖，基部 1mm 合生；雄蕊 10，与花瓣同长或稍短，花药紫色；鳞片 5，近四方形，先端稍凹。蓇葖果长圆形，长 5mm。种子多数，卵形，细小。

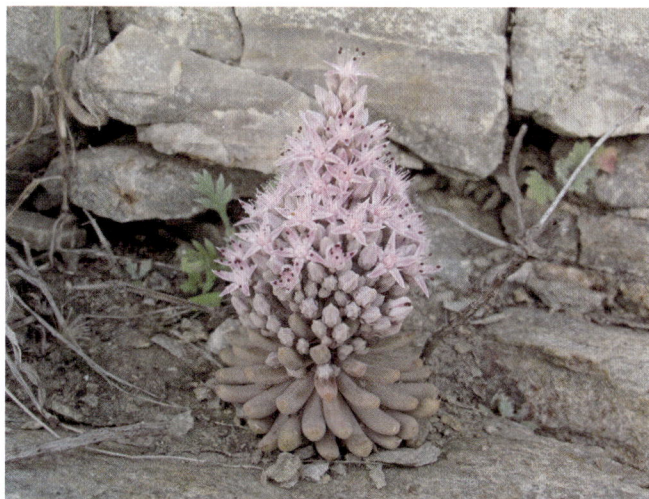

图 2-42-1　瓦松 *Orostachys fimbriata*（Turcz.）Berg.

【生境】多生长于山坡岩石缝隙或屋顶瓦砾间。

【入药部位】以干燥地上部分入药，药材名称为瓦松。

【释名】植株丛生如蓬草，高约一尺，远观形似幼松，故得名"瓦松"。

瓦松 Orostachyis Fimbriatae Herba

【采收加工】夏、秋二季花开时采收，除去根及杂质，晒干。

【药材性状】本品茎呈细长圆柱形，长 5 ～ 27cm，直径 2 ～ 6mm。表面灰棕色，具多数突起的残留叶基，有明显的纵棱线。叶多脱落，破碎或卷曲，灰绿色。圆锥花序穗状，小花白色或粉红色，花梗长约 5mm。体轻，质脆，易碎。气微，味酸。

【质量要求】传统经验认为，本品以花穗带红色、老者为佳。《中国药典》（2020 年版）规定，本品杂质不得过 2%；水分不得过 13.0%；醇溶性浸出物（热浸法测定）不得少于 3.0%；按干燥品计算，含槲皮素（$C_{15}H_{10}O_7$）和山奈酚（$C_{15}H_{10}O_6$）的总量不得少于 0.020%。

【功能与主治】凉血止血，解毒，敛疮。用于血痢，便血，痔血，疮口久不愈合。
【用法与用量】3 ～ 9g。外用适量，研末涂敷患处。

【禁忌】脾胃虚寒者忌用。

【中药别名】昨叶荷草，屋上无根草，向天草，瓦花，石莲花，厝莲，干滴落，猫头草，瓦塔，天蓬草，瓦霜，瓦葱，酸塔，塔松，兔子拐杖，干吊鳖，石塔花，狼爪子，酸溜溜，瓦宝塔，瓦莲花，岩松，屋松，岩笋，瓦玉。

● 43. 垂盆草

【分类学地位】景天科 Crassulaceae 景天属 Sedum。

【植物形态】多年生草本植物（图 2-43-1）。不育枝及花茎纤细，匍匐生长，节部易生根，延伸至花序下方，植株长度通常为 10 ～ 25cm。叶片 3 枚轮生，呈倒披针形至长圆形，先端近急尖，基部急狭并具明显叶距。聚伞花序具 3 ～ 5 个分枝，着花较少；花无梗；萼片 5 枚，披针形至长圆形，先端钝圆，基部无距；花瓣 5 枚，黄色，披针形至长圆形，先端具短尖突；雄蕊 10 枚，短于花瓣；鳞片 10 枚，楔状四方形，先端微凹；心皮 5 枚，长圆形，略呈叉开状，具显著伸长之花柱。种子呈卵圆形。

【生境】多生长于海拔 1600m 以下的山坡向阳处或岩石缝隙中，喜温暖湿润环境。

【入药部位】以干燥全草入药，药材名称为垂盆草。

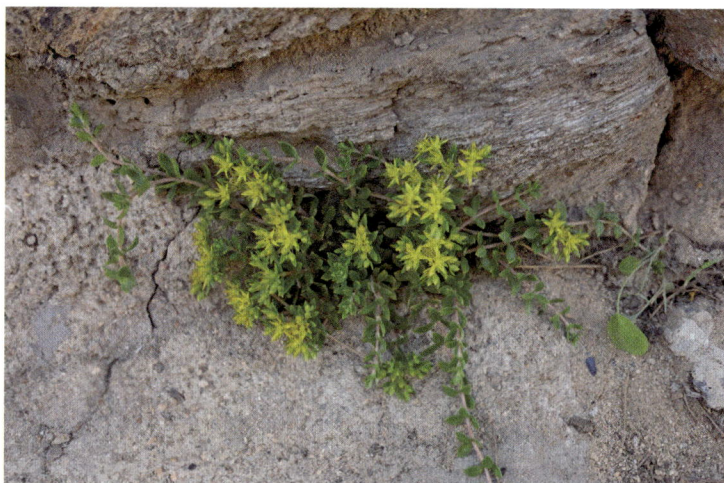

图 2-43-1 垂盆草 *Sedum sarmentosum* Bunge

垂盆草 Sedi Herba

【**采收加工**】夏、秋二季采收，除去杂质，干燥。

【**药材性状**】本品茎纤细，长可达 20cm 以上，部分节上可见纤细的不定根（图 2-43-2）。3 叶轮生，叶片倒披针形至矩圆形，绿色，肉质，长 1.5 ～ 2.8cm，宽 0.3 ～ 0.7cm，先端近急尖，基部急狭，有距。气微，味微苦。

图 2-43-2 垂盆草药材

【**质量要求**】传统经验认为，本品以茎叶完整、黄绿色者为佳。《中国药典》（2020 年版）规定，本品水分不得过 13.0%；酸不溶性灰分不得过 6.0%；水溶性浸出物（热浸法测定）不得少于 20.0%；按干燥品计算，含槲皮素（$C_{15}H_{10}O_7$）、山奈酚（$C_{15}H_{10}O_6$）和异鼠李素（$C_{16}H_{12}O_7$）的总量不得少于 0.10%。

【功能主治】利湿退黄，清热解毒。用于湿热黄疸，小便不利，痈肿疮疡。

【用法用量】15～30g。

【禁忌】脾胃虚寒者慎服。

【中药别名】山护花，鼠牙半支，半枝莲，狗牙草，佛指甲，瓜子草，三叶佛甲草，白蜈蚣，地蜈蚣草，太阳花，枉开口，石指甲，狗牙瓣。

44. 路边青

【分类学地位】蔷薇科 Rosaceae 路边青属 *Geum*。

【植物形态】多年生草本植物（图 2-44-1）。株高 30～100cm，须根簇生。茎直立，茎表面密被开展粗硬毛，少数个体近无毛。基生叶为大头羽状复叶，通常具 2～6 对小叶，叶柄被粗硬毛，小叶间大小差异显著；茎生叶为羽状复叶，部分个体呈现重复分裂特征，随着茎节上移小叶数量递减，顶生小叶多呈披针形或倒卵披针形，叶尖渐尖至短渐尖，叶基楔形；茎生叶托叶发达，呈叶状卵形，绿色，边缘具不规则粗锯齿。顶生伞房花序，花梗被短柔毛或微硬毛；花瓣黄色，近圆形，明显长于萼片；萼片卵状三角形，先端渐尖；副萼片狭披针形，长度不足萼片 1/2，外被短柔毛与长柔毛混合毛被；花柱顶生，上部 1/4 处呈螺旋状扭曲，成熟后自扭曲处离层脱落，脱落部分下部具疏柔毛。聚合果为倒卵球形，瘦果表面被长硬毛，宿存花柱上部光滑，顶端具喙状小钩；果托密被短硬毛。

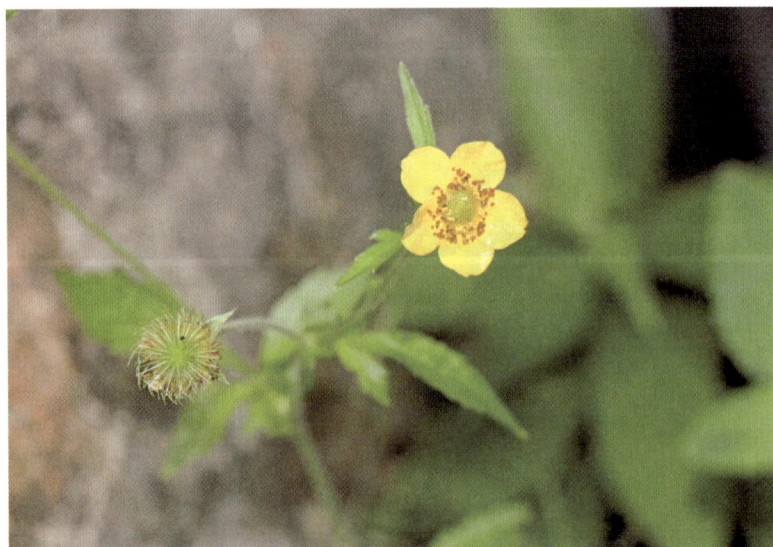

图 2-44-1　路边青 *Geum aleppicum* Jacq.

【生境】广泛分布于山坡草地、河滩冲积地、林缘隙地及田边沟渠，海拔范围为200～3500m。

【入药部位】以干燥全草入药，药材名称为蓝布正。

蓝布正 Gei Herba

【来源】《中国药典》（2020年版）规定，蓝布正药材的植物来源有2种，分别为蔷薇科植物路边青 *Geum aleppicum* Jacq. 或柔毛路边青 *Geum japonicum* Thunb. var. *chinense* Bolle。

【采收加工】夏、秋二季采收，洗净，晒干。

【药材性状】本品长20～100cm（图2-44-2）。主根短，有多数细根，褐棕色。茎圆柱形，被毛或近无毛。基生叶有长柄，羽状全裂或近羽状复叶，顶裂片较大，卵形或宽卵形，边缘有大锯齿，两面被毛或几无毛；侧生裂片小，边缘有不规则的粗齿；茎生叶互生，卵形，3浅裂或羽状分裂。花顶生，常脱落。聚合瘦果近球形。气微，味辛、微苦。

1cm

图 2-44-2 蓝布正药材

【质量要求】《中国药典》（2020年版）规定，本品水分不得过11.0%；醇溶性浸出物（热浸法测定）不得少于7.0%；按干燥品计算，含没食子酸（$C_7H_6O_5$）不得少于0.30%。

【功能主治】益气健脾，补血养阴，润肺化痰。用于气血不足，虚痨咳嗽，脾虚带下。

【用法用量】9～30g。

【中药别名】追风七，五气朝阳草，红心草，水杨梅，头晕药，路边黄，见肿消。

45. 龙芽草

【分类学地位】蔷薇科 Rosaceae 龙牙草属 *Agrimonia*。

【植物形态】多年生草本植物（图 2-45-1）。根多呈块茎状，周围着生若干侧根，根茎短。叶为间断奇数羽状复叶，通常具小叶 3～4 对，稀 2 对，向上渐减少至 3 小叶；叶柄被稀疏柔毛或短柔毛；小叶片无柄或具短柄，倒卵形；托叶草质，绿色，镰形，稀卵形，顶端急尖或渐尖，边缘具尖锐锯齿或裂片，稀全缘，茎下部托叶偶呈卵状披针形，常全缘。花序为穗状总状花序，顶生，分枝或不分枝，花序轴被柔毛，花梗密被柔毛；苞片通常深 3 裂，裂片呈带形，小苞片对生，卵形，全缘或边缘分裂；萼片 5 枚，三角状卵形；花瓣黄色，长圆形；雄蕊 5～15 枚；花柱 2 枚，丝状，柱头头状。果实为倒卵圆锥形，被疏柔毛，顶端具数层钩刺，幼时直立，成熟时向内靠合。

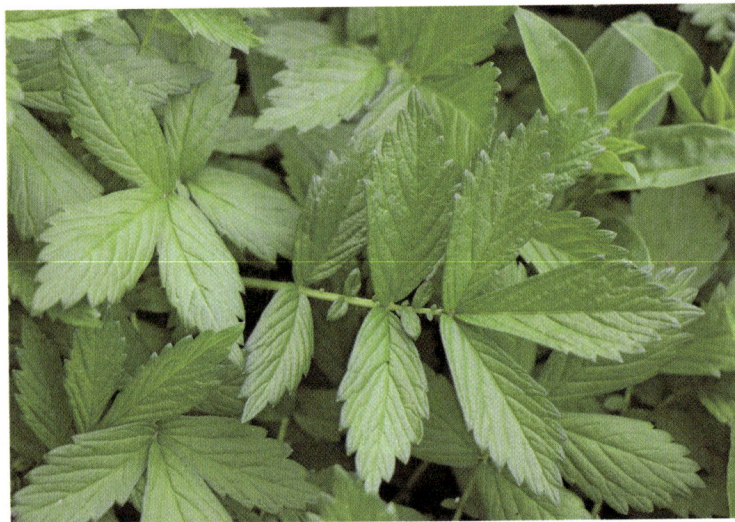

图 2-45-1 龙芽草 *Agrimonia pilosa* Ldb.

【生境】常生长于溪边、路旁、草地、灌丛、林缘及疏林下，海拔范围为 100～3800m。

【入药部位】以干燥地上部分入药，药材名称为仙鹤草。

仙鹤草 Agrimoniae Herba

【采收加工】夏、秋二季茎叶茂盛时采割，除去杂质，干燥。

【药材性状】本品长 50～100cm，全体被白色柔毛（图 2-45-2）。茎下部圆柱形，直径 4～6mm，红棕色，上部方柱形，四面略凹陷，绿褐色，有纵沟和棱线，有节；体轻，质硬，易折断，断面中空。单数羽状复叶互生，暗绿色，皱缩卷曲；质脆，易碎；叶片有大小 2 种，相间生于叶轴上，顶端小叶较大，完整小叶片展平后呈卵形或长椭圆形，先端尖，基部楔形，边缘有锯齿；托叶 2，抱茎，斜卵形。总状花序细长，花萼下部呈筒状，萼筒上部有钩刺，先端 5 裂，花瓣黄色。气微，味微苦。

图 2-45-2　仙鹤草药材

【质量要求】传统经验认为，本品以梗紫色、叶青绿、多而完整、无杂质者为佳。《中国药典》（2020 年版）规定，本品水分不得过 12.0%；总灰分不得过 10.0%。

【功能主治】收敛止血，截疟，止痢，解毒，补虚。用于咯血，吐血，崩漏下血，疟疾，血痢，痈肿疮毒，阴痒带下，脱力劳伤。

【用法用量】6 ～ 12g。外用适量。

【禁忌】非出血不止者不用。

【中药别名】鹤草芽，龙芽草，施州龙牙草，瓜香草，黄龙尾，铁胡蜂，金顶龙芽，老鹳嘴，子母草，毛脚茵，黄龙牙，草龙牙，地椒，黄花草，蛇疙瘩，龙头草，寸八节，过路黄，毛脚鸡，杰里花，线麻子花，脱力草，刀口药，大毛药，地仙草，蛇倒退，路边鸡，毛将军，鸡爪沙，路边黄，五蹄风，牛头草，泻痢草，黄花仔，异风颈草，子不离母，父子草，毛鸡草，群兰败毒草，狼牙草，止血草，黄龙牙。

【备注】在《中国植物志》中，龙芽草的中文正名为龙牙草。

46. 地榆

【分类学地位】蔷薇科 Rosaceae 地榆属 *Sanguisorba*。

【植物形态】多年生草本植物。根茎粗壮，多呈纺锤形，少数呈圆柱形；表面棕褐色至紫褐色，具明显纵皱纹及横向皮孔，断面黄白色或紫红色，形成层环纹清晰。茎直立，具四棱，无毛或基部疏生腺毛。基生叶为奇数羽状复叶，具小叶 4 ～ 6 对；小叶柄短，叶片卵形或长圆状卵形，边缘具钝锯齿。穗状花序呈椭圆形、圆柱形或卵球形，直立（图 2-46-1）；花序轴光滑或偶见稀疏腺毛；苞片膜质，披针形，先端渐尖至尾尖，长度短于或近等于萼片，背面及边缘密被柔毛；花萼 4 裂，萼片紫红色，椭圆形至宽卵形，背面被疏柔毛，中脉微隆起，先端常具短突尖；雄蕊 4 枚，花丝线形，不膨大，与萼片近等长或稍短；子房无毛或基部微被毛。瘦果包藏于宿存萼筒内，外具 4 棱。

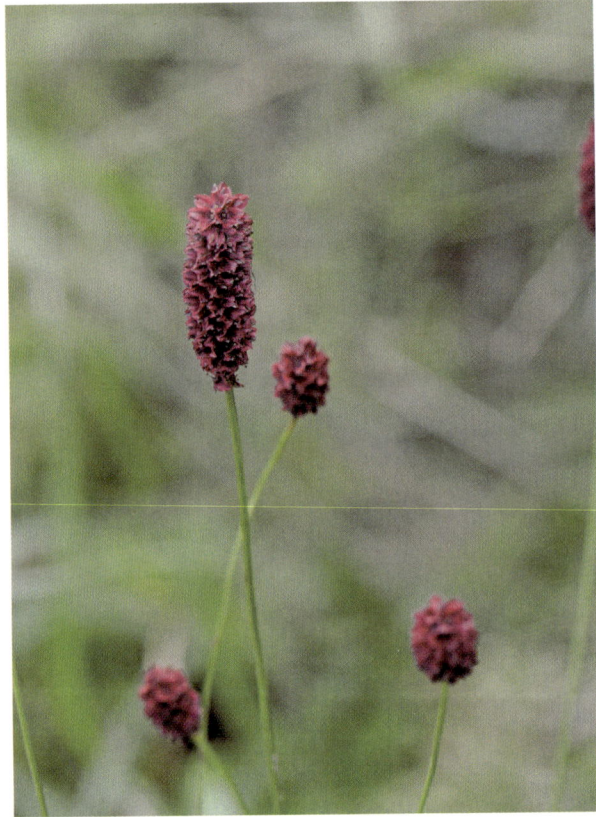

图 2-46-1　地榆 *Sanguisorba officinalis* L.

【生境】广泛分布于温带地区，常见于草原、草甸、山坡草地、灌丛中及疏林下，海拔范围为 30 ～ 3000m。

【入药部位】以干燥根入药，药材名称为地榆。

地榆 Sanguisorbae Radix

【来源】《中国药典》（2020 年版）规定，地榆药材的植物来源有 2 种，分别为蔷薇

科植物地榆 *Sanguisorba officinalis* L. 或长叶地榆 *Sanguisorba officinalis* L. var. *longifolia*（Bert.）Yü et Li。后者习称"绵地榆"。

【采收加工】春季将发芽时或秋季植株枯萎后采挖，除去须根，洗净，干燥，或趁鲜切片，干燥。

【药材性状】

1. 地榆　本品呈不规则纺锤形或圆柱形，稍弯曲，长 5～25cm，直径 0.5～2cm（图 2-46-2）。表面灰褐色至暗棕色，粗糙，有纵纹。质硬，断面较平坦，粉红色或淡黄色，木部略呈放射状排列。气微，味微苦涩。

2. 绵地榆　本品呈长圆柱形，稍弯曲，着生于短粗的根茎上；表面红棕色或棕紫色，有细纵纹。质坚韧，断面黄棕色或红棕色，皮部有多数黄白色或黄棕色绵状纤维。气微，味微苦涩。

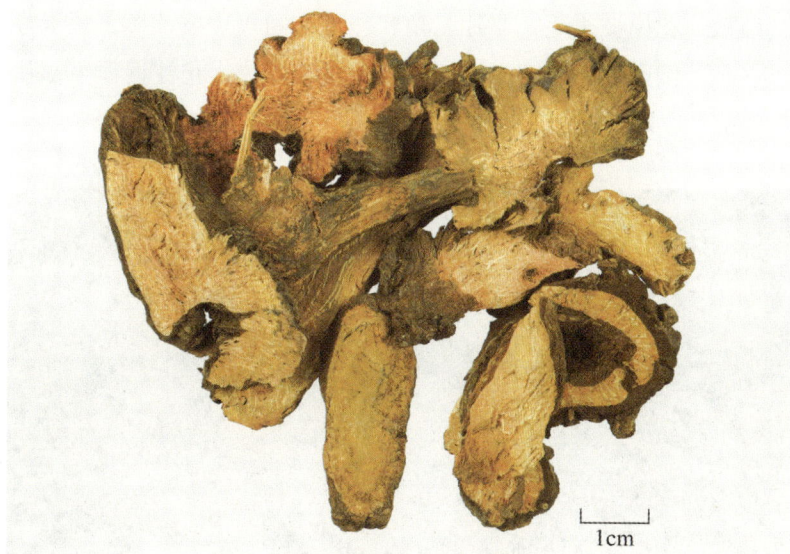

1cm

图 2-46-2　地榆药材

【质量要求】传统经验认为，本品以质硬、条粗、断面红色者为佳。《中国药典》（2020 年版）规定，本品水分不得过 14.0%；总灰分不得过 10.0%；酸不溶性灰分不得过 2.0%；醇溶性浸出物（热浸法测定）不得少于 23.0%；按干燥品计算，含鞣质不得少于 8.0%，含没食子酸（$C_7H_6O_5$）不得少于 1.0%。

【功能主治】凉血止血，解毒敛疮。用于便血，痔血，血痢，崩漏，水火烫伤，痈肿疮毒。

【用法用量】9～15g。外用适量，研末涂敷患处。

【禁忌】虚寒者忌服。

【中药别名】酸赭，豚榆系，白地榆，鼠尾地榆，西地榆，地芽，野升麻，马连鞍，花椒地榆，水橄榄根，线形地榆，水槟榔，山枣参，蕨苗参，红地榆，岩地芨，血箭草，黄瓜香，涩地榆，马连鞍薯，山红枣根，赤地榆，紫地榆，枣儿红，黄根子。

● 47. 翻白草

【分类学地位】蔷薇科 Rosaceae 委陵菜属 *Potentilla*。

【植物形态】多年生草本植物（图 2-47-1）。根粗壮，下部常膨大呈纺锤形。花茎直立、斜升或微铺散，密被白色绵毛。基生叶具小叶 2～4 对，叶柄密被白色绵毛，偶并生长柔毛；小叶对生或互生，无柄，小叶片呈长圆形至长圆状披针形；茎生叶 1～2 枚，具掌状 3～5 小叶；基生叶托叶膜质，褐色，外被白色长柔毛；茎生叶托叶草质，绿色，卵形或宽卵形，边缘多具缺刻状锯齿，稀全缘，背面密被白色绵毛。聚伞花序具数朵至多朵花，排列疏散，花梗被柔毛；萼片三角状卵形，副萼片披针形，短于萼片，外被白色绵毛；花瓣黄色，倒卵形，先端微凹或圆钝，长于萼片；花柱近顶生，基部具乳头状突起，柱头略增粗。瘦果近肾形，表面光滑。

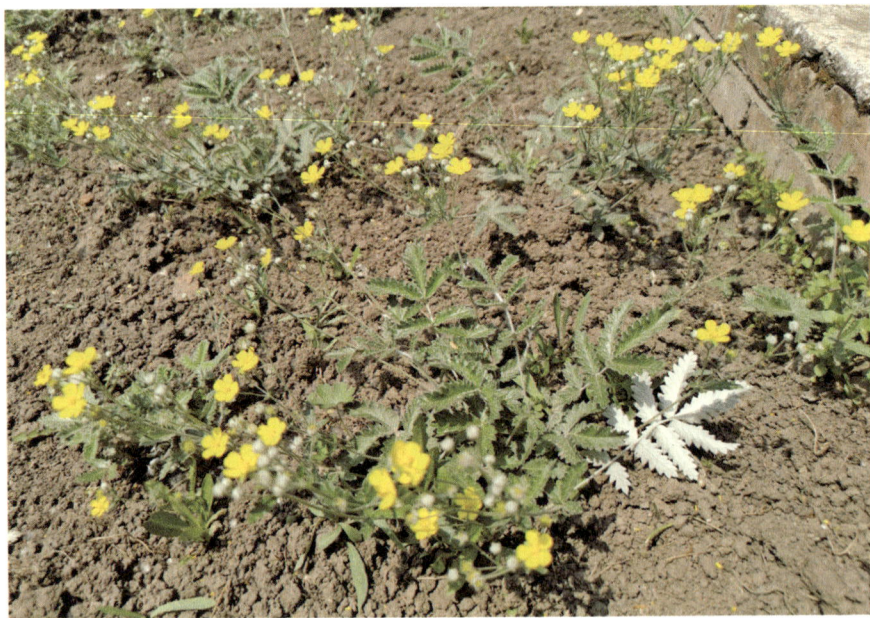

图 2-47-1　翻白草 *Potentilla discolor* Bge.

【生境】常生长于荒坡地、山谷、溪沟边、山坡草地、草甸及疏林下，海拔范围为100～1850m。

【入药部位】以干燥全草入药，药材名称为翻白草。

翻白草 Potentillae Discoloris Herba

【采收加工】夏、秋两季将全草连块根挖出，抖去泥土后，洗净，晒干即可使用。

【药材性状】本品块根呈纺锤形或圆柱形，长 4～8cm，直径 0.4～1cm；表面黄棕色或暗褐色，有不规则扭曲沟纹；质硬而脆，折断面平坦，呈灰白色或黄白色（图 2-47-2）。基生叶丛生，单数羽状复叶，多皱缩弯曲，展平后长 4～13cm；小叶 5～9 片，柄短或无，长圆形或长椭圆形，顶端小叶片较大，上表面暗绿色或灰绿色，下表面密被白色绒毛，边缘有粗锯齿。气微，味甘、微涩。

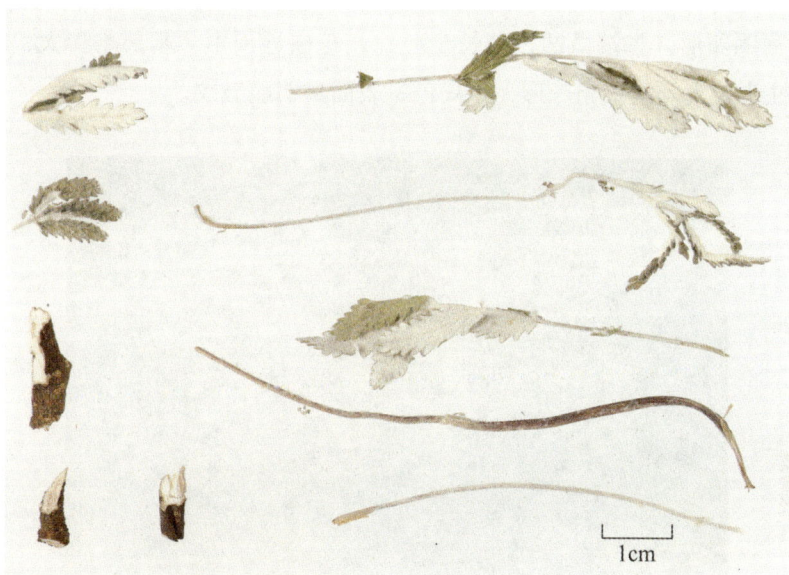

图 2-47-2　翻白草药材

【质量要求】《中国药典》（2020 年版）规定，本品水分不得过 10.0%；总灰分不得过 10.0%；酸不溶性灰分不得过 3.0%；醇溶性浸出物（热浸法测定）不得少于 4.0%。

【功能主治】清热解毒，止痢，止血。用于湿热泻痢，痈肿疮毒，血热吐衄，便血，崩漏。

【用法用量】9～15g。

【禁忌】脾胃虚寒者慎用。

【中药别名】鸡腿儿，天藕儿，湖鸡腿，鸡脚草，鸡脚爪，鸡距草，独脚草，鸡腿子，乌皮浮儿，天青地白，金钱吊葫芦，老鸹枕，老鸦爪，山萝卜，土菜，结梨，大叶铡草，白头翁，鸡爪莲，郁苏参，土人参，野鸡坝，兰溪白头翁，黄花地丁，千锤打，叶下白，茯苓草，觭角草，鸭脚参，细沙扭，土洋参。

48. 委陵菜

【**分类学地位**】蔷薇科 Rosaceae 委陵菜属 *Potentilla*。

【**植物形态**】多年生草本植物（图 2-48-1）。根粗壮，圆柱形，稍木质化。花茎直立或斜升，被稀疏短柔毛及白色绢状长柔毛。基生叶为羽状复叶，具小叶 5～15 对，叶柄被短柔毛及绢状长柔毛；小叶片对生或互生，无柄，长圆形、倒卵形或长圆状披针形；基生叶托叶近膜质，褐色，外被白色绢状长柔毛；茎生叶托叶草质，绿色，边缘具锐裂。伞房状聚伞花序，花梗基部具披针形苞片，外密被短柔毛；萼片三角状卵形，先端急尖，副萼片带状或披针形，先端尖，比萼片短约 1 倍且狭窄，外被短柔毛及少量绢状柔毛；花瓣黄色，宽倒卵形，先端微凹，稍长于萼片；花柱近顶生，基部略膨大，具不明显乳头状突起，柱头扩大。瘦果卵球形，深褐色，表面具明显皱纹。

图 2-48-1　委陵菜 *Potentilla chinensis* Ser.

【生境】常生长于山坡草地、沟谷、林缘、灌丛或疏林下，海拔范围为 400 ～ 3200m。

【入药部位】以干燥全草入药，药材名称为委陵菜。

委陵菜 Potentillae Chinensis Herba

【采收加工】春季未抽茎时采挖，除去泥沙，晒干。

【药材性状】本品根呈圆柱形或类圆锥形，略扭曲，有的有分枝，长 5 ～ 17cm，直径 0.5 ～ 1.5cm；表面暗棕色或暗紫红色，有纵纹，粗皮易成片状剥落；根茎部稍膨大；质硬，易折断，断面皮部薄，暗棕色，常与木部分离，射线呈放射状排列。叶基生，单数羽状复叶，有柄；小叶 12 ～ 31 对，狭长椭圆形，边缘羽状深裂，下表面和叶柄均灰白色，密被灰白色绒毛（图 2-48-2）。气微，味涩、微苦。

1cm

图 2-48-2　委陵菜药材

【质量要求】传统经验认为，本品以色灰白、无花茎、无杂质者为佳。《中国药典》（2020 年版）规定，本品水分不得过 13.0%；总灰分不得过 14.0%；酸不溶性灰分不得过 4.0%；醇溶性浸出物（热浸法测定）不得少于 19.0%；按干燥品计算，含没食子酸（$C_7H_6O_5$）不得少于 0.030%。

【功能主治】清热解毒，凉血止痢。用于赤痢腹痛，久痢不止，痔疮出血，痈肿疮毒。

【用法用量】9 ～ 15g。外用适量。

【禁忌】脾胃虚寒、慢性腹泻者慎用。

【中药别名】翻白菜，白头翁，根头菜，野鸠旁花，黄州白头翁，龙牙草，天青地白，小毛药，虎爪菜，蛤蟆草，老鸦翎，老鸦爪，地区草，翻白草，野鸡脖子，痢疾草。

🔵 49. 西伯利亚杏

【分类学地位】蔷薇科 Rosaceae 杏属 *Armeniaca*。在最新的 APG Ⅳ 系统中，西伯利亚杏已调整至蔷薇科 Rosaceae 李属 *Prunus*。

【植物形态】灌木或小乔木，株高 2 ~ 5m。树皮暗灰色，纵裂。叶片卵形或近圆形，先端长渐尖至尾尖，基部圆形至近心形，叶缘具细钝锯齿；花单生，先于叶开放，直径 1.5 ~ 2cm；花萼紫红色，萼筒钟形；萼片长圆状椭圆形，先端尖，花后反折；花瓣近圆形或倒卵形，白色或粉红色（图 2-49-1）；雄蕊多数，与花瓣近等长；子房密被短柔毛。果实扁球形，直径 1.5 ~ 2.5cm，黄色或橘红色，有时具红晕，表面被短柔毛；果肉薄而干燥，味酸涩不可食，成熟时沿腹缝线开裂；核扁球形，易与果肉分离，两侧扁平，顶端圆钝，基部不对称；种仁味苦。

图 2-49-1　西伯利亚杏 *Prunus sibirica* L.

【生境】常生长于干燥向阳的山坡、丘陵草原或与落叶乔木、灌木混生，海拔范围为 700 ~ 2000m。

【入药部位】以干燥成熟种子入药，药材名称为苦杏仁。

苦杏仁 Armeniacae Semen Amarum

【**来源**】《中国药典》（2020 年版）规定，苦杏仁药材的植物来源有 4 种，分别为蔷薇科植物山杏 *Prunus armeniaca* L.var. *ansu* Maxim.、西伯利亚杏 *Prunus sibirica* L.、东北杏 *Prunus mandshurica*（Maxim.）Koehne 或杏 *Prunus armeniaca* L.。

【**采收加工**】夏季采收成熟果实，除去果肉和核壳，取出种子，晒干。

【**药材性状**】本品呈扁心形，长 1 ～ 1.9cm，宽 0.8 ～ 1.5cm，厚 0.5 ～ 0.8cm（图 2-49-2）。表面黄棕色至深棕色，一端尖，另端钝圆，肥厚，左右不对称，尖端一侧有短线形种脐，圆端合点处向上具多数深棕色的脉纹。种皮薄，子叶 2，乳白色，富油性。气微，味苦。

图 2-49-2　苦杏仁药材

【**质量要求**】传统经验认为，本品以颗粒均匀而饱满、完整、味苦者为佳。《中国药典》（2020 年版）规定，本品水分不得过 7.0%；过氧化值不得过 0.11；按干燥品计算，含苦杏仁苷（$C_{20}H_{27}NO_{11}$）不得少于 3.0%。

【**功能主治**】降气止咳平喘，润肠通便。用于咳嗽气喘，胸满痰多，肠燥便秘。

【**用法用量**】5 ～ 10g，生品入煎剂后下。

【**禁忌**】内服不宜过量，以免中毒。

【**中药别名**】杏仁。

【**备注**】在《中国植物志》中，西伯利亚杏的中文正名为山杏，学名与山杏一致。

50. 山楂

【分类学地位】蔷薇科 Rosaceae 山楂属 *Crataegus*。

【植物形态】落叶乔木，高可达 6m。树皮粗糙，呈暗灰色至灰褐色。叶片宽卵形或三角状卵形，先端短渐尖，基部截形至宽楔形，通常两侧各具 3～5 羽状深裂片，裂片卵状披针形或带状，侧脉 6～10 对；托叶草质，镰形，边缘具锯齿。伞房花序具多花，总花梗及花梗均被柔毛；萼筒钟状，外密被灰白色柔毛；萼片三角状卵形至披针形，先端渐尖，全缘，长度约与萼筒相等；花瓣倒卵形或近圆形，白色；雄蕊 20 枚，短于花瓣，花药粉红色；花柱 3～5 枚，基部被柔毛，柱头头状。果实近球形或梨形，深红色，表面具浅色斑点（图 2-50-1）；小核 3～5 枚，外稍具棱，内面两侧平滑；萼片宿存，脱落较迟，先端遗留一圆形深洼。

图 2-50-1　山楂 *Crataegus pinnatifida* Bge.

【生境】生长于山坡林缘或灌木丛中，海拔范围为 100～1500m。

【入药部位】以干燥成熟果实入药，药材名称为山楂；以干燥叶入药，药材名称为山楂叶。

山楂 Crataegi Fructus

【来源】《中国药典》（2020 年版）规定，山楂药材的植物来源有 2 种，分别为蔷薇科

植物山里红 *Crataegus pinnatifida* Bge. var. *major* N.E.Br. 或山楂 *Crataegus pinnatifida* Bge.。

【采收加工】9月下旬至10月下旬果实相继成熟时采收。采收方法为剪摘法、摇晃、敲打三种。净制、切片，放在干净的席箔上，在强日下曝晒。

【药材性状】本品为圆形片，皱缩不平，直径 1 ～ 2.5cm，厚 0.2 ～ 0.4cm（图 2-50-2）。外皮红色，具皱纹，有灰白色小斑点。果肉深黄色至浅棕色。中部横切片具 5 粒浅黄色果核，但核多脱落而中空。有的片上可见短而细的果梗或花萼残迹。气微清香，味酸、微甜。

图 2-50-2　山楂药材

【质量要求】传统经验认为，本品以果大、肉厚、核少、皮红者为佳。《中国药典》（2020 年版）规定，本品水分不得过 12.0%；总灰分不得过 3.0%；重金属及有害元素检查中，铅不得过 5mg/kg，镉不得过 1mg/kg，砷不得过 2mg/kg，汞不得过 0.2mg/kg，铜不得过 20mg/kg；醇溶性浸出物（热浸法测定）不得少于 21.0%；按干燥品计算，含有机酸以枸橼酸（$C_6H_8O_7$）计，不得少于 5.0%。

【功能主治】消食健胃，行气散瘀，化浊降脂。用于肉食积滞，胃脘胀满，泻痢腹痛，瘀血经闭，产后瘀阻，心腹刺痛，胸痹心痛，疝气疼痛，高脂血症。焦山楂消食导滞作用增强，用于肉食积滞，泻痢不爽。

【用法用量】9 ～ 12g。

【禁忌】脾胃虚弱者慎服。

【中药别名】朹，檕梅，朹子，鼠查，羊梂，赤爪实，棠梂子，赤枣子，山里红果，酸枣，鼻涕团，柿楂子，山里果子，茅楂，猴楂，映山红果，海红，酸梅子，山梨，酸查，野山楂，小叶山楂，山果子。

山楂叶 Crataegi Folium

【来源】《中国药典》（2020 年版）规定，山楂叶药材的植物来源有 2 种，分别为蔷薇科植物山里红 *Crataegus pinnatifida* Bge. var. *major* N.E.Br. 或山楂 *Crataegus pinnatifida* Bge.。

【采收加工】夏、秋二季采收，晾干。

【药材性状】本品多已破碎，完整者展开后呈宽卵形，长 6 ～ 12cm，宽 5 ～ 8cm，绿色至棕黄色，先端渐尖，基部宽楔形，具 2 ～ 6 羽状裂片，边缘具尖锐重锯齿；叶柄长 2 ～ 6cm，托叶卵圆形至卵状披针形。气微，味涩、微苦。

【质量要求】《中国药典》（2020 年版）规定，本品水分不得过 12.0%；酸不溶性灰分不得过 3.0%；醇溶性浸出物（冷浸法测定）不得少于 20.0%；按干燥品计算，含总黄酮以无水芦丁（$C_{27}H_{30}O_{16}$）计，不得少于 7.0%。

【功能主治】活血化瘀，理气通脉，化浊降脂。用于气滞血瘀，胸痹心痛，胸闷憋气，心悸健忘，眩晕耳鸣，高脂血症。

【用法用量】3 ～ 10g；或泡茶饮。

【中药别名】山里红叶，山楂树叶，赤枣子叶。

🟢 51. 欧李

【分类学地位】蔷薇科 Rosaceae 樱属 *Cerasus*。在最新的 APG Ⅳ 系统中，欧李已调整至蔷薇科 Rosaceae 李属 *Prunus*。

【植物形态】落叶灌木，株高 0.4 ～ 1.5m。小枝灰褐色至棕褐色，密被短柔毛。叶片倒卵状长椭圆形或倒卵状披针形，中部以上最宽，先端急尖或短渐尖，基部楔形，叶缘具单锯齿或重锯齿；叶面深绿色，无毛，叶背浅绿色，无毛或疏被短柔毛，侧脉 6 ～ 8 对；叶柄无毛或疏被短柔毛；托叶线形，边缘具腺体。花单生或 2 ～ 3 朵簇生，花叶同期开放；花梗疏被短柔毛；萼筒长宽近相等，外被稀疏柔毛，萼片三角状卵圆形，先端急尖或圆钝；花瓣白色或粉红色，长圆形至倒卵形；雄蕊 30 ～ 35 枚；花柱与雄蕊近等长，光滑无毛。核果成熟时近球形，呈红色或紫红色；果核表面除背部两侧外无棱纹（图 2-51-1）。

【生境】多生长于向阳山坡砂质壤土、山地灌丛，亦常见于庭院栽培，海拔范围为 100 ～ 1800m。

【入药部位】以干燥成熟种子入药，药材名称为郁李仁。

图 2-51-1 欧李 *Prunus humilis* Bunge

郁李仁 Pruni Semen

【来源】《中国药典》（2020 年版）规定，郁李仁药材的植物来源有 3 种，分别为蔷薇科植物欧李 *Prunus humilis* Bge.、郁李 *Prunus japonica* Thunb. 或长柄扁桃 *Prunus pedunculata* Maxim.。前两种习称"小李仁"，后一种习称"大李仁"。

【采收加工】夏、秋二季采收成熟果实，除去果肉和核壳，取出种子，干燥。

【药材性状】

1. 小李仁 呈卵形，长 5 ~ 8mm，直径 3 ~ 5mm。表面黄白色或浅棕色，一端尖，另端钝圆（图 2-51-2）。尖端一侧有线形种脐，圆端中央有深色合点，自合点处向上具多条纵向维管束脉纹。种皮薄，子叶 2，乳白色，富油性。气微，味微苦。

2. 大李仁 长 6 ~ 10mm，直径 5 ~ 7mm。表面黄棕色。

【质量要求】传统经验认为，本品以颗粒饱满、完整、浅黄白色、不泛油者为佳。《中国药典》（2020 年版）规定，本品水分不得过 6.0%；酸败度检查中，酸值不得过 10.0，羰基值不得过 3.0，过氧化值不得过 0.050；按干燥品计算，含苦杏仁苷（$C_{20}H_{27}NO_{11}$）不得少于 2.0%。

【功能主治】润肠通便，下气利水。用于津枯肠燥，食积气滞，腹胀便秘，水肿，脚气，小便不利。

【用法用量】6 ~ 10g。

【禁忌】阴虚液亏者及孕妇慎服。

图 2-51-2　小李仁药材

【中药别名】郁子，李仁肉，郁李，英梅，爵李，白棣，雀李，车下李，山李，爵梅，样藜，千金藤，秧李，穿心梅，侧李，欧李，酸丁，乌拉奈，欧梨。

52. 蒙古黄芪

【分类学地位】豆科 Fabaceae 黄芪属 *Astragalus*。

【植物形态】多年生草本植物，株高 50 ~ 100cm（图 2-52-1）。主根粗壮肥厚，木质化，常呈分枝状，表面灰白色。茎直立，上部多分枝，具细纵棱，密被白色柔毛。羽状复叶具小叶 13 ~ 27 片；小叶椭圆形或长圆状卵形，先端钝圆或微凹，具不明显小尖头，基部圆形。总状花序较密集，着花 10 ~ 20 朵；花萼钟状，外被柔毛，偶见萼筒近无毛而仅萼齿具毛，萼齿短小，呈三角形至钻形，长度仅为萼筒的 1/4 ~ 1/5；花冠黄色至淡黄色，旗瓣倒卵形，先端微凹，基部具短瓣柄，翼瓣略短于旗瓣，瓣片长圆形，基部具短耳状突起，瓣柄长度约为瓣片的 1.5 倍，龙骨瓣与翼瓣近等长，瓣片半卵形，瓣柄稍长于瓣片；子房具柄，被细柔毛。荚果膜质，稍膨胀，呈半椭圆形，顶端具刺状尖突，两面被白色或黑色短柔毛；内含种子 3 ~ 8 粒。

【生境】多生长于林缘、灌丛及疏林下，亦常见于山坡草地或草甸环境中。本种在我国各地广泛栽培，为常用中药材之一。

【入药部位】以干燥根入药，药材名称为黄芪。

【释名】"耆"，意为长也。本品色黄，为补益药之长，故称"黄耆"，后世传写为"黄芪"。

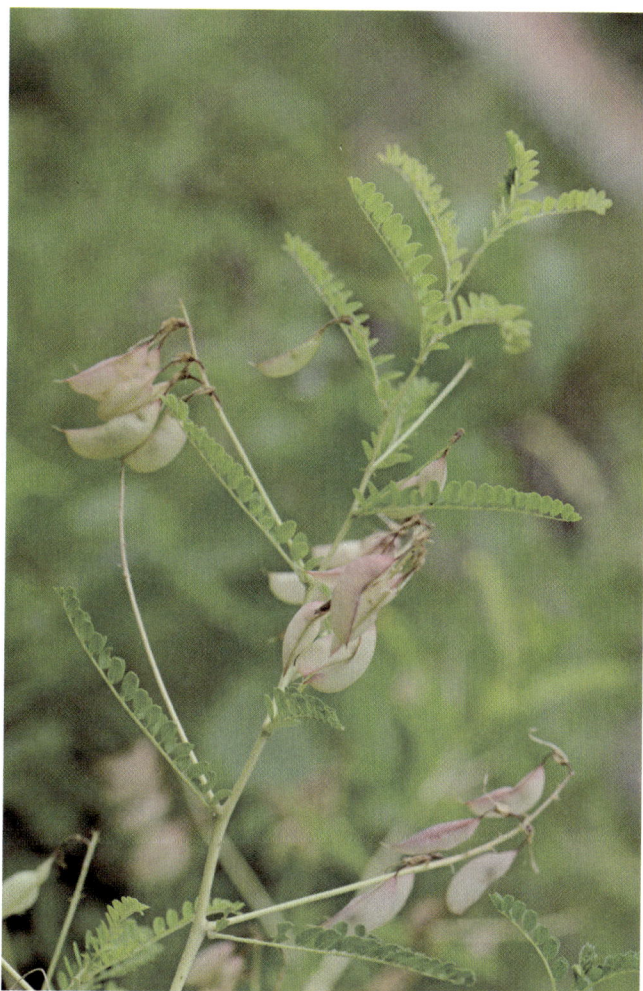

图 2-52-1 蒙古黄芪 *Astragalus membranaceus*（Fisch.）Bge. var. *Mongholicus*（Bge.）Hsiao

黄芪 Astragali Radix

【来源】《中国药典》（2020 年版）规定，黄芪药材的植物来源有 2 种，分别为豆科植物蒙古黄芪 *Astragalus membranaceus*（Fisch.）Bge. var. *Mongholicus*（Bge.）Hsiao 或膜荚黄芪 *Astragalus membranaceus*（Fisch.）Bge.。

【采收加工】春、秋二季采挖，除去须根和根头，晒干。

【药材性状】本品呈圆柱形，有的有分枝，上端较粗，长 30 ～ 90cm，直径 1 ～ 3.5cm（图 2-52-2）。表面淡棕黄色或淡棕褐色，有不整齐的纵皱纹或纵沟。质硬而韧，不易折断，断面纤维性强，并显粉性，皮部黄白色，木部淡黄色，有放射状纹理和裂隙，老根中心偶呈枯朽状，黑褐色或呈空洞。气微，味微甜，嚼之微有豆腥味。

图 2-52-2　黄芪药材

【质量要求】传统经验认为，本品以根条粗长、菊花心鲜明、空洞小、破皮少者为佳。《中国药典》（2020 年版）规定，本品水分不得过 10.0%，总灰分不得过 5.0%；重金属及有害元素检查中，铅不得过 5mg/kg，镉不得过 1mg/kg，砷不得过 2mg/kg，汞不得过 0.2mg/kg，铜不得过 20mg/kg；其他有机氯类农药残留量检查中，五氯硝基苯不得过 0.1mg/kg；水溶性浸出物（冷浸法测定）不得少于 17.0%；按干燥品计算，含黄芪甲苷（$C_{41}H_{68}O_{14}$）不得少于 0.080%，含毛蕊异黄酮葡萄糖苷（$C_{22}H_{22}O_{10}$）不得少于 0.020%。

【功能主治】补气升阳，固表止汗，利水消肿，生津养血，行滞通痹，托毒排脓，敛疮生肌。用于气虚乏力，食少便溏，中气下陷，久泻脱肛，便血崩漏，表虚自汗，气虚水肿，内热消渴，血虚萎黄，半身不遂，痹痛麻木，痈疽难溃，久溃不敛。

【用法用量】9 ～ 30g。

【禁忌】表实邪盛、气滞湿阻、食积内停、阴虚阳亢者不宜服用；痈疽初起或溃后热毒尚盛者慎用。

【中药别名】绵芪，绵黄芪。

【备注】在《中国植物志》中，原膜荚黄芪并入蒙古黄芪。

53. 蔓黄芪

【分类学地位】原为豆科 Fabaceae 黄芪属 Astragalus 扁茎黄芪。在最新的 APG Ⅳ 系统中，扁茎黄芪已调整至豆科 Fabaceae 蔓黄芪属 Phyllolobium。

【植物形态】多年生草本植物（图 2-53-1）。株高 1m 以上，全体被短硬毛。主根粗长。茎略扁，偃卧。奇数羽状复叶，互生，具短柄；小叶椭圆形，先端钝或微凹，具细尖，基部圆形至宽楔形，全缘。总状花序腋生；总花梗细长；小花 3 ～ 9 朵，小花梗基部具 1 枚线状披针形小苞片；花萼钟形，绿色，先端 5 裂，外侧被黑色短硬毛，萼筒基部具 2 枚卵形小苞片，外侧密被短硬毛；花冠蝶形，黄色，旗瓣近圆形，先端微凹，基部具爪，翼瓣稍短，龙骨瓣与旗瓣近等长；雄蕊为典型的二体雄蕊（9 枚合生，1 枚分离）；雌蕊伸出雄蕊外，子房上位，密被白色柔毛，具子房柄，花柱无毛，柱头具画笔状白色髯毛。荚果纺锤形，先端具长喙，背腹稍扁，被黑色短硬毛，内含种子 20～30 粒。种子圆肾形。

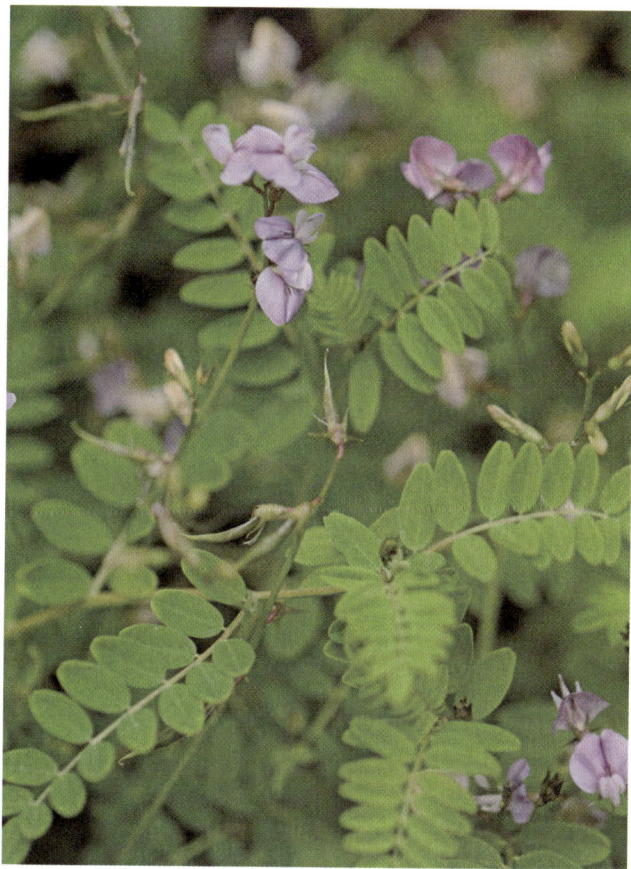

图 2-53-1 蔓黄芪 *Phyllolobium chinense* Fisch. ex DC.

【生境】生于海拔 1000～1700m 的路边、沟岸、草坡及干旱的草场。

【入药部位】以干燥成熟种子入药，药材名称为沙苑子。

沙苑子 Astragali Complanati Semen

【采收加工】秋末冬初果实成熟尚未开裂时采割植株，晒干，打下种子，除去杂质，晒干。

【药材性状】本品略呈肾形而稍扁，长 2 ～ 2.5mm，宽 1.5 ～ 2mm，厚约 1mm（图 2-53-2）。表面光滑，褐绿色或灰褐色，边缘一侧微凹处具圆形种脐。质坚硬，不易破碎。子叶 2，淡黄色，胚根弯曲，长约 1mm。无臭，味淡，嚼之有豆腥味。

1cm

图 2-53-2 沙苑子药材

【质量要求】传统经验认为，本品以粒饱满、均匀者为佳。《中国药典》（2020 年版）规定，本品水分不得超过 13.0%；总灰分不得超过 5.0%；酸不溶性灰分不得超过 2.0%；按干燥品计算，含沙苑子苷（$C_{28}H_{32}O_{16}$）不得少于 0.060%。

【功能主治】补肾助阳，固精缩尿，养肝明目。用于肾虚腰痛，遗精早泄，遗尿尿频，白浊带下，眩晕，目暗昏花。

【用法用量】9 ～ 15g。

【禁忌】相火炽盛、阳强易举者忌服。

【中药别名】蔓黄芪，沙苑蒺藜，同州白蒺藜，沙苑白蒺藜，沙苑蒺藜子，潼蒺藜，沙蒺藜，夏黄草。

🟢 54. 扁豆

【分类学地位】豆科 Fabaceae 镰扁豆属 Dolicho。在最新的 APG Ⅳ 系统中，扁豆已调整至豆科 Fabaceae 扁豆属 Lablab。

【植物形态】多年生缠绕藤本。茎长可达 6m，常呈淡紫色。羽状复叶具 3 小叶；小叶宽三角状卵形，长宽近相等，侧生小叶两侧不对称，偏斜。总状花序直立，花序轴粗壮；花多簇生于节上；花萼钟状；花冠白色或紫色，旗瓣圆形，基部两侧具 2 枚直立的长附属体；子房线形，无毛，花柱长于子房，弯曲角度小于 90°，一侧扁平，近顶部内缘被毛。荚果长圆状镰形，近顶端最宽，扁平，直或稍向背弯曲，顶端具弯曲的喙，基部渐狭（图 2-54-1）。种子 3～5 粒，扁平，长椭圆形，白花品种种子白色，紫花品种种子紫黑色，种脐线形，长度约占种子周长的 2/5。

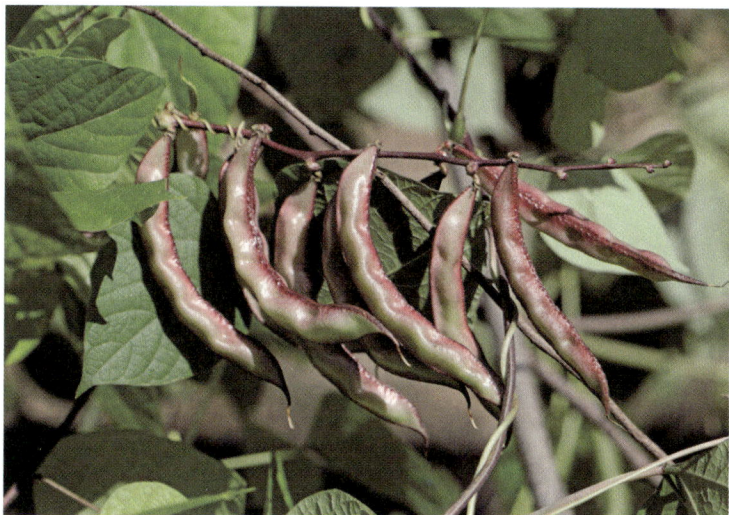

图 2-54-1　扁豆 *Lablab purpureus*（Linn.）Sweet

【生境】全国各地广泛栽培。

【入药部位】以干燥成熟种子入药，药材名称为白扁豆。

白扁豆 Lablab Semen Album

【采收加工】秋、冬二季采收成熟果实，晒干，取出种子，再晒干。炒白扁豆：取净白扁豆，置热锅内，用文火炒至表面微黄，略有焦斑时，取出放凉；用时捣碎。

【药材性状】本品呈扁椭圆形或扁卵圆形，长 8～13mm，宽 6～9mm，厚约 7mm。表面淡黄白色或淡黄色，平滑，略有光泽，一侧边缘有隆起的白色眉状种阜。质坚硬。种皮薄而脆，子叶 2，肥厚，黄白色。气微，味淡，嚼之有豆腥气。

【质量要求】传统经验认为，本品以粒大而饱满、色白者为佳。《中国药典》（2020年版）规定，本品水分不得过 14.0%。

【功能主治】健脾化湿，和中消暑。用于脾胃虚寒，食欲不振，大便溏泄，白带过多，暑湿吐泻，胸闷腹胀。炒白扁豆健脾化湿。用于脾虚泄泻，白带过多。

【用法用量】9～15g。

【禁忌】不宜生吃，不宜一次服用太多。

【中药别名】火镰扁豆，峨眉豆，蛾眉豆，扁豆子，茶豆，藕豆，白藕豆，南扁豆，沿篱豆，羊眼豆，凉衍豆，白藕豆子，膨皮豆，小刀豆，树豆，藤豆，眉豆。

● 55. 大豆

【分类学地位】豆科 Fabaceae 大豆属 *Glycine*。

【植物形态】一年生草本植物（图 2-55-1）。茎秆粗壮，直立生长，上部具明显棱线，密被褐色长硬毛。叶片通常为三出复叶；托叶呈宽卵形，先端渐尖，具明显脉纹，表面被黄色柔毛；小叶纸质，顶生小叶较大，侧生小叶较小。总状花序腋生，短花序花少，长花序花多；花萼密被长硬毛或糙伏毛，常深裂为二唇形，具 5 枚披针形裂片，裂片密被白色长柔毛；花冠蝶形，花色为紫色、淡紫色或白色，旗瓣呈倒卵状近圆形，先端微凹且通常外卷，基部具明显瓣柄，翼瓣呈篦状，基部狭窄，具瓣柄和耳状突起，龙骨瓣为斜倒卵形，具短瓣柄；雄蕊为典型的二体雄蕊（9 枚合生，1 枚分离）；子房基部具不发达腺体，表面被毛。荚果肥大，呈长圆形，稍弯曲，下垂生长，成熟时呈黄绿色，表面密被褐黄色长毛；内含种子 2 ～ 5 粒，种皮光滑，色泽因品种差异呈黄、绿、褐、黑等色，种脐明显，呈椭圆形。

图 2-55-1　大豆 *Glycine max*（L.）Merr.

【生境】大豆是我国广泛栽培的重要经济作物，在黑龙江省全境平原地区均有规模化种植，其喜温暖湿润气候，对土壤适应性较强，以排水良好的肥沃壤土为佳。

【入药部位】以干燥成熟种子（黑豆）的发酵加工品入药，药材名称为淡豆豉；以成熟种子经发芽干燥的炮制加工品入药，药材名称为大豆黄卷。

淡豆豉 Sojae Semen Praeparatum

【采收加工】取桑叶、青蒿各 70～100g，加水煎煮，滤过，煎液拌入净大豆 1000g 中，待吸尽后，蒸透，取出，稍晾，再放入容器内，用煎过的桑叶、青蒿渣覆盖，闷使发酵，取出，除去药渣，洗净，放入容器内再闷 15～20 天，至充分发酵、香气溢出时，取出，略蒸，干燥，即得。

【释名】本品为豆科植物大豆的种子经蒸腌加工而成。豉者，嗜也，因其具有调和五味之功效，可使食物甘美适口，故得此名。

【药材性状】本品呈椭圆形，略扁，长 0.6～1cm，直径 0.5～0.7cm。表面黑色，皱缩不平，一侧有长椭圆形种脐。质稍柔软或脆，断面棕黑色。气香，味微甘。

【质量要求】传统经验认为，本品以色黑、附有膜状物者为佳。《中国药典》（2020 年版）规定，本品按干燥品计算，含大豆苷元（$C_{15}H_{10}O_4$）和染料木素（$C_{15}H_{10}O_5$）的总量不得少于 0.040%。

【功能主治】解表，除烦，宣发郁热。用于感冒，寒热头痛，烦躁胸闷，虚烦不眠。

【用法用量】6～12g。

【禁忌】胃虚易呕者慎服。

【中药别名】杜豆豉，香豉，淡豉，豉，大豆豉。

大豆黄卷 Sojae Semen Germinatum

【采收加工】取净大豆，用水浸泡至膨胀，放去水，用湿布覆盖，每日淋水 2 次，待芽长至 0.5～1cm 时，取出，干燥。

【药材性状】本品略呈肾形，长约 8mm，宽约 6mm。表面黄色或黄棕色，微皱缩，一侧有明显的脐点；一端有 1 弯曲胚根。外皮质脆，多破裂或脱落。子叶 2，黄色。气微，味淡，嚼之有豆腥味。

【质量要求】《中国药典》（2020 年版）规定，本品水分不得过 11.0%；总灰分不得过 7.0%；按干燥品计算，含大豆苷（$C_{21}H_{20}O_9$）和染料木苷（$C_{21}H_{20}O_{10}$）的总量不得少于 0.080%。

【功能主治】解表祛暑，清热利湿。用于暑湿感冒，湿温初起，发热汗少，胸闷脘痞，肢体酸重，小便不利。

【用法用量】9～15g。

【中药别名】大豆卷，大豆蘖，黄卷，卷蘖，黄卷皮，豆蘖，豆黄卷，菽蘖。

56. 甘草

【分类学地位】豆科 Fabaceae 甘草属 *Glycyrrhiza*。

【植物形态】多年生草本（图 2-56-1）。根与根状茎粗壮，外皮褐色，断面淡黄色，具明显甜味。茎直立，多分枝。奇数羽状复叶，小叶 5 ～ 17 枚，卵形、长卵形或近圆形，顶端钝，具短尖头。总状花序腋生，具多数花，总花梗短于叶，密生褐色鳞片状腺点及短柔毛；苞片长圆状披针形，褐色，膜质，外被黄色腺点和短柔毛；花萼钟状，密被黄色腺点及短柔毛，基部偏斜并膨大呈囊状，萼齿 5，与萼筒近等长，上部 2 齿大部分连合；花冠紫色、白色或黄色，旗瓣长圆形，顶端微凹，基部具短瓣柄，翼瓣短于旗瓣，龙骨瓣短于翼瓣；子房密被刺毛状腺体。荚果弯曲呈镰刀状或环状，密集成球，表面具瘤状突起和刺毛状腺体。种子 3 ～ 11 粒，暗绿色，圆形或肾形。

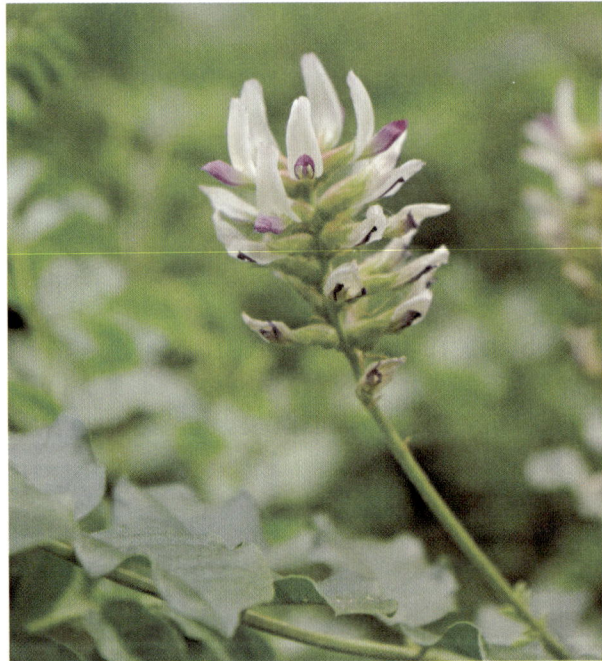

图 2-56-1 甘草 *Glycyrrhiza uralensis* Fisch

【生境】耐旱、耐寒、耐盐碱，多生长于干旱沙地、河岸砂质壤土、山坡草地及轻度盐渍化土壤。

【入药部位】以干燥根及根茎入药，药材名称为甘草。

【释名】《本草正》云："其味至甘，得中和之性，有调补之功。"因其根及根茎味甘甜，故得名甘草。

甘草 Glycyrrhizae Radix et Rhizoma

【来源】《中国药典》（2020 年版）规定，甘草药材的植物来源有 3 种，分别为豆科植物甘草 *Glycyrrhiza uralensis* Fisch.、胀果甘草 *Glycyrrhiza inflata* Bat. 或光果甘草 *Glycyrrhiza glabra* L.。

【采收加工】春、秋二季采挖，除去须根，晒干。

【药材性状】

1. 甘草 根呈圆柱形，长 25～100cm，直径 0.6～3.5cm（图 2-56-2）。外皮松紧不一。表面红棕色或灰棕色，具显著的纵皱纹、沟纹、皮孔及稀疏的细根痕。质坚实，断面略显纤维性，黄白色，粉性，形成层环明显，射线放射状，有的有裂隙。根茎呈圆柱形，表面有芽痕，断面中部有髓。气微，味甜而特殊。

2. 胀果甘草 根和根茎木质粗壮，有的分枝，外皮粗糙，多灰棕色或灰褐色。质坚硬，木质纤维多，粉性小。根茎不定芽多而粗大。

3. 光果甘草 根和根茎质地较坚实，有的分枝，外皮不粗糙，多灰棕色，皮孔细而不明显。

图 2-56-2　甘草药材

【质量要求】传统经验认为，本品以外皮细紧、有皱沟、红棕色、质坚实、粉性足、断面黄白色者为佳；外皮粗糙、灰棕色、质松、粉性小、断面深黄色者为次；外皮棕黑色、质坚硬、断面棕黄色、味苦者不可入药；粉草较带皮甘草为佳。《中国药典》（2020 年版）规定，本品水分不得过 12.0%；总灰分不得过 7.0%；酸不溶性灰分不得过 2.0%；按干燥品计算，含甘草苷（$C_{21}H_{22}O_9$）不得少于 0.50%，甘草酸（$C_{42}H_{62}O_{16}$）不得少于 2.0%。

【功能主治】补脾益气，清热解毒，祛痰止咳，缓急止痛，调和诸药。用于脾胃虚弱，倦怠乏力，心悸气短，咳嗽痰多，脘腹、四肢挛急疼痛，痈肿疮毒，缓解药物毒性、烈性。

【用法用量】2～10g。

【禁忌】不宜与海藻、京大戟、红大戟、甘遂、芫花同用。

【中药别名】甜草根，红甘草，粉甘草，美草，蜜甘，蜜草，蕗草，国老，灵通，粉草，甜草，甜根子，棒草。

57. 野葛

【分类学地位】豆科 Fabaceae 葛属 *Pueraria*。

【植物形态】粗壮藤本（图 2-57-1）。株高可达 8m，全体被黄色长硬毛。茎基部木质，具粗厚的块状根。羽状复叶具 3 小叶；小叶常三裂，偶见全缘；顶生小叶宽卵形或斜卵形，先端长渐尖；侧生小叶斜卵形，稍小；叶上面被淡黄色、平伏的疏柔毛，下面毛较密；小叶柄密被黄褐色绒毛。总状花序腋生，中部以上具密集的花；花萼钟形，被黄褐色柔毛，裂片披针形，渐尖，略长于萼管；花冠紫色，旗瓣倒卵形，基部具 2 耳及一黄色硬痂状附属体，有短瓣柄；翼瓣镰状，较龙骨瓣狭窄，基部具线形、向下的耳；龙骨瓣镰状长圆形，基部具极小、急尖的耳；对旗瓣的 1 枚雄蕊仅上部离生；子房线形，密被毛。荚果长椭圆形，扁平，表面密被褐色长硬毛。

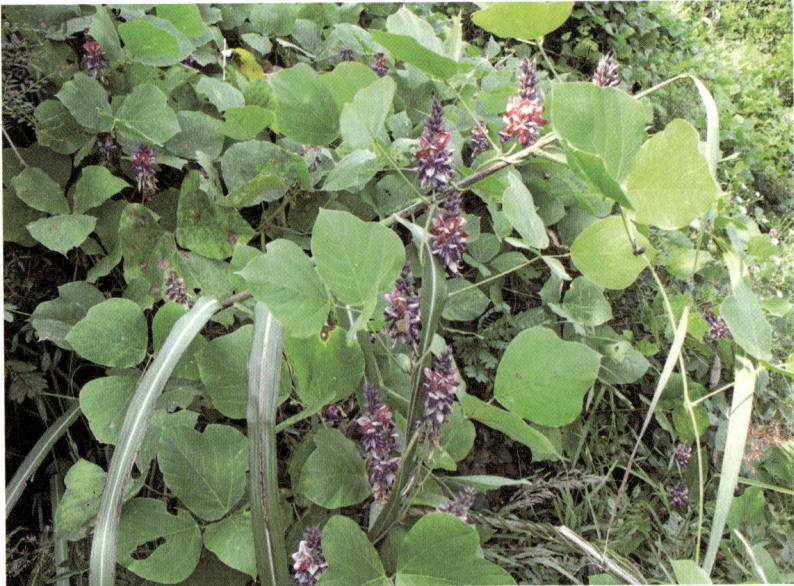

图 2-57-1　野葛 *Pueraria montana*（Willd.）Ohwi

【生境】生长于山地疏林或密林中。

【入药部位】以干燥根入药，药材名称为葛根。

葛根 Puerariae Lobatae Radix

【采收加工】秋、冬二季采挖，趁鲜切成厚片或小块；干燥。

【药材性状】本品呈纵切的长方形厚片或小方块，长 5 ～ 35cm，厚 0.5 ～ 1cm（图 2-57-2）。外皮淡棕色至棕色，有纵皱纹，粗糙。切面黄白色至淡黄棕色，有的纹理明显。质韧，纤维性强。气微，味微甜。

图 2-57-2　葛根药材

【质量要求】传统经验认为，本品以块肥大、质坚实、色白、粉性足、纤维性少者为佳。《中国药典》（2020 年版）规定，本品水分不得过 14.0%；总灰分不得过 7.0%；重金属及有害元素中，铅不得过 5mg/kg，镉不得过 1mg/kg，砷不得过 2mg/kg，汞不得过 0.2mg/kg，铜不得过 20mg/kg；醇溶性浸出物（热浸法测定）不得少于 24.0%；按干燥品计算，含葛根素（$C_{21}H_{20}O_9$）不得少于 2.4%。

【功能主治】解肌退热，生津止渴，透疹，升阳止泻，通经活络，解酒毒。用于外感发热头痛，项背强痛，口渴，消渴，麻疹不透，热痢，泄泻，眩晕头痛，中风偏瘫，胸痹心痛，酒毒伤中。

【用法用量】10 ～ 15g。

【禁忌】其性凉，易于动呕，胃寒者所当慎用。

【中药别名】干葛，甘葛，粉葛，葛藤，葛麻藤。

【备注】在《中国植物志》中，野葛的中文正名为葛，学名已修订为 *Pueraria montana* var. *Lobata*（Ohwi）Maesen et S. M. Almeida。

58. 苦参

【分类学地位】豆科 Fabaceae 苦参属 *Sophora*。

【植物形态】多年生草本或亚灌木（图 2-58-1）。株高通常约 1m。茎具纵棱，表面具明显纹路。羽状复叶互生，小叶 6～12 对，纸质，叶形变异较大，呈椭圆形至披针形。总状花序顶生，花多数，排列疏松或稍密集；花梗纤细；花萼钟状，明显不对称，萼齿呈不明显波状，成熟后近截形，表面疏被短柔毛；花冠较花萼长约 1 倍，白色或淡黄白色，旗瓣倒卵状匙形，先端圆钝或微凹，基部渐狭成爪，翼瓣单侧着生，瓣片强烈皱褶延伸至顶部，柄部与瓣片近等长，龙骨瓣形态类似翼瓣但稍宽；雄蕊 10 枚，基部稍连合；子房近无柄，密被淡黄白色柔毛，花柱微弯曲，胚珠多数。荚果线形，种子间微缢缩呈浅串珠状，具四棱，表面疏被短柔毛或近无毛，成熟时沿缝线 4 瓣裂，内含种子 1～5 粒；种子长卵形，略扁，深红褐色至紫褐色。

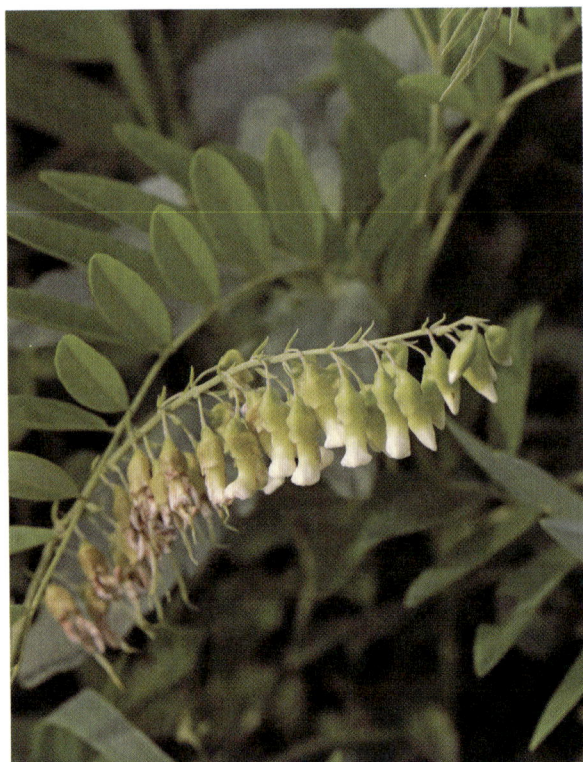

图 2-58-1　苦参 *Sophora flavescens* Alt.

【生境】多生长于海拔 1500m 以下的山坡灌丛、沙地草坡、林缘及农田周边，喜阳光充足、排水良好的环境。

【入药部位】以干燥根入药，药材名称为苦参。

【释名】《本草纲目》："苦以味名，参以功名。"时珍谓其味极苦而具参类补益之效，故得名。

苦参 Sophorae Flavescentis Radix

【采收加工】春、秋二季采挖，除去根头和小支根，洗净，干燥，或趁鲜切片，干燥。

【药材性状】本品呈长圆柱形，下部常有分枝，长 10 ～ 30cm，直径 1 ～ 6.5cm（图 2-58-2）。表面灰棕色或棕黄色，具纵皱纹和横长皮孔样突起，外皮薄，多破裂反卷，易剥落，剥落处显黄色，光滑。质硬，不易折断，断面纤维性；切片厚 3 ～ 6mm；切面黄白色，具放射状纹理和裂隙，有的具异形维管束呈同心性环列或不规则散在。气微，味极苦。

【质量要求】传统经验认为，本品以整齐、色黄白、味苦者为佳。《中国药典》（2020年版）规定，本品水分不得过 11.0%；总灰分不得过 8.0%；水溶性浸出物（冷浸法测定）不得少于 20.0%；按干燥品计算，含苦参碱（$C_{15}H_{24}N_2O$）和氧化苦参碱（$C_{15}H_{24}N_2O_2$）的总量不得少于 1.2%。

【功能主治】清热燥湿，杀虫，利尿。用于热痢，便血，黄疸尿闭，赤白带下，阴肿阴痒，湿疹，湿疮，皮肤瘙痒，疥癣麻风；外治滴虫性阴道炎。

【用法用量】4.5 ～ 9g。外用适量，煎汤洗患处。

【禁忌】不宜与藜芦同用。脾胃虚寒者忌服。

【中药别名】苦骨，野槐，好汉枝，地槐，山槐子。

59. 胡芦巴

【分类学地位】豆科 Fabaceae 胡芦巴属 *Trigonella*。在最新的 APG Ⅳ 系统中，胡芦巴已调整至豆科 Fabaceae 胡卢巴属 *Trigonella*。

【植物形态】一年生草本植物（图 2-59-1）。主根垂直生长可达土中 80cm，根系发达。茎直立，圆柱形，多分枝，表面被稀疏柔毛。羽状三出复叶互生；托叶全缘，膜质；小叶形态变异较大，可见长倒卵形、卵形至长圆状披针形；顶生小叶具明显较长的小叶柄。花无梗，通常 1 ～ 2 朵腋生；花萼筒状，密被长柔毛，萼齿 5 枚，披针形，先端锥尖，长度与萼筒近等；花冠黄白色或淡黄色，基部略呈堇青色，旗瓣长倒卵形，先端具明显凹缺，显著长于翼瓣和龙骨瓣；子房线形，被短柔毛，花柱短而直，柱头头状，内含多数胚珠。荚果圆筒状，直或稍弯曲，表面无毛或疏被柔毛，先端延伸为细长喙，喙部背缝线增厚，果皮具明显纵长网纹，内含种子 10 ～ 20 粒。种子长圆状卵形，棕褐色，表面具不规则凹凸纹理。

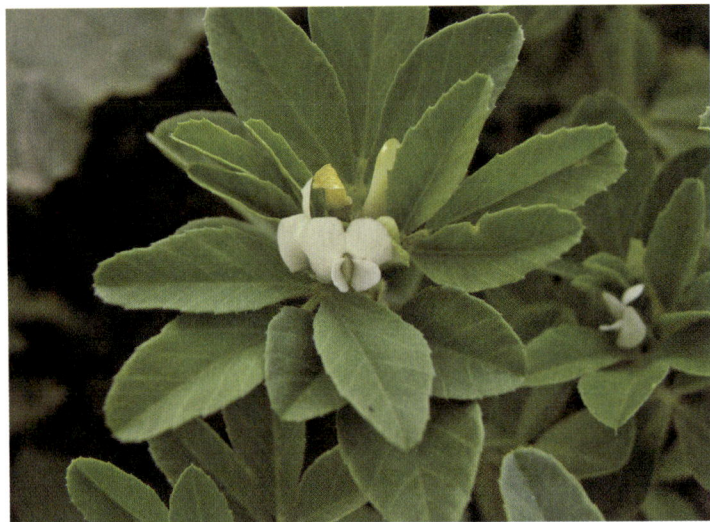

图 2-59-1　胡芦巴 *Trigonella foenum-graecum* L.

【生境】适应性较强，常见于农田、路旁等开阔环境。在黑龙江省作为药用植物栽培。

【入药部位】以干燥成熟种子入药，药材名称为胡芦巴。

胡芦巴 Trigonellae Semen

【采收加工】夏季果实成熟时采割植株，晒干，打下种子，除去杂质。

【药材性状】本品略呈斜方形或矩形，长 3 ～ 4mm，宽 2 ～ 3mm，厚约 2mm。表面黄绿色或黄棕色，平滑，两侧各具一深斜沟，相交处有点状种脐。质坚硬，不易破碎。种皮薄，胚乳呈半透明状，具黏性；子叶 2，淡黄色，胚根弯曲，肥大而长。气香，味微苦。

【质量要求】传统经验认为，本品以粒大而饱满、无杂质者为佳。《中国药典》（2020 年版）规定，本品水分不得过 15.0%；总灰分不得过 5.0%；酸不溶性灰分不得过 1.0%；醇溶性浸出物（热浸法测定）不得少于 18.0%；按干燥品计算，含胡芦巴碱（$C_7H_7NO_2$）不得少于 0.45%。

【功能主治】温肾助阳，祛寒止痛。用于肾阳不足，下元虚冷，小腹冷痛，寒疝腹痛，寒湿脚气。

【用法用量】5 ～ 10g。

【禁忌】阴虚火旺者忌服。

【中药别名】葫芦巴，苦豆，芦巴子，胡巴季豆，小木夏，香豆子。

【备注】在《中国植物志》中，胡芦巴的中文正名为胡卢巴，学名与胡芦巴保持一致。

🟢🟠 60. 牻牛儿苗

【分类学地位】牻牛儿苗科 Geraniaceae 牻牛儿苗属 *Erodium*。

【植物形态】多年生草本，高通常 15 ～ 50cm。茎多数，仰卧或蔓生，具节，被柔毛。叶对生；基生叶和茎下部叶具长柄，被开展的长柔毛和倒向短柔毛；叶片轮廓卵形或三角状卵形，基部心形，二回羽状深裂，小裂片卵状条形，全缘或具疏齿。伞形花序腋生，明显长于叶，总花梗被开展长柔毛和倒向短柔毛，每梗具 2 ～ 5 花；苞片狭披针形，分离；花梗与总花梗相似，等于或稍长于花，花期直立，果期开展，上部向上弯曲；萼片矩圆状卵形，先端具长芒，被长糙毛，花瓣紫红色，倒卵形，等于或稍长于萼片，先端圆形或微凹（图 2-60-1）；雄蕊稍长于萼片，花丝紫色，中部以下扩展，被柔毛；雌蕊被糙毛，花柱紫红色。蒴果密被短糙毛。种子褐色，具斑点。

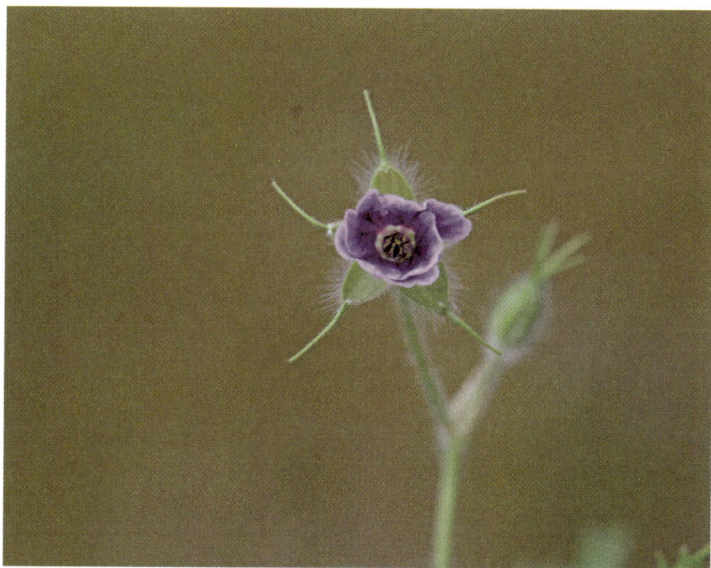

图 2-60-1　牻牛儿苗 *Erodium stephanianum* Wild.

【生境】生于干山坡、农田边、沙质河滩地和草原凹地等。

【入药部位】以干燥地上部分入药，药材名称为老鹳草。

老鹳草 Erodii Herba Geranii Herba

【来源】《中国药典》（2020 年版）规定，老鹳草药材的植物来源有 3 种，分别为牻牛儿苗科植物牻牛儿苗 *Erodium stephanianum* Willd.、老鹳草 *Geranium wilfordii* Maxim. 或野老鹳草 *Geranium carolinianum* L.。前者习称"长嘴老鹳草"，后两者习称"短嘴老鹳草"。

【采收加工】夏、秋二季果实将成熟时采割，捆成把，晒干。

【药材性状】

1. 长嘴老鹳草 茎长 30～50cm，直径 0.3～0.7cm，多分枝，节膨大（图 2-60-2）。表面灰绿色或带紫色，有纵沟纹和稀疏茸毛。质脆，断面黄白色，有的中空。叶对生，具细长叶柄；叶片卷曲皱缩，质脆易碎，完整者为二回羽状深裂，裂片披针线形。果实长圆形，长 0.5～1cm。宿存花柱长 2.5～4cm，形似鹳喙，有的裂成 5 瓣，呈螺旋形卷曲。气微，味淡。

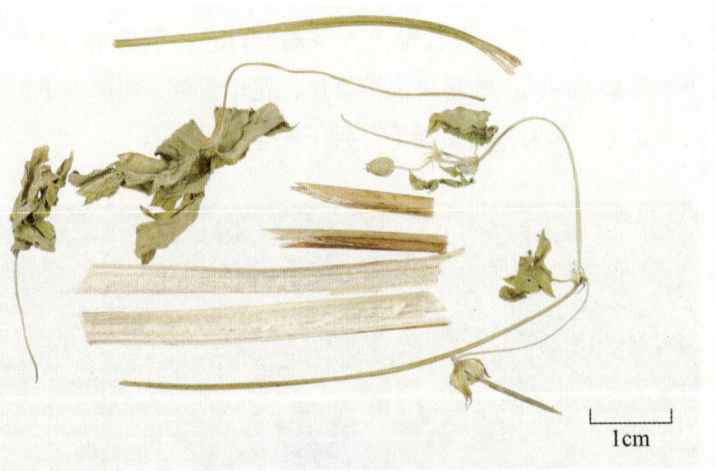

图 2-60-2 长嘴老鹳草药材

2. 短嘴老鹳草 茎较细，略短。叶片圆形，3 或 5 深裂，裂片较宽，边缘具缺刻。果实球形，长 0.3～0.5cm。花柱长 1～1.5cm，有的 5 裂向上卷曲呈伞形。野老鹳草叶片掌状 5～7 深裂，裂片条形，每裂片又 3～5 深裂。

【质量要求】传统经验认为，本品以灰绿色、果实多、无根及泥土者为佳。《中国药典》（2020 年版）规定，本品杂质不得过 2%；水分不得过 12.0%；总灰分不得过 10.0%；水溶性浸出物（热浸法测定）不得少于 18.0%。

【功能主治】祛风湿，通经络，止泻痢。用于风湿痹痛，麻木拘挛，筋骨酸痛，泄泻痢疾。

【用法用量】9 ～ 15g。

【中药别名】五叶草，老官草，五瓣花，老贯草，天罡草，五叶联，破铜钱，老鸹筋，贯筋，五齿耙，老鸹嘴，鹤子嘴。

【备注】中药老鹳草的另一个来源老鹳草在黑龙江省亦有分布。老鹳草为多年生草本植物（图 2-60-3）。根茎直立生长，粗壮，具簇生纤维状细长须根。茎直立。叶分为基生叶与茎生叶，基生叶具长柄，茎生叶对生；基生叶片呈圆肾形，5 深裂达叶片长度的 2/3 处，茎生叶通常 3 裂至叶片长度的 3/5 处。花序兼具腋生与顶生特征，花序梗稍长于叶片，每花序梗着生 2 朵花；萼片呈长卵形或卵状椭圆形，先端具细尖头，背面沿叶脉和边缘被短柔毛，偶见混生开展的腺毛；花瓣白色或淡红色，倒卵形，长度与萼片相近，内面基部被疏柔毛；雄蕊稍短于萼片，花丝淡棕色，下部扩展，边缘具缘毛；雌蕊被短糙状毛，花柱分枝呈紫红色。蒴果表面被短柔毛和长糙毛。多生长于海拔 1800m 以下的低山次生林林缘、林下及草甸地带。

图 2-60-3　老鹳草 *Geranium wilfordii* Maxim.

🟢 61. 亚麻

【分类学地位】亚麻科 Linaceae 亚麻属 *Linum*。

【植物形态】一年生草本植物（图 2-61-1）。茎直立，株高 30 ～ 120cm，茎秆韧皮部富含强韧弹性纤维。叶互生；叶片呈线形、线状披针形或披针形，具 3（偶见 5）条明显纵脉。花单生于枝顶或上部叶腋，组成疏散的聚伞花序；花梗直立；萼片 5 枚，卵形或卵状披针形，宿存；花瓣 5 枚，倒卵形，通常呈蓝色或紫蓝色，偶见白色或红色变异，先端呈不规则啮蚀状；具可育雄蕊 5 枚，花丝基部合生；退化雄蕊 5 枚，呈钻状；子房 5 室，花柱 5 枚，分离，柱头略粗于花柱，呈细线状或棒状，长度等于或略长于雄蕊。蒴果球形，成熟干燥后呈棕黄色，顶端微凸，室间开裂为 5 瓣；内含种子 10 粒，种子呈长圆形，扁平，表面棕褐色，具光泽。

图 2-61-1　亚麻 *Linum usitatisssimum* L.

【生境】全国各地均有栽培。亚麻在黑龙江省作为特色经济作物进行规模化种植，常见于平原地区农田。

【入药部位】以干燥种子入药，药材名称为亚麻子。

亚麻子 Lini Semen

【采收加工】秋季果实成熟时采收植株，晒干，打下种子，除去杂质，再晒干。

【药材性状】本品呈扁平卵圆形，一端钝圆，另端尖而略偏斜，长 4 ～ 6mm，宽 2 ～ 3mm。表面红棕色或灰褐色，平滑有光泽，种脐位于尖端的凹入处；种脊浅棕色，位于一侧边缘。种皮薄，胚乳棕色，薄膜状；子叶 2，黄白色，富油性。气微，嚼之有豆腥气。

【质量要求】传统经验认为，本品以色红棕、光亮、粒饱满、纯净者为佳。《中国药典》（2020 年版）规定，本品水分不得过 13.0%；总灰分不得过 5.0%；醇溶性浸出物（热浸法测定）不得少于 15.0%；按干燥品计算，含亚油酸（$C_{18}H_{32}O_2$）和 α- 亚麻酸（$C_{18}H_{30}O_2$）的总量不得少于 13.0%。

【功能主治】润燥通便，养血祛风。用于肠燥便秘，皮肤干燥，瘙痒，脱发。

【用法用量】9 ～ 15g。

【禁忌】大便滑泻者禁用。

【中药别名】胡麻子，壁虱胡麻，亚麻仁，鸦麻，胡麻饭，山西胡麻，胡麻。

🟢🟠 62. 蒺藜

【分类学地位】蒺藜科 Zygophyllaceae 蒺藜属 *Tribulus*。

【植物形态】一年生草本植物（图 2-62-1）。茎平卧，长 20 ～ 60cm，表面无毛或具长柔毛至长硬毛。叶为偶数羽状复叶，小叶 3 ～ 8 对，对生，叶片矩圆形或斜短圆形，先端锐尖或钝，基部略偏斜，叶缘全缘，两面被柔毛。花单生于叶腋，花梗短于相邻叶片；花黄色，直径约 1cm；萼片 5 枚，宿存；花瓣 5 枚；雄蕊 10 枚，着生于花盘基部，花丝基部具鳞片状腺体；子房具 5 棱，柱头 5 裂，每室含胚珠 3 ～ 4 枚。果实为由 5 个分果瓣组成的聚合果，分果瓣木质化，表面无毛或被稀疏短毛，每分果瓣中部边缘具 2 枚锐刺，下部常具 2 枚短锐刺，背面具瘤状突起。

图 2-62-1　蒺藜 *Tribulus terrestris* L.

【生境】喜生于沙质土壤环境，常见于固定沙地、荒坡、田边路旁及村落周边。在黑龙江省主要分布于西部松嫩平原沙地及各地沙质荒坡。

【入药部位】以干燥成熟果实入药，药材名称为蒺藜。

蒺藜 Tribuli Fructus

【采收加工】秋季果实成熟时采割植株，晒干，打下果实，除去杂质。

【药材性状】本品由 5 个分果瓣组成，呈放射状排列，直径 7 ～ 12mm（图 2-62-2）。常裂为单一的分果瓣，分果瓣呈斧状，长 3 ～ 6mm；背部黄绿色，隆起，有纵棱和多数小刺，并有对称的长刺和短刺各 1 对，两侧面粗糙，有网纹，灰白色。质坚硬。气微，味苦、辛。

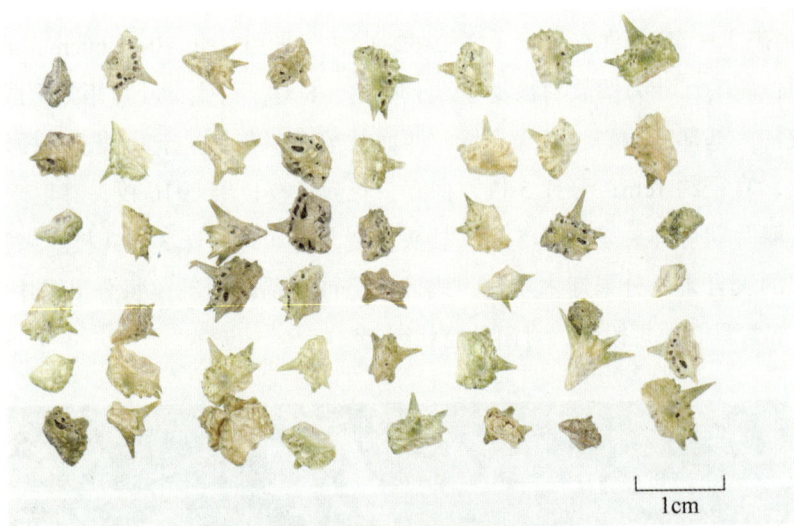

1cm

图 2-62-2　蒺藜药材

【质量要求】传统经验认为颗粒均匀而饱满、质坚实、色灰白者为佳。《中国药典》（2020 年版）规定，本品水分不得过 9.0%；总灰分不得过 12.0%；按干燥品计算，含蒺藜总皂苷以蒺藜苷元（$C_{27}H_{38}O_4$）计，不得少于 1.0%。

【功能主治】平肝解郁，活血祛风，明目，止痒。用于头晕目眩，胸胁胀痛，乳闭乳痛，目赤翳障，风疹瘙痒。

【用法用量】6 ～ 10g。

【禁忌】血虚气弱者及孕妇慎服。

【中药别名】刺蒺藜，白蒺藜，硬蒺藜，蒺骨子，名茨，旁通，屈人，止行，休羽，升推。

63. 狼毒大戟

【分类学地位】大戟科 Euphorbiaceae 大戟属 *Euphorbia*。

【植物形态】多年生草本植物，除生殖器官外全体无毛（图 2-63-1）。根呈圆柱状，肉质，常呈分枝状。茎单一，通常不分枝。叶互生，茎下部叶呈鳞片状，卵状长圆形，向上渐大并过渡为正常茎生叶。花序单生于二歧分枝顶端，无柄；总苞钟状，高约 4mm，表面密被白色柔毛，边缘 4 裂，裂片圆形且具白色柔毛；腺体 4 枚，半圆形，淡褐色。雄花多数，伸出总苞外；雌花 1 枚；子房密被白色长柔毛；花柱 3 枚，中部以下合生；柱头不分裂，中部微凹。蒴果呈卵球状，表面被白色长柔毛；果柄长达 5mm；宿存花柱；成熟时裂为 3 个分果爿。种子呈扁球状，灰褐色，腹面纹路不明显；种阜无柄。

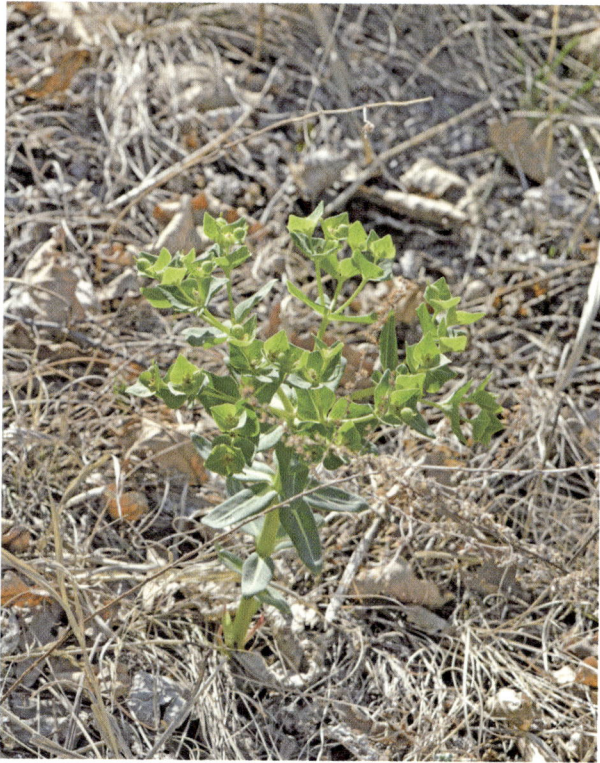

图 2-63-1 狼毒大戟 *Euphorbia fischeriana* Steud.

【生境】多生长于海拔 100～600m 的草原、干燥丘陵坡地、多石砾干山坡及阳坡稀疏松林下。

【入药部位】以干燥根入药，药材名称为狼毒。

【释名】其毒性烈于野狼，故得名狼毒。

狼毒 Euphorbiae Ebracteolatae Radix

【来源】《中国药典》（2020年版）规定，狼毒药材的植物来源有2种，分别为大戟科植物月腺大戟 *Euphorbia ebracteolata* Hayata 或狼毒大戟 *Euphorbia fischeriana* Steud.。

【采收加工】春、秋二季采挖，洗净，切片，晒干。

【药材性状】

1. 月腺大戟　为类圆形或长圆形块片，直径1.5～8cm，厚0.3～4cm。外皮薄，黄棕色或灰棕色，易剥落而露出黄色皮部。切面黄白色，有黄色不规则大理石样纹理或环纹。体轻，质脆，易折断，断面有粉性。气微，味微辛。

2. 狼毒大戟　外皮棕黄色，切面纹理或环纹显黑褐色。水浸后有黏性，撕开可见黏丝（图2-63-2）。

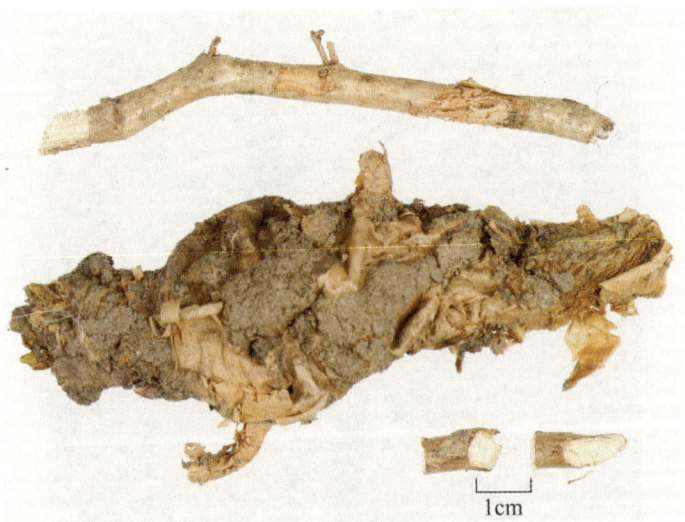

图 2-63-2　狼毒大戟药材

【质量要求】《中国药典》（2020年版）规定，本品杂质不得过2%；水分不得过13.0%；总灰分不得过9.0%；酸不溶性灰分不得过4.0%；醇溶性浸出物（热浸法测定）不得少于18.0%。

【功能主治】散结，杀虫。外用于淋巴结核、皮癣；灭蛆。

【用法用量】熬膏外敷。

【禁忌】本品有毒，内服宜慎；体弱者及孕妇忌服；不宜与密陀僧同用。

【中药别名】续毒，绵大戟，山萝卜，一把香，红火柴头花，猴子根，闷花头，热加巴，一扫光，搜山虎，药萝卜，生扯拢。

64. 地锦

【分类学地位】大戟科 Euphorbiaceae 大戟属 *Euphorbia*。

【植物形态】一年生草本植物（图 2-64-1）。根纤细，通常不分枝。茎匍匐生长，自基部以上多分枝，偶见先端斜向上伸展，茎基部常呈红色或淡红色，被柔毛或疏柔毛。叶对生，叶片呈矩圆形或椭圆形，叶缘常于中部以上具细锯齿。花序单生于叶腋，基部具短柄；总苞呈陀螺状，边缘 4 裂，裂片呈三角形；具 4 枚腺体，呈矩圆形，边缘具白色或淡红色附属物。雄花数枚，长度近与总苞边缘等长；雌花 1 枚，子房柄延伸至总苞边缘；子房呈三棱状卵形，表面光滑无毛；具 3 枚分离的花柱；柱头 2 裂。蒴果为三棱状卵球形，成熟时分裂为 3 个分果爿，花柱宿存。种子呈三棱状卵球形，灰色，每个棱面无横沟，无种阜。

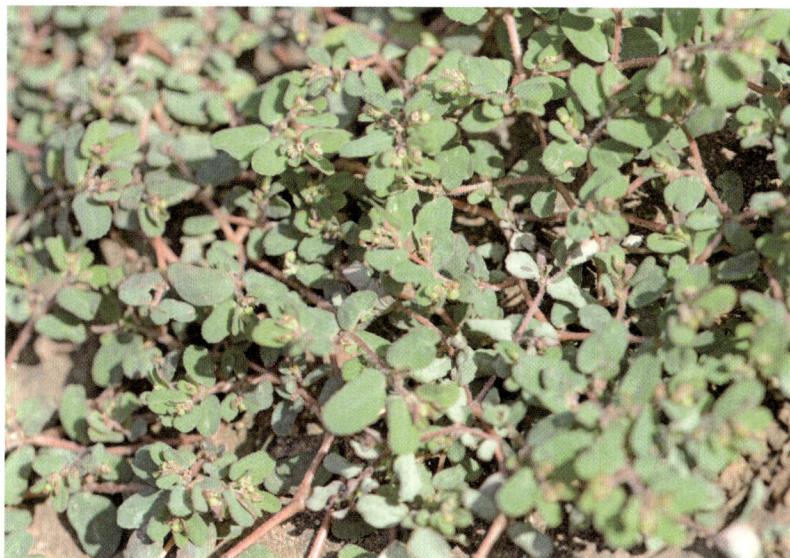

图 2-64-1 地锦 *Euphorbia humifusa* Willd

【生境】常生长于原野荒地、路旁、田间、沙丘、海滩及山坡等地，在长江以北地区分布尤为广泛。

【入药部位】以干燥全草入药，药材名称为地锦草。

地锦草 Euphorbiae Humifusae Herba

【来源】《中国药典》（2020 年版）规定，地锦草药材的植物来源有 2 种，分别为大

戟科植物地锦 *Euphorbia humifusa* Willd. 或斑地锦 *Euphorbia maculata* L.。

【采收加工】夏、秋二季采收，除去杂质，晒干。

【药材性状】

1. 地锦　常皱缩卷曲，根细小（图 2-64-2）。茎细，呈叉状分枝，表面带紫红色，光滑无毛或疏生白色细柔毛；质脆，易折断，断面黄白色，中空。单叶对生，具淡红色短柄或几无柄；叶片多皱缩或已脱落，展平后呈长椭圆形，长 5 ～ 10mm，宽 4 ～ 6mm；绿色或带紫红色，通常无毛或疏生细柔毛；先端钝圆，基部偏斜，边缘具小锯齿或呈微波状。杯状聚伞花序腋生，细小。蒴果三棱状球形，表面光滑。种子细小，卵形，褐色。气微，味微涩。

图 2-64-2　地锦草药材

2. 斑地锦　叶上表面具红斑。蒴果被稀疏白色短柔毛。

【质量要求】传统经验认为，本品以叶色绿、茎色绿褐或带紫红色、具花果者为佳。《中国药典》（2020 年版）规定，本品杂质不得过 3%；水分不得过 10.0%；总灰分不得过 12.0%；酸不溶性灰分不得过 3.0%；醇溶性浸出物（热浸法测定）不得少于 18.0%；按干燥品计算，含槲皮素（$C_{15}H_{10}O_7$）不得少于 0.10%。

【功能主治】清热解毒，凉血止血，利湿退黄。用于痢疾，泄泻，咯血，尿血，便血，崩漏，疮疖痈肿，湿热黄疸。

【用法用量】9 ～ 20g。外用适量。

【禁忌】血虚无瘀及脾胃虚弱者慎服。

【中药别名】地噤，爬墙虎，红葡萄藤，红葛，大风藤，过风藤，三角枫藤，蝙蝠藤，爬岩虎，野枫藤，日光子，枫藤，爬龙藤，野葡萄，腹水藤，三叶茄，风藤，石壁藤，土鼓藤，假葡萄藤，走游藤，飞天蜈蚣，大叶山天蓼，爬树龙，红风藤。

【备注】在《中国植物志》中，地锦的中文正名与学名为地锦草 *Euphorbia humifusa* Willd. ex Schltdl.。药典中地锦草的另一个来源斑地锦在黑龙江省亦有分布。斑地锦的茎被绢毛，叶中部常有长圆形的紫色斑点（图 2-64-3）。

图 2-64-3　斑地锦 *Euphorbia maculata* L.

65. 续随子

【分类学地位】大戟科 Euphorbiaceae 大戟属 *Euphorbia*。

【植物形态】二年生草本植物（图 2-65-1）。全株无毛。根系呈柱状，侧根多且细密。茎直立，基部单一，常带紫红色，上部呈二叉分枝，茎秆灰绿色。叶交互对生，茎下部叶片排列密集，上部渐稀疏；叶片线状披针形，先端渐尖或锐尖，基部半抱茎，全缘，无叶柄。总苞叶与茎叶均为 2 枚，呈卵状长三角形，先端渐尖或急尖，基部近平截或半抱茎，全缘，无柄。花序单生，近钟状，边缘 5 裂，裂片呈三角状长圆形，边缘具浅波状起伏；腺体 4 枚，新月形，两端具短角状突起，呈暗褐色。雄花多数，伸出总苞边缘；雌花 1 枚，子房柄长度与总苞相近；子房表面光滑无毛；花柱 3 枚，细长且分离；柱头 2 裂。蒴果为三棱状球形，表面光滑无毛，花柱早落，成熟时果实不开裂。种子呈柱状至卵球状，表面褐色或灰褐色，无皱纹，具黑褐色斑点；种阜无柄，极易脱落。

【生境】在黑龙江省为人工栽培种，无野生分布记录。

【入药部位】以干燥成熟种子入药，药材名称为千金子。

图 2-65-1 续随子 *Euphorbia lathyris* L.

千金子 Euphorbiae Semen

【采收加工】夏、秋二季果实成熟时采收，除去杂质，干燥。

【药材性状】本品呈椭圆形或倒卵形，长约 5mm，直径约 4mm（图 2-65-2）。表面灰棕色或灰褐色，具不规则网状皱纹，网孔凹陷处灰黑色，形成细斑点。一侧有纵沟状种脊，顶端为突起的合点，下端为线形种脐，基部有类白色突起的种阜或具脱落后的疤痕。种皮薄脆，种仁白色或黄白色，富油质。气微，味辛。

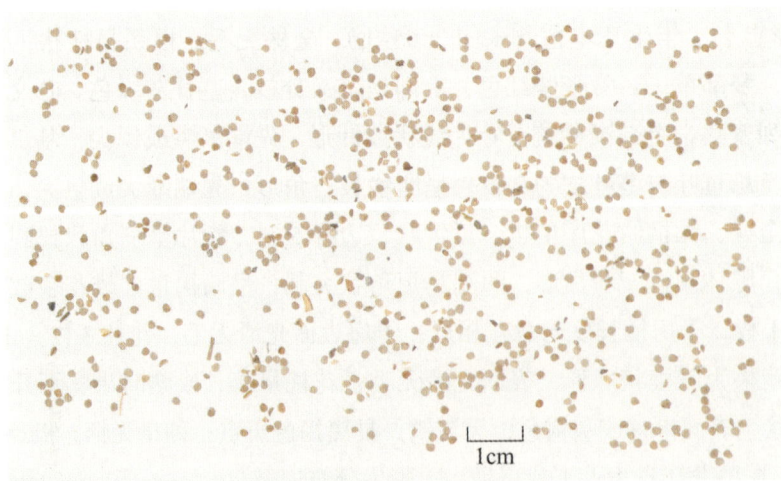

1cm

图 2-65-2 千金子药材

【质量要求】传统经验认为，本品以粒饱满、种仁白色、油性足者为佳。《中国药典》（2020 年版）规定，本品水分不得过 7.0%；含脂肪油不得少于 35.0%；含千金子甾醇（$C_{32}H_{40}O_8$）不得少于 0.35%。

【功能主治】泻下逐水，破血消癥；外用疗癣蚀疣。用于二便不通，水肿，痰饮，积滞胀满，血瘀经闭；外治顽癣，赘疣。

【用法用量】1 ～ 2g，去壳，去油用，多入丸散服。外用适量，捣烂敷患处。

【禁忌】孕妇禁用。以免中毒。

【中药别名】千两金，菩萨豆，续随子，拒冬实，联步，拒冬子，滩板救，看园老。

66. 大戟

【分类学地位】大戟科 Euphorbiaceae 大戟属 *Euphorbia*。

【植物形态】多年生草本植物（图 2-66-1）。根呈圆柱状。茎单一或自基部多分枝，每个分枝上部又分 4 ～ 5 小枝，茎表面被柔毛、稀疏柔毛或无毛。叶互生，叶片通常为椭圆形；总苞叶 4 ～ 7 枚，呈长椭圆形，先端尖锐，基部近平截；伞幅 4 ～ 7；苞叶 2 枚，近圆形，先端具短尖头，基部平截或近截形。花序单生于二歧分枝顶端，无花序柄；总苞呈杯状，边缘 4 裂，裂片半圆形，边缘具不明显缘毛；腺体 4 个，呈半圆形或肾状圆形，淡褐色。雄花多数，伸出总苞之外；雌花 1 枚，具较长子房柄；子房幼时密被瘤状突起；花柱 3 枚，分离；柱头 2 裂。蒴果球状，表面具稀疏瘤状突起，成熟时分裂为 3 个分果爿；花柱宿存且易脱落。种子长球状，暗褐色或微具光泽。

图 2-66-1　大戟 *Euphorbia pekinensis* Rupr.

【生境】多生长于山坡、灌丛、路旁、荒地、草丛、林缘及疏林内。

【入药部位】以干燥根入药，药材名称为京大戟。

【释名】因其根具有辛味和苦味，刺激咽喉如戟刺，故得名"京大戟"。

京大戟 Euphorbiae Pekinensis Radix

【采收加工】秋、冬二季采挖，洗净，晒干。用时洗净，润透，切厚片，干燥。

【药材性状】本品呈不整齐的长圆锥形，略弯曲，常有分枝，长 10～20cm，直径 1.5～4cm（图 2-66-2）。表面灰棕色或棕褐色，粗糙，有纵皱纹、横向皮孔样突起及支根痕。顶端略膨大、有多数茎基及芽痕。质坚硬，不易折断，断面类白色或淡黄色，纤维性。气微，味微苦涩。

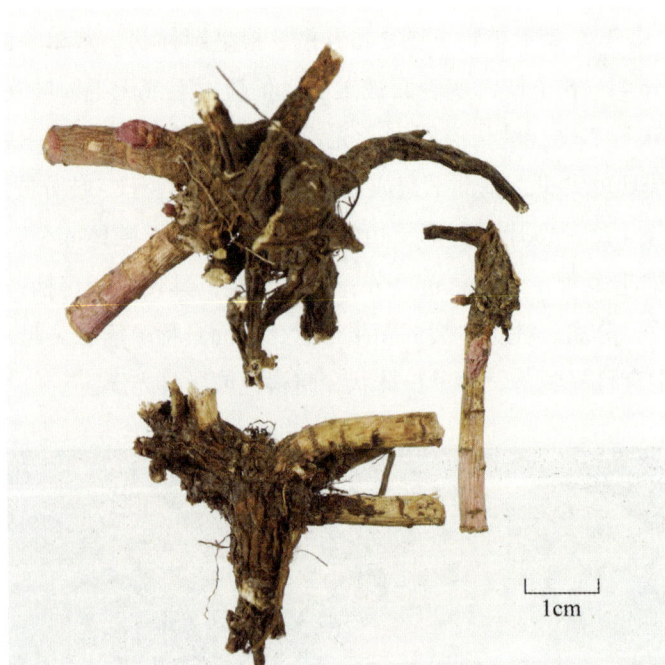

1cm

图 2-66-2　京大戟药材

【质量要求】传统经验认为，本品以根条均匀、肥嫩、质软无须者为佳。《中国药典》（2020 年版）规定，本品水分不得过 11.0%；醇溶性浸出物（冷浸法测定）不得少于 8.0%；按干燥品计算，含大戟二烯醇（$C_{30}H_{50}O$）不得少于 0.60%。

【功能主治】泻水逐饮，消肿散结。用于水肿胀满，胸腹积水，痰饮积聚，气逆咳喘，二便不利，痈肿疮毒，瘰疬痰核。

【用法用量】1.5～3g。入丸散服，每次 1g；内服醋制用。外用适量，生用。

【禁忌】孕妇禁用；不宜与甘草同用。

【中药别名】下马仙，邛巨，红芽大戟，紫大戟。

67. 蓖麻

【分类学地位】大戟科 Euphorbiaceae 蓖麻属 *Ricinus*。

【植物形态】一年生粗壮草本或草质灌木（图 2-67-1）。株高可达 5m。小枝、叶片和花序通常被白霜覆盖，茎内富含液汁。叶片轮廓近圆形，掌状 7～11 深裂，裂缺几达叶片中部，裂片呈卵状长圆形或披针形，顶端急尖或渐尖，边缘具锯齿；掌状脉 7～11 条，网脉明显；叶柄粗壮，中空，顶端具 2 枚盘状腺体，基部亦具盘状腺体。花序为总状花序或圆锥花序；苞片阔三角形，膜质，早落；雄花：花萼裂片卵状三角形，雄蕊束多数；雌花：萼片卵状披针形，凋落，子房卵状，表面密生软刺或无刺，花柱红色，顶部 2 裂，密布乳头状突起。蒴果卵球形或近球形，果皮具软刺或平滑；种子椭圆形，微扁平，表面平滑，具淡褐色或灰白色斑纹；种阜显著。

图 2-67-1　蓖麻 *Ricinus communis* L.

【生境】多生于海拔 20 ～ 2300m 的村旁疏林或河流两岸冲积地，常逸为野生，呈多年生灌木状。黑龙江省主要为栽培种。

【入药部位】以干燥种子入药，药材名称为蓖麻子。

蓖麻子 Ricini Semen

【采收加工】秋季采摘成熟果实，晒干，除去果壳，收集种子。用时去壳，捣碎。

【药材性状】本品呈椭圆形或卵形，稍扁，长 0.9 ～ 1.8cm，宽 0.5 ～ lcm（图 2-67-2）。表面光滑，有灰白色与黑褐色或黄棕色与红棕色相间的花斑纹。一面较平，一面较隆起，较平的一面有 1 条隆起的种脊；一端有灰白色或浅棕色突起的种阜。种皮薄而脆。胚乳肥厚，白色，富油性，子叶 2，菲薄。气微，味微苦辛。

1cm

图 2-67-2　蓖麻子药材

【质量要求】传统经验认为，本品以气微弱、味呈典型油脂性，外观以粒大饱满、色泽赤褐、富有光泽者为佳。《中国药典》（2020 年版）规定，本品水分不得过 7.0%；酸败度检查中，酸值不得过 35.0，羰基值不得过 7.0，过氧化值不得过 0.20；按干燥品计算，含蓖麻碱（$C_8H_8N_2O_2$）不得过 0.32%。

【功能主治】泻下通滞，消肿拔毒。用于大便燥结，痈疽肿毒，喉痹，瘰疬。

【用法用量】2 ～ 5g。外用适量。

【禁忌】孕妇及便滑者忌服。

【中药别名】红蓖麻，草麻子，蓖麻仁，大麻子，红大麻。

68. 白鲜

【**分类学地位**】芸香科 Rutaceae 白鲜属 *Dictamnus*。

【**植物形态**】多年生宿根草本（图 2-68-1）。根斜生，肉质粗长，淡黄白色。茎直立，基部木质化，幼嫩部分密被长毛及水泡状凸起的油点。叶有小叶 9～13 片，小叶对生，无柄，位于顶端的一片则具长柄，椭圆至长圆形，生于叶轴上部的较大，叶缘有细锯齿；叶轴有甚狭窄的翼叶。总状花序；苞片狭披针形；花瓣白带淡紫红色或粉红带深紫红色脉纹，倒披针形；雄蕊伸出于花瓣外；萼片及花瓣均密生透明油点。成熟的果（蓇葖）沿腹缝线开裂为 5 个分果瓣，每分果瓣又深裂为 2 小瓣，瓣的顶角短尖，内果皮蜡黄色，有光泽，每分果瓣有种子 2～3 粒；种子阔卵形或近圆球形，光滑。

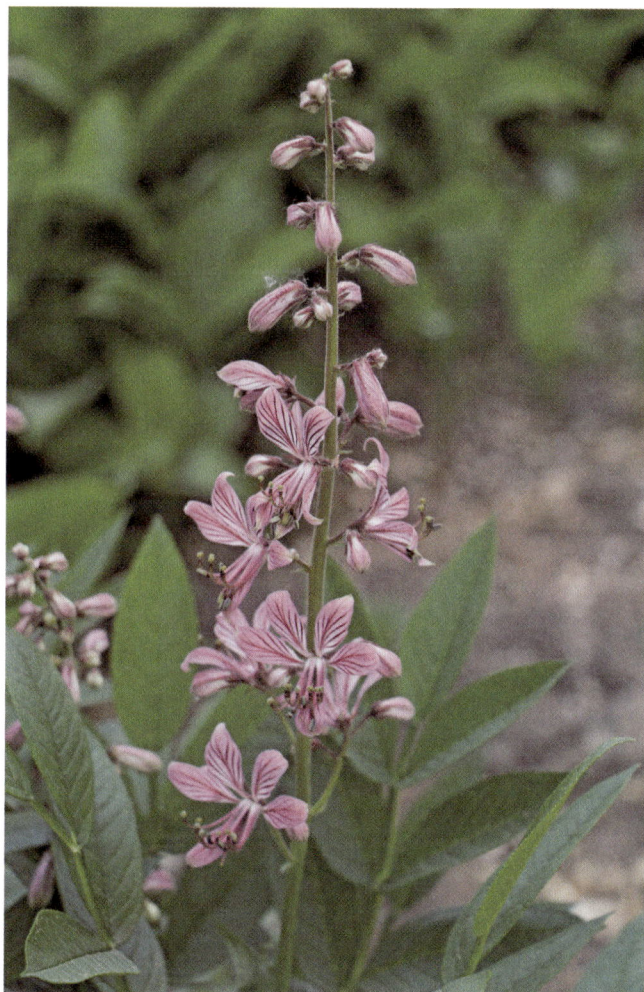

图 2-68-1　白鲜 *Dictamnus dasycarpus* Turcz.

【生境】生于丘陵土坡或平地灌木丛中或草地或疏林下，石灰岩山地亦常见。黑龙江省各山地林下均有分布。

【入药部位】以干燥根皮入药，药材名称为白鲜皮。

白鲜皮 Dictamni Cortex

【采收加工】春、秋二季采挖根部，除去泥沙和粗皮，剥取根皮，干燥。

【药材性状】本品呈卷筒状，长 5～15cm，直径 1～2cm，厚 0.2～0.5cm（图 2-68-2）。外表面灰白色或淡灰黄色，具细纵皱纹和细根痕，常有突起的颗粒状小点；内表面类白色，有细纵纹。质脆，折断时有粉尘飞扬，断面不平坦，略呈层片状，剥去外层，迎光可见闪烁的小亮点。有羊膻气，味微苦。

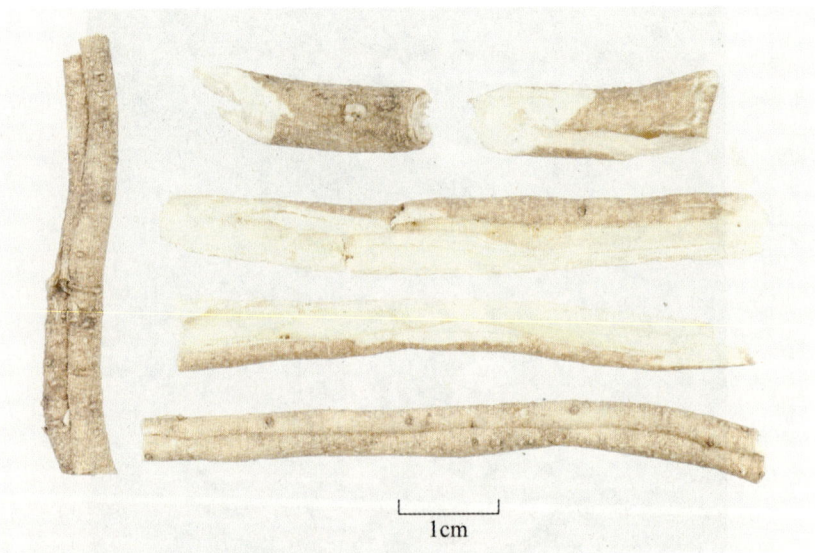

1cm

图 2-68-2　白鲜皮药材

【质量要求】传统经验认为，本品以卷筒状、无木心、皮厚、块大者佳。《中国药典》（2020 年版）规定，本品水分不得过 14.0%；水溶性浸出物（冷浸法测定）不得少于 20.0%；按干燥品计算，含梣酮（$C_{14}H_{16}O_3$）不得少于 0.050%，黄柏酮（$C_{26}H_{34}O_7$）不得少于 0.15%。

【功能主治】清热燥湿，祛风解毒。用于湿热疮毒，黄水淋漓，湿疹，风疹，疥癣疮癞，风湿热痹，黄疸尿赤。

【用法用量】5～10g。外用适量，煎汤洗或研粉敷。

【禁忌】虚寒证者忌服。

【中药别名】白藓皮，八股牛，山牡丹，羊鲜草，北鲜皮，藓皮，野花椒根皮，臭根皮。

🟢 69. 黄檗

【分类学地位】芸香科 Rutaceae 黄檗属 *Phellodendron*。

【植物形态】乔木，高 10 ～ 20m，胸径可达 1m（图 2-69-1）。树冠开展，树皮具厚木栓层，浅灰色至灰褐色，呈深沟状或不规则网状开裂；内皮薄，鲜黄色，味苦，具黏性。小枝暗紫红色，无毛。叶轴及叶柄纤细，具小叶 5 ～ 13 片；小叶薄纸质至纸质，卵状披针形或卵形，先端长渐尖，基部阔楔形至圆形，常不对称，叶缘具细钝齿及缘毛；叶面除中脉偶有疏短毛外无毛，叶背仅基部中脉两侧密被长柔毛。秋季落叶前叶片由绿转黄，色泽明亮，毛被多脱落。花序顶生；萼片细小，阔卵形；花瓣紫绿色；雄花中雄蕊长于花瓣，退化雌蕊短小。果实圆球形，成熟时蓝黑色，表面通常具 5 ～ 10 条浅纵沟，干燥后沟纹更为明显；种子通常 5 粒。

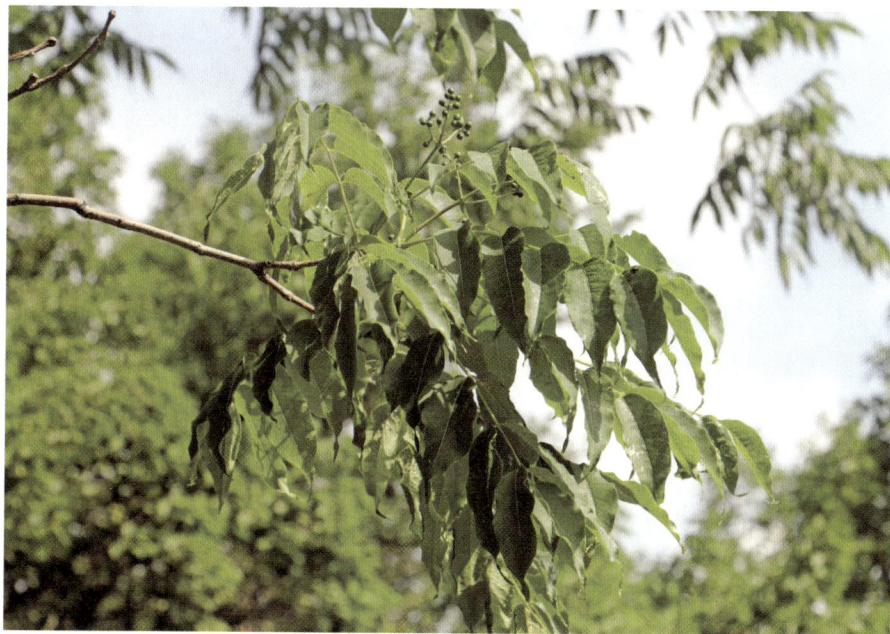

图 2-69-1　黄檗 *Phellodendron amurense* Rupr.

【生境】多生长于山地杂木林或山区河谷沿岸地带。

【入药部位】以干燥树皮入药，药材名称为关黄柏。

关黄柏 Phellodendri Amurensis Cortex

【采收加工】 剥取树皮，除去粗皮，晒干。

【药材性状】 本品呈板片状或浅槽状，长宽不一，厚 2 ～ 4mm（图 2-69-2）。外表面黄绿色或淡棕黄色，较平坦，有不规则的纵裂纹，皮孔痕小而少见，偶有灰白色的粗皮残留；内表面黄色或黄棕色。体轻，质较硬，断面纤维性，有的呈裂片状分层，鲜黄色或黄绿色。气微，味极苦，嚼之有黏性。

图 2-69-2 关黄柏药材

【质量要求】 传统经验认为，本品以皮厚、断面鲜黄色者为佳。《中国药典》（2020 年版）规定，本品水分不得过 11.0%；总灰分不得过 9.0%；醇溶性浸出物（热浸法测定）不得少于 17.0%；按干燥品计算，含盐酸小檗碱（$C_{20}H_{17}NO_4 \cdot HCl$）不得少于 0.60%，盐酸巴马汀（$C_{21}H_{21}NO_4 \cdot HCl$）不得少于 0.30%。

【功能主治】 清热燥湿，泻火除蒸，解毒疗疮。用于湿热泻痢，黄疸尿赤，带下阴痒，热淋涩痛，脚气痿躄，骨蒸劳热，盗汗，遗精，疮疡肿毒，湿疹湿疮。盐关黄柏滋阴降火。用于阴虚火旺，盗汗骨蒸。

【用法用量】 3 ～ 12g。外用适量。

【禁忌】 脾虚泄泻、胃弱食少者忌服。

【中药别名】 檗木，檗皮，黄檗。

70. 瓜子金

【分类学地位】远志科 Polygalaceae 远志属 *Polygala*。

【植物形态】多年生草本（图 2-70-1）。茎直立或斜升，基部多分枝，表面绿褐色至黄绿色，具纵棱，密被卷曲短柔毛。单叶互生，叶片厚纸质至近革质，卵形至披针形，先端急尖或钝圆，具短尖头，基部阔楔形至近圆形，全缘，两面疏被短柔毛；叶柄短或近无柄。总状花序腋生，与叶对生，花序轴纤细，最上部花序常低于茎顶；萼片 5 枚，宿存，外层 3 枚较小，披针形，背面被短柔毛，内层 2 枚较大，花瓣状，椭圆形，先端圆钝，基部渐狭成爪；花瓣 3 枚，白色至淡紫色，基部合生，侧瓣长圆形，内侧基部被柔毛，龙骨瓣盔状，顶端具流苏状鸡冠状附属物；雄蕊 8 枚，花丝下部合生成鞘状；子房倒卵形，两侧具狭翅，花柱弯曲。蒴果扁圆形，较内萼片短，顶端微凹，具短喙，边缘具网状脉纹的宽翅。种子 2 粒，卵圆形，黑色，表面密被白色短柔毛。

图 2-70-1 瓜子金 *Polygala japonica* Houtt.

【生境】生长于海拔范围为 800～2100m 的向阳山坡草地、灌丛边缘、田埂或路旁，喜排水良好的砂质壤土。

【入药部位】以干燥全草入药，药材名称为瓜子金。

瓜子金 Polygalae Japonicae Herba

【采收加工】春末花开时采挖，除去泥沙，晒干。除去杂质，洗净，稍润至软，切断，干燥。

【药材性状】本品根呈圆柱形，稍弯曲，直径可达4mm；表面黄褐色，有纵皱纹；质硬，断面黄白色。茎少分枝，长10～30cm，淡棕色，被细柔毛。叶互生，展平后呈卵形或卵状披针形，长1～3cm，宽0.5～1cm；侧脉明显，先端短尖，基部圆形或楔形，全缘，灰绿色；叶柄短，有柔毛。总状花序腋生，最上的花序低于茎的顶端；花蝶形。蒴果圆而扁，直径约5mm，边缘具膜质宽翅，无毛，萼片宿存。种子扁卵形，褐色，密被柔毛。气微，味微辛苦。

【质量要求】传统经验认为，本品以全草完整、叶片肥厚、色泽青绿、干燥洁净、无泥沙杂质者为佳。《中国药典》（2020年版）规定，本品水分不得过12.0%；总灰分不得过9.0%；酸不溶性灰分不得过6.0%；按干燥品计算，含瓜子金皂苷己（$C_{53}H_{86}O_{23}$）不得少于0.60%。

【功能主治】祛痰止咳，活血消肿，解毒止痛。用于咳嗽痰多，咽喉肿痛；外治跌打损伤，疔疮疖肿，蛇虫咬伤。

【用法用量】15～30g。

【禁忌】脾胃虚寒者慎用。

【中药别名】丁蒿，苦远志，金锁匙，神砂草，地藤草，远志草，山黄连，瓜子草，小金盆，鸡拍翅，叶地丁，银不换，铁线风，瓜子莲，女儿红，歼疟草，散血丹，小叶地丁草，小叶瓜子草，高脚瓜子草，铁锹草，通性草，黄瓜位草，接骨红，地风消，铁箭风。

🟢 71. 远志

【分类学地位】远志科 Polygalaceae 远志属 *Polygala*。

【植物形态】多年生草本（图2-71-1）。株高可达50cm。茎部密被柔毛。叶纸质，线形至线状披针形，先端渐尖，基部楔形，叶面无毛或极疏被微柔毛；近无柄。扁侧状顶生总状花序，花稀疏；小苞片早落；宿存萼片无毛，外轮3枚呈线状披针形；花瓣紫色，基部合生，侧瓣为斜长圆形，基部内侧被柔毛，龙骨瓣略长于侧瓣，顶端具流苏状附属物；花丝下部3/4合生成鞘状，上部1/4处中间2枚分离，两侧各3枚仍合生。蒴果近球形，边缘具窄翅，无缘毛。种子表面密被白色绢毛，种阜2裂并下延。

图 2-71-1　远志 *Polygala tenuifolis* Willd.

【生境】多生长于草原、山坡草地、灌丛中以及杂木林下，海拔范围为 200 ～ 2300m。

【入药部位】以干燥根入药，药材名称为远志。

远志 Polygalae Radix

【来源】《中国药典》（2020 年版）规定，远志药材的植物来源有 2 种，分别为远志科植物远志 *Polygala tenuifolia* Willd. 或卵叶远志 *Polygala sibirica* L.。

【采收加工】春、秋二季采挖，除去须根和泥沙，晒干或抽取木心晒干。

【药材性状】本品呈圆柱形，略弯曲，长 2 ～ 30cm，直径 0.2 ～ 1cm（图 2-71-2）。表面灰黄色至灰棕色，有较密并深陷的横皱纹、纵皱纹及裂纹，老根的横皱纹较密更深陷，略呈结节状。质硬而脆，易折断，断面皮部棕黄色，木部黄白色，皮部易与木部剥离，抽取木心者中空。气微，味苦、微辛，嚼之有刺喉感。

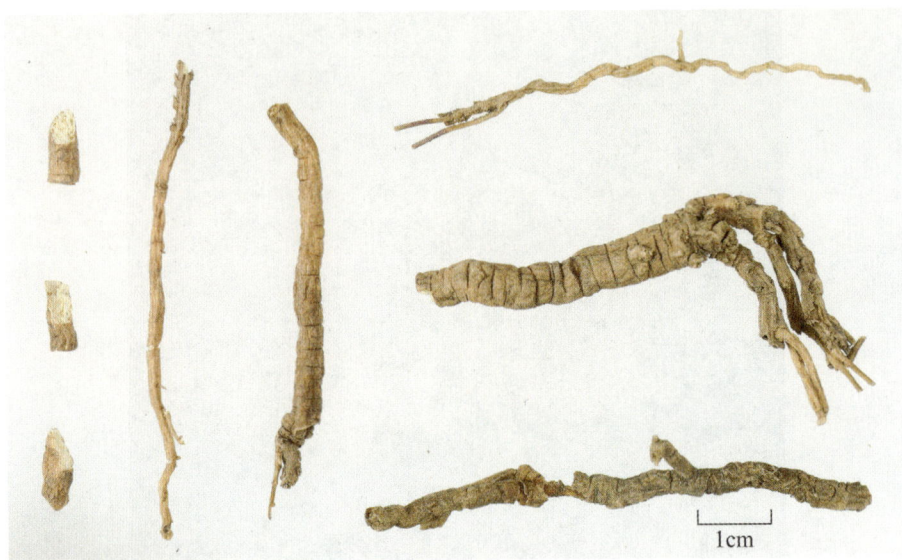

图 2-71-2　远志药材

【质量要求】传统经验认为，本品以根部粗壮、皮厚者为佳，且药材应具有明显的苦味。《中国药典》（2020 年版）规定，本品水分不得过 12.0%；总灰分不得过 6.0%；本品每 1000g 含黄曲霉毒素 B_1 不得过 5μg，黄曲霉毒素 G_2、黄曲霉毒素 G_1、黄曲霉毒素 B_2 和黄曲霉毒素 B_1 总量不得过 10μg；醇溶性浸出物（热浸法测定）不得少于 30.0%；按干燥品计算，含远志𫗦酮Ⅲ（$C_{25}H_{28}O_{15}$）不得少于 0.15%，含 3,6'- 二芥子酰基蔗糖（$C_{36}H_{46}O_{17}$）不得少于 0.50%。

【功能主治】安神益智，交通心肾，祛痰，消肿。用于心肾不交引起的失眠多梦、健忘惊悸、神志恍惚，咳痰不爽，疮疡肿毒，乳房肿痛。

【用法用量】3 ～ 10g。

【禁忌】有胃炎及消化性溃疡者慎用。

【中药别名】葽绕、蕀蒬、棘菀、细草、小鸡腿、小鸡眼、小草根。

【备注】中药远志的另一个来源卵叶远志在黑龙江省亦有分布。卵叶远志为多年生草本（图 2-71-3）。主根直立或斜生，木质化明显。茎多丛生，直立或斜升，密被短柔毛。叶互生，叶片纸质至亚革质，下部叶常呈卵圆形至卵状披针形。花序为腋外生或假顶生的总状花序，具 3 ～ 10 朵花；花萼 5 枚，宿存，外被短柔毛且具缘毛，外轮 3 萼片披针形，内轮 2 枚特化为花瓣状，呈镰刀形，长 5 ～ 6mm，先端突尖，基部具爪，淡绿色带浅色边缘；花瓣 3 片，蓝紫色，侧瓣呈倒卵形，下部 2/5 处与龙骨瓣合生，先端微凹，基部内侧具柔毛，龙骨瓣长 7 ～ 8mm，背面被毛，顶端具流苏状鸡冠状附属物；雄蕊 8 枚，花丝下部 2/3 合生成鞘状；子房倒卵形，顶端具缘毛，花柱肥厚弯曲，柱头 2 裂。蒴果为扁平的倒心形，顶端微凹，具狭翅及短缘毛。种子长圆形，黑色，表面密被白色绢毛，种脐端具盔状白色种阜。花期 4～7 月，果期 5～8 月。该种适应性较强，常见于砂质壤土、石砾质山坡、石灰岩山地等处，多生长在灌丛边缘、疏林下或向阳草地，海拔分布范围为 200～1500m。

图 2-71-3　卵叶远志 *Polygala sibirica* L.

72. 凤仙花

【分类学地位】凤仙花科 Balsaminaceae 凤仙花属 *Impatiens*。

【植物形态】一年生草本植物（图 2-72-1）。茎粗壮，肉质，直立。叶互生，最下部叶有时对生；叶片呈披针形、狭椭圆形或倒披针形，先端尖或渐尖，基部楔形，边缘具锐锯齿。花单生或 2～3 朵簇生于叶腋，无总花梗；花色为白色、粉红色或紫色，单瓣或重瓣；花梗密被柔毛；侧生萼片 2 枚，唇瓣深舟状，被柔毛，基部急尖并内弯成距；旗瓣圆形，兜状，先端微凹，背面中肋具狭龙骨状突起，顶端具小尖；翼瓣具短柄，2 裂，下部裂片较小，呈倒卵状长圆形，上部裂片近圆形，先端 2 浅裂，外缘近基部具小耳；雄蕊 5 枚，花丝线形，花药卵球形，顶端钝；子房纺锤形，密被柔毛。蒴果宽纺锤形，两端尖，密被柔毛。种子多数，圆球形，黑褐色。

【生境】原产于亚洲热带及亚热带地区，现我国各地庭园广泛栽培。黑龙江省各地均有引种栽培，喜温暖湿润环境，适生于疏松肥沃的土壤。

【采收加工】夏、秋季果实即将成熟时采收，晒干，除去果皮和杂质。

【入药部位】以干燥成熟种子入药，药材名称为急性子。

图 2-72-1　凤仙花 *Impatiens balsamina* L.

急性子 Impatientis Semen

【药材性状】本品呈椭圆形、扁圆形或卵圆形，长 2 ～ 3mm，宽 1.5 ～ 2.5mm（图 2-72-2）。表面棕褐色或灰褐色，粗糙，有稀疏的白色或浅黄棕色小点，种脐位于狭端，稍突出。质坚实，种皮薄，子叶灰白色，半透明，油质。气微，味淡、微苦。

【质量要求】传统经验认为，本品以颗粒饱满者为佳。《中国药典》（2020 年版）规定，本品杂质不得过 5%；水分不得过 11.0%；总灰分不得过 6.0%；醇溶性浸出物（热浸法测定）不得少于 10.0%；按干燥品计算，含凤仙萜四醇皂苷 K（$C_{54}H_{92}O_{25}$）和凤仙萜四醇皂苷 A（$C_{48}H_{82}O_{20}$）的总量不得少于 0.20%。

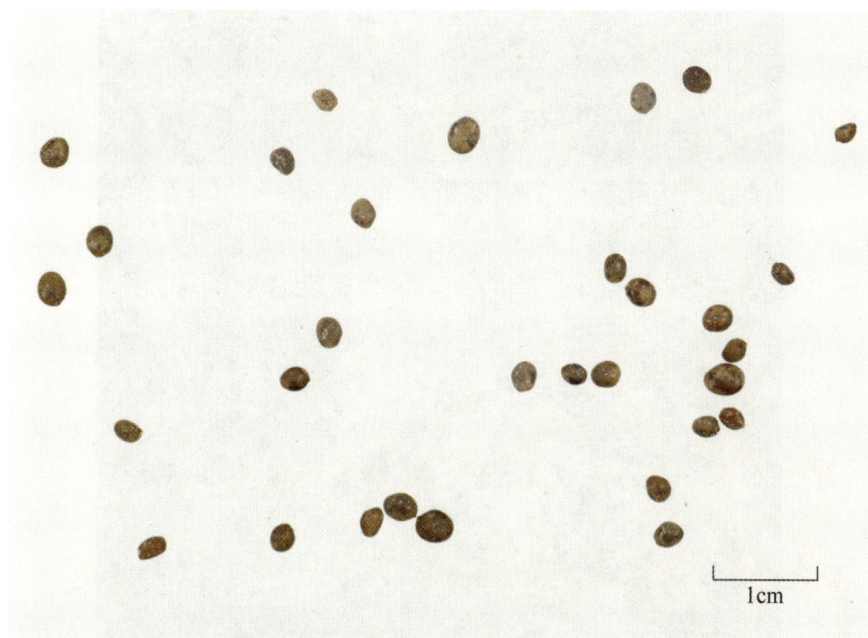

图 2-72-2　急性子药材

【功能主治】破血，软坚，消积。用于癥瘕痞块，经闭，噎膈。

【用法用量】3～5g。

【禁忌】孕妇慎用。

【中药别名】小桃红，夹竹桃，海蒳，染指甲草，旱珍珠，透骨草，凤仙草，小粉团，满堂红，水指甲，指甲草。

73. 白蔹

【分类学地位】葡萄科 Vitaceae 蛇葡萄属 *Ampelopsis*。

【植物形态】木质藤本（图 2-73-1）。小枝圆柱形，具纵棱纹，无毛。叶为掌状 3～5 小叶，小叶片羽状深裂或边缘具深锯齿而不分裂。聚伞花序多集生于花序梗顶端，常与叶对生；花序梗常卷曲呈卷须状；花蕾卵球形，顶端圆钝；萼碟形，边缘波状浅裂，无毛；雄蕊 5 枚，花药卵圆形，长宽近相等；花盘发达，边缘波状浅裂；子房下部与花盘合生，花柱短棒状，柱头无明显扩大。果实球形，成熟时呈白色；种子倒卵形，顶端圆形，基部具短钝喙，种脐位于种子背面中部，呈带状椭圆形，向上渐狭，表面无肋纹，背部种脊突出，腹部中棱脊显著，两侧洼穴呈沟状，自基部延伸至种子上部 1/3 处。

【生境】生长于山坡地边、灌丛或草地，海拔范围为 100～900m。

【入药部位】以干燥块根入药，药材名称为白蔹。

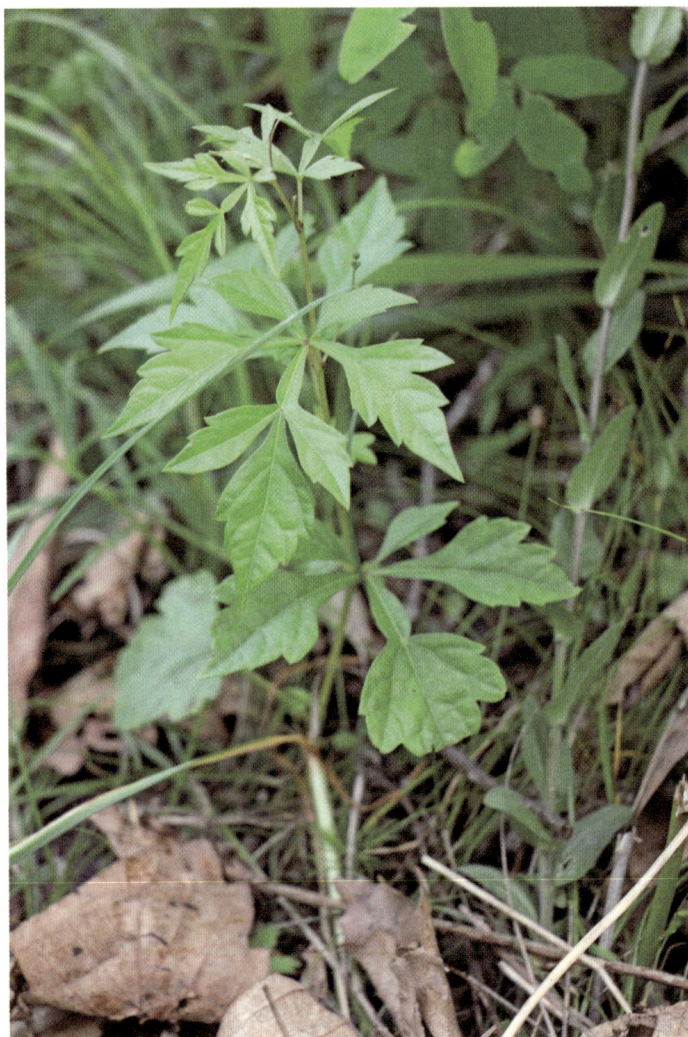

图 2-73-1　白蔹 *Ampelopsis japonica*（Thunb.）Makino

白蔹 Ampelopsis Radix

【采收加工】春、秋二季采挖，除去泥沙和细根，切成纵瓣或斜片，晒干。

【药材性状】本品纵瓣呈长圆形或近纺锤形，长 4～10cm，直径 1～2cm（图 2-73-2）。切面周边常向内卷曲，中部有 1 突起的棱线。外皮红棕色或红褐色，有纵皱纹、细横纹及横长皮孔，易层层脱落，脱落处呈淡红棕色。斜片呈卵圆形，长 2.5～5cm，宽 2～3cm。切面类白色或浅红棕色，可见放射状纹理，周边较厚，微翘起或略弯曲。体轻，质硬脆，易折断，折断时，有粉尘飞出。气微，味甘。

【质量要求】传统经验认为，本品以根块肥大、断面呈粉红色、粉性足者为佳。《中国药典》（2020年版）规定，本品杂质不得过3%；水分不得过15.0%；总灰分不得过12.0%；酸不溶性灰分不得过3.0%；醇溶性浸出物（冷浸法测定）不得少于18.0%。

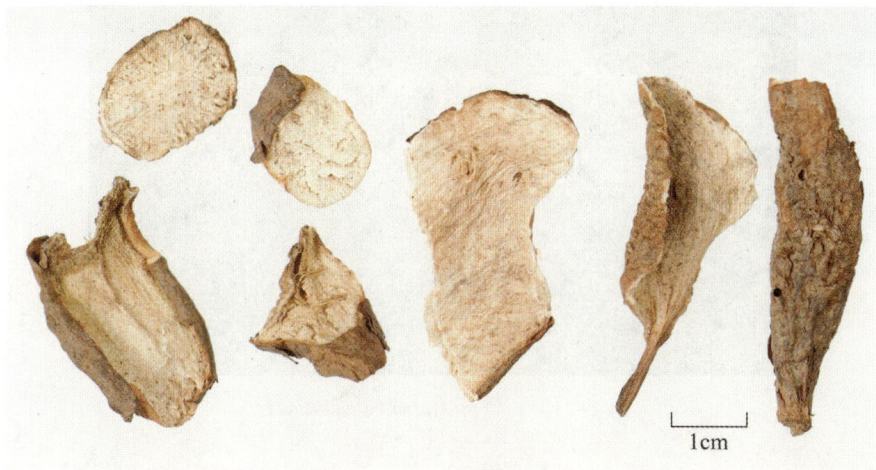

图 2-73-2　白蔹药材

【功能主治】清热解毒，消痈散结，敛疮生肌。用于痈疽发背，疔疮，瘰疬，烧烫伤。

【用法用量】5～10g。外用适量，煎汤洗或研成极细粉敷患处。

【中药别名】白根，兔核，猫儿卵。

🟢 74. 野葵

【分类学地位】锦葵科 Malvaceae 锦葵属 *Malva*。

【植物形态】二年生草本（图2-74-1）。株高50～100cm，茎干密被星状长柔毛。叶呈肾形或圆形，通常掌状5～7裂，裂片三角形，先端钝尖，边缘具钝锯齿，两面疏被糙伏毛或近无毛；叶柄近无毛，上部具槽，槽内被绒毛；托叶卵状披针形，表面被星状柔毛。花多朵簇生于叶腋，花梗极短或近无柄；小苞片3枚，线状披针形，边缘被纤毛；花萼杯状，5裂，裂片广三角形，疏被星状长硬毛；花冠略长于萼片，淡白色至淡红色，花瓣5枚，先端微凹，基部爪部无毛或具稀疏细毛；花柱分枝10～11枚。果实为扁球形分果，分果片10～11个，背面平滑，厚约1mm，两侧具网状纹；种子肾形，直径约1.5mm，表面无毛，呈紫褐色。

【生境】广泛分布于全国各地，常见于田野、路旁及荒地。

【入药部位】以干燥成熟果实入药，药材名称为冬葵果。

【释名】秋播越冬，至春季结实者，故称冬葵。

图 2-74-1　野葵 *Malva verticillata* L.

冬葵果 Malvae Fructus

【采收加工】夏、秋二季果实成熟时采收，除去杂质，阴干。

【药材性状】本品呈扁球状盘形，直径 4～7mm。外被膜质宿萼，宿萼钟状，黄绿色或黄棕色，有的微带紫色，先端 5 齿裂，裂片内卷，其外有条状披针形的小苞片 3 片。果梗细短。果实由分果瓣 10～12 枚组成，在圆锥形中轴周围排成 1 轮，分果类扁圆形，直径 1.4～2.5mm。表面黄白色或黄棕色，具隆起的环向细脉纹。种子肾形，棕黄色或黑褐色。气微，味涩。

【质量要求】传统经验认为，本品以颗粒饱满、质地坚实者为佳。《中国药典》（2020年版）规定，本品水分不得过 10.0%；总灰分不得过 11.0%；按干燥品计算，含总酚酸以咖啡酸（$C_9H_8O_4$）计，不得少于 0.15%。

【功能主治】清热利尿，消肿。用于尿闭，水肿，口渴；尿路感染。

【用法用量】3～9g。

【禁忌】脾虚肠滑者忌服，孕妇慎服。

【中药别名】葵子，葵菜子。

● 75. 黄蜀葵

【分类学地位】锦葵科 Malvaceae 秋葵属 *Abelmoschus*。

【植物形态】一年生或多年生草本植物（图 2-75-1）。株高 1～2m，茎叶疏被长硬毛。叶片掌状 5～9 深裂，裂片呈长圆状披针形，边缘具粗钝锯齿，叶两面均疏被长硬毛；叶柄长 3～15cm，表面疏被长硬毛；托叶线状披针形，早落。花单生于枝端叶腋处；副萼片 4～5 枚，卵状披针形，长约 2cm，疏被长硬毛；花萼呈佛焰苞状，5 裂，裂片近全缘，明显长于副萼片，表面被柔毛，果实成熟时脱落；花冠直径 10～20cm，花瓣 5 枚，淡黄色，内面基部具紫红色斑块；雄蕊管长约 2cm，花药近无柄；柱头紫黑色，呈匙状盘形。蒴果卵状椭圆形，长 4～7cm，密被黄色硬毛；种子多数，肾形，表面具由柔毛组成的纵条纹。

图 2-75-1　黄蜀葵 *Abelmoschus manihot*（L.）Medic.

【生境】多生长于海拔 400～1500m 的山谷草丛、农田边缘或沟渠旁灌丛中。黑龙江省各地亦有栽培。

【入药部位】以干燥花冠入药，药材名称为黄蜀葵花。

黄蜀葵花 Abelmoschi Corolla

【采收加工】8 月上旬至 10 月下旬采收。每日主茎或分枝可开放两朵鲜黄色花，单朵花期仅一天，需于上午花朵完全开放时采摘。过早或过晚均影响有效成分含量。采后应立即干燥，优先采用热风循环烘房或烘箱，不宜晒干。将花朵铺于方盘中，厚3～5cm，勤翻动以确保干燥均匀。

【药材性状】本品多皱缩破碎，完整的花瓣呈三角状阔倒卵形，长7～10cm，宽7～12cm，表面有纵向脉纹，呈放射状，淡棕色，边缘浅波状；内面基部紫褐色（图2-75-2）。雄蕊多数，联合成管状，长1.5～2.5cm，花药近无柄。柱头紫黑色，匙状盘形，5裂。气微香，味甘淡。

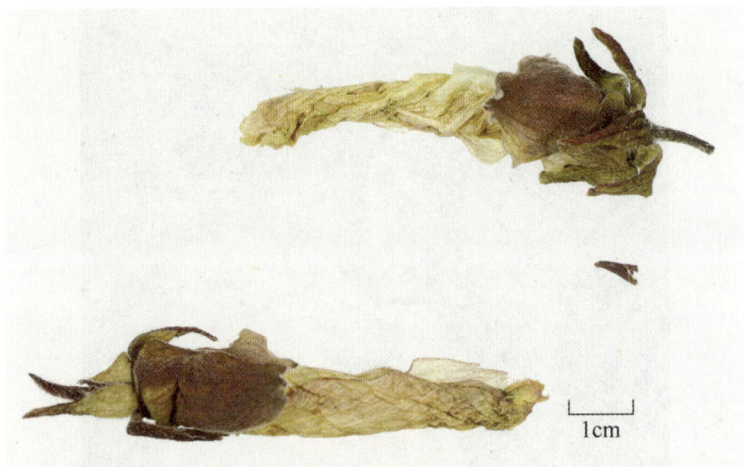

图 2-75-2　黄蜀葵花药材

【质量要求】《中国药典》（2020年版）规定，本品水分不得过12.0%；总灰分不得过8.0%；酸不溶性灰分不得过2.0%；醇溶性浸出物（冷浸法测定）不得少于18.0%；按干燥品计算，含金丝桃苷（$C_{21}H_{20}O_{12}$）不得少于0.50%。

【功能主治】清利湿热，消肿解毒。用于湿热壅遏，淋浊水肿；外治痈疽肿毒，水火烫伤。

【用法用量】10～30g；研末内服，3～5g。外用适量，研末调敷。

【禁忌】孕妇慎用。

【中药别名】黄蜀葵，黄葵，侧金盏，秋葵，棉花葵，黄秋葵，金花捷报，水棉花，棉花七，棉花蒿，小棉花，溪麻，野芙蓉，野甲花。

76. 苘麻

【分类学地位】锦葵科 Malvaceae 苘麻属 *Abutilon*。

【植物形态】一年生亚灌木状草本，株高1～2m（图2-76-1）。茎直立，分枝多，茎枝密被柔毛。叶互生，叶片圆心形，先端长渐尖，基部深心形，边缘具细圆锯齿，叶两面均密被星状柔毛；叶柄长 3 ～ 12cm，被星状细柔毛；托叶披针形，早落。花单生于叶腋，花梗长 1 ～ 3cm，被柔毛，近顶端具关节；花萼杯状，密被短绒毛，裂片 5 枚，卵形，长约 6mm；花瓣 5 枚，黄色，倒卵形，长 1 ～ 1.5cm；雄蕊柱平滑无毛；心皮 15 ～ 20 枚，顶端平截，每心皮具 2 枚扩展且被毛的长芒，排列成轮状，密被软毛。蒴果半球形，分果爿 15 ～ 20 个，被粗毛，顶端具 2 枚长芒；种子肾形，褐色，表面被星状柔毛。

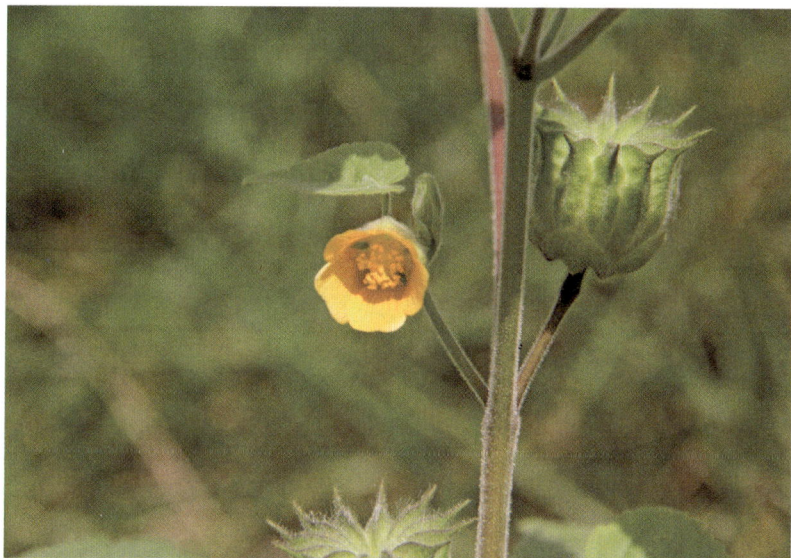

图 2-76-1　苘麻 *Abutilon theophrasti* Medicus

【生境】常见于路旁、荒地和田野间。黑龙江省各地路旁、田间均有分布。

【入药部位】以干燥种子入药，药材名称为苘麻子。

苘麻子 Abuti Lisemen

【采收加工】秋季采收成熟果实，晒干，打下种子，除去杂质。

【药材性状】本品呈三角状肾形，长 3.5 ～ 6mm，宽 2.5 ～ 4.5mm，厚 1 ～ 2mm（图 2-76-2）。表面灰黑色或暗褐色，有白色稀疏绒毛，凹陷处有类椭圆状种脐，淡棕色，四周有放射状细纹。种皮坚硬，子叶 2，重叠折曲，富油性。气微，味淡。

【质量要求】传统经验认为，本品以籽粒饱满、无杂质者为佳。《中国药典》（2020 年版）规定，本品杂质不得过 1%；水分不得过 10.0%；总灰分不得过 7.0%；醇溶性浸出物（热浸法测定）浸出物不得少于 17.0%。

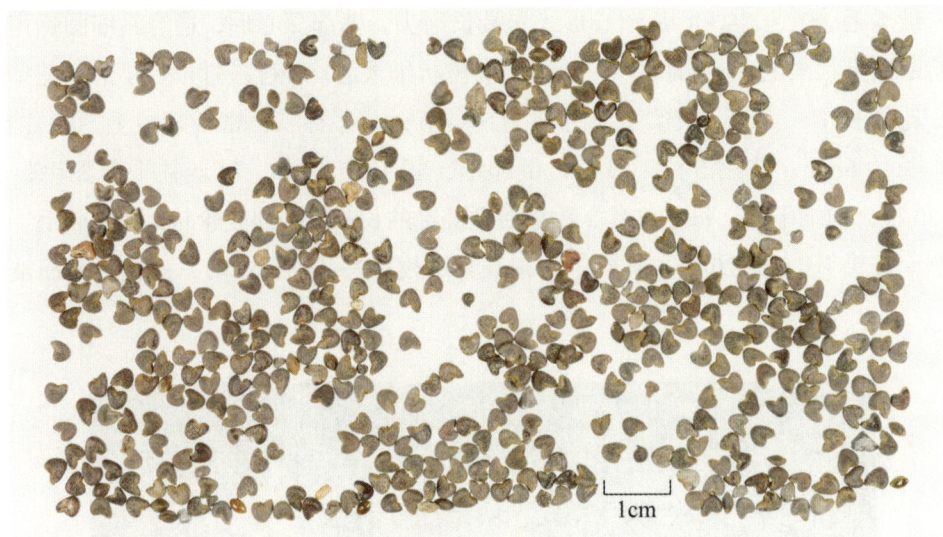

图 2-76-2 苘麻子药材

【功能主治】清热解毒，利湿，退翳。用于赤白痢疾，淋证涩痛，痈肿疮毒，目生翳膜。

【用法用量】3 ～ 9g。

【禁忌】孕妇慎服。

【中药别名】青麻子，野棉花子，白麻子，苘实，苘麻种子，野锦才子，蒲麻，云香草，空麻子，椿麻，孔麻。

77. 沙棘

【分类学地位】胡颓子科 Elaeagnaceae 沙棘属 *Hippophae*。

【植物形态】落叶灌木或乔木，高 1 ～ 5m，高山沟谷环境下可达 18m（图 2-77-1）。植株棘刺较多，粗壮，呈顶生或侧生分布；嫩枝呈褐绿色，密被银白色兼带褐色鳞片，偶具白色星状柔毛；老枝灰黑色，表面粗糙；芽体显著，呈金黄色或锈色。单叶通常近对生，着生方式与枝条相似，叶片纸质，狭披针形或矩圆状披针形，叶端钝形或基部近圆形，以基部最宽；叶面绿色，初期被白色盾形毛或星状柔毛，叶背银白色或淡白色，密被鳞片，无星状毛；叶柄极短。果实为圆球形，成熟时呈橙黄色或橘红色；种子细小，阔椭圆形至卵形，偶见微扁，种皮黑色或紫黑色，具光泽。

【生境】多分布于海拔 800 ～ 3600m 的温带地区，喜向阳环境，常见于山脊、谷地、干涸河床或山坡，适生于多砾石、沙质土壤及黄土基质。

【入药部位】以干燥成熟果实入药，药材名称为沙棘。

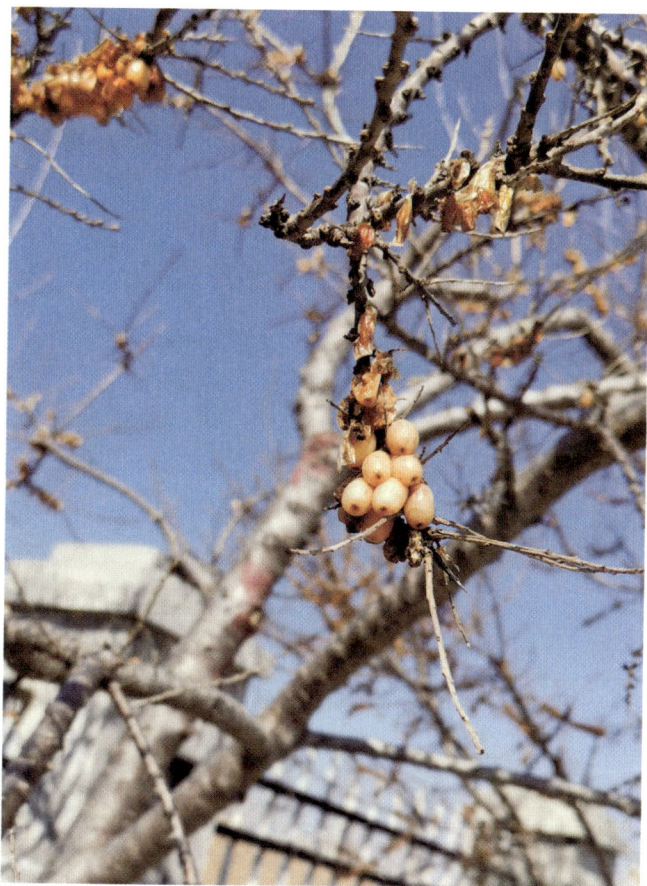

图 2-77-1 沙棘 *Hippophae rhamnoides* L.

沙棘 Hippophae Fructus

【采收加工】秋、冬二季果实成熟或冻硬时采收，除去杂质，干燥或蒸后干燥。

【药材性状】本品呈类球形或扁球形，有的数个粘连，单个直径 5～8mm，表面橙黄色或棕红色，皱缩，顶端有残存花柱，基部具短小果梗或果梗痕（图 2-77-2）。果肉油润，质柔软。种子斜卵形，长约 4mm，宽约 2mm；表面褐色，有光泽，中间有一纵沟；种皮较硬，种仁乳白色，有油性。气微，味酸、涩。

【质量要求】传统经验认为，本品以粒大、肉质肥厚、表面油润者为佳。《中国药典》（2020 年版）规定，本品杂质不得过 4%；水分不得过 15.0%；总灰分不得过 6.0%；酸不溶性灰分不得过 3.0%；醇溶性浸出物（热浸法测定）不得少于 25.0%；按干燥品计算，含总黄酮以芦丁（$C_{27}H_{30}O_{16}$）计，不得少于 1.5%，含异鼠李素（$C_{16}H_{12}O_7$）不得少于 0.10%。

图 2-77-2　沙棘药材

【功能主治】健脾消食，止咳祛痰，活血散瘀。用于脾虚食少，食积腹痛，咳嗽痰多，胸痹心痛，瘀血经闭，跌扑瘀肿。

【用法用量】3 ～ 10g。

【禁忌】孕妇慎用。

【中药别名】醋柳果，醋刺柳，酸刺，黑刺，沙枣，达尔，大尔卜兴，酸刺子，酸柳柳，其察日嘎纳，黄酸刺，酸刺刺。

🟢 78. 紫花地丁

【分类学地位】堇菜科 Violaceae 堇菜属 *Viola*。

【植物形态】多年生草本植物，无地上茎（图 2-78-1）。根状茎短而垂直，呈淡褐色，节间紧密，生有数条淡褐色或近白色的细长根。叶片多数，基生，呈莲座状排列；下部叶片通常较小，上部叶片较长，叶先端圆钝，基部呈截形或楔形，偶见微心形，叶缘具平整的圆齿。花中等大小，花色以紫堇色或淡紫色为主，偶见白色变种，花喉部颜色较淡且带有紫色条纹；萼片先端渐尖，基部附属物较短；侧方花瓣较长，内表面无毛或偶具须毛，下方花瓣与距相连，内表面具紫色脉纹；距呈细管状，末端圆钝；下方 2 枚雄蕊背部具细管状距，末端略细；子房卵形，表面无毛，花柱呈棍棒状，基部微膝曲，柱头三角形，两侧及后方略增厚形成微隆起的边缘，顶部近平截，前方具短喙。蒴果呈长圆形，表面光滑无毛；种子卵球形，淡黄色。

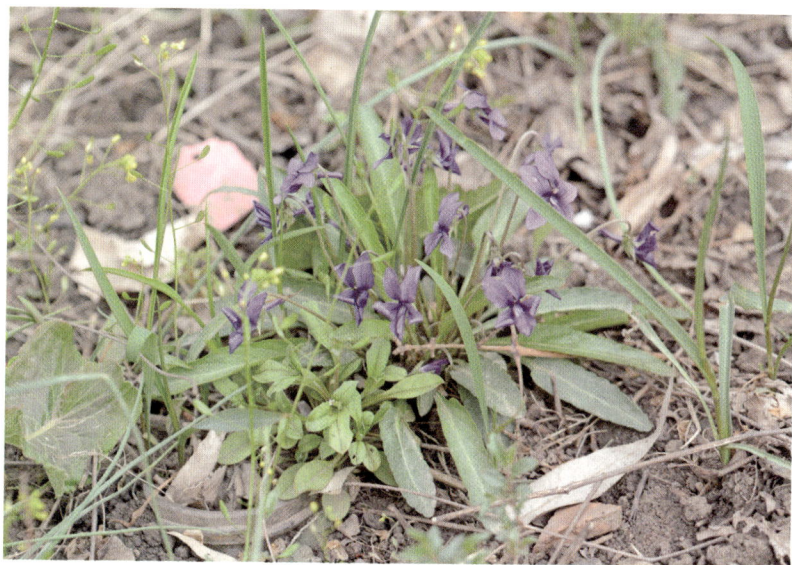

图 2-78-1 紫花地丁 *Viola yedoensis* Makino

【生境】常生长于田间、荒地、山坡草丛、林缘或灌丛等环境中。

【入药部位】以干燥全草入药，药材名称为紫花地丁。

【释名】因其茎秆直立似铁钉，顶端开紫花，故得此名。

紫花地丁 Violae Herba

【采收加工】春、秋二季采收，除去杂质，晒干。

【药材性状】本品多皱缩成团（图 2-78-2）。主根长圆锥形，直径 1 ～ 3mm；淡黄棕色，有细纵皱纹。叶基生，灰绿色，展平后叶片呈披针形或卵状披针形，长 1.5 ～ 6cm，宽 1 ～ 2cm；先端钝，基部截形或稍心形，边缘具钝锯齿，两面有毛；叶柄细，长 2 ～ 6cm，上部具明显狭翅。花茎纤细；花瓣 5，紫堇色或淡棕色；花距细管状。蒴果椭圆形或 3 裂，种子多数，淡棕色。气微，味微苦而稍黏。

【质量要求】传统经验认为，本品以色绿、根黄者为佳。《中国药典》（2020 年版）规定，本品水分不得过 13.0%；总灰分不得过 18.0%；酸不溶性灰分不得过 4.0%；醇溶性浸出物（冷浸法测定）不得少于 5.0%；按干燥品计算，含秦皮乙素（$C_9H_6O_4$）不得少于 0.20%。

【功能主治】清热解毒，凉血消肿。用于疔疮肿毒，痈疽发背，丹毒，毒蛇咬伤。

【用法用量】15 ～ 30g。

【禁忌】阴疽漫肿无头及脾胃虚寒者慎服。

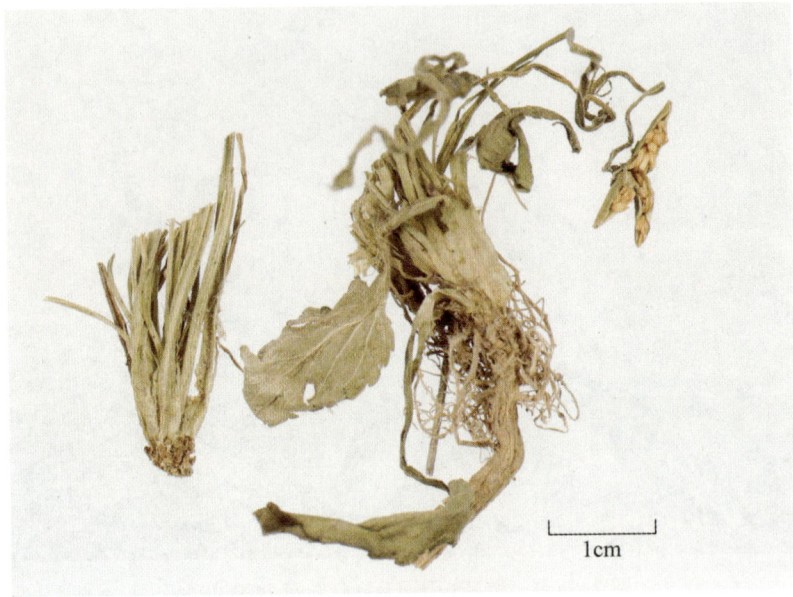

图 2-78-2　紫花地丁药材

【中药别名】铧头草，光瓣堇菜，箭头草，地丁，独行虎，宝剑草，紫地丁，金前刀，小角子花。

【备注】在《中国植物志》中，紫花地丁学名修订为 *Viola philippica* Cav.。

● 79. 冬瓜

【分类学地位】葫芦科 Cucurbitaceae 冬瓜属 *Benincasa*。

【植物形态】一年生蔓生或架生草本（图 2-79-1）。茎具棱沟，密被黄褐色硬毛及长柔毛。叶柄粗壮，被黄褐色硬毛及长柔毛；叶片肾状近圆形，边缘 5～7 浅裂或偶见中裂。雌雄同株，花单生。雄花：花梗密被黄褐色短刚毛及长柔毛；花萼筒宽钟形，密生刚毛状长柔毛，裂片披针形，边缘具锯齿，常反折；花冠黄色，辐状，裂片两面疏被柔毛，先端钝圆，具 5 条脉纹；雄蕊 3 枚，离生，花丝基部膨大且被毛，药室 3 回折曲。雌花：花梗密被黄褐色硬毛及长柔毛；子房卵形或圆筒形，表面密生黄褐色茸毛状硬毛；柱头 3 枚，每枚 2 裂。果实长圆柱状或近球状，体积较大，表面被硬毛并覆白色霜状蜡质层。种子卵形，白色或淡黄色，扁平，边缘具狭翅。

【生境】我国各地广泛栽培。

【入药部位】以干燥外层果皮入药，药材名称为冬瓜皮。

【释名】其果实表面白色蜡质层可减少水分蒸发，有助于长期贮存，甚至可越冬不腐，故得名冬瓜。

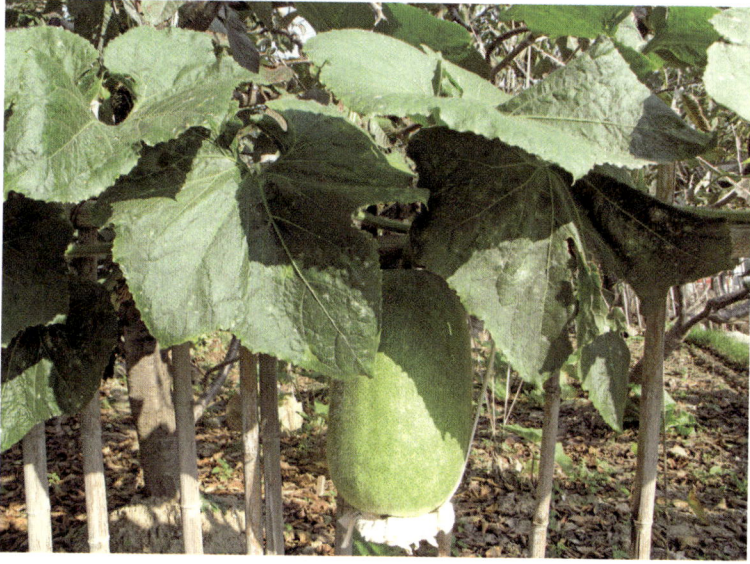

图 2-79-1 冬瓜 *Benincasa hispida*（Thunb.）Cogn.

冬瓜皮 Benincasae Exocarpium

【采收加工】食用冬瓜时，洗净，削取外层果皮，晒干。

【药材性状】本品为不规则的碎片，常向内卷曲，大小不一（图 2-79-2）。外表面灰绿色或黄白色，被有白霜，有的较光滑不被白霜；内表面较粗糙，有的可见筋脉状维管束。体轻，质脆。气微，味淡。

1cm

图 2-79-2 冬瓜皮

【质量要求】传统经验认为，本品以皮薄而韧、条状完整、色灰绿且表面带粉霜、干燥无杂质为佳。《中国药典》（2020年版）规定，本品水分不得过12.0%；总灰分不得过12.0%。

【功能主治】利尿消肿。用于水肿胀满，小便不利，暑热口渴，小便短赤。

【用法用量】9～30g。

【禁忌】若虚寒肾冷、久病滑泄者，不得食。

【中药别名】白瓜皮，白冬瓜皮，白瓜。

● 80. 甜瓜

【分类学地位】葫芦科 Cucurbitaceae 黄瓜属 *Cucumis*。

【植物形态】一年生匍匐或攀援草本（图2-80-1）。茎、枝具明显棱纹，表面被黄褐色或白色糙硬毛及疣状突起。卷须纤细，单一，疏被微柔毛。叶柄具纵向槽沟及短刚毛；叶片厚纸质，近圆形或肾形，叶缘全缘或呈3～7浅裂。花单性，雌雄同株。雄花：数朵簇生于叶腋；花梗纤细，密被柔毛；花萼筒呈狭钟形，外被白色长柔毛；花冠黄色，裂片卵状长圆形，先端急尖；雄蕊3枚，花丝极短，药室呈折曲状。雌花：单生于叶腋；花梗粗糙，被柔毛；子房长椭圆形，密被长柔毛及长糙硬毛，花柱与柱头紧密靠合。果实形态及色泽因品种差异显著，多呈球形或长椭圆形，果皮光滑，具纵向沟纹或斑纹，无刺状突起；果肉呈白色、黄色或绿色，味甘甜芳香。种子污白色至黄白色，卵形或长圆形，先端锐尖，基部钝圆，表面光滑，边缘无棱。

图 2-80-1　甜瓜 *Cucumis melo* L.

【生境】全国各地广泛栽培。

【入药部位】以干燥种子入药，药材名称为甜瓜子。

【释名】因其果实味甘甜、气味清香，故得名甜瓜。

甜瓜子 Melo Semen

【采收加工】夏、秋二季果实成熟时收集，洗净，晒干。用时捣碎。

【药材性状】本品呈扁平长卵形，长 5～9mm，宽 2～4mm。表面黄白色、浅棕红色或棕黄色，平滑，微有光泽。一端稍尖，另端钝圆。种皮较硬而脆，内有膜质胚乳和子叶 2 片。气微，味淡。

【质量要求】传统经验认为，本品以颗粒饱满、色黄白、无虫蛀霉变者为佳。《中国药典》（2020 年版）规定，本品总灰分不得过 5.0%。

【功能主治】清肺，润肠，化瘀，排脓，疗伤止痛。用于肺热咳嗽，便秘，肺痈，肠痈，跌打损伤，筋骨折伤。

【用法用量】9～30g。

【禁忌】脾胃虚寒、腹泻者忌服。

【中药别名】甘瓜子，甜瓜仁，甜瓜瓣。

● 81. 丝瓜

【分类学地位】葫芦科 Cucurbitaceae 丝瓜属 Luffa。

【植物形态】一年生攀援藤本（图 2-81-1）。茎、枝粗糙，具棱沟，被微柔毛。卷须稍粗壮，被短柔毛。叶柄粗糙，具不明显的沟；叶片通常掌状 5～7 裂，裂片呈三角形，边缘具锯齿，基部深心形。雌雄同株。雄花通常 15～20 朵生于总状花序上部，花序梗稍粗壮，被柔毛；花萼筒宽钟形；花冠黄色，辐状，裂片呈长圆形；雄蕊通常 5 枚，稀 3 枚，花丝基部具白色短柔毛，花初开放时稍靠合，最终完全分离。雌花单生。子房呈长圆柱状，被柔毛，柱头 3 枚，膨大。果实圆柱状，表面平滑，通常具深色纵条纹，未成熟时肉质，成熟后干燥，内部形成网状纤维，由顶端盖裂。种子多数，黑色，卵形，扁平，平滑，边缘具狭翼。

【生境】我国各地广泛栽培。

【入药部位】以干燥成熟果实的维管束入药，药材名称为丝瓜络。

【释名】因其果实成熟后内部瓤部形成丝网状结构，故得名丝瓜。

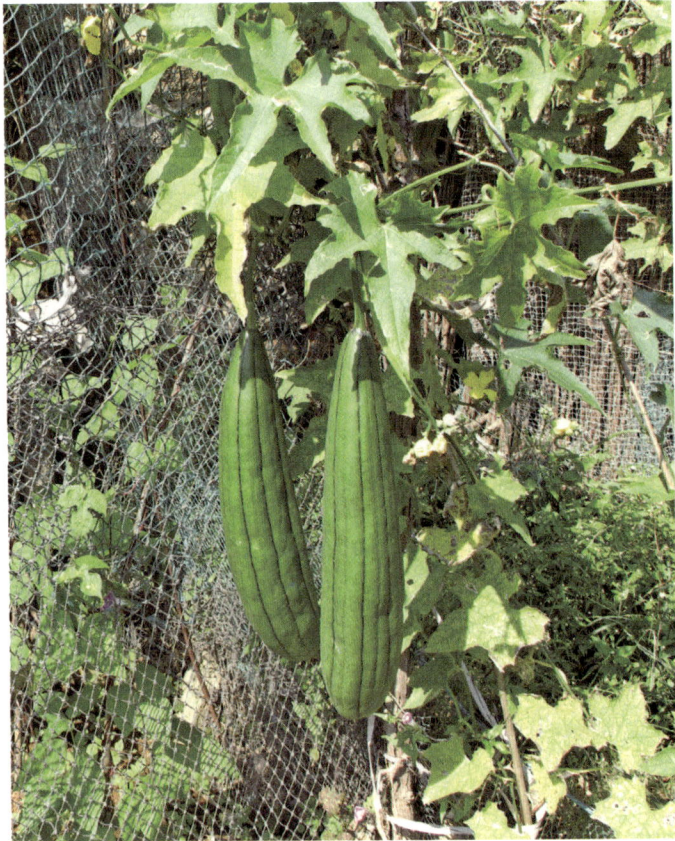

图 2-81-1 丝瓜 *Luffa aegyptiaca* Miller

丝瓜络 Luffae Fructus Retinervus

【采收加工】夏、秋二季果实成熟、果皮变黄、内部干枯时采摘，除去外皮和果肉，洗净，晒干，除去种子。用时切段。

【药材性状】本品为丝状维管束交织而成，多呈长棱形或长圆筒形，略弯曲，长30～70cm，直径7～10cm。表面黄白色。体轻，质韧，有弹性，不能折断。横切面可见子房3室，呈空洞状。气微，味淡。

【质量要求】传统经验认为，本品以个大、完整、筋络清晰、质地柔韧、色泽淡黄白、无种子残留者为佳。《中国药典》（2020年版）规定，本品水分不得过9.5%；总灰分不得过2.5%。

【功能主治】祛风，通络，活血，下乳。用于痹痛拘挛，胸胁胀痛，乳汁不通，乳痈肿痛。

【用法用量】5～12g。

【禁忌】脾虚者禁用。

【中药别名】天萝筋，丝瓜网，丝瓜壳，瓜络，絮瓜瓤，天罗线，丝瓜筋，丝瓜瓤，千层楼，丝瓜布。

【备注】丝瓜原学名为 *Luffa cylindrica*（L.）Roem.。

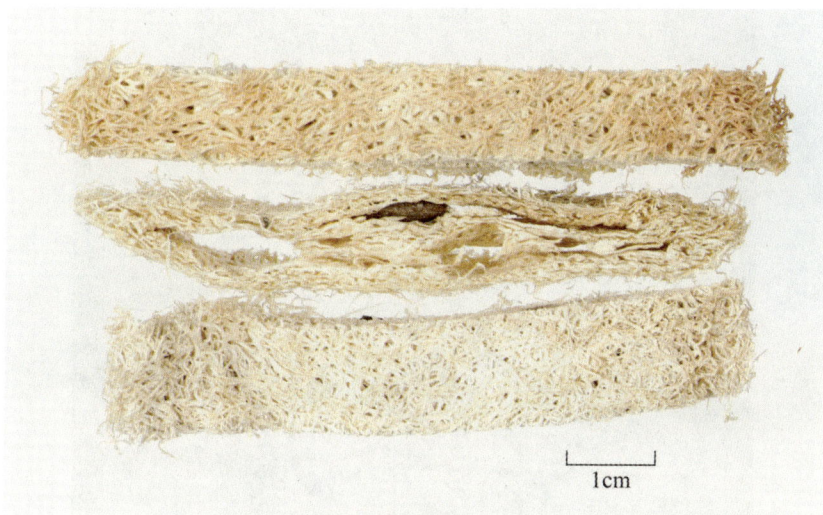

图 2-81-2　丝瓜络药材

82. 刺五加

【分类学地位】五加科 Araliaceae 五加属 *Acanthopanax*。

【植物形态】灌木，株高 1～6m（图 2-82-1）。分枝较多，一至二年生枝条通常密生针刺，稀仅在节上生刺或无刺；刺直而细长，呈针状，方向向下，基部不膨大，脱落后遗留圆形刺痕。叶为掌状复叶，具小叶 5 枚，稀 3 枚；叶柄常疏生细刺；小叶片纸质，椭圆状倒卵形或长圆形，先端渐尖，基部阔楔形，上面粗糙，深绿色，主脉及侧脉上具粗毛，下面淡绿色，脉上被短柔毛，边缘具锐利重锯齿，侧脉 6～7 对，两面明显隆起，网脉不明显；小叶柄被棕色短柔毛，有时具细刺。伞形花序单个顶生，或由 2～6 个组成稀疏的圆锥花序，具多数花朵；总花梗光滑无毛；花梗细长，无毛或仅基部微被毛；花紫黄色；花萼无毛，边缘近全缘或具不明显的 5 小齿；花瓣 5 枚，卵形；雄蕊 5 枚；子房 5 室，花柱完全合生成柱状。果实为球形或卵球形，具 5 棱，成熟时呈黑色，宿存花柱明显。

【生境】多生长于针阔混交林或灌丛中。

【入药部位】以干燥根和根茎或茎入药，药材名称为刺五加。

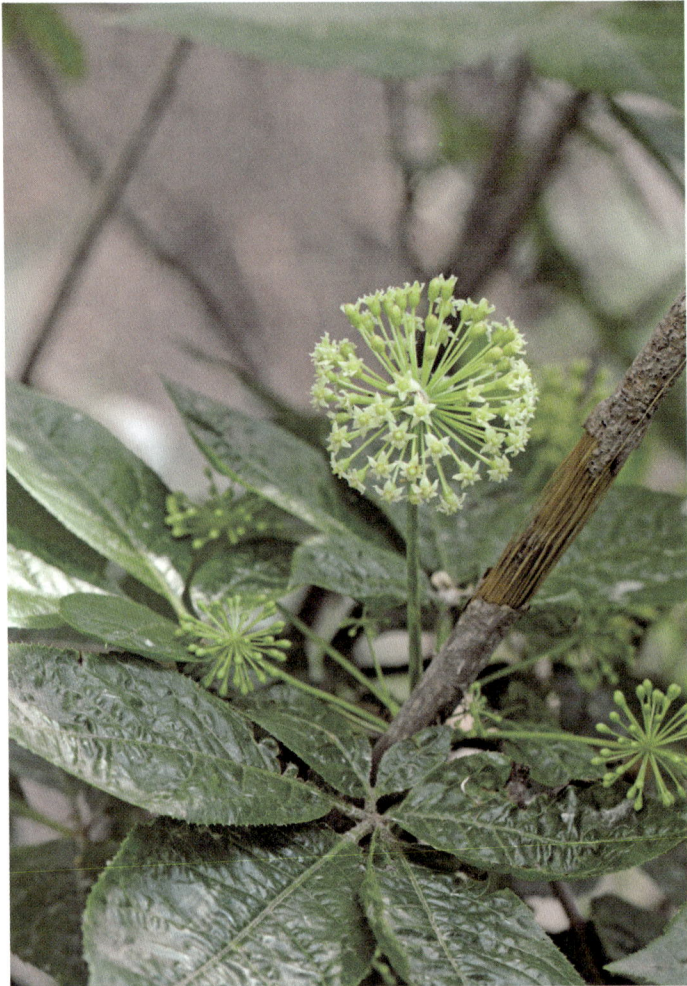

图 2-82-1 刺五加 *Eleutherococcus senticosus*（Rupr. et Maxim.）Maxim.

刺五加 Acanthopanacis Senticosi Radix et Rhizoma Seu Caulis

【采收加工】春、秋二季采收，洗净，干燥。除去杂质，洗净，稍泡，润透，切厚片，干燥。

【药材性状】本品根茎呈结节状不规则圆柱形，直径 1.4～4.2cm（图 2-82-2）。根呈圆柱形，多扭曲，长 3.5～12cm，直径 0.3～1.5cm；表面灰褐色或黑褐色，粗糙，有细纵沟和皱纹，皮较薄，有的剥落，剥落处呈灰黄色。质硬，断面黄白色，纤维性。有特异香气，味微辛、稍苦、涩。本品茎呈长圆柱形，多分枝，长短不一，直径 0.5～2cm。表面浅灰色，老枝灰褐色，具纵裂沟，无刺；幼枝黄褐色，密生细刺。质坚硬，不易折断，断面皮部薄，黄白色，木部宽广，淡黄色，中心有髓。气微，味微辛。

图 2-82-2　刺五加药材

【质量要求】《中国药典》（2020 年版）规定，本品水分不得过 10.0%；总灰分不得过 9.0%；醇溶性浸出物（热浸法测定）不得少于 3.0%；按干燥品计算，含紫丁香苷（$C_{17}H_{24}O_9$）不得少于 0.050%。

【功能主治】益气健脾，补肾安神。用于脾肺气虚，体虚乏力，食欲缺乏，肾肺两虚，久咳虚喘，肾虚腰膝酸软，心脾不足，失眠多梦。

【用法用量】9 ～ 27g。

【禁忌】阴虚火旺者慎服。

【中药别名】刺拐棒，老虎镣子，刺木棒，坎拐棒子

【备注】刺五加原学名为 *Acanthopanax senticosus*（Rupr. et Maxim.）Harms。

🟢 83. 人参

【分类学地位】五加科 Araliaceae 人参属 *Panax*。

【植物形态】多年生草本植物（图 2-83-1）。根状茎（芦头）短小，直立或斜向上生长，通常不增厚呈块状。主根粗大肥厚，呈纺锤形或圆柱形。地上茎单一，直立生长，表面具纵纹，无毛，基部具宿存鳞片。叶为掌状复叶，3 ～ 6 枚轮生于茎顶，幼株叶数较少；叶柄具纵纹，无毛，基部无托叶；小叶片 3 ～ 5 枚，幼株常为 3 枚，膜质，中央小叶片呈椭圆形至长圆状椭圆形，最外一对侧生小叶片为卵形或菱状卵形，先端长渐尖，基部阔楔形并下延，边缘具锯齿，齿端具刺尖，上表面散生稀疏刚毛，下表面无毛，侧脉 5 ～ 6 对，两面清晰可见，网脉不明显。伞形花序单生于茎顶，具花 30 ～ 50 朵，稀 5 ～ 6 朵；总花梗通常长于叶柄，具纵纹；花梗纤细如丝；花淡黄绿色；花萼无毛，边缘具 5 枚三角形小齿；花瓣 5 枚，卵状三角形；雄蕊 5 枚，花丝短小；子房 2 室；花柱 2

枚，离生。果实为扁球形浆果，成熟时呈鲜红色。种子肾形，乳白色。

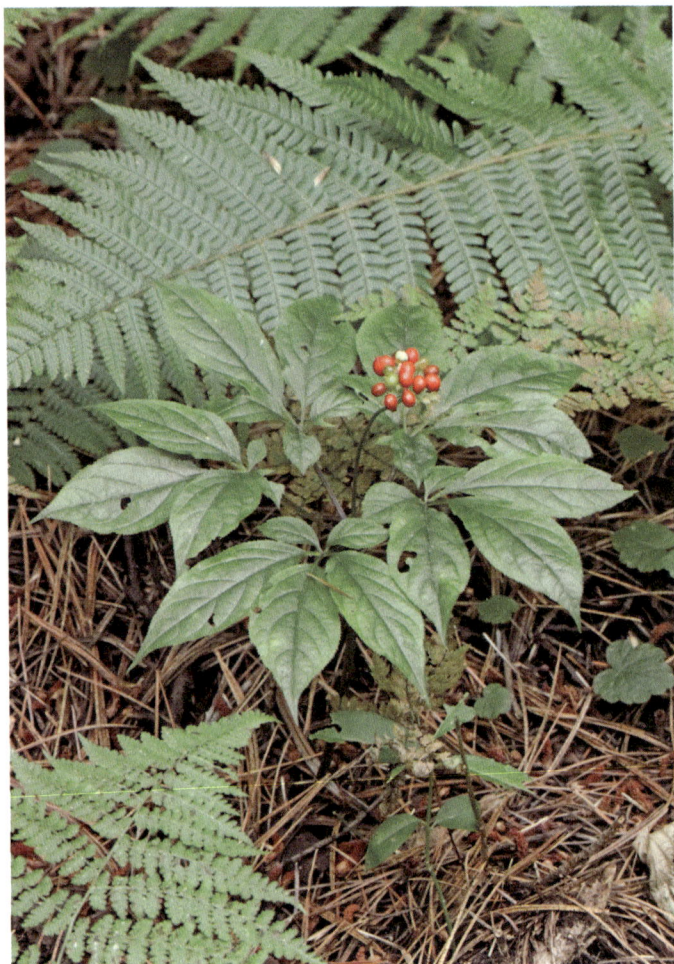

图 2-83-1　人参 *Panax ginseng* C. A. Meyer

【**生境**】多生长于海拔数百米的落叶阔叶林或针叶阔叶混交林下荫蔽环境中。

【**入药部位**】以干燥根和根茎入药，药材名称为人参；以干燥叶入药，药材名称为人参叶。

人参 Ginseng Radix et Rhizoma

【**采收加工**】多于秋季采挖，洗净经晒干或烘干。栽培的俗称"园参"；播种在山林野生状态下自然生长的称"林下山参"，习称"籽海"。

【**药材性状**】主根呈纺锤形或圆柱形，长 3 ～ 15cm，直径 1 ～ 2cm（图 2-83-2）。表面灰黄色，上部或全体有疏浅断续的粗横纹及明显的纵皱，下部有支根 2 ～ 3 条，并着生多数细长的须根，须根上常有不明显的细小疣状突出。根茎（芦头）长 1～4cm，直径 0.3～1.5cm，多拘挛而弯曲，具不定根（艼）和稀疏的凹窝状茎痕（芦碗）。质较硬，断面淡黄白色，显粉性，形成层环纹棕黄色，皮部有黄棕色的点状树脂道及放射状裂隙。香气特异，味微苦、甘。或主根多与根茎近等长或较短，呈圆柱形、菱角形或人字形，长 1～6cm。表面灰黄色，具纵皱纹，上部或中下部有环纹。支根多为 2～3 条，须根少而细长，清晰不乱，有较明显的疣状突起。根茎细长，少数粗短，中上部具稀疏或密集而深陷的茎痕。不定根较细，多下垂。

图 2-83-2　人参药材

【质量要求】传统经验认为，本品以条粗、质硬、皮细、无破痕者为佳。《中国药典》（2020 年版）规定，本品水分不得过 12.0%；总灰分不得过 5.0%；重金属及有害元素检查中，铅不得过 5mg/kg，镉不得过 1mg/kg，砷不得过 2mg/kg，汞不得过 0.2mg/kg，铜不得过 20mg/kg；有机氯类农药残留量检查中，含五氯硝基苯不得过 0.1mg/kg，六氯苯不得过 0.1mg/kg，七氯（七氯、环氧七氯之和）不得过 0.05mg/kg，氯丹（顺式氯丹、反式氯丹、环氧氯丹之和）不得过 0.1mg/kg。本品按干燥品计算，含人参皂苷 Rg_1（$C_{42}H_{72}O_{14}$）和人参皂苷 Re（$C_{48}H_{82}O_{18}$）的总量不得少于 0.30%，人参皂苷 Rb_1（$C_{54}H_{92}O_{23}$）不得少于 0.20%。

【功能主治】大补元气，复脉固脱，补脾益肺，生津养血，安神益智。用于体虚欲脱，肢冷脉微，脾虚食少，肺虚喘咳，津伤口渴，内热消渴，气血亏虚，久病虚羸，惊悸失眠，阳痿宫冷。

【用法用量】3～9g，另煎兑服；也可研粉吞服，一次 2g，一日 2 次。

【禁忌】不宜与藜芦、五灵脂同用。

【中药别名】棒槌，山参，园参，参叶，人衔，鬼盖，土精，神草，黄参，血参，地精，百尺杵，海腴，金井玉阑，棒棰，玉精，地精。

人参叶 Ginseng Folium

【采收加工】多秋季采收，晾干或烘干。

【药材性状】本品常扎成小把，呈束状或扇状，长 12～35cm（图 2-83-3）。掌状复叶带有长柄，暗绿色，3～6 枚轮生。小叶通常 5 枚，偶有 7 或 9 枚，呈卵形或倒卵形。基部的小叶长 2～8cm，宽 1～4cm；上部的小叶大小相近，长 4～16cm，宽 2～7cm。基部楔形，先端渐尖，边缘具细锯齿及刚毛，上表面叶脉生刚毛，下表面叶脉隆起。纸质，易碎。气清香，味微苦而甘。

图 2-83-3 人参叶药材

【质量要求】《中国药典》（2020 年版）规定，本品水分不得过 12.0%；总灰分不得过 10.0%；含人参皂苷 Rg_1（$C_{42}H_{72}O_{14}$）和人参皂苷 Re（$C_{48}H_{82}O_{18}$）的总量不得少于 2.25%。

【功能主治】补气，益肺，祛暑，生津。用于气虚咳嗽，暑热烦躁，津伤口渴，头目不清，四肢倦乏。

【用法用量】3～9g。

【禁忌】不宜与藜芦、五灵脂同用。

84. 白芷

【分类学地位】伞形科 Apiaceae 当归属 *Angelica*。

【植物形态】多年生高大草本，高 1～2.5m（图 2-84-1）。根圆柱形，有分枝，外表皮黄褐色至褐色，有浓烈气味。基生叶一回羽状分裂，有长柄，叶柄下部有管状抱茎边缘膜质的叶鞘；茎上部叶二至三回羽状分裂，叶片轮廓为卵形至三角形，边缘有不规则的白色软骨质粗锯齿，具短尖头。复伞形花序顶生或侧生，花序梗、伞辐和花柄均有短糙毛；伞辐 18 ～ 40；小总苞片 5 ～ 10 余，线状披针形，膜质，花白色；花瓣倒卵形，顶端内曲成凹头状；子房无毛或有短毛；花柱比短圆锥状的花柱基长 2 倍。果实长圆形至卵圆形，黄棕色，有时带紫色，无毛，背棱扁，厚而钝圆，侧棱翅状。

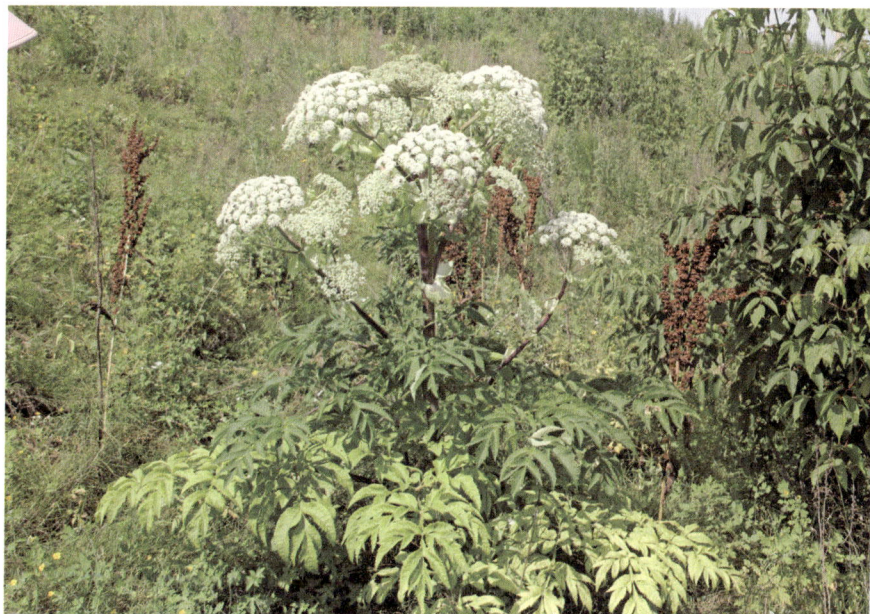

图 2-84-1　白芷 *Angelica dahurica*（Fisch. ex Hoffm.）Benth. et Hook. f.

【生境】产我国东北及华北地区。常生长于林下，林缘，溪旁、灌丛及山谷草地。目前国内北方各省多栽培供药用。

【入药部位】以干燥根入药，药材名称为白芷。

白芷 Angelicae Dahuricae Radix

【来源】《中国药典》（2020 年版）规定，白芷药材的植物来源有 2 种，分别为伞形科植物白芷 *Angelica dahurica*（Fisch. ex Hoffm.）Benth. et Hook. f. 或杭白芷 *Angelica dahurica*（Fisch. ex Hoffm.）Benth. et Hook. f. var. *formosana*（Boiss.）Shan et Yuan。

【采收加工】夏、秋间叶黄时采挖，除去须根和泥沙，晒干或低温干燥。

【药材性状】本品呈长圆锥形，长 10 ～ 25cm，直径 1.5 ～ 2.5cm（图 2-84-2）。表面灰棕色或黄棕色，根头部钝四棱形或近圆形，具纵皱纹、支根痕及皮孔样的横向突起，有的排列成四纵行。顶端有凹陷的茎痕。质坚实，断面白色或灰白色，粉性，形成层环棕色，近方形或近圆形，皮部散有多数棕色油点。气芳香，味辛、微苦。

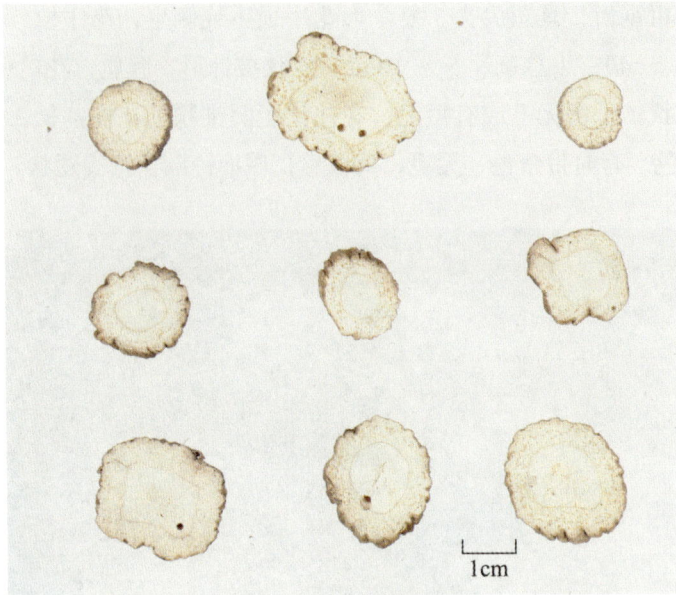

图 2-84-2　白芷药材

【质量要求】传统经验认为，本品以条粗壮、质坚硬、体重、色白、粉性足、香气浓者为佳。《中国药典》（2020 年版）规定，本品水分不得过 14.0%；总灰分不得过 6.0%；重金属及有害元素检查中，铅不得过 5mg/kg，镉不得过 1mg/kg，砷不得过 2mg/kg，汞不得过 0.2mg/kg，铜不得过 20mg/kg；醇溶性浸出物（热浸法测定）不得少于 15.0%；按干燥品计算，含欧前胡素（$C_{16}H_{14}O_4$）不得少于 0.080%。

【功能主治】解表散寒，祛风止痛，宣通鼻窍，燥湿止带，消肿排脓。用于感冒头痛，眉棱骨痛，鼻塞流涕，鼻鼽，鼻渊，牙痛，带下，疮疡肿痛。

【用法用量】3 ～ 10g。

【禁忌】阴虚血热者忌服。

【中药别名】薜，芷，芳香，苻蓠，泽芬，白茝，香白芷，晼，白臣，番白芷。

85. 北柴胡

【分类学地位】伞形科 Apiaceae 柴胡属 Bupleurum。

【植物形态】多年生草本，株高 50 ～ 85cm（图 2-85-1）。主根粗大，呈棕褐色，质地坚硬。茎单一或丛生，表面具细纵槽纹，实心，上部多回分枝，略呈"之"字形曲折。基生叶为倒披针形或狭椭圆形，顶端渐尖，基部渐狭成柄，早期枯萎脱落；茎中部叶为倒披针形或宽线状披针形，顶端渐尖或急尖，具短芒状尖头，基部收缩成叶鞘并抱茎，叶脉 7 ～ 9 条，叶表面鲜绿色，背面淡绿色，常被白霜。复伞形花序多数，花序梗纤细；

总苞片 2～3 枚或无，极小，狭披针形，具 3 脉；伞辐 3～8 条，纤细，不等长；小总苞片 5 枚，披针形，顶端尖锐，具 3 脉，背面凸起；每小伞形花序具花 5～10 朵；花瓣鲜黄色，上部向内卷曲，中肋隆起，小舌片呈矩圆形，顶端 2 浅裂；花柱基深黄色，宽于子房。果实为广椭圆形，棕色，两侧略扁，棱呈狭翼状，淡棕色。

【生境】生长于向阳的山坡、路边、河岸或草丛中。

【入药部位】以干燥根入药，药材名称为柴胡。

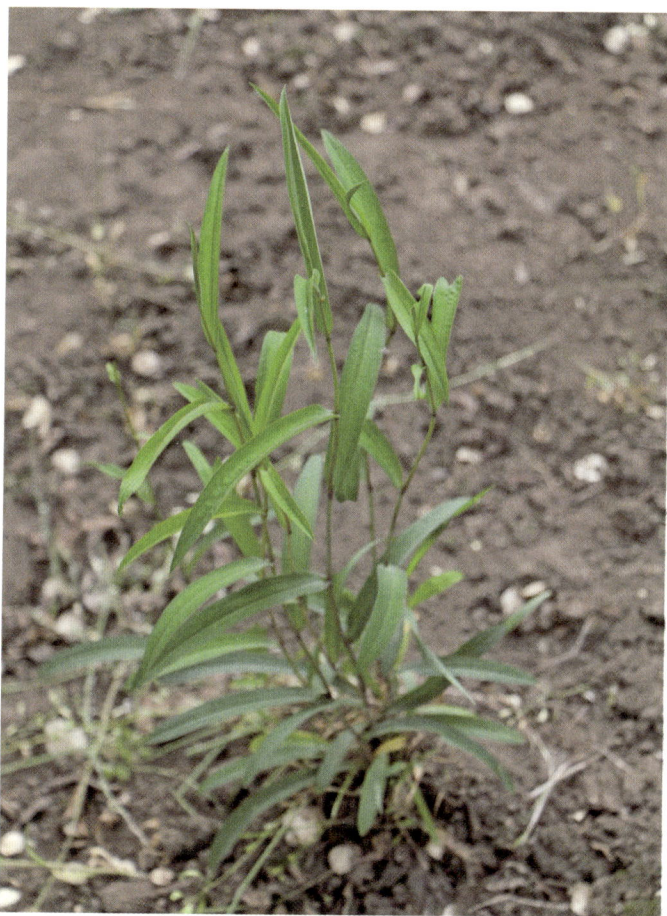

图 2-85-1　北柴胡 *Bupleurum chinense* DC.

柴胡 Bupleuri Radix

【来源】《中国药典》（2020 年版）规定，柴胡药材的植物来源有 2 种，分别为伞形科植物柴胡 *Bupleurum chinense* DC. 或狭叶柴胡 *Bupleurum scorzonerifolium* Willd.。按性状不同，分别习称"北柴胡"和"南柴胡"。

【采收加工】春、秋二季采挖，除去茎叶和泥沙，干燥。

【药材性状】

1. 北柴胡 呈圆柱形或长圆锥形，长 6 ～ 15cm，直径 0.3 ～ 0.8cm（图 2-85-2）。根头膨大，顶端残留 3 ～ 15 个茎基或短纤维状叶基，下部分枝。表面黑褐色或浅棕色，具纵皱纹、支根痕及皮孔。质硬而韧，不易折断，断面显纤维性，皮部浅棕色，木部黄白色。气微香，味微苦。

2. 南柴胡 根较细，圆锥形，顶端有多数细毛状枯叶纤维，下部多不分枝或稍分枝。表面红棕色或黑棕色，靠近根头处多具细密环纹。质稍软，易折断，断面略平坦，不显纤维性。具败油气。

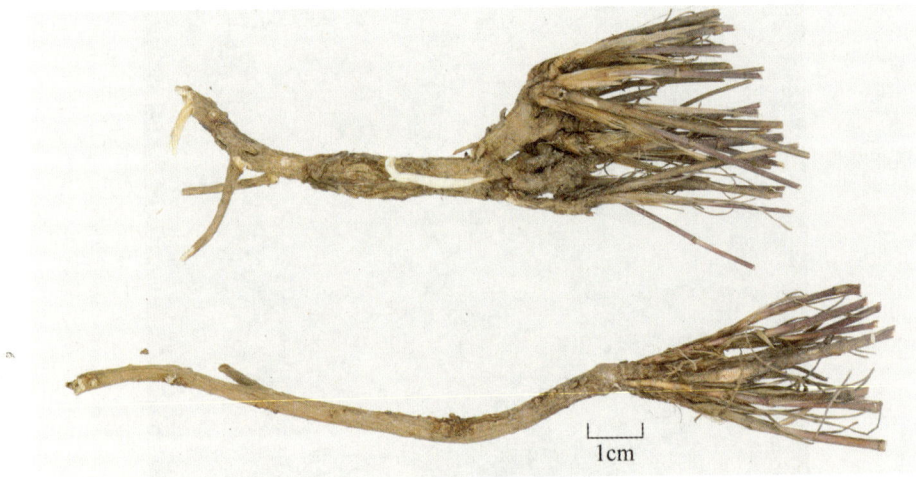

图 2-85-2 北柴胡药材

【质量要求】传统经验认为，本品以条粗、无残留须根者为佳。《中国药典》（2020年版）规定，本品水分不得过 10.0%；总灰分不得过 8.0%；酸不溶性灰分不得过 3.0%；醇溶性浸出物（热浸法测定）不得少于 11.0%；按干燥品计算，含柴胡皂苷 a（$C_{42}H_{68}O_{13}$）和柴胡皂苷 d（$C_{42}H_{68}O_{13}$）的总量不得少于 0.30%。

【功能主治】疏散退热，疏肝解郁，升举阳气。用于感冒发热，寒热往来，胸胁胀痛，月经不调，子宫脱垂，脱肛。

【用法用量】3 ～ 10g。

【禁忌】真阴亏损、肝阳上亢者忌服。

【中药别名】地熏，茈胡，山菜，茹草，菇草，柴草。

【备注】中药柴胡的另一个来源狭叶柴胡在黑龙江省亦有分布，在《中国植物志》中的中文正名为红柴胡，其为多年生草本，高 30 ～ 60cm（图 2-85-3）。主根发达，圆锥形，支根少，深红棕色，表面微皱，上端具横环纹，下部具纵纹，质脆。茎单一或 2 ～ 3 分枝，基部密被叶柄残余纤维，具细纵棱，上部多回分枝，略呈"之"字形弯曲，呈圆锥状。叶细线形，基生叶下部渐狭成柄，余无柄，先端长渐尖，基部稍窄抱茎，质厚而硬，常对折或内卷，3～5脉，叶背脉凸起，脉间具平行细脉，叶缘白色骨质，上部叶小而同形。伞形花序腋生，多花序组成疏松圆锥花序；伞辐3～8，细弱弯曲；总苞片1～3，针形；小总苞片5，线状披针形，等长或略超小花序；小花6～15；花瓣黄色，舌片长约花瓣1/2，先端2浅裂；花柱基厚垫状，宽于子房，深黄色，柱头侧弯；子房棱明显，常被白霜。果广椭圆形，深褐色，棱浅褐钝凸；油管棱槽5～6，合生面4～6。花期7～8月，果期8～9月。

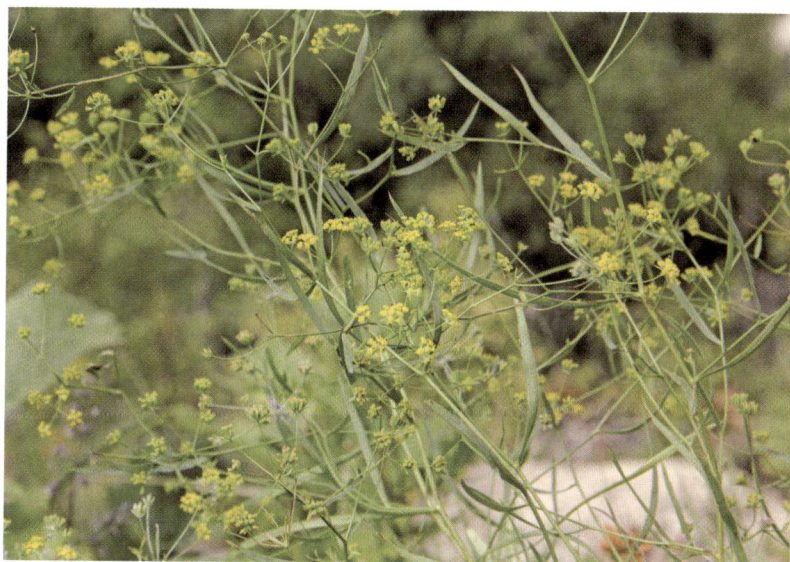

图 2-85-3　红柴胡 *Bupleurum scorzonerifolium* Willd.

86. 茴香

【分类学地位】伞形科 Apiaceae 茴香属 *Foeniculum*。

【植物形态】多年生草本，株高 0.4～2m（图 2-86-1）。茎直立，表面光滑，呈灰绿色或苍白色，具多分枝。中部及上部叶柄基部膨大成鞘状，叶鞘边缘为膜质；叶片轮廓呈阔三角形，4～5回羽状全裂，末回裂片线形。复伞形花序顶生或腋生；伞辐6～29条，长度不等；每个小伞形花序具花14～39朵；花柄纤细，长短不一；无萼齿；花瓣黄色，倒卵形或近倒卵圆形，先端具内卷的小舌片，中脉1条；花丝稍长于花瓣，花药卵圆形，淡黄色；花柱基呈圆锥形，花柱极短，向外叉开或贴伏于花柱基上。果实为长圆形，具5条尖锐主棱；每个棱槽内具油管1条，合生面油管2条；胚乳腹面平直或微凹。

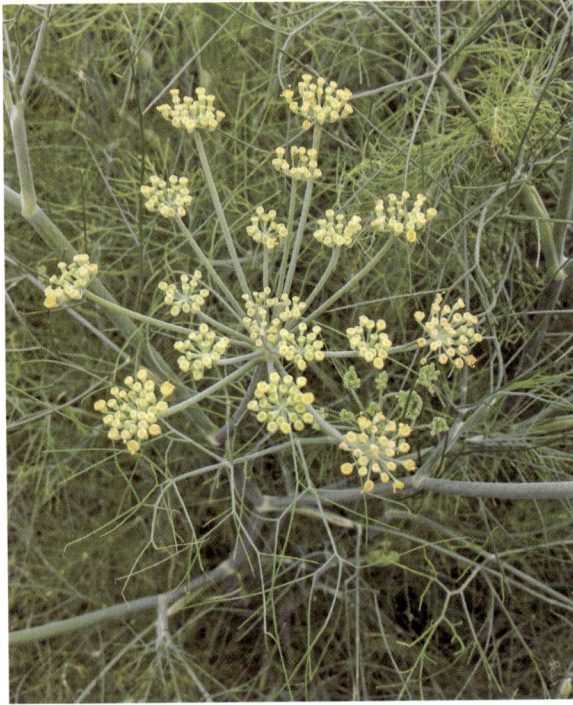

图 2-86-1　茴香 *Foeniculum vulgare* Mill.

【生境】我国各省区均有栽培。

【入药部位】以干燥成熟果实入药，药材名称为小茴香。

【释名】南朝梁代陶弘景《本草经集注》载："煮臭肉，下少许，即无臭气，臭酱入末亦香，故名回香。"

小茴香 Foeniculi Fructus

【采收加工】秋季果实初熟时采割植株，晒干，打下果实，除去杂质。

【药材性状】本品为双悬果，呈圆柱形，有的稍弯曲，长 4～8mm，直径 1.5～2.5mm。表面黄绿色或淡黄色，两端略尖，顶端残留有黄棕色突起的柱基，基部有时有细小的果梗。分果呈长椭圆形，背面有纵棱 5 条，接合面平坦而较宽。横切面略呈五边形，背面的四边约等长。有特异香气，味微甜、辛。

【质量要求】传统经验认为，本品以粒大饱满、色黄绿、气味浓者为佳。《中国药典》（2020 年版）规定，本品杂质不得过 4%；总灰分不得过 10.0%；含挥发油不得少于 1.5%（mL/g）；含反式茴香脑（$C_{10}H_{12}O$）不得少于 1.4%。

【功能主治】散寒止痛，理气和胃。用于寒疝腹痛，睾丸偏坠，痛经，少腹冷痛，脘腹胀痛，食少吐泻。盐小茴香暖肾散寒止痛。用于寒疝腹痛，睾丸偏坠，经寒腹痛。

【用法用量】3 ～ 6g。

【禁忌】阴虚火旺者禁服。

【中药别名】蘹香，蘹香子，茴香子，土茴香，野茴香，谷茴香，谷香，香子，小香。

87. 蛇床

【分类学地位】伞形科 Apiaceae 蛇床属 *Cnidium*。

【植物形态】一年生草本，株高 10 ～ 60cm（图 2-87-1）。根呈圆锥状，细长。茎直立或斜上生长，多分枝，中空。下部叶具短柄，叶鞘短而宽，边缘膜质；上部叶柄全部呈鞘状；叶片轮廓为卵形至三角状卵形，2 ～ 3 回三出式羽状全裂，羽片轮廓为卵形至卵状披针形。复伞形花序直径 2 ～ 3cm；总苞片 6 ～ 10 枚，线形至线状披针形，边缘膜质，具细睫毛；伞辐 8 ～ 20 枚，不等长，棱上粗糙；小总苞片多数，线形，边缘具细睫毛；小伞形花序具花 15 ～ 20 朵，无萼齿；花瓣白色，先端具内折小舌片；花柱基略隆起，花柱向下反曲。分生果呈长圆状，横剖面近五角形，具 5 条主棱，均扩大成翅状；每棱槽内具油管 1 条，合生面油管 2 条；胚乳腹面平直。

图 2-87-1　蛇床 *Cnidium monnieri*（L.）Cuss.

【生境】分布于我国东北及华北地区，常见于林下、林缘、溪旁、灌丛及山谷草地。目前国内北方各省多有人工栽培，供药用。

【入药部位】以干燥成熟果实入药，药材名称为蛇床子。

【释名】因其生长环境常见蛇类栖居，故名蛇床。

蛇床子 Cnidii Fructus

【采收加工】夏、秋二季果实成熟时采收，除去杂质，晒干。

【药材性状】本品为双悬果，呈椭圆形，长 2～4mm，直径约 2mm（图 2-87-2）。表面灰黄色或灰褐色，顶端有 2 枚向外弯曲的柱基，基部偶有细梗。分果的背面有薄而突起的纵棱 5 条，接合面平坦，有 2 条棕色略突起的纵棱线。果皮松脆，揉搓易脱落。种子细小，灰棕色，显油性。气香，味辛凉，有麻舌感。

1cm

图 2-87-2　蛇床子药材

【质量要求】传统经验认为，本品以色灰黄、颗粒饱满、气味浓者为佳。《中国药典》（2020 年版）规定，本品水分不得过 13.0%；总灰分不得过 13.0%；酸不溶性灰分不得过 6.0%；醇溶性浸出物（冷浸法测定）不得少于 7.0%；按干燥品计算，含蛇床子素（$C_{15}H_{16}O_3$）不得少于 1.0%。

【功能主治】燥湿祛风，杀虫止痒，温肾壮阳。用于阴痒带下，湿疹瘙痒，湿痹腰痛，肾虚阳痿，宫冷不孕。

【用法用量】3 ～ 10g。外用适量，多煎汤熏洗，或研末调敷。

【禁忌】下焦有湿热或肾阴不足、相火易动及精关不固者忌服。

【中药别名】野茴香，野胡萝卜子，蛇米，蛇珠，蛇粟，蛇床仁，蛇床实，气果，双肾子，额头花子，癞头花子。

88. 野胡萝卜

【分类学地位】伞形科 Apiaceae 胡萝卜属 *Daucus*。

【植物形态】二年生草本，株高 15 ～ 120cm（图 2-88-1）。茎单一，直立，全体被白色粗硬毛。基生叶薄膜质，长圆形，二至三回羽状全裂，末回裂片线形至披针形，先端锐尖，具小尖头，表面光滑或疏被糙硬毛；茎生叶近无柄，基部具叶鞘，末回裂片较短或细长。复伞形花序顶生或侧生，花序梗密被糙硬毛；总苞片多数，叶状，羽状分裂，稀不裂，裂片线形；伞辐多数，果期时外侧伞辐向内弯曲；小总苞片 5 ～ 7 枚，线形，不裂或 2 ～ 3 浅裂，边缘膜质且具纤毛；花多数，白色，偶带淡红色；花梗长短不一。果实圆卵形，果棱具白色钩刺。

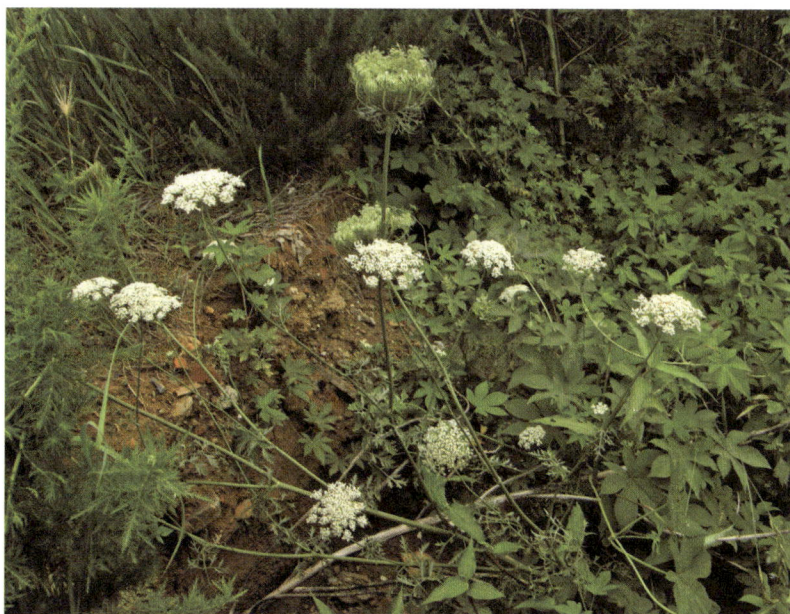

图 2-88-1　野胡萝卜 *Daucus carota* L.

【生境】多生长于山坡路旁、旷野及田间。原产于欧洲，现广泛分布于东南亚等地区。

【入药部位】以干燥成熟果实入药，药材名称为南鹤虱。

南鹤虱 Carotae Fructus

【采收加工】秋季果实成熟时割取果枝，晒干，打下果实，除去杂质。

【药材性状】本品为双悬果，呈椭圆形，多裂为分果，分果长 3 ～ 4mm，宽 1.5 ～ 2.5mm。表面淡绿棕色或棕黄色，顶端有花柱残基，基部钝圆，背面隆起，具 4 条窄翅状次棱，翅上密生 1 列黄白色钩刺，刺长约 1.5mm，次棱间的凹下处有不明显的主棱，其上散生短柔毛，接合面平坦，有 3 条脉纹，上具柔毛。种仁类白色，有油性。体轻，搓碎时有特异香气，味微辛、苦。

【质量要求】传统经验认为，本品以果实个大、色棕黄、搓碎时有特异香气者为佳。

【功能主治】杀虫消积。用于蛔虫病，蛲虫病，绦虫病，虫积腹痛，小儿疳积。

【用法用量】3 ～ 9g。

【禁忌】孕妇禁用。

【中药别名】虱子草，野胡萝卜子，窃衣子，鹤虱。

89. 辽藁本

【分类学地位】伞形科 Apiaceae 藁本属 *Ligusticum*。在最新的 APG Ⅳ 系统中，辽藁本已调整至伞形科 Apiaceae 山芎属 *Conioselinum*。

【植物形态】多年生草本，植株高 30 ～ 80cm。根呈圆锥形，多分叉，表面深褐色。茎直立，圆柱形，中空。基生叶具长柄，向上叶柄渐短；叶片轮廓宽卵形，2 ～ 3 回三出式羽状全裂，羽片 4 ～ 5 对，轮廓卵形；小羽片 3 ～ 4 对，卵形，基部心形至楔形，边缘常 3 ～ 5 浅裂；裂片边缘具锯齿，齿端具小尖头，叶表面沿主脉被糙毛。复伞形花序顶生或侧生；总苞片 2 枚，线形，表面粗糙，边缘具狭膜质，早落；伞辐 8 ～ 10 条，内侧粗糙；小总苞片 8 ～ 10 枚，钻形，被糙毛；小伞形花序具花 15 ～ 20 朵（图 2-89-1）；花柄不等长，内侧粗糙；萼齿不明显；花瓣白色，长圆状倒卵形，先端具内折小舌片；花柱基隆起呈半球形，花柱细长，果期向下反曲。分生果背腹扁压，椭圆形，背棱明显突起，侧棱具狭翅；每棱槽内具油管 1（偶见 2）条，合生面油管 2 ～ 4 条；胚乳腹面平直。

【生境】多生长于海拔范围为 1250 ～ 2500m 的林下、草甸及沟边等阴湿处。黑龙江省有栽培品种。

【入药部位】以干燥根茎和根入药，药材名称为藁本。

图 2-89-1　辽藁本 *Conioselinum smithii*（H. Wolff）Pimenov et Kljuykov

藁本 Ligustici Rhizoma et Radix

【来源】《中国药典》（2020 年版）规定，藁本药材的植物来源有 2 种，分别为伞形科植物藁本 Ligusticum sinense Oliv. 或辽藁本 *Ligusticum jeholense* Nakai et Kitag.。

【采收加工】秋季茎叶枯萎或次春出苗时采挖，除去泥沙，晒干或烘干。

【药材性状】

1.藁本　根茎呈不规则结节状圆柱形，稍扭曲，有分枝，长 3 ～ 10cm，直径 1 ～ 2cm。表面棕褐色或暗棕色，粗糙，有纵皱纹，上侧残留数个凹陷的圆形茎基，下侧有多数点状突起的根痕和残根。体轻，质较硬，易折断，断面黄色或黄白色，纤维状。气浓香，味辛、苦、微麻。

2.辽藁本　较小，根茎呈不规则的团块状或柱状，长 1 ～ 3cm，直径 0.6 ～ 2cm（图 2-89-2）。有多数细长弯曲的根。

【质量要求】传统经验认为，本品以大小均匀、香气浓郁者为佳。《中国药典》（2020 年版）规定，本品水分不得过 10.0%；总灰分不得过 15.0%；酸不溶性灰分不得过 10.0%；醇溶性浸出物（热浸法测定）不得少于 13.0%；按干燥品计算，含阿魏酸（$C_{10}H_{10}O_4$）不得少于 0.050%。

【功能主治】祛风，散寒，除湿，止痛。用于风寒感冒，巅顶疼痛，风湿痹痛。

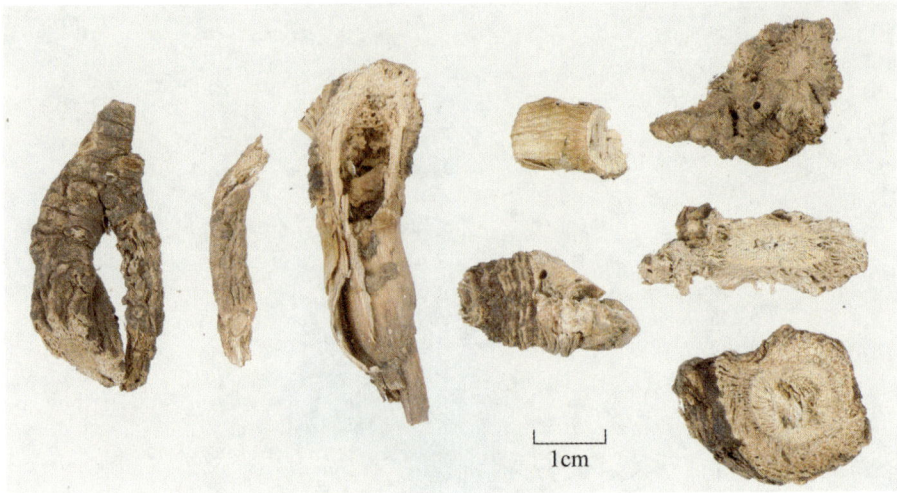

图 2-89-2　辽藁本药材

【用法用量】3 ～ 10g。

【禁忌】血虚头痛者忌服。

【中药别名】香藁本，藁茇，鬼卿，地新，山茝，蔚香，微茎，藁板。

90. 防风

【分类学地位】伞形科 Apiaceae 防风属 *Saposhnikovia*。

【植物形态】多年生草本，株高 30 ～ 80cm（图 2-90-1）。根粗壮，呈细长圆柱形，多分枝，表面淡黄棕色。根头部密被纤维状叶柄残基及明显环纹。茎单一，自基部分枝较多，斜向上伸展，分枝与主茎长度相近，具细纵棱。基生叶丛生，叶柄扁长，基部具宽叶鞘；叶片卵形或长圆形，二回至近三回羽状分裂，第一回裂片卵形或长圆形，具柄，第二回裂片下部具短柄，末回裂片狭楔形。茎生叶与基生叶形态相似但较小，顶生叶简化，具宽叶鞘。复伞形花序多数，着生于茎及分枝顶端；伞辐 5 ～ 7，无毛；小伞形花序含花 4 ～ 10 朵；无总苞；小总苞片 4 ～ 6 枚，线形至披针形，先端渐尖；萼齿短三角形；花瓣倒卵形，白色，无毛，先端微凹，具内卷小舌片。双悬果狭圆形或椭圆形，幼时表面具疣状突起，成熟后渐平滑。

【生境】多生长于草原、丘陵地带及多砾石的山坡。

【入药部位】以干燥根入药，药材名称为防风。

【释名】防风之名源于其药效，《本草纲目》释："防者，御也。其功疗风最要，故名。"

图 2-90-1 防风 *Saposhnikovia divaricata*（Turcz.）Schischk.

防风 Saposhnikoviae Radix

【采收加工】春、秋二季采挖未抽花茎植株的根，除去须根和泥沙，晒干。

【药材性状】本品呈长圆锥形或长圆柱形，下部渐细，有的略弯曲，长 15 ～ 30cm，直径 0.5 ～ 2cm（图 2-90-2）。表面灰棕色或棕褐色，粗糙，有纵皱纹、多数横长皮孔样突起及点状的细根痕。根头部有明显密集的环纹，有的环纹上残存棕褐色毛状叶基。体轻，质松，易折断，断面不平坦，皮部棕黄色至棕色，有裂隙，木部黄色。气特异，味微甘。

【质量要求】传统经验认为，本品以条粗壮、皮细而紧、无毛头、断面有棕色环、中心色淡黄者为佳。《中国药典》（2020 年版）规定，本品水分不得过 10.0%；总灰分不得过 6.5%；酸不溶性灰分不得过 1.5%；醇溶性浸出物（热浸法测定）不得少于 13.0%；含升麻素苷（$C_{22}H_{28}O_{11}$）和 5-O- 甲基维斯阿米醇苷（$C_{22}H_{28}O_{10}$）的总量不得少于 0.24%。

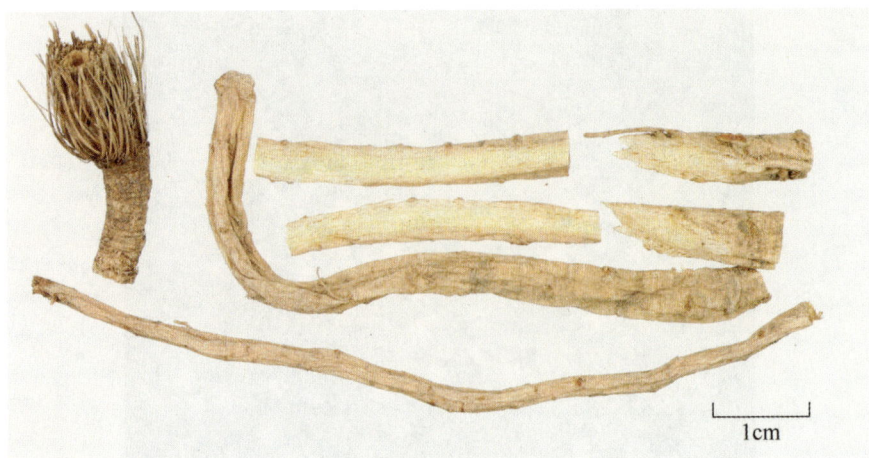

图 2-90-2　防风药材

【功能主治】祛风解表，胜湿止痛，止痉。用于感冒头痛，风湿痹痛，风疹瘙痒，破伤风。

【用法用量】5～10g。

【中药别名】铜芸，茴芸，茴草，百枝，闾根，百蜚，屏风，风肉，回云，回草，百种。

🔵 91. 兴安杜鹃

【分类学地位】杜鹃花科 Ericaceae 杜鹃花属 Rhododendron。

【植物形态】半常绿灌木，株高 0.5～2m，具多分枝（图 2-91-1）。幼枝纤细且常弯曲，表面被柔毛及鳞片。叶片近革质，呈椭圆形或长圆形，先端与基部均呈钝形（部分个体基部呈宽楔形），叶缘全缘或具细钝齿；叶面深绿色，散生鳞片，叶背淡绿色，密被不等大褐色鳞片，鳞片排列呈覆瓦状、相邻或间距为鳞片直径的 0.5～1.5 倍；叶柄被微柔毛。花序腋生于枝顶或呈假顶生，着花 1～4 朵，先于叶片开放，呈伞形排列；花芽鳞早落或宿存；花萼 5 裂，密被鳞片；花冠宽漏斗状，呈粉红色至紫红色，外壁无鳞片但常具柔毛；雄蕊 10 枚，短于花冠，花药紫红色，花丝下部被柔毛；子房 5 室，密被鳞片，花柱紫红色，光滑且长于花冠。蒴果长圆形，成熟时顶端 5 瓣裂。

【生境】主要分布于山地落叶松林、桦木林及其林缘地带，喜荫蔽湿润环境。

【入药部位】以干燥叶入药，药材名称为满山红。

图 2-91-1　兴安杜鹃 *Rhododendron dauricum* L.

满山红 Rhododendri Daurici Folium

【采收加工】夏、秋二季采收，阴干。

【药材性状】本品多反卷成筒状，有的皱缩破碎，完整叶片展平后呈椭圆形或长倒卵形，长 2～7.5cm，宽 1～3cm。先端钝，基部近圆形或宽楔形，全缘；上表面暗绿色至褐绿色，散生浅黄色腺鳞；下表面灰绿色，腺鳞甚多；叶柄长 3～10mm。近革质。气芳香特异，味较苦、微辛。

【质量要求】《中国药典》（2020 年版）规定，本品水分不得过 9.0%；总灰分不得过 8.0%；酸不溶性灰分不得过 3.0%；醇溶性浸出物（热浸法测定）不得少于 20.0%；按干燥品计算，含杜鹃素（$C_{17}H_{16}O_5$）不得少于 0.080%。

【功能主治】止咳祛痰。用于咳嗽气喘痰多。

【用法用量】25～50g；6～12g，用 40% 乙醇浸服。

【**禁忌**】老年人慎用。

【**中药别名**】东北满山红，迎山红，靠山红，山崩子，达子香，金达来。

92. 连翘

【**分类学地位**】木犀科 Oleaceae 连翘属 *Forsythia*。

【**植物形态**】落叶灌木。枝开展或下垂，呈棕色、棕褐色或淡黄褐色；小枝为土黄色或灰褐色，略呈四棱形，疏生皮孔，节间中空，节部具实心髓。叶通常为单叶，偶见3裂或三出复叶；叶片呈卵形、宽卵形、椭圆状卵形至椭圆形，先端锐尖，基部圆形、宽楔形至楔形；叶缘除基部外具锐锯齿或粗锯齿；叶面深绿色，叶背淡黄绿色，两面均无毛；叶柄无毛。花通常单生，或2至数朵簇生于叶腋，先于叶开放（图2-92-1）；花萼绿色，裂片呈长圆形或长圆状椭圆形，先端钝或锐尖，边缘具睫毛，长度与花冠管近相等；花冠黄色，裂片为倒卵状长圆形或长圆形。果实为卵球形、卵状椭圆形或长椭圆形，先端喙状渐尖，表面疏生皮孔。

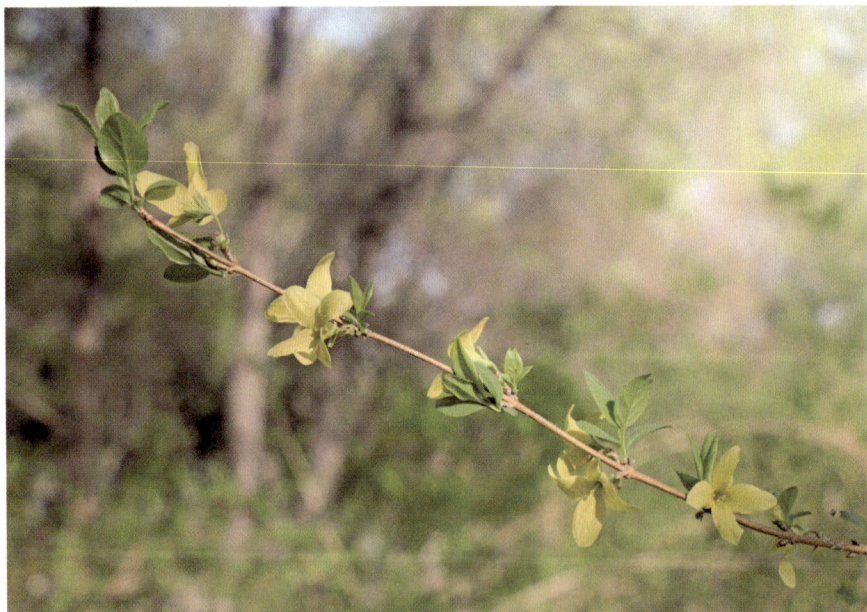

图 2-92-1　连翘 *Forsythia suspensa*（Thunb.）Vahl

【**生境**】多生长于山坡灌丛、林下、草丛中或山谷、山沟疏林内，海拔范围为250～2200m。我国除华南地区外，其他各地均有栽培，野生资源主要分布于华北、华东及西南地区。

【**入药部位**】以干燥成熟果实入药，药材名称为连翘。

连翘 Forsythiae Fructus

【采收加工】秋季果实初熟尚带绿色时采收，除去杂质，蒸熟，晒干，习称"青翘"；果实熟透时采收，晒干，除去杂质，习称"老翘"。

【药材性状】本品呈长卵形至卵形，稍扁，长 1.5～2.5cm，直径 0.5～1.3cm（图 2-92-2）。表面有不规则的纵皱纹和多数突起的小斑点，两面各有 1 条明显的纵沟。顶端锐尖，基部有小果梗或已脱落。青翘多不开裂，表面绿褐色，突起的灰白色小斑点较少；质硬，种子多数，黄绿色，细长，一侧有翅。老翘自顶端开裂或裂成两瓣，表面黄棕色或红棕色，内表面多为浅黄棕色，平滑，具一纵隔；质脆；种子棕色，多已脱落。气微香，味苦。

图 2-92-2　连翘药材

【质量要求】传统经验认为，老翘以色黄、瓣大、壳厚者为佳；青翘以色绿、不开裂者为佳。《中国药典》（2020 年版）规定，本品水分不得过 10.0%；总灰分不得过 4.0%；青翘的醇溶性浸出物（冷浸法测定）不得少于 30.0%，老翘的醇溶性浸出物（冷浸法测定）不得少于 16.0%；青翘含挥发油不得少于 2.0%（mL/g），含连翘苷（$C_{27}H_{34}O_{11}$）不得少于 0.15%，含连翘酯苷 A（$C_{29}H_{36}O_{15}$）不得少于 3.5%；老翘含连翘酯苷 A（$C_{29}H_{36}O_{15}$）不得少于 0.25%。

【功能主治】清热解毒，消肿散结，疏散风热。用于痈疽，瘰疬，乳痈，丹毒，风热感冒，温病初起，温热入营，高热烦渴，神昏发斑，热淋涩痛。

【用法用量】6～15g。

【**禁忌**】痈疽已溃者勿服；虚证所致大热者，以及脾胃虚弱、易泄泻者慎用。

【**中药别名**】连壳，黄花条，黄链条花，黄奇丹，青翘，落翘，旱莲子，大翘子。

【**备注**】在《中国植物志》中，木犀科 Oleaceae 已修订为木樨科 Oleaceae。

93. 苦枥白蜡树

【**分类学地位**】木犀科 Oleaceae 梣属 *Fraxinus*。

【**植物形态**】落叶大乔木，株高可达 12 ～ 15m（图 2-93-1）。树皮灰褐色，幼时光滑，老龄时呈浅纵裂。当年生小枝淡黄色，通直无毛；去年生枝转为暗褐色，皮孔散生。羽状复叶长 15 ～ 35cm；叶柄长 4 ～ 9cm，基部明显膨大；叶轴上面具浅沟，小叶着生处有关节，节上常簇生棕色曲柔毛。圆锥花序顶生或腋生于当年生枝梢；花序梗细而扁；苞片长披针形，先端渐尖，长约 5mm，无毛且早落。花单性，雌雄异株；花萼浅杯状，长约 1mm，萼齿呈三角形，无毛；无花瓣；雄花具 2 枚雄蕊，花药椭圆形；雌花子房具短花柱，柱头 2 深裂。翅果线形，坚果部分略隆起；宿存花萼明显。

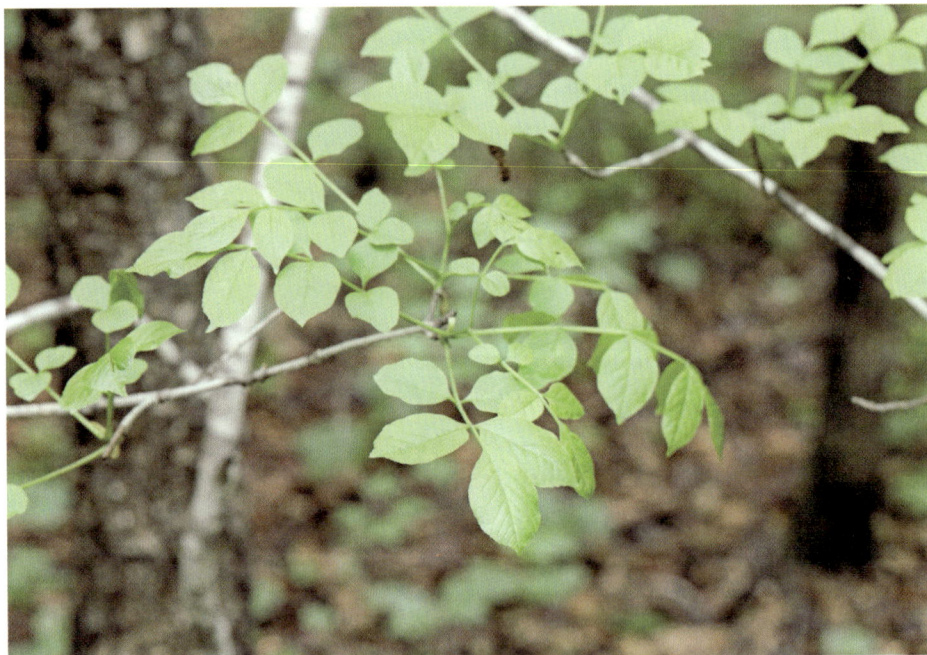

图 2-93-1　苦枥白蜡树 *Fraxinus rhynchophylla* Hance

【**生境**】多生长于山坡、河岸及路旁等开阔地带，分布海拔一般不超过 1500m。在东北地区常见于次生阔叶林或林缘灌丛中。

【**入药部位**】以干燥枝皮或干皮入药，药材名称为秦皮。

秦皮 Fraxini Cortex

【来源】《中国药典》（2020 年版）规定，秦皮药材的植物来源有 4 种，分别为木犀科植物苦枥白蜡树 *Fraxinus rhynchophylla* Hance、白蜡树 *Fraxinus chinensis* Roxb.、尖叶白蜡树 *Fraxinus szaboana* Lingelsh. 或宿柱白蜡树 *Fraxinus stylosa* Lingelsh.。

【采收加工】春、秋二季剥取，晒干。

【药材性状】

1. 枝皮 呈卷筒状或槽状，长 10 ～ 60cm，厚 1.5 ～ 3mm。外表面灰白色、灰棕色至黑棕色或相间呈斑状，平坦或稍粗糙，并有灰白色圆点状皮孔及细斜皱纹，有的具分枝痕（图 2-93-2）。内表面黄白色或棕色，平滑。质硬而脆，断面纤维性，黄白色。气微，味苦。

2. 干皮 为长条状块片，厚 3 ～ 6mm。外表面灰棕色，具龟裂状沟纹及红棕色圆形或横长的皮孔。质坚硬，断面纤维性较强。

1cm

图 2-93-2 秦皮药材

【质量要求】传统经验认为，本品以条长、外皮薄而光滑者为佳。《中国药典》（2020 年版）规定，本品水分不得过 7.0%；总灰分不得过 8.0%；醇溶性浸出物（热浸法测定）不得少于 8.0%；按干燥品计算，含秦皮甲素（$C_{15}H_{16}O_9$）和秦皮乙素（$C_9H_6O_4$）的总量，不得少于 1.0%。

【功能主治】清热燥湿，收涩止痢，止带，明目。用于湿热泻痢，赤白带下，目赤肿痛，目生翳膜。

【用法用量】6 ～ 12g。外用适量，煎洗患处。

【**禁忌**】脾胃虚寒者忌服。

【**中药别名**】梣皮，岑皮，樊槻皮，秦白皮，蜡树皮，苦榴皮。

【**备注**】在《中国植物志》中，苦枥白蜡树中文名与学名已接受修订为花曲柳 *Fraxinus chinensis subsp. Rhynchophylla*（Hance）E. Murray；木犀科 Oleaceae 已修订为木樨科 Oleaceae。

● 94. 暴马丁香

【**分类学地位**】木犀科 Oleaceae 丁香属 *Syringa*。

【**植物形态**】落叶小乔木或大乔木，高 4 ～ 10m，具直立或开展的枝条。树皮紫灰褐色，具细裂纹。枝灰褐色，无毛，疏生皮孔；二年生枝棕褐色，光亮，无毛，皮孔较密。叶片厚纸质，宽卵形、卵形至椭圆状卵形，先端短尾尖至尾状渐尖或锐尖，基部通常为圆形，偶见楔形、宽楔形至截形。圆锥花序由 1 至多对侧芽抽生，着生于同一枝条上（图 2-94-1）；花序轴、花梗和花萼均无毛；花序轴具皮孔；花萼萼齿钝、凸尖或截平；花冠白色，辐状，花冠管裂片卵形，先端锐尖；花丝与花冠裂片近等长或略长于裂片（可达 1.5mm），花药黄色。果实为长椭圆形，先端通常钝，偶见锐尖或凸尖，表面光滑或具细小皮孔。

【**生境**】多生长于山坡灌丛、林缘、草地、沟边或针阔叶混交林中，海拔范围 10 ～ 1200m。

【**入药部位**】以干燥干皮或枝皮入药，药材名称为暴马子皮。

图 2-94-1　暴马丁香 *Syringa reticulata*（Bl.）Hara var. *mandshurica*（Maxim.）Hara

暴马子皮 Syringae Cortex

【采收加工】春、秋二季剥取，干燥。

【药材性状】本品呈槽状或卷筒状，长短不一，厚 2 ～ 4mm（图 2-94-2）。外表面暗灰褐色，嫩皮平滑，有光泽，老皮粗糙，有横纹；横向皮孔椭圆形，暗黄色；外皮薄而韧，可横向撕剥，剥落处显暗黄绿色。内表面淡黄褐色。质脆，易折断，断面不整齐。气微香，味苦。

1cm

图 2-94-2　暴马子皮药材

【质量要求】《中国药典》（2020 年版）规定，本品水分不得过 12.0%；总灰分不得过 5.0%。醇溶性浸出物（热浸法测定）不得少于 20.0%；按干燥品计算，含紫丁香苷（$C_{17}H_{24}O_9$）不得少于 1.0%。

【功能主治】清肺祛痰，止咳平喘。用于咳喘痰多。

【用法用量】30 ～ 45g。

【禁忌】孕妇禁用。

【中药别名】荷花丁香，白丁香，棒棒木。

【备注】在《中国植物志》中，暴马丁香学名已修订为 *Syringa reticulata*（Blume）Hara var. *Amurensis*（Rupr.）Pringle；木犀科 Oleaceae 已修订为 木樨科 Oleaceae。

🟢 95. 秦艽

【分类学地位】龙胆科 Gentianaceae 龙胆属 *Gentiana*。

【植物形态】多年生草本，高 30 ～ 60cm，全株光滑无毛。枝少数丛生，直立或斜升，近圆形。莲座丛叶卵状椭圆形或狭椭圆形，叶脉 5～7 条；茎生叶椭圆状披针形或狭椭圆形，先端钝或急尖，基部钝，边缘平滑，叶脉 3～5 条。花多数，无花梗，簇生枝顶呈头状或腋生作轮状；花萼筒膜质，黄绿色或有时带紫色，一侧开裂呈佛焰苞状；花冠筒部黄绿色，冠澹蓝色或蓝紫色，壶形，褶整齐，三角形，全缘（图 2-95-1）；雄蕊着生于冠筒中下部，整齐，花丝线状钻形；子房无柄，椭圆状披针形或狭椭圆形，先端渐狭，花柱线形，柱头 2 裂，裂片矩圆形。蒴果内藏或先端外露，卵状椭圆形；种子红褐色，有光泽，矩圆形，表面具细网纹。

图 2-95-1　秦艽 *Gentiana macrophylla* Pall.

【生境】生于河滩、路旁、水沟边、山坡草地、草甸、林下及林缘，海拔 400～2400m。

【入药部位】以干燥根入药，药材名称为秦艽。

秦艽 Gentianae Macrophyllae Radix

【来源】《中国药典》（2020 年版）规定，秦艽药材的植物来源有 4 种，分别为龙胆科植物秦艽 *Gentiana macrophylla* Pall.、麻花秦艽 *Gentiana straminea* Maxim.、粗茎秦艽 *Gentiana crassicaulis* Duthie ex Burk. 或小秦艽 *Gentiana dahurica* Fisch.。前三种按性状不同分别习称"秦艽"和"麻花艽"，后一种习称"小秦艽"。

【采收加工】春、秋二季采挖，除去泥沙；秦艽和麻花艽晒软，堆置"发汗"至表面呈红黄色或灰黄色时，摊开晒干，或不经"发汗"直接晒干；小秦艽趁鲜时搓去黑皮，晒干。

【药材性状】

1. 秦艽　呈类圆柱形，上粗下细，扭曲不直，长 10～30cm，直径 1～3cm（图 2-95-2）。表面黄棕色或灰黄色，有纵向或扭曲的纵皱纹，顶端有残存茎基及纤维状叶鞘。质硬而脆，易折断，断面略显油性，皮部黄色或棕黄色，木部黄色。气特异，味苦、微涩。

2. 麻花艽　呈类圆锥形，多由数个小根纠聚而膨大，直径可达 7cm。表面棕褐色，粗糙，有裂隙呈网状孔纹。质松脆，易折断，断面多呈枯朽状。

3. 小秦艽　呈类圆锥形或类圆柱形，长 8～15cm，直径 0.2～1cm。表面棕黄色。主根通常 1 个，残存的茎基有纤维状叶鞘，下部多分枝。断面黄白色。

1cm

图 2-95-2　秦艽药材

【质量要求】传统经验认为，本品以质坚实、色棕黄、气味浓者为佳。《中国药典》（2020 年版）规定，本品水分不得过 9.0%；总灰分不得过 8.0%；酸不溶性灰分不得过 3.0%；醇溶性浸出物（热浸法测定）不得少于 24.0%；按干燥品计算，含龙胆苦苷（$C_{16}H_{20}O_9$）和马钱苷酸（$C_{16}H_{24}O_{10}$）的总量不得少于 2.5%。

【功能主治】祛风湿，清湿热，止痹痛，退虚热。用于风湿痹痛，中风半身不遂，筋脉拘挛，骨节酸痛，湿热黄疸，骨蒸潮热，小儿疳积发热。

【用法用量】3～10g。

【禁忌】久痛虚羸，溲多、便滑者忌服。

【中药别名】麻花艽，小秦艽，西大艽，左拧，西秦艽，左秦艽，萝卜艽，辫子艽，秦胶，秦纠，秦爪，大艽，左宁根，左扭。

🔵 96. 龙胆

【分类学地位】龙胆科 Gentianaceae 龙胆属 *Gentiana*。

【植物形态】多年生草本植物，高 30～60cm（图 2-96-1）。根茎平卧或直立，具多数粗壮、略呈肉质的须根。茎下部叶呈膜质；中上部叶近革质，无柄，叶片卵形、卵状披针形至线状披针形，基部心形或圆形，边缘微外卷，表面粗糙，具 3 ～ 5 条明显叶脉。花多数，簇生于枝顶及叶腋；无花梗；花萼筒呈倒锥状筒形或宽筒形，裂片常向外反卷或开展，先端急尖，边缘粗糙，背面中脉明显突起，弯缺处呈截形；花冠蓝紫色，筒状钟形，裂片卵形或卵圆形，先端具尾尖，边缘全缘，褶片偏斜，呈狭三角形，先端急尖或 2 浅裂；雄蕊着生于冠筒中部，排列整齐，花丝钻形，花药狭矩圆形。子房狭椭圆形或披针形，两端渐狭或基部钝圆，子房柄粗壮，柱头 2 裂，裂片呈矩圆形。蒴果内藏，宽椭圆形，两端钝圆；种子褐色，表面具光泽，具增粗的网状纹饰，两端具宽翅。

图 2-96-1　龙胆 *Gentiana scabra* Bunge

【生境】多生长于山坡草地、路边、河滩、灌丛、林缘、林下及草甸等环境中，海拔范围为 400 ～ 1700m。

【入药部位】以干燥根和根茎入药，药材名称为龙胆。

龙胆 Gentianae Radix et Rhizoma

【来源】《中国药典》（2020 年版）规定，龙胆药材的植物来源有 4 种，分别为龙胆科植物条叶龙胆 *Gentiana manshurica* Kitag.、龙胆 *Gentiana scabra* Bge.、三花龙胆 *Gentiana triflora* Pall. 或坚龙胆 *Gentiana rigescens* Franch.。前三种习称"龙胆"，后一种习称"坚龙胆"。

【采收加工】春、秋二季采挖，洗净，干燥。

【药材性状】

1. 龙胆 根茎呈不规则的块状，长 1～3cm，直径 0.3～1cm；表面暗灰棕色或深棕色，上端有茎痕或残留茎基，周围和下端着生多数细长的根（图 2-96-2）。根圆柱形，略扭曲，长 10～20cm，直径 0.2～0.5cm；表面淡黄色或黄棕色，上部多有显著的横皱纹，下部较细，有纵皱纹及支根痕。质脆，易折断，断面略平坦，皮部黄白色或淡黄棕色，木部色较浅，呈点状环列。气微，味甚苦。

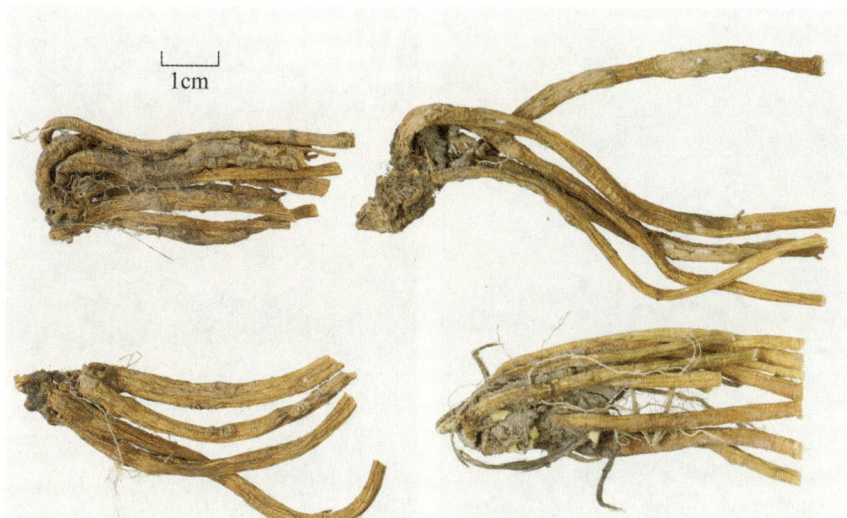

图 2-96-2 龙胆药材

2. 坚龙胆 表面无横皱纹，外皮膜质，易脱落，木部黄白色，易与皮部分离。

【质量要求】 传统经验认为，本品以条粗长、黄色或黄棕色者为佳。《中国药典》（2020 年版）规定，本品水分不得过 9.0%；总灰分不得过 7.0%；酸不溶性灰分不得过 3.0%；水溶性浸出物（热浸法测定）不得少于 36.0%；按干燥品计算，龙胆含龙胆苦苷（$C_{16}H_{20}O_9$）不得少于 3.0%；坚龙胆含龙胆苦苷（$C_{16}H_{20}O_9$）不得少于 1.5%。

【功能主治】 清热燥湿，泻肝胆火。用于湿热黄疸，阴肿阴痒，带下，湿疹瘙痒，肝火目赤，耳鸣耳聋，胁痛口苦，强中，惊风抽搐。

【用法用量】 3～6g。

【禁忌】 脾胃虚弱作泄及无湿热实火者忌服。

【中药别名】 陵游，草龙胆，龙胆草，苦龙胆草，地胆草，胆草，山龙胆，四叶胆，水龙胆。

【备注】 中药龙胆的另外两个来源条叶龙胆和三花龙胆在黑龙江省亦有分布。

条叶龙胆的中上部叶片呈线状披针形至线形，叶缘微外卷，叶面平滑无毛（图 2-96-3）。其通常着生 1～2 朵花；花萼筒呈钟状，萼裂片线形或线状披针形，其长度等于或略长于萼筒，先端急尖，边缘微外卷，排列稍不整齐；花冠裂片为卵状三角形，先端渐尖。常见于山坡草地、湿润草甸及路旁等生境，海拔范围为 100～1100m。

三花龙胆的中上部叶片为线状披针形至线形，叶基部呈圆形，叶缘微外卷（图 2-96-4）。花序通常具多数花朵，稀见 3 朵簇生；花萼裂片呈狭三角形，长度短于萼筒；花冠裂片先端钝圆。多生长于草甸、湿润草地及林下环境，海拔范围为 640～950m。

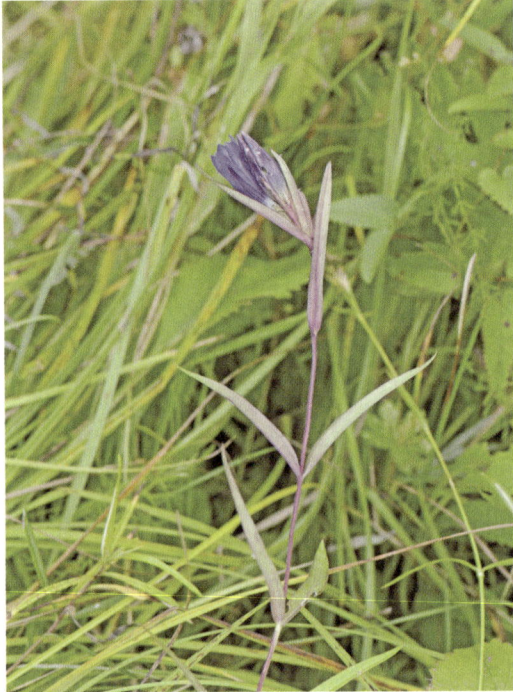
图 2-96-3　条叶龙胆 *Gentiana manshurica* Kitag.

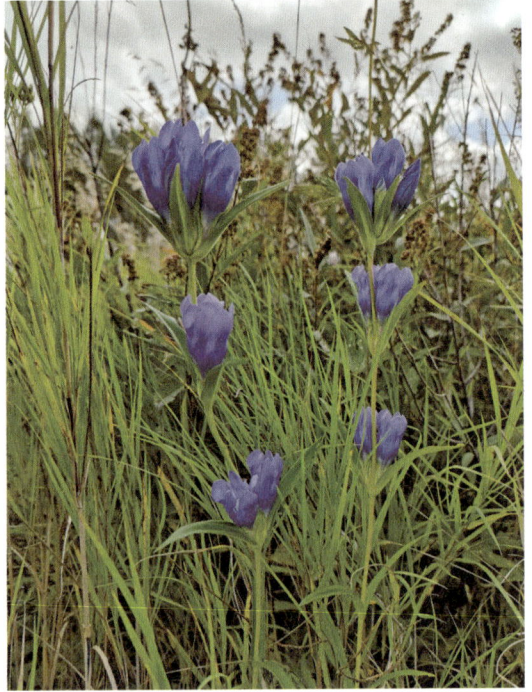
图 2-96-4　三花龙胆 *Gentiana triflora* Pall.

🟤 97. 瘤毛獐牙菜

【分类学地位】龙胆科 Gentianaceae 獐牙菜属 *Swertia*。

【植物形态】一年生草本，植株高 10～15cm。主根明显，圆柱形。茎直立，四棱形，棱上具窄翅，自下部起多分枝。叶无柄，叶片线状披针形至线形，先端渐尖，基部渐狭，下面中脉明显突起。圆锥状复聚伞花序多花，开展（图 2-97-1）；花梗直立，四棱形；花萼绿色，与花冠近等长，裂片线形，先端渐尖，背面中脉明显突起；花冠蓝紫色，具深色纵脉纹，裂片披针形，长 0.8～1.2cm，先端锐尖，基部具 2 个腺窝，腺窝矩圆形，沟状，基部浅囊状，边缘具长柔毛状流苏，流苏表面密布瘤状突起；雄蕊着生于花冠筒基部，花丝线形，花药窄椭圆形；子房无柄，狭椭圆形，花柱短而不明显，柱头 2裂，裂片半圆形。

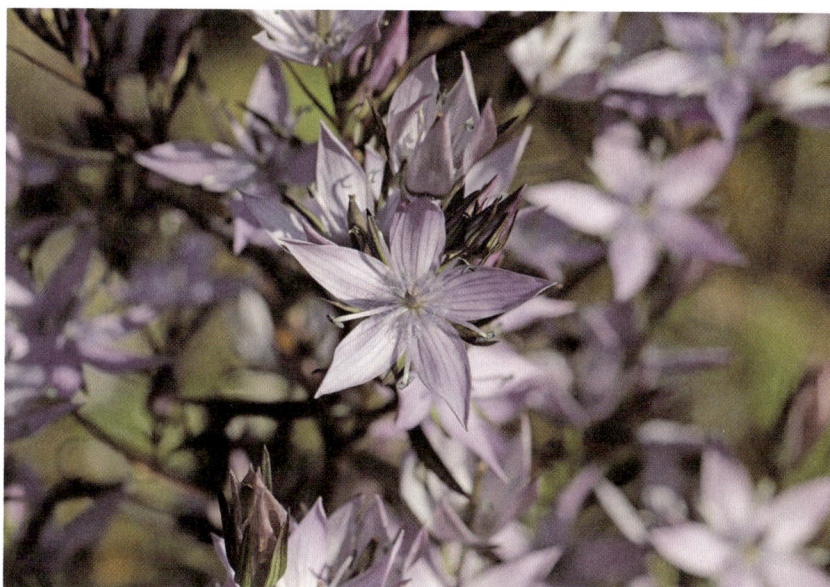

图 2-97-1 瘤毛獐牙菜 *Swertia pseudochinensis* Hara

【生境】生长于山坡上、河滩、林下或灌丛中，海拔范围为 500 ～ 1600m。

【入药部位】以干燥全草入药，药材名称为当药。

当药 Swertiae Herba

【采收加工】夏、秋二季采挖，除去杂质，晒干。

【药材性状】本品长 10 ～ 40cm。根呈长圆锥形，长 2 ～ 7cm，表面黄色或黄褐色，断面类白色。茎方柱形，常具狭翅，多分枝，直径 1 ～ 2.5mm；表面黄绿色或黄棕色带紫色，节处略膨大；质脆，易折断，断面中空。叶对生，无柄；叶片多皱缩或破碎，完整者展平后呈条状披针形，长 2 ～ 4cm，宽 0.3 ～ 0.9cm，先端渐尖，基部狭，全缘。圆锥状聚伞花序顶生或腋生。花萼 5 深裂，裂片线形。花冠淡蓝紫色或暗黄色，5 深裂，裂片内侧基部有 2 腺体，腺体周围有长毛。蒴果椭圆形。气微，味苦。

【质量要求】《中国药典》（2020 年版）规定，本品水分不得过 10.0%；总灰分不得过 5.0%；按干燥品计算，含当药苷（$C_{16}H_{22}O_9$）不得少于 0.070%，含獐牙菜苦苷（$C_{16}H_{22}O_{10}$）不得少于 3.5%。

【功能主治】清湿热，健胃。用于湿热黄疸，胁痛，痢疾腹痛，食欲缺乏。

【用法用量】6 ～ 12g，儿童酌减。

【禁忌】脾胃虚寒者慎用。孕妇、儿童慎用。

【中药别名】獐牙菜，当药，紫花当药。

98. 罗布麻

【分类学地位】夹竹桃科 Apocynaceae 罗布麻属 *Apocynum*。

【植物形态】直立半灌木，株高 1.5 ～ 3m，植株具乳汁（图 2-98-1）。枝条对生或互生，呈圆筒形，表面光滑无毛，色泽为紫红色或淡红色。叶对生，叶片形态为椭圆状披针形至卵圆状长圆形，叶顶端急尖至钝，具短尖头，基部急尖至钝，叶缘具细锯齿，两面均无毛。花序为圆锥状聚伞花序，一至多歧，通常顶生；花萼 5 深裂，裂片呈披针形或卵圆状披针形，两面被短柔毛，边缘具膜质；花冠呈圆筒状钟形，花色为紫红色或粉红色，表面密被颗粒状突起；雄蕊着生于花冠筒基部，与副花冠裂片互生；雌蕊花柱短，上部膨大，下部缩小，柱头基部呈盘状，顶端钝，2 裂；子房内含多数胚珠，侧膜胎座；花盘环状，肉质，顶端不规则 5 裂，基部合生，环绕子房，着生于花托上。果实为蓇葖果，通常 2 枚并生；种子子叶呈长卵圆形，与胚根长度近等。

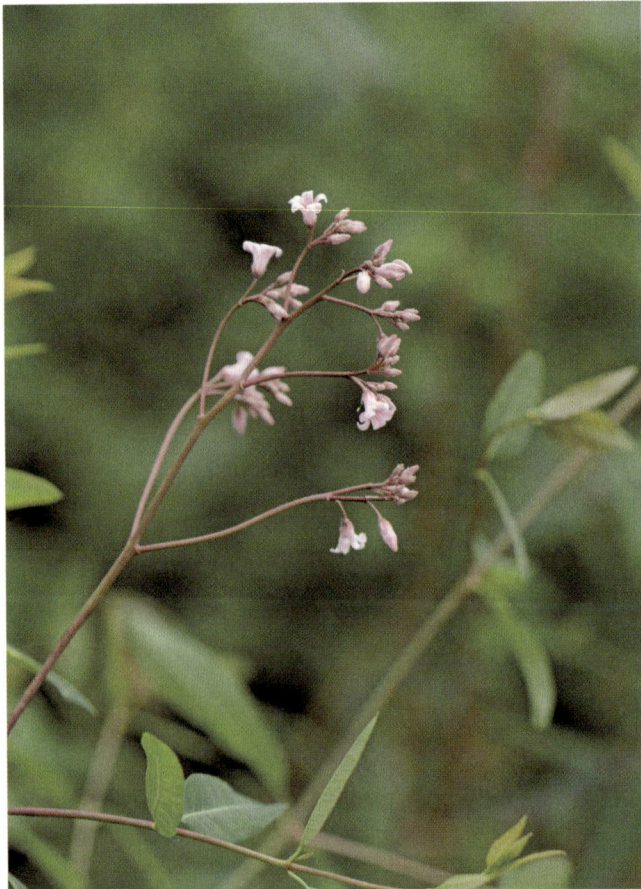

图 2-98-1　罗布麻 *Apocynum venetum* L.

【生境】野生种群主要分布于盐碱荒地、沙漠边缘、河流两岸、冲积平原、湖泊周围及戈壁荒滩等区域。目前已有成功引种栽培及人工驯化的记录。

【入药部位】以干燥叶入药，药材名称为罗布麻叶。

罗布麻叶 Apocyni Veneti Folium

【采收加工】夏季采收，除去杂质，干燥。

【药材性状】本品多皱缩卷曲，有的破碎，完整叶片展平后呈椭圆状披针形或卵圆状披针形，长 2～5cm，宽 0.5～2cm（图 2-98-2）。淡绿色或灰绿色，先端钝，有小芒尖，基部钝圆或楔形，边缘具细齿，常反卷，两面无毛，叶脉于下表面突起；叶柄细，长约4mm。质脆。气微，味淡。

1cm

图 2-98-2　罗布麻叶药材

【质量要求】传统经验认为，本品以叶完整、色绿者为佳。《中国药典》（2020 年版）规定，本品水分不得过 11.0%；总灰分不得过 12.0%；酸不溶性灰分不得过 5.0%；醇溶性浸出物（热浸法测定）不得少于 20.0%；按干燥品计算，含金丝桃苷（$C_{21}H_{20}O_{12}$）不得少于 0.30%。

【功能主治】平肝安神，清热利水。用于肝阳眩晕，心悸失眠，浮肿尿少。

【用法用量】6～12g。

【禁忌】脾虚慢惊者慎用。

【中药别名】吉吉麻，泽漆麻，缸花草，野茶，罗布欢的尔，羊肚拉角，红花草，茶叶花，红麻，披针叶茶叶花，小花野麻，野茶叶，小花罗布麻，红柳子，泽漆棵，盐柳，野柳树。

99. 白薇

【分类学地位】萝藦科 Asclepiadaceae 鹅绒藤属 *Cynanchum*。在最新的 APG Ⅳ 系统中，白薇已调整至夹竹桃科 Apocynaceae 鹅绒藤属 *Cynanchum*。

【植物形态】直立多年生草本，高可达 50cm（图 2-99-1）。根呈须状，具浓郁香气。叶卵形或卵状长圆形，先端渐尖或急尖，基部圆形，两面密被白色绒毛，尤以叶背及叶脉为甚；侧脉 6～7 对。伞形聚伞花序腋生，无总花梗，每花序具 8～10 朵花；花深紫色；花萼外被绒毛，内面基部具 5 枚小腺体；花冠辐状，外被短柔毛及缘毛；副花冠 5 裂，裂片盾状圆形，与合蕊柱等长；花药顶端具圆形膜片；花粉块每室 1 枚，下垂，长圆状膨大；柱头扁平。蓇葖果单生，先端渐尖，基部钝圆，中部膨大；种子扁平；种毛白色。

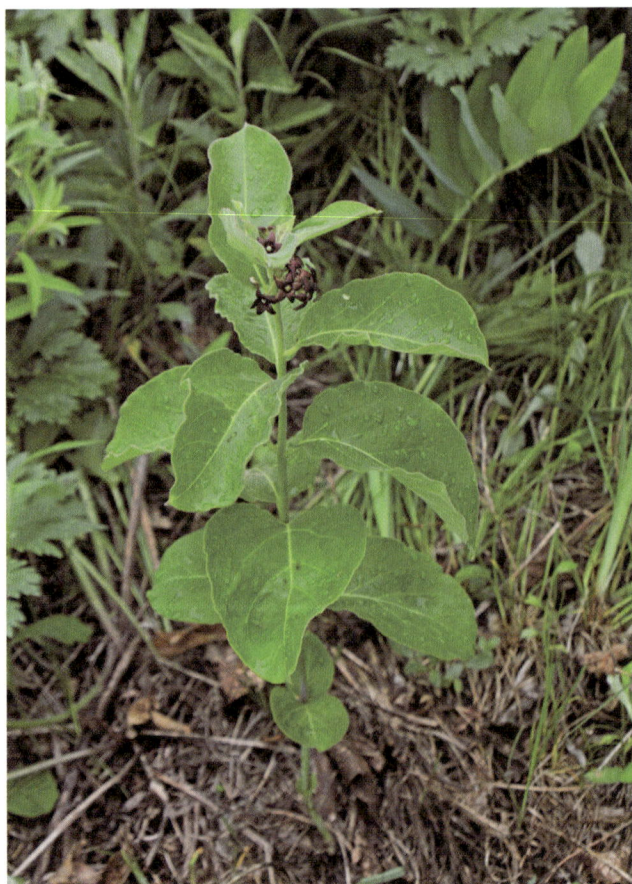

图 2-99-1 白薇 *Vincetoxicum atratum*（Bunge）Morren ex Decne.

【生境】生长于海拔范围为 100 ～ 1800m 的河岸、干旱荒地、草丛、山沟及林下草地等。

【入药部位】以干燥根和根茎入药，药材名称为白薇。

白薇 Cynanchi Atrati Radix et Rhizoma

【来源】《中国药典》（2020 年版）规定，白薇药材的植物来源有 2 种，分别为萝藦科植物白薇 *Cynanchum atratum* Bge. 或蔓生白薇 *Cynanchum versicolor* Bge.。

【采收加工】春、秋二季采挖，洗净，干燥。

【药材性状】本品根茎粗短，有结节，多弯曲。上面有圆形的茎痕，下面及两侧簇生多数细长的根，根长 10 ～ 25cm，直径 0.1 ～ 0.2cm。表面棕黄色。质脆，易折断，断面皮部黄白色，木部黄色。气微，味微苦。

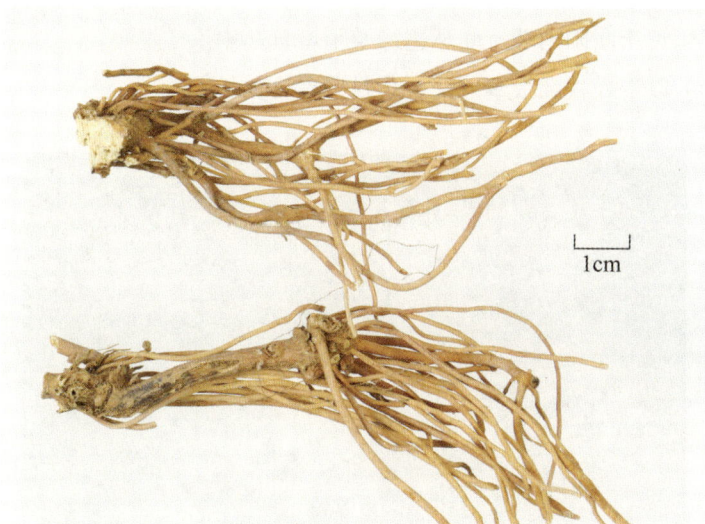

图 2-99-2　白薇药材

【质量要求】传统经验认为，本品以根细长、色棕黄者为佳。《中国药典》（2020 年版）规定，本品杂质不得过 4%；水分不得过 11.0%；总灰分不得过 13.0%；酸不溶性灰分不得过 4.0%；醇溶性浸出物（热浸法测定）不得少于 19.0%。

【功能主治】清热凉血，利尿通淋，解毒疗疮。用于温邪伤营发热，阴虚发热，骨蒸劳热，产后血虚发热，热淋，血淋，痈疽肿毒。

【用法用量】5 ～ 10g。

【禁忌】凡伤寒及天行热病者，若汗多亡阳过甚，或内虚不思饮食，食亦不消者；或下后内虚，腹中觉冷者；或因下利过甚，泄泻不止者，皆不宜服用。

【中药别名】白马尾，薅，春草，芒草，白微，白幕，薇草，骨美，龙胆白薇。

100. 徐长卿

【分类学地位】萝藦科 Asclepiadaceae 鹅绒藤属 Cynanchum。在最新的 APG Ⅳ 系统中，徐长卿已调整至夹竹桃科 Apocynaceae 鹅绒藤属 Cynanchum。

【植物形态】多年生直立草本，株高约 1m（图 2-100-1）。根呈须状，数量可达 50 余条。茎通常单一，偶从基部分枝，表面无毛或具微柔毛。叶对生，纸质，披针形至线形，先端与基部均锐尖，两面无毛或上表面疏被柔毛，叶缘具缘毛；侧脉不显著；圆锥状聚伞花序腋生，顶生或近顶生，常具 10 余朵花；花萼内腺体或有或无；花冠黄绿色，近辐状；副花冠裂片 5 枚，基部增厚，顶端钝圆；花粉块每药室 1 枚，下垂；子房椭圆形；柱头五角形，顶端微凸。蓇葖果单生，披针形，先端渐尖；种子长圆形，顶端具白色绢质种毛，长约 1cm。

【生境】喜生长于向阳山坡、灌丛边缘及干燥草丛中。

【入药部位】以干燥根和根茎入药，药材名称为徐长卿。

图 2-100-1　徐长卿 *Cynanchum paniculatum*（Bge.）Kitag.

徐长卿 Cynanchi Paniculati Radix et Rhizoma

【采收加工】秋季采挖，除去杂质，阴干。

【药材性状】本品根茎呈不规则柱状，有盘节，长 0.5 ～ 3.5cm，直径 2 ～ 4mm（图 2-100-2）。有的顶端带有残茎，细圆柱形，长约 2cm，直径 1 ～ 2mm，断面中空；根茎节处周围着生多数根。根呈细长圆柱形，弯曲，长 10 ～ 16cm，直径 1 ～ 1.5mm。表面淡黄白色至淡棕黄色或棕色，具微细的纵皱纹，并有纤细的须根。质脆，易折断，断面粉性，皮部类白色或黄白色，形成层环淡棕色，木部细小。气香，味微辛凉。

图 2-100-2　徐长卿药材

【质量要求】传统经验认为，本品以香气浓者为佳。《中国药典》（2020 年版）规定，本品水分不得过 15.0%；总灰分不得过 10.0%；酸不溶性灰分不得过 5.0%；醇溶性浸出物（热浸法测定）不得少于 10.0%；按干燥品计算，含丹皮酚（$C_9H_{10}O_3$）不得少于 1.3%。

【功能主治】祛风，化湿，止痛，止痒。用于风湿痹痛，胃痛胀满，牙痛，腰痛，跌扑伤痛，风疹，湿疹。

【用法用量】3 ～ 12g，后下。

【禁忌】体弱者慎服。

【中药别名】寮刁竹，逍遥竹，遥竹逍，瑶山竹，了刁竹，对节莲，竹叶细辛，铜锣草，一枝香，英雄草，鬼督邮，石下长卿，别仙踪，铃柴胡，线香草，对月草，山刁竹，蛇利草。

● 101. 杠柳

【分类学地位】萝藦科 Asclepiadaceae 杠柳属 *Periploca*。在最新的 APG Ⅳ 系统中，杠柳已调整至夹竹桃科 Apocynaceae 杠柳属 *Periploca*。

【植物形态】落叶蔓性灌木，植株长度可达 1.5m（图 2-101-1）。主根呈圆柱状，外皮灰棕色，内皮浅黄色。植物体具乳汁；茎皮呈灰褐色；小枝通常对生，表面具细条纹和明显皮孔。叶片卵状长圆形，顶端渐尖，基部楔形。聚伞花序腋生，着生数朵小花；花序梗和花梗纤细柔弱；花萼裂片呈卵圆形，顶端钝圆，花萼内面基部具 10 枚小腺体；花冠紫红色，辐状，花冠筒短，裂片呈长圆状披针形，中间加厚呈纺锤形，常反折，内面密被长柔毛，外面光滑无毛；副花冠环状，10 裂，其中 5 裂延伸成丝状并被短柔毛，顶端向内弯曲；雄蕊着生于副花冠内面并与其合生，花药彼此粘连并包围柱头，背面被长柔毛；心皮离生，表面无毛，每心皮含多个胚珠，柱头呈盘状凸起；花粉器匙形，四合花粉藏于载粉器内，粘盘粘连在柱头上。果实为 2 枚菁葖果。

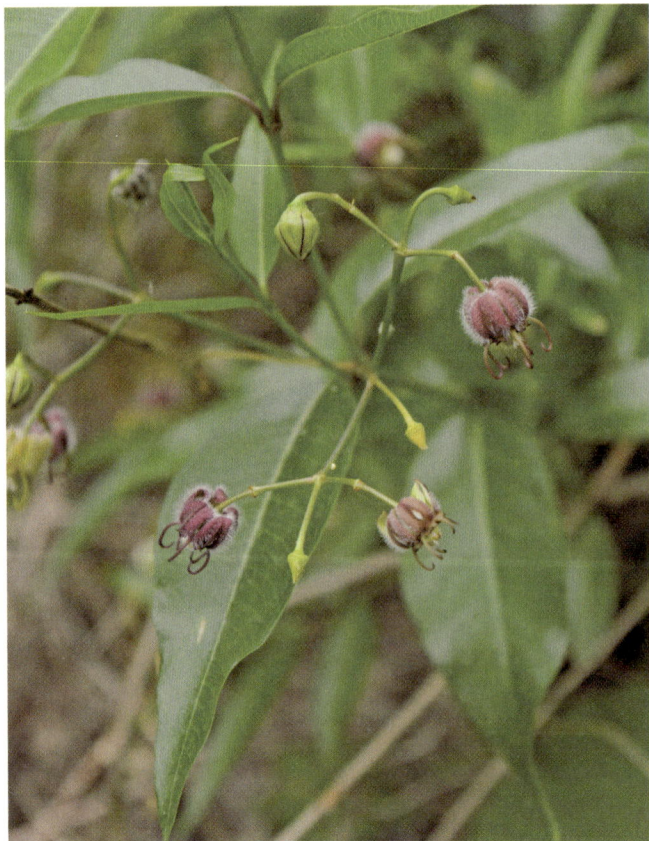

图 2-101-1　杠柳 *Periploca sepium* Bge.

【生境】常见于平原及低山丘陵地带，多生长在林缘、沟坡、河边沙质地或田埂等处。

【入药部位】以干燥根皮入药，药材名称为香加皮。

香加皮 Periplocae Cortex

【采收加工】春、秋二季采挖，剥取根皮，晒干。

【药材性状】本品呈卷筒状或槽状，少数呈不规则的块片状，长 3～10cm，直径 1～2cm，厚 0.2～0.4cm（图 2-101-2）。外表面灰棕色或黄棕色，栓皮松软常呈鳞片状，易剥落。内表面淡黄色或淡黄棕色，较平滑，有细纵纹。体轻，质脆，易折断，断面不整齐，黄白色。有特异香气，味苦。

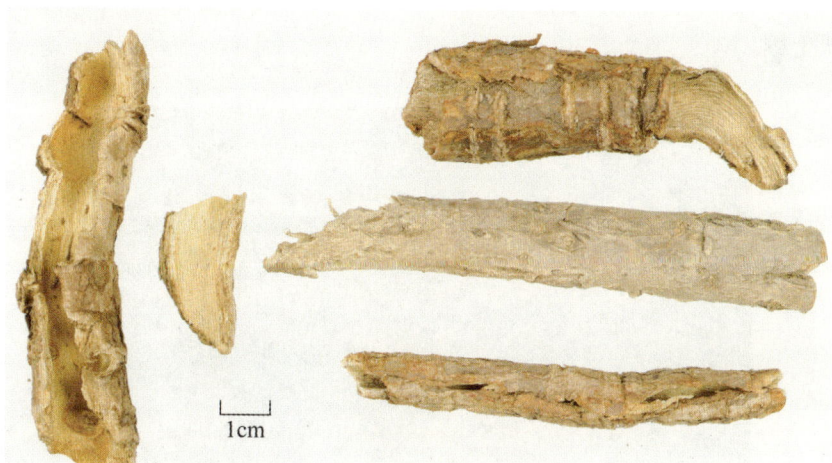

图 2-101-2　香加皮药材

【质量要求】传统经验认为，本品以条粗壮、皮厚实、呈卷筒状、去净木心、香气浓郁、味苦者为佳。《中国药典》（2020 年版）规定，本品水分不得过 13.0%；总灰分不得过 10.0%；酸不溶性灰分不得过 4.0%；醇溶性浸出物（热浸法测定）不得少于 20.0%；于 60℃干燥 4 小时，含 4-甲氧基水杨醛（$C_8H_8O_3$）不得少于 0.20%。

【功能主治】利水消肿，祛风湿，强筋骨。用于下肢浮肿，心悸气短，风寒湿痹，腰膝酸软。

【用法用量】3～6g。

【禁忌】本品有毒，服用不宜过量。

【中药别名】北五加皮，羊奶藤，羊桃梢，羊奶子，杠柳皮，臭五加，山五加皮，香五加皮。

102. 茜草

【分类学地位】茜草科 Rubiaceae 茜草属 *Rubia*。

【植物形态】多年生草质攀援藤本，茎长通常 1.5 ～ 3.5m（图 2-102-1）。根状茎及节上须根均呈紫红色；茎自根状茎节部簇生，数条至十余条，细长，方柱形，具 4 纵棱，棱上密生倒钩状皮刺，中上部多分枝。叶通常 4 片轮生，纸质，披针形至长圆状披针形，先端渐尖或偶钝尖，基部心形，边缘具齿状皮刺，两面被糙毛，叶脉具微刺；基出脉 3 条，稀见外侧具 1 对退化基出脉。叶柄长 1 ～ 2.5cm，具倒生皮刺。聚伞花序腋生及顶生，多级分枝，花序轴纤细具微刺，着花 10 ～ 50 朵；花冠淡黄色，干后呈淡褐色，花冠裂片 5 枚，近卵形，微展，外壁无毛。浆果球形，成熟时橘红色至橘黄色。

【生境】多生长于海拔 500 ～ 2500m 的疏林下、林缘、灌丛或草甸等湿润环境中，喜疏松肥沃土壤。

图 2-102-1　茜草 *Rubia cordifolia* L.

【入药部位】以干燥根和根茎入药，药材名称为茜草。

【释名】"茜"字指代深红色，因其根含茜素等蒽醌类红色色素，古代用作染料，故得此名。

茜草 Rubiae Radix et Rhizoma

【采收加工】春、秋二季均可采挖，一般在清明前后或 8～10 月间采挖，以秋季采者最佳。挖出根后，除去茎苗，洗净泥土，晒干或晾干。

【药材性状】本品根茎呈结节状，丛生粗细不等的根。根呈圆柱形，略弯曲，长 10～25cm，直径 0.2～1cm；表面红棕色或暗棕色，具细纵皱纹和少数细根痕；皮部脱落处呈黄红色（图 2-102-2）。质脆，易折断，断面平坦皮部狭，紫红色，木部宽广，浅黄红色，导管孔多数。气微，味微苦，久嚼刺舌。

1cm

图 2-102-2　茜草药材

【质量要求】《中国药典》（2020 年版）规定，本品水分不得过 12.0%；总灰分不得过 15.0%；酸不溶性灰分不得过 5.0%；醇溶性浸出物（热浸法测定）不得少于 9.0%；按干燥品计算，含大叶茜草素（$C_{17}H_{15}O_4$）不得少于 0.40%，羟基茜草素（$C_{14}H_8O_5$）不得少于 0.10%。

【功能主治】凉血，祛瘀，止血，通经。用于吐血，衄血，崩漏，外伤出血，瘀阻经闭，关节痹痛，跌扑肿痛。

【用法用量】6～10g。

【禁忌】脾胃虚寒及无瘀滞者慎服。

【中药别名】拉拉秧，活血草，红茜草，血见愁，四轮草，拉拉蔓，小活血，过山藤，茹藘，茹卢本，茅搜，藘茹，搜，茜根，蒨草，地血，牛蔓，芦茹，过山龙，地苏木，活血丹，红龙须根，沙茜秧根，五爪龙，满江红，九龙根，红棵子根，拉拉秧子根，小活血龙，土丹参，四方红根子，红茜根，入骨丹，红内消。

● 103. 菟丝子

【分类学地位】旋花科 Convolvulaceae 菟丝子属 *Cuscuta*。

【植物形态】一年生寄生草本（图 2-103-1）。茎细长，呈黄色，缠绕生长，无叶片。花序侧生，由少数或多朵花簇生成小伞形或小团伞花序，花序梗极短或近无；苞片及小苞片较小，呈鳞片状；花梗稍粗壮；花萼呈杯状，中部以下连合，裂片为三角状，顶端钝圆；花冠白色，壶形，裂片呈三角状卵形，顶端锐尖或钝圆，向外反折并宿存；雄蕊着生于花冠裂片弯缺稍下方；鳞片呈长圆形，边缘具长流苏状结构；子房近球形，具 2 枚花柱，花柱等长或不等长，柱头球形。蒴果球形，几乎全部被宿存的花冠包围，成熟时呈整齐的周裂。种子 2 ～ 49 粒，淡褐色，卵形，表面粗糙。

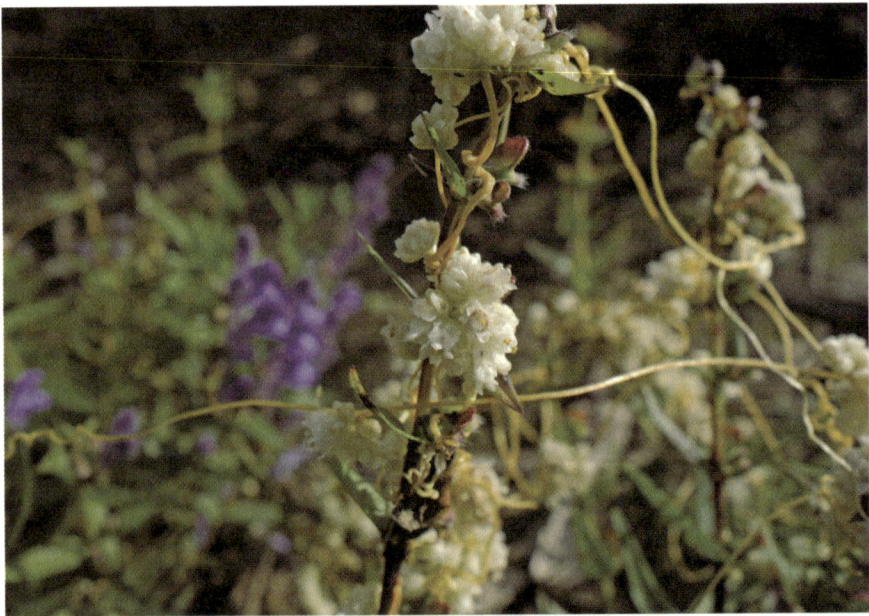

图 2-103-1　菟丝子 *Cuscuta chinensis* Lam.

【生境】多生长于海拔 200 ～ 3000m 的田边、山坡向阳处、路边灌丛或海边沙丘地带，常寄生于豆科、菊科、蒺藜科等多种植物上。

【入药部位】以干燥成熟种子入药，药材名称为菟丝子。

菟丝子 Cuscutae Semen

【来源】《中国药典》（2020 年版）规定，菟丝子药材的植物来源有 2 种，分别为旋花科植物南方菟丝子 *Cuscuta australis* R. Br. 或菟丝子 *Cuscuta chinensis* Lam.。

【采收加工】秋季果实成熟时采收植株，晒干，打下种子，除去杂质。

【药材性状】本品呈类球形，直径 1 ～ 2mm。表面灰棕色至棕褐色，粗糙，种脐线形或扁圆形（图 2-103-2）。质坚实，不易以指甲压碎。气微，味淡。

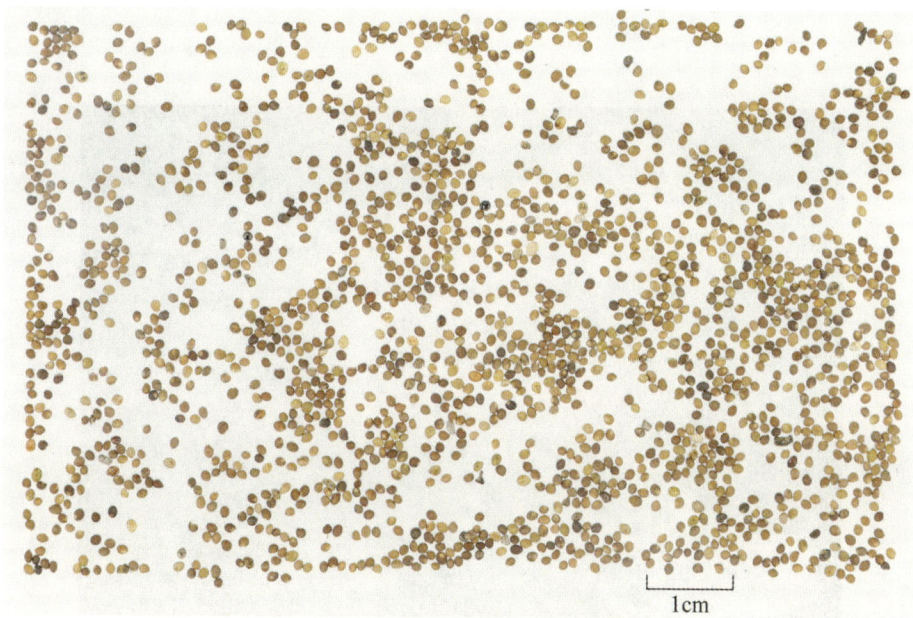

图 2-103-2　菟丝子药材

【质量要求】《中国药典》（2020 年版）规定，本品水分不得过 10.0%；总灰分不得过 10.0%；酸不溶性灰分不得过 4.0%；按干燥品计算，含金丝桃苷（$C_{21}H_{20}O_{12}$）不得少于 0.10%。

【功能主治】补益肝肾，固精缩尿，安胎，明目，止泻；外用消风祛斑。用于肝肾不足，腰膝酸软，阳痿遗精，遗尿尿频，肾虚胎漏，胎动不安，目昏耳鸣，脾肾虚泻；外治白癜风。

【用法用量】6 ～ 12g。外用适量。

【禁忌】孕妇禁用；血崩、阳强、便结者慎用；肾脏有火及阴虚火旺者忌用。

【中药别名】豆寄生，无根草，黄丝，黄丝藤，无娘藤，金黄丝子，菟丝实，吐丝子，无娘藤米，黄藤子，龙须子，萝丝子，缠龙子，黄湾子，黄网子，黄萝子，豆须子，无根藤，菟缕。

【备注】中药菟丝子的另一个来源南方菟丝子在黑龙江省亦有分布。南方菟丝子为一年生寄生草本（图2-103-3）。茎纤细，黄色或淡黄色，缠绕生长。花序侧生，少花或多花簇生成小伞形或小团伞花序，总花序梗极短或近无；苞片及小苞片均小，呈鳞片状；花梗稍粗壮；花萼杯状，基部连合，裂片3～5枚，长圆形或近圆形，通常不等大，顶端圆钝；花冠乳白色或淡黄色，杯状，裂片卵形或长圆形，顶端圆钝，约与花冠管近等长，直立且宿存；雄蕊着生于花冠裂片弯缺处，略短于花冠裂片；鳞片较小，边缘具短流苏状结构；子房扁球形，具2枚花柱，等长或稍不等长，柱头球形。蒴果扁球形，下半部为宿存花冠所包被，成熟时不规则开裂，非周裂。种子通常4枚，淡褐色，卵形，表面粗糙。

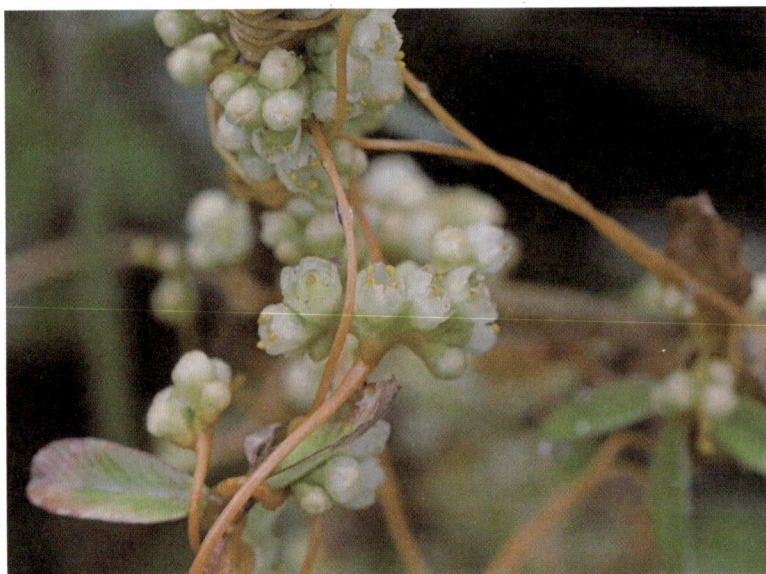

图2-103-3　南方菟丝子 *Cuscuta australis* R. Br.

104. 圆叶牵牛

【分类学地位】旋花科 Convolvulaceae 牵牛属 *Pharbitis*。在最新的 APG Ⅳ 系统中，圆叶牵牛已调整至旋花科 Convolvulaceae 番薯属 *Ipomoea*。

【植物形态】一年生缠绕草本（图2-104-1）。茎密被倒向短柔毛，并杂有倒向或开展的长硬毛。叶圆心形或宽卵状心形，基部圆形或心形，顶端锐尖、骤尖或渐尖。花腋生，单生或2～5朵集生于花序梗顶端呈伞形聚伞花序；花序梗短于或近等长于叶柄，具与茎相同的毛被；苞片线形，被开展的长硬毛；花萼被倒向短柔毛及长硬毛，萼片近等长，外轮 3 片呈长椭圆形且渐尖，内轮 2 片为线状披针形，均被开展的硬毛（基部毛被更密）；花冠漏斗状，呈紫红色、红色或白色；雄蕊与花柱内藏，雄蕊不等长，花丝基部被柔毛；子房无毛，3 室，每室具 2 胚珠，柱头头状；花盘环状。蒴果近球形，成熟时 3 瓣裂。种子卵状三棱形，表面黑褐色或米黄色。

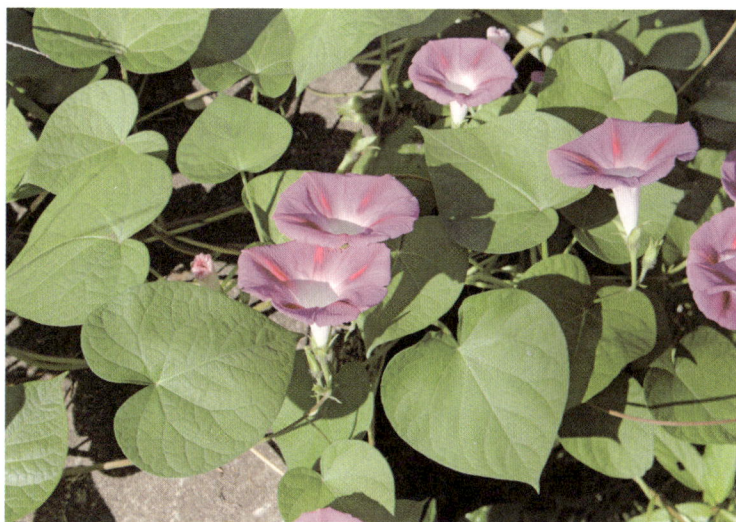

图 2-104-1　圆叶牵牛 *Ipomoea purpurea*（L.）Roth

【生境】适应性强，从平地至海拔 2800m 均有分布，常见于田边、路边、宅旁及山谷林缘，多为栽培逸生或呈野生状态。

【入药部位】以干燥成熟种子入药，药材名称为牵牛子。

牵牛子 Pharbitidis Semen

【来源】《中国药典》（2020 年版）规定，牵牛子药材的植物来源有 2 种，分别为旋花科植物裂叶牵牛 *Pharbitis nil*（L.）Choisy 或圆叶牵牛 *Pharbitis purpurea*（L.）Voigt。

【采收加工】秋末果实成熟、果壳未开裂时采割植株，晒干，打下种子，除去杂质。

【药材性状】本品似橘瓣状，长 4 ～ 8mm，宽 3 ～ 5mm（图 2-104-2）。表面灰黑色或淡黄白色，背面有一条浅纵沟，腹面棱线的下端有一点状种脐，微凹。质硬，横切面可见淡黄色或黄绿色皱缩折叠的子叶，微显油性。气微，味辛、苦，有麻感。

【质量要求】传统经验认为，本品以颗粒饱满者为佳。《中国药典》（2020 年版）规定，本品水分不得过 10.0%；总灰分不得过 5.0%；醇溶性浸出物（冷浸法测定）不得少于 15.0%。

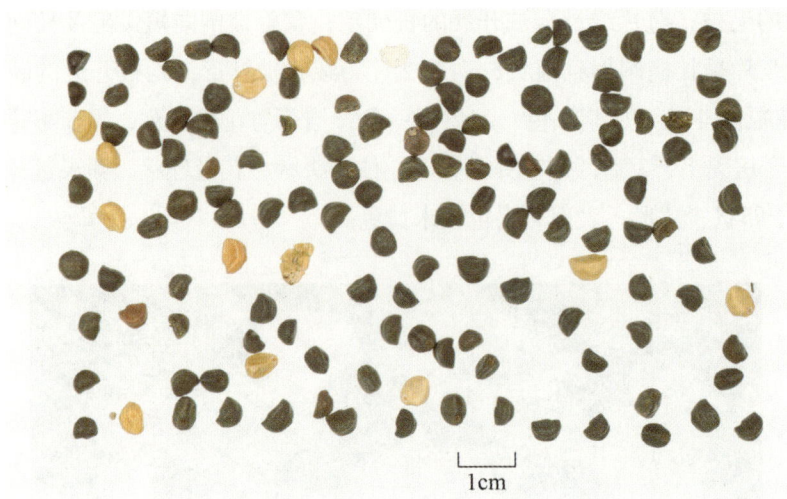

图 2-104-2　牵牛子药材

【功能主治】泻水通便，消痰涤饮，杀虫攻积。用于水肿胀满，二便不通，痰饮积聚，气逆喘咳，虫积腹痛。

【用法用量】3 ～ 6g。入丸散服，每次 1.5 ～ 3g。

【禁忌】孕妇禁用；不宜与巴豆、巴豆霜同用。

【中药别名】牵牛，黑丑，白丑，二丑，喇叭花，草金铃，金铃，黑牵牛，白牵牛。

【备注】中药牵牛子的另一个来源裂叶牵牛在黑龙江省亦有分布。其叶片呈心形或卵状心形，通常 3 裂（稀 5 裂）；中裂片呈长卵圆形，基部不收缩；侧裂片底部宽圆，先端尖锐，基部呈心形（图 2-104-3）。

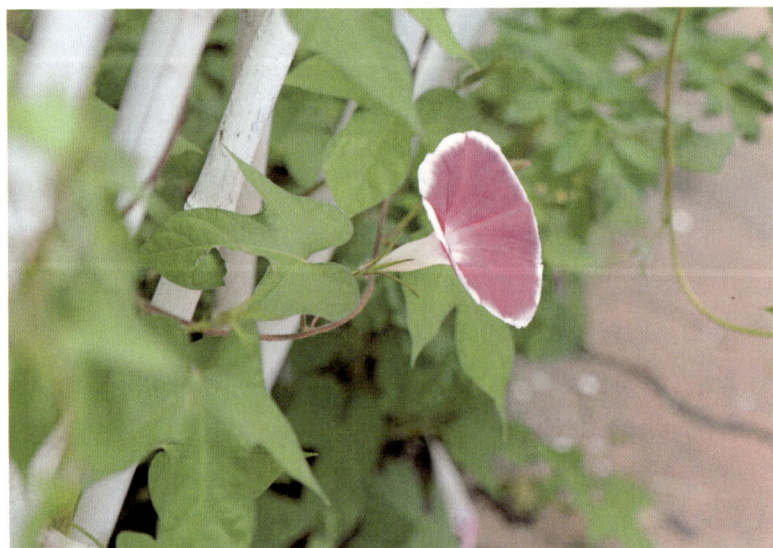

图 2-104-3　裂叶牵牛 *Pharbitis nil*（L.）Choisy

105. 益母草

【分类学地位】唇形科 Lamiaceae 益母草属 Leonurus。

【植物形态】一年生或二年生草本，具密生须根的主根（图 2-105-1）。茎直立，高 30～120cm，钝四棱形。叶形变化较大：茎下部叶卵形，基部宽楔形；茎中部叶菱形；花序上部苞叶近无柄，线形至线状披针形。轮伞花序腋生；花萼管状钟形，外被贴生微柔毛；花冠粉红色至淡紫红色，伸出萼筒部分被柔毛，冠筒等大，内面无毛，边缘具纤毛，下唇略短于上唇。雄蕊 4 枚，均伸至上唇片下方，平行排列，前对较长；花柱丝状，稍长于雄蕊而与上唇片等长，无毛，先端 2 浅裂，裂片钻形；花盘平顶；子房褐色，无毛。小坚果长圆状三棱形，顶端截平且略宽大，基部楔形，淡褐色，光滑。

【生境】适应性强，多见于向阳处，海拔可达 3400m。

【入药部位】其新鲜或干燥地上部分入药，药材名称为益母草。

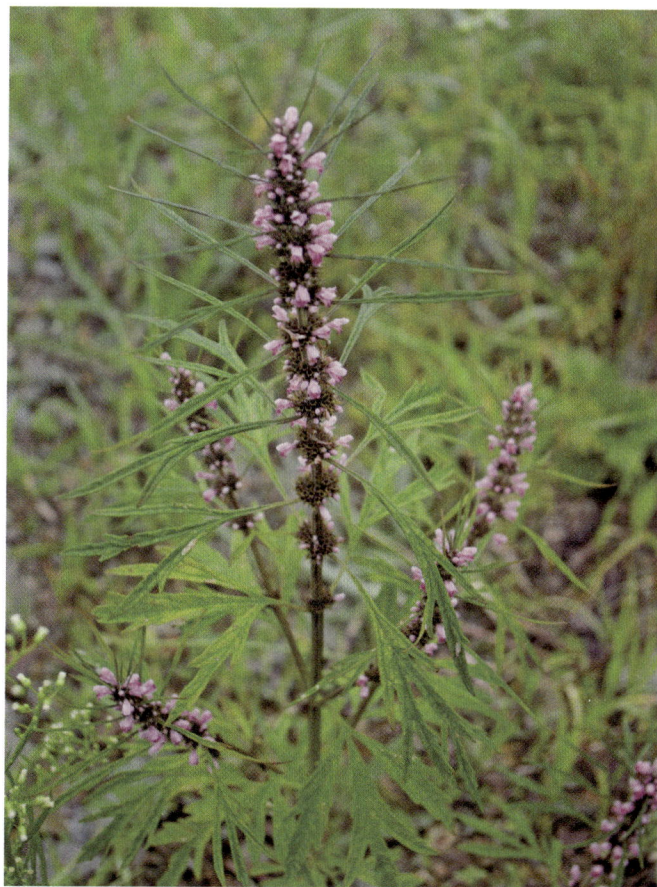

图 2-105-1 益母草 *Leonurus japonicus* Houtt.

益母草 Leonuri Herba

【采收加工】鲜品春季幼苗期至初夏花前期采割；干品夏季茎叶茂盛、花未开或初开时采割，晒干，或切段晒干。

【药材性状】

1. 鲜益母草　幼苗期无茎，基生叶圆心形，5～9浅裂，每裂片有2～3钝齿。花前期茎呈方柱形，上部多分枝，四面凹下成纵沟，长30～60cm，直径0.2～0.5cm；表面青绿色；质鲜嫩，断面中部有髓。叶交互对生，有柄；叶片青绿色，质鲜嫩，揉之有汁；下部茎生叶掌状3裂，上部叶羽状深裂或浅裂成3片，裂片全缘或具少数锯齿。气微，味微苦。

2. 干益母草　茎表面灰绿色或黄绿色；体轻，质韧，断面中部有髓（图2-105-2）。叶片灰绿色，多皱缩、破碎，易脱落。轮伞花序腋生，小花淡紫色，花萼筒状，花冠二唇形。切段者长约2cm。

图2-105-2　干益母草药材

【质量要求】《中国药典》（2020年版）规定，本品干益母草水分不得过13.0%；总灰分不得过11.0%；水溶性浸出物（热浸法测定）不得少于15.0%；按干燥品计算，含盐酸水苏碱（$C_7H_{13}NO_2 \cdot HCl$）不得少于0.50%；含盐酸益母草碱（$C_{14}H_{21}O_5N_3 \cdot HCl$）不得少于0.050%。

【功能主治】活血调经，利尿消肿，清热解毒。用于月经不调，痛经经闭，恶露不尽，水肿尿少，疮疡肿毒。

【用法用量】9～30g；鲜品12～40g。

【禁忌】孕妇慎用。

【中药别名】三角胡麻，四楞子棵，范，萑，益母，芜蔚，益明，大札，臭秽，贞蔚，苦低草，郁臭草，夏枯草，土质汗，野天麻，火炊，负担，辣母藤，郁臭苗，猪麻，益母艾，扒骨风，红花艾，坤草，枯草，苦草，田芝麻棵，小暑草，益母蒿，陀螺艾，地落艾，九重楼，月母草。

106. 毛叶地瓜儿苗

【分类学地位】唇形科 Lamiaceae 地笋属 *Lycopus*。

【植物形态】多年生草本（图 2-106-1）。根茎横走，具节，节上密生须根。茎直立，通常不分枝，四棱形，表面具纵槽，绿色，无毛。叶具极短柄或近无柄；叶片长圆状披针形，先端渐尖，基部渐狭，边缘具锐尖的粗牙齿状锯齿。轮伞花序无梗，多花密集，呈圆球形；花萼钟形，两面无毛，外表面具腺点，具 5 枚萼齿，萼齿披针状三角形，先端具刺尖头，边缘具小缘毛；花冠白色，冠檐二唇形不明显，上唇近圆形，下唇 3 裂，中裂片较大；雄蕊 4 枚，仅前对能育；花柱明显伸出花冠，先端 2 浅裂，裂片线形，等长；花盘平顶。小坚果倒卵圆状四边形，基部略狭，褐色，边缘加厚，背面平坦，腹面具棱，表面有腺点。

【生境】多生长于沼泽地、水边、沟边等潮湿环境，海拔范围为 320 ～ 2100m。

【入药部位】以干燥地上部分入药，药材名称为泽兰。

图 2-106-1 毛叶地瓜儿苗 *Lycopus lucidus* Turcz. var. *hirtus* Regel

泽兰 Lycopi Herba

【采收加工】夏、秋二季茎叶茂盛时采割，晒干。

【药材性状】本品茎呈方柱形，少分枝，四面均有浅纵沟，长 50～100cm，直径 0.2～0.6cm；表面黄绿色或带紫色，节处紫色明显，有白色茸毛；质脆，断面黄白色，髓部中空（图 2-106-2）。叶对生，有短柄或近无柄；叶片多皱缩，展平后呈披针形或长圆形，长 5～10cm；上表面黑绿色或暗绿色，下表面灰绿色，密具腺点，两面均有短毛；先端尖，基部渐狭，边缘有锯齿。轮伞花序腋生，花冠多脱落，苞片和花萼宿存，小苞片披针形，有缘毛，花萼钟形，5 齿。气微，味淡。

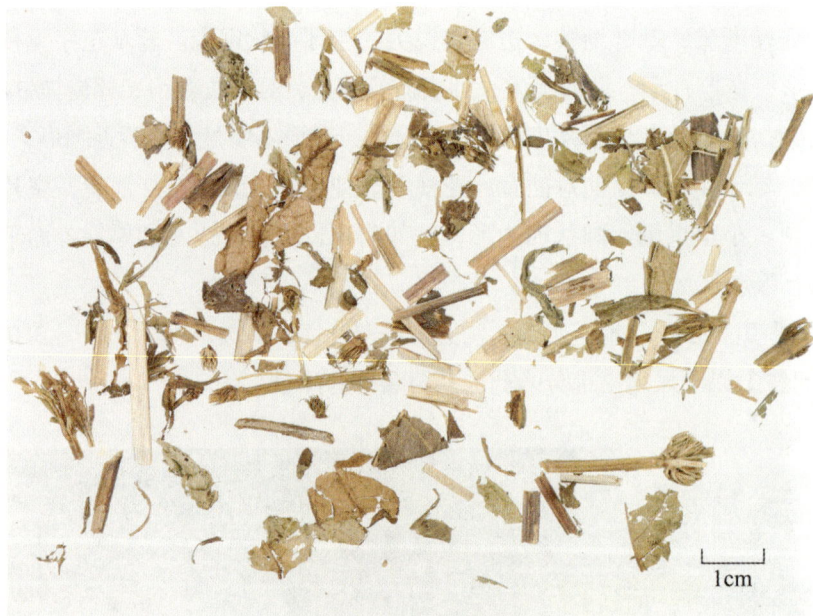

图 2-106-2　泽兰药材

【质量要求】传统经验认为，本品以干燥充分、质地鲜嫩、色泽青绿、叶片完整者为佳。《中国药典》（2020 年版）规定，本品水分不得过 13.0%；总灰分不得过 10.0%；醇溶性浸出物（热浸法测定）不得少于 7.0%。

【功能主治】活血调经，祛瘀消痈，利水消肿。用于月经不调，经闭，痛经，产后瘀血腹痛，疮痈肿毒，水肿腹水。

【用法用量】6～12g。

【禁忌】无瘀血者慎服。

【中药别名】地瓜儿苗，地笋，甘露子，方梗泽兰笋，虎兰，龙枣，虎蒲，小泽兰，地瓜儿苗，红梗草，风药，奶孩儿，蛇王草，蛇王菊，捕斗蛇草，接古草，地环秧，地溜秧，甘露秧，草泽兰。

【备注】在《中国植物志》中，毛叶地瓜儿苗的中文正名为硬毛地笋。

🟢🟠 107. 活血丹

【分类学地位】唇形科 Lamiaceae 活血丹属 *Glechoma*。

【植物形态】多年生草本，具匍匐茎，茎节处生根（图 2-107-1）。茎直立或上升，四棱形，基部常呈淡紫红色，近无毛，幼嫩部分疏被长柔毛。叶草质，心形，先端急尖或呈钝三角形，基部心形，边缘具圆齿或粗锯齿状圆齿。轮伞花序通常具 2 花；花萼管状，5 齿裂；花冠淡蓝色至蓝紫色，下唇具深色斑点，冠檐二唇形。上唇直立，2 裂，裂片近肾形；下唇伸长，斜展，3 裂，中裂片最大，呈肾形。雄蕊 4 枚，内藏，无毛，后对雄蕊着生于上唇下方，较长，前对雄蕊着生于花冠筒中部两侧裂片下方，较短；花药 2 室，略叉开。子房 4 深裂，无毛。花盘杯状，稍倾斜，前方呈指状膨大。花柱细长，无毛，稍伸出花冠，先端近等 2 裂。成熟小坚果深褐色，长圆状卵形，顶端圆形，基部微呈三棱形，表面无毛，果脐不明显。

图 2-107-1　活血丹 *Glechoma longituba*（Nakai）Kupr.

【生境】多生长于林缘、疏林下、草地中、溪边等阴湿处，海拔范围为 50 ～ 2000m。

【入药部位】以干燥地上部分入药，药材名称为连钱草。

连钱草 Glechomae Herba

【采收加工】春季至秋季采收，除去杂质，晒干。

【药材性状】本品长 10 ～ 20cm，疏被短柔毛。茎呈方柱形，细而扭曲；表面黄绿色或紫红色，节上有不定根；质脆，易折断，断面常中空。叶对生，叶片多皱缩，展平后呈肾形或近心形，长 1 ～ 3cm，宽 1.5 ～ 3cm，灰绿色或绿褐色，边缘具圆齿；叶柄纤细，长 4 ～ 7cm。轮伞花序腋生，花冠二唇形，长达 2cm。搓之气芳香，味微苦。

【质量要求】传统经验认为，本品以叶多、色绿、气香浓者为佳。《中国药典》（2020年版）规定，本品杂质不得过 2%；水分不得过 13.0%；总灰分不得过 13.0%；酸不溶性灰分不得过 3.0%；醇溶性浸出物（热浸法测定）不得少于 25.0%。

【功能主治】利湿通淋，清热解毒，散瘀消肿。用于热淋，石淋，湿热黄疸，疮痈肿痛，跌打损伤。

【用法用量】15 ～ 30g。外用适量，煎汤洗。

【别名】遍地香，地钱儿，钹儿草，连钱草，铜钱草，白耳草，乳香藤，九里香，半池莲，午年冷，遍地金钱，金钱早草，金钱艾，也蹄草，透骨消，透骨风，过墙风，甾骨风，蛮子草，胡薄荷，穿墙草，团经药，风草，肺风草，金钱薄荷，十八缺草，江苏金钱草，一串钱，四方雷公根，马蹄筋骨草，破铜钱，对叶金钱草，疳取草，钻地风，接骨消，串钱，一风草，马蹄草，透骨草，大叶金钱草。

● 108. 薄荷

【分类学地位】唇形科 *Lamiaceae* 薄荷属 *Mentha*。

【植物形态】多年生草本植物（图 2-108-1）。茎直立，高 30 ～ 60cm，下部数节具纤细的须根及水平匍匐根状茎；茎锐四棱形，具四槽，多分枝，表面常被微柔毛。叶片长圆状披针形、椭圆形或卵状披针形，稀长圆形，先端锐尖，基部楔形至近圆形，边缘在基部以上疏生粗大的牙齿状锯齿，两面均被腺点及微柔毛。轮伞花序腋生，轮廓球形，具梗或无梗；花萼管状钟形，外被微柔毛及腺点，内面无毛，具 10 脉（不明显），萼齿5，狭三角状钻形，先端长锐尖；花冠淡紫色，外面略被微柔毛，内面在喉部以下被微柔毛，冠檐 4 裂，上裂片先端 2 裂且较大，其余 3 裂片近等大，呈长圆形，先端钝；雄蕊 4枚，前对较长，均伸出花冠之外；花柱略超出雄蕊，先端近相等 2 浅裂，裂片钻形。小坚果卵球形，黄褐色，具小腺窝。

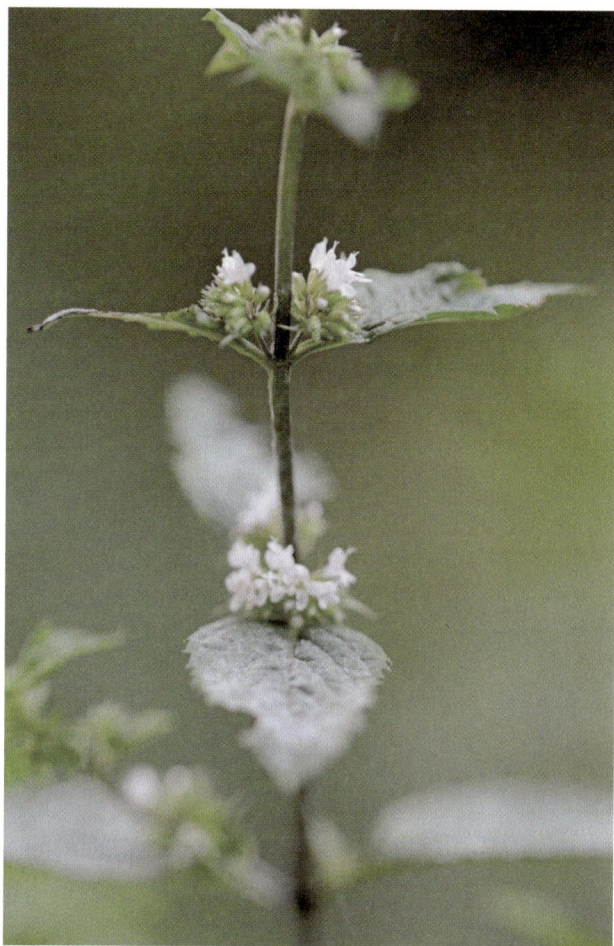

图 2-108-1　薄荷 *Mentha haplocalyx* Briq.

【生境】多生长于溪边、沟渠旁等潮湿地，适应性较强，海拔分布范围广，可达 3500m。

【入药部位】以干燥地上部分入药，药材名称为薄荷。

薄荷 Menthae Haplocalycis Herba

【采收加工】夏、秋二季茎叶茂盛或花开至三轮时，选晴天，分次采割，晒干或阴干。

【药材性状】本品茎呈方柱形，有对生分枝，长 15 ～ 40cm，直径 0.2 ～ 0.4cm；表面紫棕色或淡绿色，棱角处具茸毛，节间长 2 ～ 5cm；质脆，断面白色，髓部中空（图 2-108-2）。叶对生，有短柄；叶片皱缩卷曲，完整者展平后呈宽披针形、长椭圆形或卵形，长 2 ～ 7cm，宽 1 ～ 3cm；上表面深绿色，下表面灰绿色，稀被茸毛，有凹点状腺鳞。轮伞花序腋生，花萼钟状，先端5齿裂，花冠淡紫色。揉搓后有特殊清凉香气，味辛凉。

图 2-108-2 薄荷药材

【质量要求】传统经验认为，本品以色深绿、叶多、气浓者为佳。《中国药典》（2020年版）规定，本品叶不得少于30%；水分不得少于15.0%；总灰分不得过11.0%；酸不溶性灰分不得过3.0%；含挥发油不得少于0.80%（mL/g）；按干燥品计算，含薄荷脑（$C_{10}H_{20}O$）不得少于0.20%。

【功能主治】疏散风热，清利头目，利咽，透疹，疏肝行气。用于风热感冒，风温初起，头痛，目赤，喉痹，口疮，风疹，麻疹，胸胁胀闷。

【用法用量】3～6g，后下。

【禁忌】阴虚血燥、肝阳偏亢、表虚汗多者忌服。

【中药别名】蕃荷菜，菝蔄，吴菝蔄，南薄荷，猫儿薄荷，升阳菜，蒡荷，夜息花，野薄荷，夜息药，见肿消，水益母，接骨草，土薄荷，鱼香草，香薷草。

【备注】在《中国植物志》中，薄荷的学名已修订为 *Mentha canadensis* Linnaeus。

109. 紫苏

【分类学地位】唇形科 Lamiaceae 紫苏属 *Perilla*。

【植物形态】一年生直立草本（图2-109-1）。茎秆呈绿色或紫色，横截面为钝四棱形，表面具纵槽，密被倒向长柔毛。单叶对生，叶片阔卵形至近圆形，先端短尖或突尖，基部圆形或阔楔形，叶缘具粗锯齿（基部全缘）。轮伞花序通常由 2 朵小花组成，多个轮伞花序排列成顶生或腋生的总状花序，花序轴明显偏向一侧，全体密被长柔毛；花梗密被柔毛。花萼钟状，具 10 条明显纵脉，基部一侧膨大，萼檐分化为明显的二唇形。花冠筒状，花色由白色至紫红色渐变，外被微柔毛，内面下唇基部具毛环；冠筒短，喉部斜钟形；冠檐二唇形，上唇微凹，下唇 3 裂，中裂片较大，侧裂片与上唇近等大。雄蕊 4 枚，内藏不伸出花冠。花柱先端等 2 浅裂。花盘前侧呈指状膨大。小坚果近球形，表面灰褐色，具网纹。

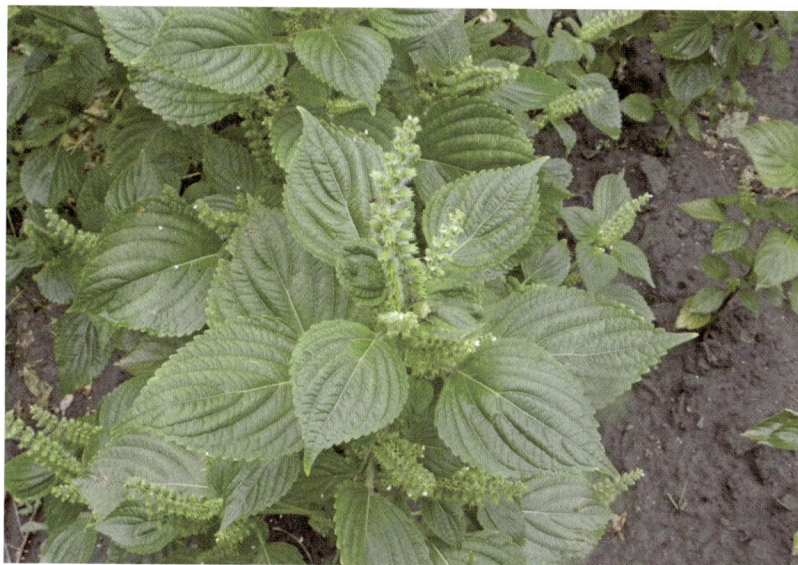

图 2-109-1　紫苏 *Perilla frutescens*（L.）Britt.

【生境】全国各地广泛栽培。

【入药部位】以干燥成熟果实入药，药材名称为紫苏子；以干燥叶（或带嫩枝）入药，药材名称为紫苏叶；以干燥茎入药，药材名称为紫苏梗。

紫苏子 Perillae Fructus

【采收加工】秋季果实成熟时采收，除去杂质，晒干。

【药材性状】本品呈卵圆形或类球形，直径约 1.5mm（图 2-109-2）。表面灰棕色或灰褐色，有微隆起的暗紫色网纹，基部稍尖，有灰白色点状果梗痕。果皮薄而脆，易压碎。种子黄白色，种皮膜质，子叶 2，类白色，有油性。压碎有香气，味微辛。

【质量要求】《中国药典》（2020 年版）规定，本品水分不得过 8.0%；按干燥品计算，含迷迭香酸（$C_{18}H_{16}O_8$）不得少于 0.25%。

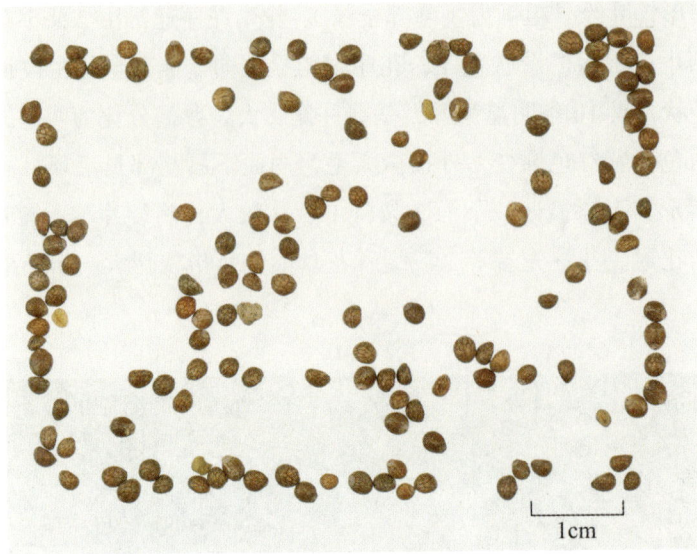

图 2-109-2　紫苏子药材

【功能主治】降气化痰，止咳平喘，润肠通便。用于痰壅气逆，咳嗽气喘，肠燥便秘。

【用法用量】3 ～ 10g。

【禁忌】气虚、阴虚及温病患者禁用。

【中药别名】赤苏，红苏，红紫苏，皱紫苏。

紫苏叶 Perillae Folium

【采收加工】夏季枝叶茂盛时采收，除去杂质，晒干。

【药材性状】本品叶片多皱缩卷曲、破碎，完整者展平后呈卵圆形，长 4 ～ 11cm，宽 2.5 ～ 9cm（图 2-109-3）。先端长尖或急尖，基部圆形或宽楔形，边缘具圆锯齿。两面紫色或上表面绿色，下表面紫色，疏生灰白色毛，下表面有多数凹点状的腺鳞。叶柄长 2 ～ 7cm，紫色或紫绿色。质脆。带嫩枝者，枝的直径 2 ～ 5mm，紫绿色，断面中部有髓。气清香，味微辛。

【质量要求】《中国药典》（2020 年版）规定，本品水分不得过 12.0%；含挥发油不得少于 0.40%（mL/g）。

【功能主治】解表散寒，行气和胃。用于风寒感冒，咳嗽呕恶，妊娠呕吐，鱼蟹中毒。

【用法用量】5 ～ 10g。

【禁忌】温病及气弱表虚者忌服。

【中药别名】苏，苏叶，紫菜。

图 2-109-3 紫苏叶药材

紫苏梗 Perillae Caulis

【采收加工】秋季果实成熟后采割，除去杂质，晒干，或趁鲜切片，晒干。

【药材性状】本品呈方柱形，四棱钝圆，长短不一，直径 0.5 ～ 1.5cm。表面紫棕色或暗紫色，四面有纵沟和细纵纹，节部稍膨大，有对生的枝痕和叶痕。体轻，质硬，断面裂片状。切片厚 2 ～ 5mm，常呈斜长方形，木部黄白色，射线细密，呈放射状，髓部白色，疏松或脱落。气微香，味淡。

【质量要求】《中国药典》（2020 年版）规定，本品水分不得过 9.0%；总灰分不得过 5.0%；按干燥品计算，含迷迭香酸（$C_{18}H_{16}O_8$）不得少于 0.10%。

【功能主治】理气宽中，止痛，安胎。用于胸膈痞闷，胃脘疼痛，嗳气呕吐，胎动不安。

【用法用量】5 ～ 10g。

【中药别名】紫苏茎，苏梗，紫苏枝茎，苏茎，紫苏杆，紫苏草。

🟢 110. 丹参

【分类学地位】唇形科 Lamiaceae 鼠尾草属 *Salvia*。

【植物形态】多年生直立草本（图 2-110-1）。根肥厚，肉质，外皮呈朱红色，内部为白色。茎直立，高 40 ～ 80cm，具四棱形，表面有纵槽，密被长柔毛，多分枝。叶通常为奇数羽状复叶，叶柄密被向下生长的长柔毛；小叶 3 ～ 7 枚，卵圆形、椭圆状卵圆形或宽披针形，先端锐尖或渐尖，基部圆形或偏斜，边缘具圆齿，草质，两面被疏柔毛，背面毛较密；小叶柄与叶轴均密被长柔毛。轮伞花序通常具 6 花或多花，下部花序较疏离，上部花序较密集，组成顶生或腋生的长梗总状花序。花萼钟形，略带紫色，呈二唇形。花冠紫蓝色，冠檐二唇形，上唇呈镰刀状，直立，先端微缺，下唇较上唇短，3裂，中裂片先端2裂，裂片顶端具不规则的尖齿，侧裂片较短，顶端圆形。小坚果黑色，椭圆形。

【生境】多生长于山坡、林下草丛或溪谷旁，海拔范围为120～1300m。黑龙江省有栽培。

【入药部位】以干燥根和根茎入药，药材名称为丹参。

【释名】"丹"指其颜色特征，因根部外皮呈红色而得名。

图 2-110-1　丹参 *Salvia miltiorrhiza* Bunge

丹参 Salviae Miltiorrhizae Radix et Rhizoma

【采收加工】春、秋二季采挖，除去泥沙，干燥。

【药材性状】本品根茎短粗，顶端有时残留茎基（图2-110-2）。根数条，长圆柱形，略弯曲，有的分枝并具须状细根，长10～20cm，直径0.3～1cm。表面棕红色或暗棕红色，粗糙，具纵皱纹。老根外皮疏松，多显紫棕色，常呈鳞片状剥落。质硬而脆，断面疏松，有裂隙或略平整而致密，皮部棕红色，木部灰黄色或紫褐色，导管束黄白色，呈放射状排列。气微，味微苦涩。栽培品较粗壮，直径 0.5 ～ 1.5cm。表面红棕色，具纵皱纹，外皮紧贴不易剥落。质坚实，断面较平整，略呈角质样。

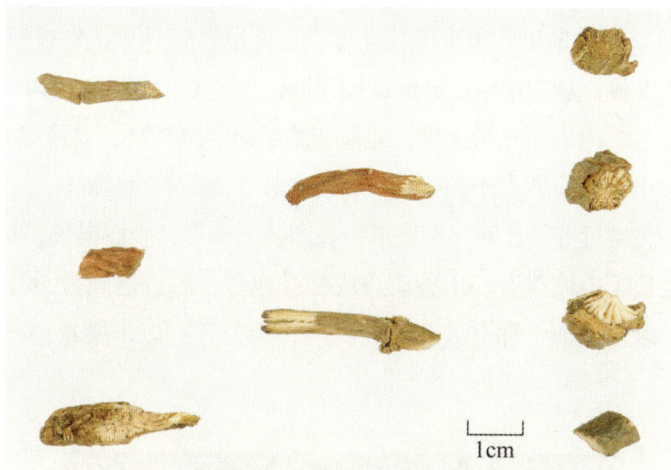

图 2-110-2　丹参药材

【质量要求】传统经验认为，本品以条粗壮、色紫红者为佳。《中国药典》(2020 年版)规定，本品水分不得过 13.0%；总灰分不得过 10.0%；酸不溶性灰分不得过 3.0%；重金属及有害元素检查中，铅不得过 5mg/kg，镉不得过 1mg/kg，砷不得过 2mg/kg，汞不得过 0.2mg/kg，铜不得过 20mg/kg；水溶性浸出物(冷浸法测定)不得少于 35.0%，醇溶性浸出物(热浸法测定)不得少于 15.0%；按干燥品计算，含丹参酮ⅡA($C_{19}H_{18}O_3$)、隐丹参酮($C_{19}H_{20}O_3$)和丹参酮Ⅰ($C_{18}H_{12}O_3$)的总量不得少于 0.25%，含丹酚酸 B($C_{36}H_{30}O_{16}$)不得少于 3.0%。

【功能主治】活血祛瘀，通经止痛，清心除烦，凉血消痈。用于胸痹心痛，脘腹胁痛，癥瘕积聚，热痹疼痛，心烦不眠，月经不调，痛经经闭，疮疡肿痛。

【用法用量】10 ～ 15g。

【禁忌】无瘀血者慎服。

【中药别名】郄蝉草，赤参；木羊乳、逐马、奔马草、山参、紫丹参、红根、山红萝卜、活血根、靠山红、红参、精选酒壶根、野苏子根、山苏子根、大红袍、蜜罐头、血参根、朵朵花根、蜂糖罐、红丹参。

🟤 111. 荆芥

【分类学地位】唇形科 Lamiaceae 裂叶荆芥属 *Schizonepeta*。在最新的 APG Ⅳ 系统中，荆芥已调整至唇形科 Lamiaceae 荆芥属 *Nepeta*，学名修订为 *Nepeta tenuifolia* Bentham。

【植物形态】一年生草本植物（图 2-111-1）。茎直立，高度 30 ～ 100cm，呈四棱形，具多分枝特征，表面被覆灰白色疏短柔毛，茎下部节间及小枝基部常呈微红色。叶片通常呈指状三裂，裂片大小不等，先端锐尖，基部呈楔形并渐狭下延至叶柄，裂片形态为披针形。花序由多数轮伞花序聚集成顶生穗状花序；花萼呈管状钟形，外被灰色疏柔毛，具 15 条明显脉纹，萼齿 5 枚，呈三角状披针形或披针形，先端渐尖，后方萼齿较前方者长。花冠青紫色，外被疏柔毛，内表面光滑无毛，冠筒自基部向上渐扩展，冠檐二唇形，上唇先端 2 浅裂，下唇 3 裂且中裂片显著大于侧裂片。雄蕊 4 枚，2 强（后对较长），均不伸出花冠筒，花药呈蓝色。花柱先端近等长 2 裂。小坚果为长圆状三棱形，表面褐色，具细微突起。

【生境】多生长于山坡路旁、山谷溪边或林缘地带，海拔范围为 540 ～ 2700m。

【入药部位】以干燥地上部分入药，药材名称为荆芥；以干燥花穗入药，药材名称为荆芥穗。

图 2-111-1　荆芥 *Schizonepeta tenuifolia* Briq.

荆芥 Schizonepetae Herba

【采收加工】夏、秋二季花开到顶、穗绿时采割，除去杂质，晒干。

【药材性状】本品茎呈方柱形，上部有分枝，长 50 ～ 80cm，直径 0.2 ～ 0.4cm；表面淡黄绿色或淡紫红色，被短柔毛；体轻，质脆，断面类白色。叶对生，多已脱落，叶片 3～5 羽状分裂，裂片细长。穗状轮伞花序顶生，长 2～9cm，直径约 0.7cm。花冠多脱落，宿萼钟状，先端 5 齿裂，淡棕色或黄绿色，被短柔毛；小坚果棕黑色。气芳香，味微涩而辛凉。

【质量要求】传统经验认为，本品以色淡黄绿、穗长而密、香气浓者为佳。《中国药典》（2020 年版）规定，本品水分不得过 12.0%；总灰分不得过 10.0%；酸不溶性灰分不得过 3.0%；含挥发油不得少于 0.60%（mL/g）；按干燥品计算，含胡薄荷酮（$C_{10}H_{16}O$）不得少于 0.020%。

【功能主治】解表散风，透疹，消疮。用于感冒，头痛，麻疹，风疹，疮疡初起。

【用法用量】5～10g。

【禁忌】表虚自汗、阴虚头痛忌服。

【中药别名】假苏，鼠蓂，姜芥。

【备注】在《中国植物志》中，荆芥的中文正名为裂叶荆芥。

荆芥穗 Schizonepetae Spica

【采收加工】夏、秋二季花开到顶、穗绿时采摘，除去杂质，晒干。

【药材性状】本品穗状轮伞花序呈圆柱形，长 3～15cm，直径约 7mm（图 2-111-2）。花冠多脱落，宿萼黄绿色，钟形，质脆易碎，内有棕黑色小坚果。气芳香，味微涩而辛凉。

图 2-111-2 荆芥穗药材

【质量要求】《中国药典》（2020 年版）规定，本品水分不得过 12.0%；总灰分不得过 12.0%；酸不溶性灰分不得过 3.0%；醇溶性浸出物（冷浸法测定）不得少于 8.0%；含挥发油不得少于 0.40%（mL/g）；按干燥品计算，含胡薄荷酮（$C_{10}H_{16}O$）不得少于 0.080%。

【功能主治】解表散风，透疹，消疮。用于感冒，头痛，麻疹，风疹，疮疡初起。

【用法用量】5～10g。

112. 黄芩

【分类学地位】唇形科 Lamiaceae 黄芩属 *Scutellaria*。

【植物形态】多年生草本（图 2-112-1）。根茎肥厚，肉质。茎直立，钝四棱形，具细条纹，自基部多分枝。叶坚纸质，披针形至线状披针形，顶端钝，基部圆形，全缘。花序顶生，呈总状排列，常于茎顶聚集成圆锥花序；花梗与花序轴均被微柔毛。花冠紫色、紫红色至蓝色，外面密被具腺短柔毛，内面在囊状膨大处被短柔毛。雄蕊 4 枚，稍外露，前对雄蕊较长，具半药，退化半药不明显，后对雄蕊较短。花柱细长，先端锐尖，微裂。花盘环状，前方稍膨大，后方延伸成极短的子房柄。子房褐色，无毛。小坚果卵球形，黑褐色，表面具瘤状突起，腹面近基部具果脐。

【生境】生长于向阳草坡地、休荒地及林缘，海拔范围为 60～12000m。

【入药部位】以干燥根入药，药材名称为黄芩。

图 2-112-1　黄芩 *Scutellaria baicalensis* Georgi

黄芩 Scutellariae Radix

【采收加工】春、秋二季采挖，除去须根和泥沙，晒后撞去粗皮，晒干。

【药材性状】本品呈圆锥形，扭曲，长 8～25cm，直径 1～3cm（图 2-112-2）。表面棕黄色或深黄色，有稀疏的疣状细根痕，上部较粗糙，有扭曲的纵皱纹或不规则的网纹，下部有顺纹和细皱纹。质硬而脆，易折断，断面黄色，中心红棕色；老根中心呈枯朽状或中空，暗棕色或棕黑色。气微，味苦。栽培品较细长，多有分枝。表面浅黄棕色，外皮紧贴，纵皱纹较细腻。断面黄色或浅黄色，略呈角质样。味微苦。

图 2-112-2 黄芩药材

【质量要求】传统经验认为，本品以条粗壮、质坚实、色黄、除净外皮者为佳。条短、质松、色深黄、成瓣状者质次。《中国药典》（2020 年版）规定，本品水分不得过 12.0%；总灰分不得过 6.0%；醇溶性浸出物（热浸法测定）不得少于 40.0%；按干燥品计算，含黄芩苷（$C_{21}H_{18}O_{11}$）不得少于 9.0%。

【功能主治】清热燥湿，泻火解毒，止血，安胎。用于湿温、暑湿，胸闷呕恶，湿热痞满，泻痢，黄疸，肺热咳嗽，高热烦渴，血热吐衄，痈肿疮毒，胎动不安。

【用法用量】3～10g。

【禁忌】脾肺虚热者忌服。凡中寒泄泻、中寒腹痛、肝肾虚损所致少腹疼痛、血虚腹痛、脾虚泄泻、肾虚溏泄、脾虚水肿、血枯经闭、气虚小便不利、肺受寒邪所致喘咳，以及血虚胎动不安、阴虚淋露等妇科病证者，均应禁用。

【中药别名】山茶根，黄芩茶，土金茶根，腐肠，黄文，虹胜，经芩，印头，内虚，空肠，元芩，黄金条根。

113. 辣椒

【分类学地位】茄科 Solanaceae 辣椒属 *Capsicum*。

【植物形态】一年生或有限多年生草本植物，株高 40 ～ 80cm（图 2-113-1）。茎近无毛或具微柔毛，分枝呈之字形曲折。叶互生，枝顶端节间不伸长而呈双生或簇生状，叶片矩圆状卵形、卵形或卵状披针形，全缘，先端短渐尖或急尖，基部狭楔形。花单生于叶腋，花冠俯垂；花萼杯状，具 5 枚不显著齿裂；花冠白色，裂片卵形；花药灰紫色。果梗粗壮，果实俯垂；浆果长指状，先端渐尖且常弯曲，未成熟时呈绿色，成熟后转为红色、橙色或紫红色，具辛辣味。种子扁肾形，淡黄色，表面具网状纹饰。

图 2-113-1　辣椒 *Capsicum annuum* L.

【生境】原产于墨西哥至哥伦比亚地区；现作为重要经济作物在全球范围内广泛栽培，我国各地均有种植。

【入药部位】以干燥成熟果实入药，药材名称为辣椒。

辣椒 Capsici Fructus

【来源】《中国药典》（2020 年版）规定，辣椒药材的植物来源为茄科植物辣椒 *Capsicum annuum* L. 或其栽培变种。

【采收加工】夏、秋二季果皮变红色时采收，除去枝梗，晒干。

【药材性状】本品呈圆锥形、类圆锥形，略弯曲。表面橙红色、红色或深红色，光滑或较皱缩，显油性，基部微圆，常有绿棕色、具 5 裂齿的宿萼及果柄。果肉薄。质较脆，横切面可见中轴胎座，有菲薄的隔膜将果实分为 2～3 室，内含多数种子。气特异，味辛、辣。

【质量要求】《中国药典》（2020 年版）规定，本品按干燥品计算，含辣椒素（$C_{18}H_{27}NO_3$）和二氢辣椒素（$C_{18}H_{29}NO_3$）的总量不得少于 0.16%。

【功能主治】温中散寒，开胃消食。用于寒滞腹痛，呕吐，泻痢，冻疮。

【用法用量】0.9～2.4g。外用适量。

【禁忌】阴虚火旺及患咳嗽、目疾者忌服。

【中药别名】辣子，辣角，牛角椒，红海椒，海椒，番椒，大椒，辣虎，秦椒，辣茄，腊茄，鸡嘴椒，七姐妹，班椒。

🟢 114. 天仙子

【分类学地位】茄科 Solanaceae 天仙子属 *Hyoscyamus*。

【植物形态】二年生草本，株高可达 1m，全体被腺毛（图 2-114-1）。根较粗壮，初为肉质，后逐渐纤维化。一年生植株的茎极短，自根茎发出莲座状叶丛；叶片卵状披针形或长矩圆形，主脉扁宽，侧脉 5～6 条，直达裂片顶端。次年春季茎伸长并分枝，下部逐渐木质化；茎生叶卵形或三角状卵形，顶端钝或渐尖，边缘羽状浅裂或深裂，两面沿叶脉密生柔毛。花单生于叶腋，茎中部以下的花稀疏，茎上端的花则单生于苞状叶腋内，聚集成蝎尾式总状花序；花近无梗或具极短花梗。花萼筒状钟形，表面具细腺毛和长柔毛，5 浅裂，裂片大小稍不等，花后增大成坛状，基部圆形，具 10 条纵肋，裂片开张，顶端呈针刺状；花冠钟状，长度约为花萼的一倍，黄色，具紫堇色脉纹；雄蕊稍伸出花冠。蒴果包藏于宿存花萼内，呈长卵圆状。种子近圆盘形，淡黄棕色。

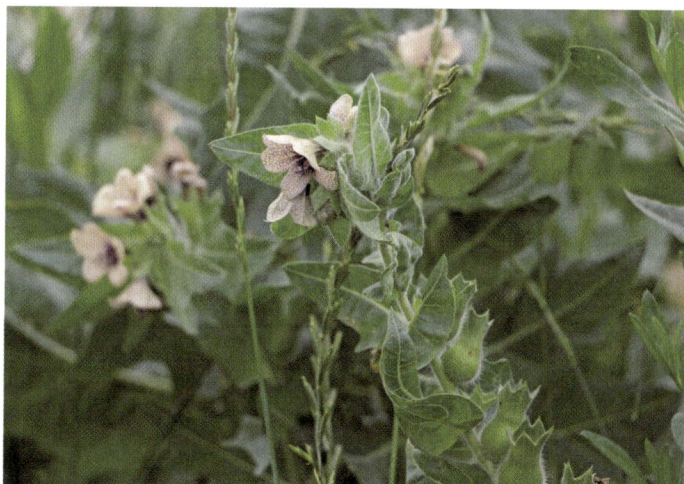

图 2-114-1 天仙子 *Hyoscyamus niger* L.

【生境】常生长于山坡、路旁、住宅区及河岸沙地，喜阳光充足、排水良好的环境。

【入药部位】以干燥成熟种子入药，药材名称为天仙子。

天仙子 Hyoscyami Semen

【采收加工】夏、秋二季果皮变黄色时，采摘果实，曝晒，打下种子，筛去果皮、枝梗，晒干。

【药材性状】本品呈类扁肾形或扁卵形，直径约 1mm（图 2-114-2）。表面棕黄色或灰黄色，有细密的网纹，略尖的一端有点状种脐。切面灰白色，油质，有胚乳，胚弯曲。气微，味微辛。

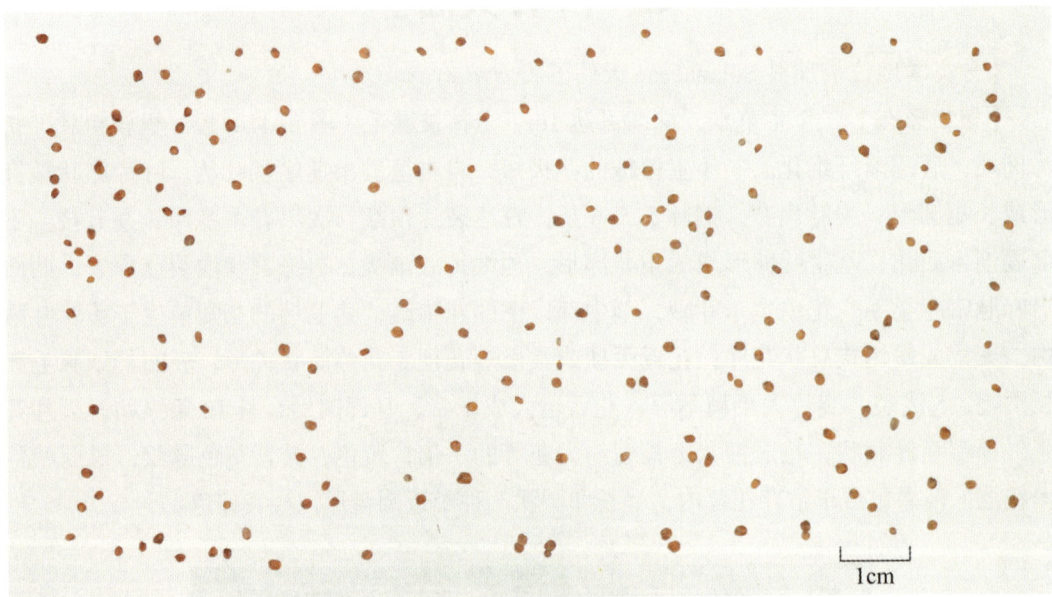

1cm

图 2-114-2　天仙子药材

【质量要求】传统经验认为，本品以粒大而饱满、无杂质者为佳。《中国药典》（2020年版）规定，本品总灰分不得过 8.0%；酸不溶性灰分不得过 3.0%；按干燥品计算，含东莨菪碱（$C_{17}H_{21}NO_4$）和莨菪碱（$C_{17}H_{23}NO_3$）的总量不得少于 0.080%。

【功能主治】解痉止痛，安神定喘。用于胃痉挛疼痛，喘咳，癫狂。

【用法用量】0.06 ～ 0.6g。

【禁忌】有大毒。心脏病、心动过速、青光眼患者及孕妇禁用。

【中药别名】莨菪子，山烟，牙痛子，熏牙子，小颠茄子，莨菪实，米罐子，莨菪子。

● 115. 枸杞

【分类学地位】茄科 Solanaceae 枸杞属 *Lycium*。

【植物形态】多年生落叶灌木，株高 0.5～1m，人工栽培条件下可达 2m（图 2-115-1）。枝条细弱，呈弓状弯曲或下垂，表面淡灰色，具明显纵条纹，常生有短棘刺。叶片纸质（野生种）或稍革质（栽培种），单叶互生或 2～4 枚簇生于短枝，叶形变异较大，常见卵形、卵状菱形、长椭圆形或卵状披针形，先端急尖，基部楔形。花单生或双生于长枝叶腋，短枝上则与叶簇生；花梗向顶端渐增粗。花萼钟状，通常 3 中裂或具 4～5 齿裂，裂片边缘常具缘毛；花冠漏斗形，淡紫色，冠筒向上骤然扩大，长度略短于或近等于檐部裂片，5 深裂，裂片卵圆形，先端圆钝，平展或稍外卷，边缘具纤毛，基部具显著耳状结构；雄蕊 5 枚，略短于花冠；花柱稍长于雄蕊，上部弓曲，柱头绿色。浆果成熟时呈鲜红色，野生种多为卵圆形，栽培品种可发育成长矩圆形或长椭圆形，先端锐尖或钝圆。种子多数，扁肾形。

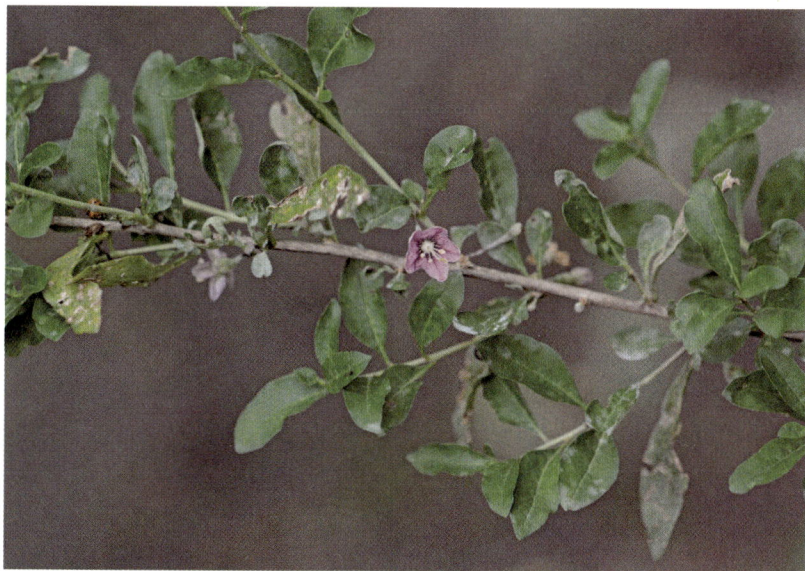

图 2-115-1　枸杞 *Lycium chinense* Mill.

【生境】适应性较强，多生长于向阳山坡、荒地、丘陵地带及盐碱地，亦常见于路旁、田埂及村落周边。

【入药部位】以干燥根皮入药，药材名称为地骨皮。

【释名】地骨皮之名，取"地为阴，骨主里，皮治表"之意，为清虚热、退骨蒸之要药，尤善治阴虚潮热、盗汗等症状。

地骨皮 Lycii Cortex

【来源】《中国药典》（2020年版）规定，地骨皮药材的植物来源有2种，分别为茄科植物枸杞 *Lycium chinense* Mill. 或宁夏枸杞 *Lycium barbarum* L.。

【采收加工】春初或秋后采挖根部，洗净，剥取根皮，晒干。

【药材性状】本品呈筒状或槽状，长3～10cm，宽0.5～1.5cm，厚0.1～0.3cm。外表面灰黄色至棕黄色，粗糙，有不规则纵裂纹，易成鳞片状剥落。内表面黄白色至灰黄色，较平坦，有细纵纹。体轻，质脆，易折断，断面不平坦，外层黄棕色，内层灰白色。气微，味微甘而后苦。

【质量要求】传统经验认为，本品以块大、肉厚、无木心与杂质者为佳。《中国药典》（2020年版）规定，本品水分不得过11.0%；总灰分不得过11.0%；酸不溶性灰分不得过3.0%。

【功能主治】凉血除蒸，清肺降火。用于阴虚潮热，骨蒸盗汗，肺热咳嗽，咯血，衄血，内热消渴。

【用法用量】9～15g。

【禁忌】脾胃虚寒者忌服。

【中药别名】杞根，地骨，地辅，地节，枸杞根，苟起根，枸杞根皮，山杞子根，甜齿牙根，山枸杞根，狗奶子根皮，红榴根皮，狗地芽皮。

【备注】本条目所述枸杞并非《中国药典》规定的枸杞子正品来源。根据《中国药典》（2020年版）明确规定，中药枸杞子的正品来源应为宁夏枸杞 *Lycium barbarum* L. 的干燥成熟果实。

● 116. 挂金灯

【分类学地位】茄科 Solanaceae 酸浆属 *Alkekengi*。

【植物形态】多年生草本，基部常匍匐生根（图2-116-1）。茎较粗壮，近基部略带木质化，分枝稀疏或不分枝，茎节不甚膨大，通体被柔毛，幼嫩部分毛被尤为密集。叶长卵形至阔卵形，有时呈菱状卵形，顶端渐尖，基部不对称狭楔形并下延至叶柄，叶缘全缘呈波状或具粗锯齿，偶见不等大的三角形缺刻，叶片仅边缘具短毛。花梗初时直立，花期后下弯，表面近无毛或疏被柔毛，果期完全无毛；花萼阔钟状，除裂片密被毛外，萼筒外侧毛被稀疏，萼齿三角形；花冠辐状，白色，裂片开展，阔而短，顶端骤缩成三角形尖头；雄蕊及花柱均短于花冠。宿存果萼卵状，薄革质，网脉明显，具10条纵肋，成熟时呈橙红色至火红色，表面因毛被脱落而光滑，顶端闭合，基部凹陷；浆果球形，橙红色，质软多汁。种子肾形，淡黄色。

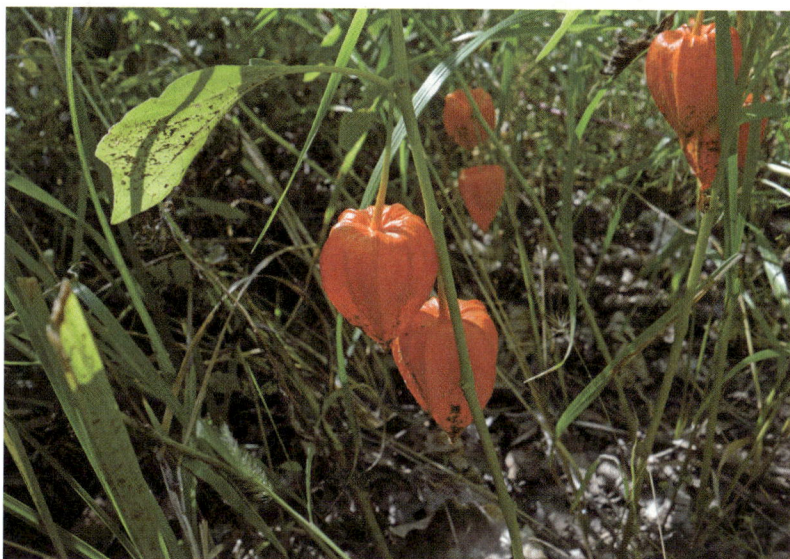

图 2-116-1　挂金灯 *Alkekengi officinarum* Moench var. *francheti*（Mast.）Makino

【生境】喜生长于开阔向阳地或山坡灌丛。在黑龙江省全境均有自然分布。

【入药部位】以干燥宿萼或带果实的宿萼入药，药材名称为锦灯笼。

锦灯笼 Physalis Calyx Seu Fructus

【采收加工】秋季果实成熟、宿萼呈红色或橙红色时采收，干燥。

【药材性状】本品略呈灯笼状，多压扁，长 3～4.5cm，宽 2.5～4cm（图 2-116-2）。表面橙红色或橙黄色，有 5 条明显的纵棱，棱间有网状的细脉纹。顶端渐尖，微 5 裂，基部略平截，中心凹陷有果梗。体轻，质柔韧，中空，或内有棕红色或橙红色果实。果实球形，多压扁，直径 1～1.5cm，果皮皱缩，内含种子多数。气微，宿萼味苦，果实味甘、微酸。

【质量要求】《中国药典》（2020 年版）规定，本品水分不得过 10.0%；按干燥品计算，含木犀草苷（$C_{21}H_{20}O_{11}$）不得少于 0.10%。

【用法用量】5～9g。外用适量，捣敷患处。

【禁忌】有堕胎之弊；凡脾虚泄泻及痰湿者忌用。

【质量要求】《中国药典》（2020 年版）规定，本品水分不得过 10.0%；按干燥品计算，含木犀草苷（$C_{21}H_{20}O_{11}$）不得少于 0.10%。

图 2-116-2　锦灯笼药材

【用法用量】5 ～ 9g。外用适量，捣敷患处。

【禁忌】有堕胎之弊；凡脾虚泄泻及痰湿者忌用。

【中药别名】挂金灯，金灯笼，红姑娘，灯笼果，天泡果，酸浆实，打朴草，金灯草，鬼灯笼，水辣子。

🔵 117. 阴行草

【分类学地位】玄参科 Scrophulariaceae 阴行草属 Siphonostegia。在最新的 APG Ⅳ 系统中，阴行草已调整至列当科 Orobanchaceae 阴行草属 Siphonostegia。

【植物形态】一年生草本，直立，植株干后呈黑色，全体密被锈色短毛（图 2-117-1）。茎通常单一，中空，上部对生分枝。叶对生，全部茎生，无基生叶；花序为茎顶开展的疏总状花序，花对生；苞片叶状，较花萼短，羽状深裂至全裂，被短毛；花梗短而密被短毛，具一对线形小苞片；花萼筒状，管部显著；花冠二唇形，上唇红紫色，下唇鲜黄色，外被长纤毛，内面有短毛；花冠管细直，顶端微膨大，略伸出萼管；上唇呈镰状弯曲，先端截形，额部浑圆，前缘骤斜截，上角具一对短齿，背部密被特长纤毛；子房上位，蒴果狭卵形；种子多数，长卵圆形，表面具网状凸起。

【生境】多生长于海拔范围为 800 ～ 3400m 的向阳山坡、丘陵草地及灌丛边缘。在黑龙江省全境各类草地生态系统均有分布，常见于松嫩平原及大、小兴安岭山前地带。

【入药部位】以干燥全草入药，药材名称为北刘寄奴。

【释名】得名于历史传说，与南朝宋高祖刘裕（小字寄奴）相关。其药用记载最早见于《雷公炮炙论》，后世因功效相近而沿袭"刘寄奴"之名。

图 2-117-1　阴行草 *Siphonostegia chinensis* Benth

北刘寄奴 Siphonostegiae Herba

【采收加工】秋季采收，除去杂质，晒干。

【药材性状】本品长 30 ～ 80cm，全体被短毛（图 2-117-2）。根短而弯曲，稍有分枝。茎圆柱形，有棱，有的上部有分枝，表面棕褐色或黑棕色；质脆，易折断，断面黄白色，中空或有白色髓。叶对生，多脱落破碎，完整者羽状深裂，黑绿色。总状花序顶生，花有短梗，花萼长筒状，黄棕色至黑棕色，有明显 10 条纵棱，先端 5 裂，花冠棕黄色，多脱落。蒴果狭卵状椭圆形，较萼稍短，棕黑色。种子细小。气微，味淡。

【质量要求】传统经验认为，本品以干燥无根、色棕紫者佳。《中国药典》（2020 年版）规定，本品水分不得过 12.0%；总灰分不得过 8.0%；醇溶性浸出物（热浸法测定）不得少于 10.0%；按干燥品计算，含木犀草素（$C_{15}H_{10}O_6$）不得少于 0.050%，含毛蕊花糖苷（$C_{29}H_{36}O_{15}$）不得少于 0.060%。

图 2-117-2　北刘寄奴药材

【功能主治】活血祛瘀，通经止痛，凉血，止血，清热利湿。用于跌打损伤，外伤出血，瘀血经闭，月经不调，产后瘀痛，癥瘕积聚，血痢，血淋，湿热黄疸，水肿腹胀，白带过多。

【用法用量】6～9g。

【禁忌】脾胃虚弱者慎用。

【中药别名】金钟茵陈，黄花茵陈，吊钟草，灵茵陈，吹风草，五毒草，徐毒草，土茵陈，角茵陈，罐儿茶，铁雨伞草，山茵陈，金花屏，油罐草，黑茵陈，铁杆茵陈，山芝麻，罐子草，油蒿菜，金壶瓶，山油麻，北刘寄奴，节节瓶，草茵陈，壶瓶草，野油麻。

【本草考证】杜华州等学者通过本草考证研究提出，古代本草文献中记载的刘寄奴应为菊科植物奇蒿 *Artemisia anomala* S. Moore。现代北方地区普遍使用的刘寄奴主要为玄参科植物阴行草 *Siphonostegia chinensis* Benth.，该品种并非历史上传统使用的主流正品。

● 118. 玄参

【分类学地位】玄参科 Scrophulariaceae 玄参属 *Scrophularia*。

【植物形态】高大草本，株高可达 1m（图 2-118-1）。支根数条，呈纺锤形或胡萝卜状膨大。茎呈四棱形，具浅槽，无翅或具极狭的翅，表面无毛或疏生白色卷毛，多分枝。叶在茎下部多对生且具柄，上部叶有时互生且柄极短；叶片形态多样，下部叶多为卵形，上部叶可为卵状披针形至披针形，基部呈楔形、圆形或近心形，边缘具细锯齿。花序为疏散的大圆锥花序，由顶生和腋生的聚伞圆锥花序组成，较小植株仅具顶生聚伞圆锥花序；聚伞花序常 2～4 回分枝，花梗被腺毛；花呈褐紫色，花萼裂片圆形，边缘略膜质；花冠筒近球形，上唇长于下唇，裂片圆形且相邻边缘相互重叠，下唇裂片卵形，中裂片稍短；雄蕊略短于下唇，花丝肥厚，退化雄蕊大而近圆形；花柱稍长于子房。蒴果卵圆形，顶端具短喙。

图 2-118-1　玄参 *Scrophularia ningpoensis* Hemsl

【生境】生长于海拔 1700m 以下的竹林、溪旁、丛林及高草丛中，黑龙江省有栽培品种。

【入药部位】以干燥根入药，药材名称为玄参。

【释名】其名源于形态与色泽特征，"玄"指黑色（根皮色深），茎部略似人参，故得"参"名。

玄参 Scrophulariae Radix

【采收加工】冬季茎叶枯萎时采挖，除去根茎、幼芽、须根及泥沙，晒或烘至半干，堆放 3～6 天，反复数次至干燥。

【药材性状】本品呈类圆柱形，中间略粗或上粗下细，有的微弯曲，长 6～20cm，直径 1～3cm（图 2-118-2）。表面灰黄色或灰褐色，有不规则的纵沟、横长皮孔样突起和稀疏的横裂纹和须根痕。质坚实，不易折断，断面黑色，微有光泽。气特异似焦糖，味甘、微苦。

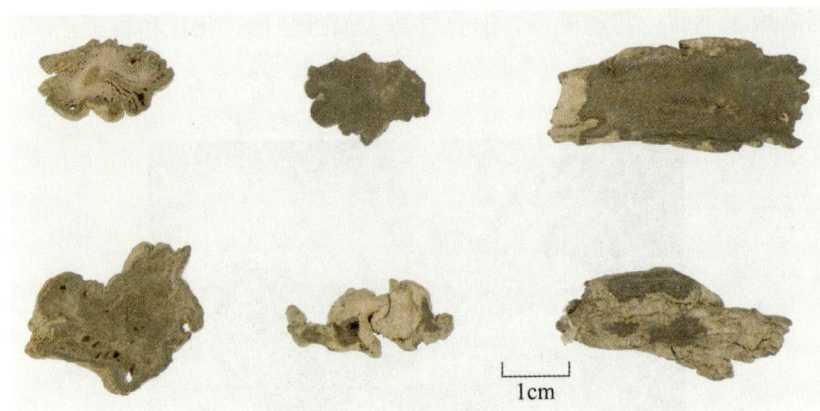

图 2-118-2　玄参药材

【**质量要求**】传统经验认为，本品以支条肥大、皮纹细腻、质地坚实、芦头修除干净、断面呈乌黑色者为佳；支条细小、皮部粗糙、残留芦头者品质较次。《中国药典》（2020 年版）规定，本品水分不得过 16.0%；总灰分不得过 5.0%；酸不溶性灰分不得过 2.0%；水溶性浸出物（热浸法测定）不得少于 60.0%；按干燥品计算，含哈巴苷（$C_{15}H_{24}O_{10}$）和哈巴俄苷（$C_{24}H_{30}H_{11}$）的总量不得少于 0.45%。

【**功能主治**】清热凉血，滋阴降火，解毒散结。用于热入营血，温毒发斑，热病伤阴，舌绛烦渴，津伤便秘，骨蒸劳嗽，目赤，咽痛，白喉，瘰疬，痈肿疮毒。

【**用法用量**】9 ～ 15g。

【**禁忌**】脾胃有湿及脾虚便溏者忌服。

【**中药别名**】重台，正马，玄台，鹿肠，鬼藏，端，咸，逐马，馥草，黑参，野脂麻，元参，乌元参，正马，逐马，馥草。

119. 芝麻

【**分类学地位**】芝麻科 Pedaliaceae 芝麻属 *Sesamum*。

【**植物形态**】一年生直立草本植物（图 2-119-1）。株高 60 ～ 150cm，茎秆分枝或不分枝，中空或具白色髓部，表面被微毛。叶片矩圆形或卵形，下部叶片通常呈掌状 3 裂，中部叶片边缘具锯齿，上部叶片近全缘。花单生或 2 ～ 3 朵簇生于叶腋；花萼裂片呈披针形，外被柔毛；花冠筒状，基部白色，常带有紫红色或黄色晕染斑纹。雄蕊 4 枚，内藏于花冠筒。子房上位，通常 4 室，表面被柔毛。蒴果矩圆形，具明显纵棱，直立生长，表面被毛，成熟时自中部或基部开裂。种子根据品种差异呈黑色或白色。

【**生境**】我国广泛栽培，适应性较强，在多数省区均可正常生长。

【**入药部位**】以干燥成熟种子入药，药材名称为黑芝麻。

图 2-119-1　芝麻 *Sesamum indicum* L.

黑芝麻 Sesami Semen Nigrum

【采收加工】秋季果实成熟时采割植株，晒干，打下种子，除去杂质，再晒干。

【药材性状】本品呈扁卵圆形，长约 3mm，宽约 2mm（图 2-119-2）。表面黑色，平滑或有网状皱纹。尖端有棕色点状种脐。种皮薄，子叶 2，白色，富油性。气微，味甘，有油香气。

1cm

图 2-119-2　黑芝麻药材

【质量要求】《中国药典》（2020年版）规定，本品杂质不得过3%；水分不得过6.0%；总灰分不得过8.0%。

【功能主治】补肝肾，益精血，润肠燥。用于精血亏虚，头晕眼花，耳鸣耳聋，须发早白，病后脱发，肠燥便秘。

【用法用量】9～15g。

【中药别名】胡麻，胡麻子，脂麻，巨胜，狗虱，乌麻，乌麻子，油麻，油麻子，黑油麻，巨胜子，黑脂麻，乌芝麻。

【备注】《中国药典》（2020年版）中将芝麻的中文正名记载为"脂麻"，其拉丁学名 *Sesamum indicum* L. 与芝麻相同，二者为同一植物。需特别说明的是，药典所称的"脂麻科"对应于《中国植物志》中的"芝麻科"（原胡麻科 Pedaliaceae），此分类修订依据现代植物分类学研究进展调整，二者为同一科级分类单元的不同中文称谓。

120. 车前

【分类学地位】车前科 Plantaginaceae 车前属 *Plantago*。

【植物形态】多年生草本植物，植株连花茎高可达50cm，具多数须根（图2-120-1）。叶基生，具长柄；叶片卵形至椭圆形，先端急尖或钝圆，基部渐狭下延成叶柄，叶缘全缘或具波状齿。花茎数枚直立，具明显纵棱，被稀疏短柔毛；穗状花序占花茎长度的2/5～1/2；花小，淡绿色，每花具1枚宿存三角形苞片；花萼4枚，基部联合，椭圆形至卵圆形，宿存；花冠膜质，花冠管卵形，顶端4裂，裂片三角形，反折；雄蕊4枚，着生于花冠筒基部，与花冠裂片互生，花药长圆形，2药室，顶端具三角形突起，花丝纤细；雌蕊1枚，子房上位，卵圆形，2室（假4室），花柱单一，线形，密被柔毛。蒴果卵状圆锥形，成熟时于下部2/5处周裂，基部宿存。种子5～12粒，长圆形至近椭圆形，黑褐色，具光泽。

【生境】多生长于草地、沟边、河岸湿地、路旁或村边空旷处，适应性强，海拔范围为3～3200m。

【入药部位】以干燥种子入药，药材名称为车前子；以干燥全草入药，药材名称为车前草。

【释名】李时珍《本草纲目》释其名："此草好生道边及牛马迹中，故有车前、当道、马舃、牛遗之名。"其种子外被黏液质，遇水膨胀，易附着于车轮或动物体表传播，此为其名称由来及繁殖适应特征。

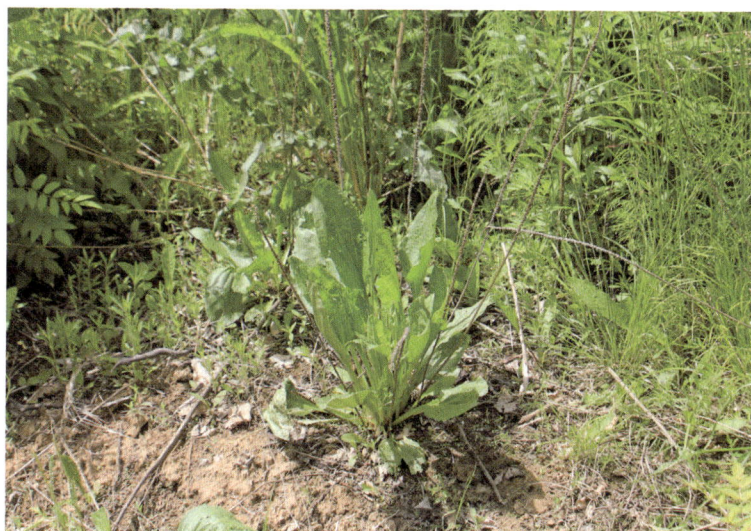

图 2-120-1　车前 *Plantago asiatica* L.

车前子 Plantaginis Semen

【来源】《中国药典》（2020 年版）规定，车前子药材的植物来源有 2 种，分别为车前科植物车前 *Plantago asiatica* L. 或平车前 *Plantago depressa* Willd.。

【采收加工】夏、秋二季种子成熟时采收果穗，晒干，搓出种子，除去杂质。

【药材性状】本品呈椭圆形、不规则长圆形或三角状长圆形，略扁，长约 2mm，宽约 1mm（图 2-120-2）。表面黄棕色至黑褐色，有细皱纹，一面有灰白色凹点状种脐。质硬。气微，味淡。

1cm

图 2-120-2　车前子药材

【质量要求】传统经验认为，本品以粒大而饱满、色黑者为佳。《中国药典》（2020年版）规定，本品水分不得过 12.0%；总灰分不得过 6.0%；酸不溶性灰分不得过 2.0%；膨胀度应不低于 4.0；按干燥品计算，含京尼平苷酸（$C_{16}H_{22}O_{10}$）不得少于 0.54%，含毛蕊花糖苷（$C_{29}H_{36}O_{15}$）不得少于 0.40%。

【功能主治】清热利尿通淋，渗湿止泻，明目，祛痰。用于热淋涩痛，水肿胀满，暑湿泄泻，目赤肿痛，痰热咳嗽。

【用法用量】9～15g，包煎。

【中药别名】车前实，虾蟆衣子，猪耳朵穗子，凤眼前仁。

【本草考证】车前子为中医临床常用药材。据高武等学者通过本草考证研究提出，历代方剂中所用车前子主要来源于车前科植物车前的成熟种子，平车前的种子直至民国时期才开始作为车前子入药流通。因此，清代及以前经典名方中记载的车前子，其基原植物应确认为车前科植物车前。

车前草 Plantaginis Herba

【来源】《中国药典》（2020年版）规定，车前草药材的植物来源有 2 种，分别为车前科植物车前 *Plantago asiatica* L. 或平车前 *Plantago depressa* Willd.。

【采收加工】夏季采挖，除去泥沙，晒干。

【药材性状】

1. 车前 根丛生，须状（图 2-120-3）。叶基生，具长柄；叶片皱缩，展平后呈卵状椭圆形或宽卵形，长 6～13cm，宽 2.5～8cm；表面灰绿色或污绿色，具明显弧形脉 5～7 条；先端钝或短尖，基部宽楔形，全缘或有不规则波状浅齿。穗状花序数条，花茎长。蒴果盖裂，萼宿存。气微香，味微苦。

2. 平车前 主根直而长。叶片较狭，长椭圆形或椭圆状披针形，长 5～14cm，宽 2～3cm。

【质量要求】《中国药典》（2020年版）规定，本品水分不得过 13.0%；总灰分不得过 15.0%；酸不溶性灰分不得过 5.0%；水溶性浸出物（热浸法测定）不得少于 14.0%；按干燥品计算，含大车前苷（$C_{29}H_{36}O_{16}$）不得少于 0.10%。

【功能主治】清热利尿通淋，祛痰，凉血，解毒。用于热淋涩痛，水肿尿少，暑湿泄泻，痰热咳嗽，吐血衄血，痈肿疮毒。

【用法用量】9～30g。

【禁忌】肾气不固者禁用。

【中药别名】荢苜，马舄，当道，牛舌草，车前草，虾蟆衣，牛遗，胜舄，车轮菜，胜舄菜，蛤蟆草，虾蟆草，钱贯草，牛舄，地胆头，白贯草，猪耳草，饭匙草，七星草，五根草，黄蟆龟草，蟾蜍草，猪肚菜，灰盆草，打官司草，车轱辘菜，驴耳朵菜。

图 2-120-3　车前草药材

【备注】中药车前子和车前草的另一个植物来源平车前在黑龙江省也有分布。平车前具直根。其叶全部为根生；具长柄，长为叶片 1/3 或更短，基部扩大；叶片长椭圆形或椭圆状披针形（图 2-120-4）。生长于草地、河滩、沟边、草甸、田间及路旁，海拔范围为 5～4500m。

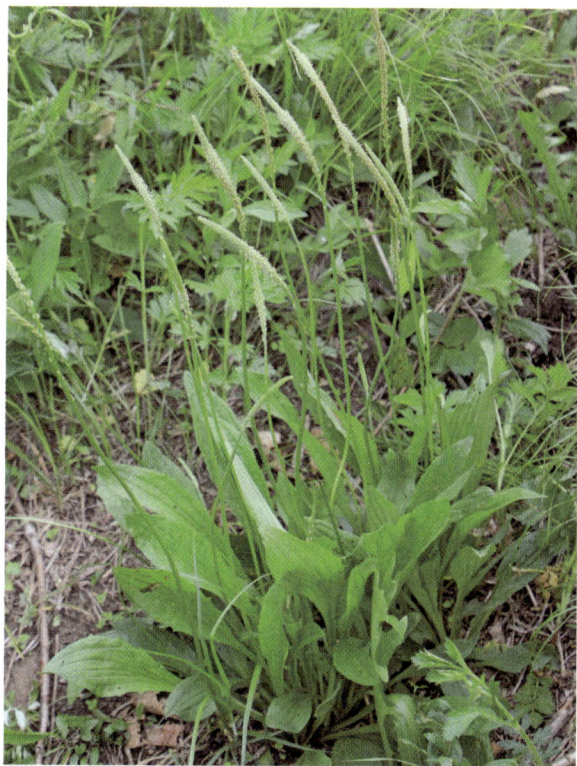

图 2-120-4　平车前 *Plantago depressa* Willd.

121. 忍冬

【分类学地位】忍冬科 Caprifoliaceae 忍冬属 *Lonicera*。

【植物形态】半常绿藤本，幼枝呈红褐色（图 2-121-1）。叶纸质，卵形至矩圆状卵形，顶端锐尖或渐尖，基部圆形或近心形，叶缘具糙缘毛，上表面深绿色，下表面淡绿色，密被短柔毛。总花梗通常单生于小枝上部叶腋；苞片大，叶状，卵形至椭圆形，两面均被短柔毛；小苞片顶端圆形或截形，具短糙毛和腺毛；萼筒无毛，萼齿卵状三角形或长三角形，顶端锐且具长毛，外表面及边缘密被毛；花冠初开时白色，基部向阳面微带红晕，后渐变为黄色，唇形，花冠筒略长于唇瓣，上唇裂片顶端钝圆，下唇带状并反卷；雄蕊与花柱均伸出花冠外。果实近球形，成熟时呈蓝黑色，具光泽；种子卵圆形或椭圆形，褐色，中部具 1 条隆起的脊，两侧有浅横沟纹。

图 2-121-1　忍冬 *Lonicera japonica* Thunb.

【生境】黑龙江省内多为栽培。

【入药部位】以干燥花蕾或带初开的花入药，药材名称为金银花；以干燥茎枝入药，药材名称为忍冬藤。

金银花 Lonicerae Japonicae Flos

【采收加工】夏初花开放前采收，干燥。

【药材性状】本品呈棒状，上粗下细，略弯曲，长 2～3cm，上部直径约 3mm，下部直径约 1.5mm（图 2-121-2）。表面黄白色或绿白色（贮久色渐深），密被短柔毛。偶见叶状苞片。花萼绿色，先端 5 裂，裂片有毛，长约 2mm。开放者花冠筒状，先端二唇形；雄蕊 5，附于筒壁，黄色；雌蕊 1，子房无毛。气清香，味淡、微苦。

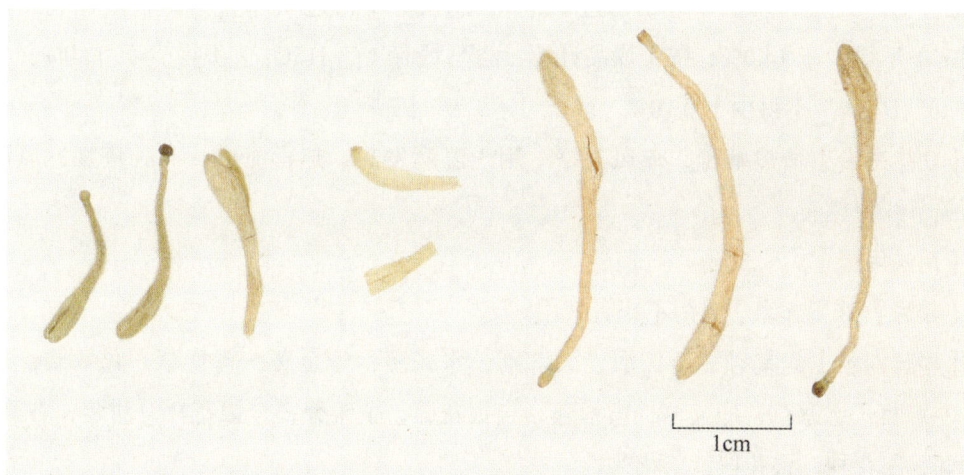

图 2-121-2 金银花药材

【质量要求】传统经验认为，本品以花蕾多、色淡、质柔软、气清香者为佳。《中国药典》（2020 年版）规定，本品水分不得过 12.0%；总灰分不得过 10.0%；酸不溶性灰分不得过 3.0%；重金属及有害元素检查中，铅不得过 5mg/kg，镉不得过 1mg/kg，砷不得过 2mg/kg，汞不得过 0.2mg/kg，铜不得过 20mg/kg；按干燥品计算，含绿原酸（$C_{16}H_{18}O_9$）不得少于 1.5%，含酚酸类以绿原酸（$C_{16}H_{18}O_9$）、3,5-二-O-咖啡酰奎宁酸（$C_{25}H_{24}O_{12}$）和 4,5-二-O-咖啡酰奎宁酸（$C_{25}H_{24}O_{12}$）的总量计，不得少于 3.8%；按干燥品计算，含木犀草苷（$C_{21}H_{20}O_{11}$）不得少于 0.050%。

【功能主治】清热解毒，疏散风热。用于痈肿疔疮，喉痹，丹毒，热毒血痢，风热感冒，温病发热。

【用法用量】6～15g。

【禁忌】脾胃虚寒及气虚所致疮疡脓液清稀者忌服。

【中药别名】忍冬花，鹭鸶花，银花，双花，二花，金藤花，金花，二宝花。

忍冬藤 Lonicerae Japonicae Caulis

【采收加工】秋、冬两季割取，除去杂质，捆成束或卷成团，晒干。

【药材性状】本品呈长圆柱形，多分枝，常缠绕成束，直径 1.5 ～ 6mm。表面棕红色至暗棕色，有的灰绿色，光滑或被茸毛；外皮易剥落。枝上多节，节间长 6 ～ 9cm，有残叶和叶痕。质脆，易折断，断面黄白色，中空。气微，老枝味微苦，嫩枝味淡。

【质量要求】传统经验认为，本品以外皮枣红色、质嫩带叶者为佳。《中国药典》（2020 年版）规定，本品水分不得过 12.0%；总灰分不得过 4.0%；醇溶性浸出物（热浸法测定）不得少于 14.0%；按干燥品计算，含马钱苷（$C_{17}H_{26}O_{10}$）不得少于 0.10%，含绿原酸（$C_{16}H_{18}O_9$）不得少于 0.10%。

【功能主治】清热解毒，疏风通络。用于温病发热，热毒血痢，痈肿疮疡，风湿热痹，关节红肿热痛。

【用法用量】9 ～ 30g。

【禁忌】脾胃虚寒、泄泻不止者禁用。

【中药别名】老翁须，金钗股，大薜荔，水杨藤，千金藤，鸳鸯草，鹭鸶藤，忍冬草，左缠藤，忍寒草，通灵草，蜜桶藤，金银花藤，金银藤，金银花杆，甜藤，右篆藤，右旋藤，二花秧，银花秧，二花藤。

● 122. 轮叶沙参

【分类学地位】桔梗科 Campanulaceae 沙参属 *Adenophora*。

【植物形态】多年生草本植物（图 2-122-1）。茎直立，高大，株高可达 1.5m，通常不分枝，表面光滑无毛，偶见疏生短柔毛。茎生叶 3 ～ 6 枚轮生，叶片形态多样，从卵圆形至条状披针形不等，叶缘具锯齿，两面均疏生短柔毛；叶无柄或具不明显的短柄。花序为狭圆锥花序，花序分枝（聚伞花序）多呈轮生状，分枝细长或短小，每分枝着生数朵花或单花。花萼无毛，萼筒呈倒圆锥状，裂片钻形，边缘全缘；花冠筒状细钟形，花冠口部稍缢缩，花色多为蓝色至蓝紫色，裂片短小，呈三角形；花盘呈细管状。蒴果为球状圆锥形或卵圆状圆锥形。种子黄棕色，呈矩圆状圆锥形，稍扁，具一条明显棱线，棱线扩展形成白色带状结构。

【生境】常见于山地草甸、林缘灌丛等处，海拔可达 2000m。

【入药部位】以干燥根入药，药材名称为南沙参。

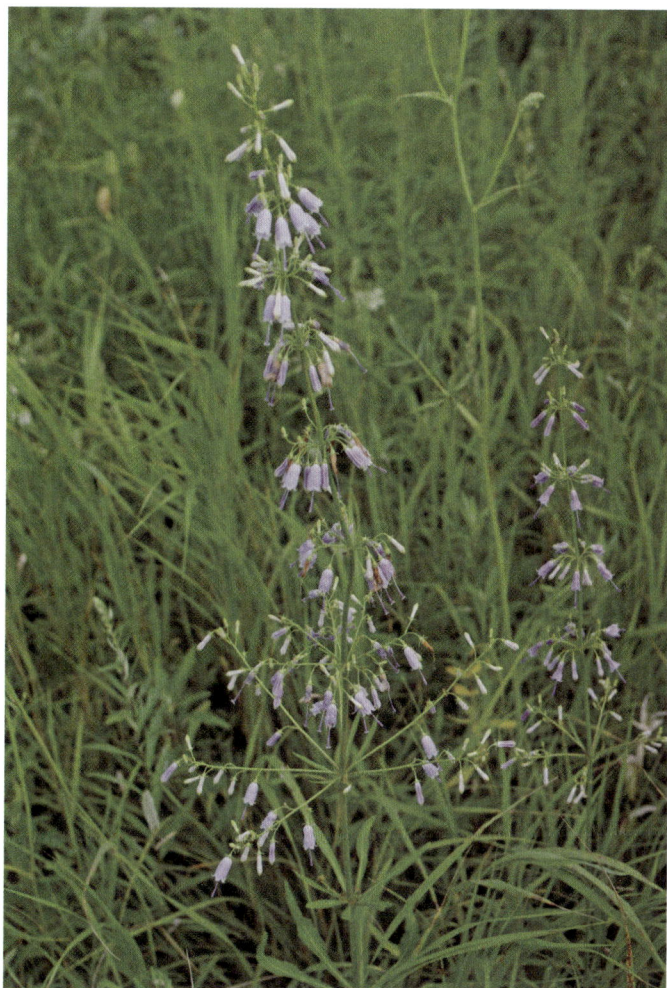

图 2-122-1　轮叶沙参 *Adenophora tetraphylla*（Thunb.）Fisch.

南沙参 Adenophorae Radix

【来源】《中国药典》（2020 年版）规定，南沙参药材的植物来源有 2 种，分别为桔梗科植物轮叶沙参 *Adenophora tetraphylla*（Thunb.）Fisch. 或沙参 *Adenophora stricta* Miq.。

【采收加工】春、秋二季采挖，除去须根，洗后趁鲜刮去粗皮，洗净，干燥。

【药材性状】本品呈圆锥形或圆柱形，略弯曲，长 7～27cm，直径 0.8～3cm（图 2-122-2）。表面黄白色或淡棕黄色，凹陷处常有残留粗皮，上部多有深陷横纹，呈断续的环状，下部有纵纹和纵沟。顶端具 1 或 2 个根茎。体轻，质松泡，易折断，断面不平坦，黄白色，多裂隙。气微，味微甘。

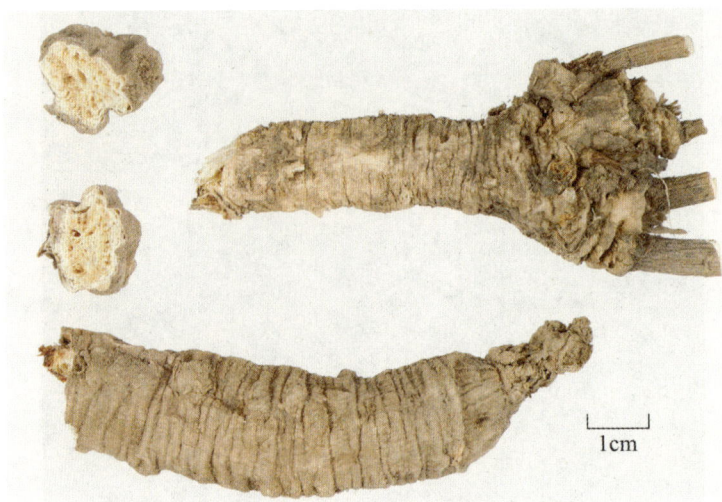

图 2-122-2　南沙参药材

【质量要求】传统经验认为，本品以根粗大、无外皮、色黄白者为佳。《中国药典》（2020 年版）规定，本品水分不得过 15.0%；总灰分不得过 6.0%；酸不溶性灰分不得过 2.0%；醇溶性浸出物（热浸法测定）不得少于 30.0%。

【功能主治】养阴清肺，益胃生津，化痰，益气。用于肺热燥咳，阴虚劳嗽，干咳痰黏，胃阴不足，食少呕吐，气阴不足，烦热口干。

【用法用量】9 ～ 15g。

【禁忌】不宜与藜芦同用。

【中药别名】沙参，白沙参，苦心，识美，虎须，白参，志取，文虎，文希，羊婆奶，泡参，面杆杖，桔参，泡沙参，稳牙参，保牙参，土人参。

123. 党参

【分类学地位】桔梗科 Campanulaceae 党参属 *Codonopsis*。

【植物形态】茎基部具多数瘤状茎痕，根常肥大呈纺锤形或纺锤状圆柱形。茎缠绕，多分枝。叶在主茎及侧枝上互生，在小枝上近于对生；叶片卵形或狭卵形，先端钝或微尖，基部近心形，边缘具波状钝锯齿，分枝上的叶片渐趋狭窄（图 2-123-1）。花单生于枝端，与叶柄互生或近于对生，具花梗。花萼贴生于子房中部，萼筒半球形，裂片宽披针形或狭长圆形，先端钝或微尖，边缘微波状或近全缘，裂片间弯缺尖狭；花冠上位，阔钟状，黄绿色，内面具明显紫斑，浅裂，裂片正三角形，先端尖，全缘；花丝基部略膨大，花药长圆形；柱头具白色刺毛。蒴果下部半球形，上部短圆锥形。种子多数，卵形，无翅，细小，棕黄色，表面光滑无毛。

图 2-123-1 党参 *Codonopsis pilosula*（Franch.）Nannf.

【生境】多生长于海拔 1560 ～ 3100m 的山地林边及灌丛中。现全国广泛栽培。

【入药部位】以干燥根入药，药材名称为党参。

【释名】"党"为地名，原指山西上党地区。因其功效与人参相似，历史上曾长期混用，故名"党参"。

党参 Codonopsis Radix

【来源】《中国药典》（2020 年版）规定，党参药材的植物来源有 3 种，分别为桔梗科植物党参 *Codonopsis pilosula*（Franch.）Nannf.、素花党参 *Codonopsis pilosula* Nannf. var. *modesta*（Nannf.）L. T. Shen 或川党参 *Codonopsis tangshen* Oliv.。

【采收加工】秋季采挖，洗净，晒干。

【药材性状】

1. 党参 呈长圆柱形，稍弯曲，长 10 ～ 35cm，直径 0.4 ～ 2cm（图 2-123-2）。表面灰黄色、黄棕色至灰棕色，根头部有多数疣状突起的茎痕及芽，每个茎痕的顶端呈凹下的圆点状；根头下有致密的环状横纹，向下渐稀疏，有的达全长的一半，栽培品环状横纹少或无；全体有纵皱纹和散在的横长皮孔样突起，支根断落处常有黑褐色胶状物。质稍柔软或稍硬而略带韧性，断面稍平坦，有裂隙或放射状纹理，皮部淡棕黄色至黄棕色，木部淡黄色至黄色。有特殊香气，味微甜。

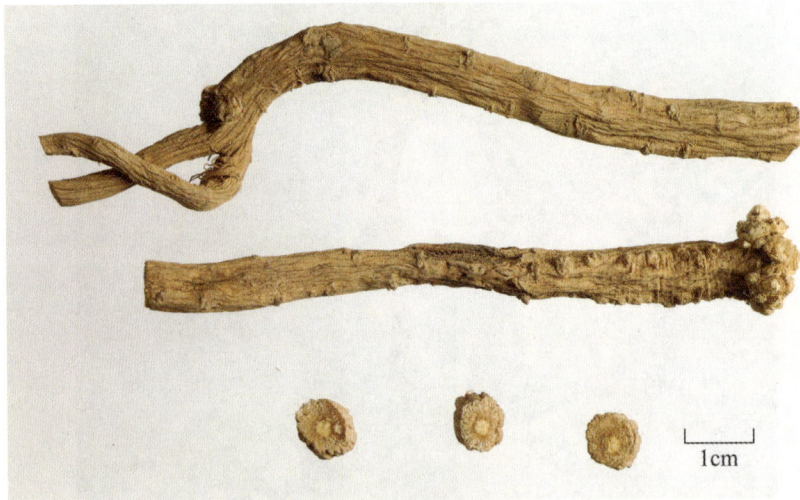

图 2-123-2 党参药材

2. 素花党参（西党参） 长 10 ～ 35cm，直径 0.5 ～ 2.5cm。表面黄白色至灰黄色，根头下致密的环状横纹常达全长的一半以上。断面裂隙较多，皮部灰白色至淡棕色。

3. 川党参 长 10 ～ 45cm，直径 0.5 ～ 2cm。表面灰黄色至黄棕色，有明显不规则的纵沟。质较软而结实，断面裂隙较少，皮部黄白色。

【质量要求】传统经验认为，本品以根条粗壮、质地坚实、皮部紧密、横纹明显、气味浓郁、味甘者为佳。《中国药典》（2020 年版）规定，本品水分不得过 160%；总灰分不得过 5.0%；二氧化硫残留量不得过 400mg/kg；醇溶性浸出物（热浸法测定）不得少于 55.0%。

【功能主治】健脾益肺，养血生津。用于脾肺气虚，食少倦怠，咳嗽虚喘，气血不足，面色萎黄，心悸气短，津伤口渴，内热消渴。

【用法用量】9 ～ 30g。

【本草考证】杨扶德等学者通过本草考证研究提出，党参具有悠久的药用历史，在历史上曾与人参混用长达千余年，直至清代才开始区分应用。《本草从新》首次将党参列为独立药材品种，并正式命名为党参。

【禁忌】不宜与藜芦同用；有实邪者忌服。

【中药别名】上党人参，防风党参，黄参，防党参，上党参，狮头参。

124. 桔梗

【分类学地位】桔梗科 Campanulaceae 桔梗属 *Platycodon*。

【植物形态】茎直立，高 20 ～ 120cm，通常无毛，偶见密被短毛，一般不分枝，少数植株上部分枝（图 2-124-1）。叶序变化较大，可全部轮生、部分轮生至完全互生；叶片卵形、卵状椭圆形至披针形，基部宽楔形至圆钝，先端急尖；叶面无毛，呈深绿色，叶背常被白粉，有时脉上具短毛或瘤突状毛；叶缘具规则细锯齿；叶柄极短或近无柄。花序类型多样：单花顶生，或数朵集成假总状花序，或形成圆锥花序；花萼筒呈半球形或倒圆锥形，表面被白粉，裂片三角形至狭三角形，偶呈齿状；花冠大，钟状，常见蓝色或紫色，栽培品种可见白色。蒴果成熟时呈球形、倒圆锥形或倒卵形，直径约 1cm，顶端 5 瓣裂。

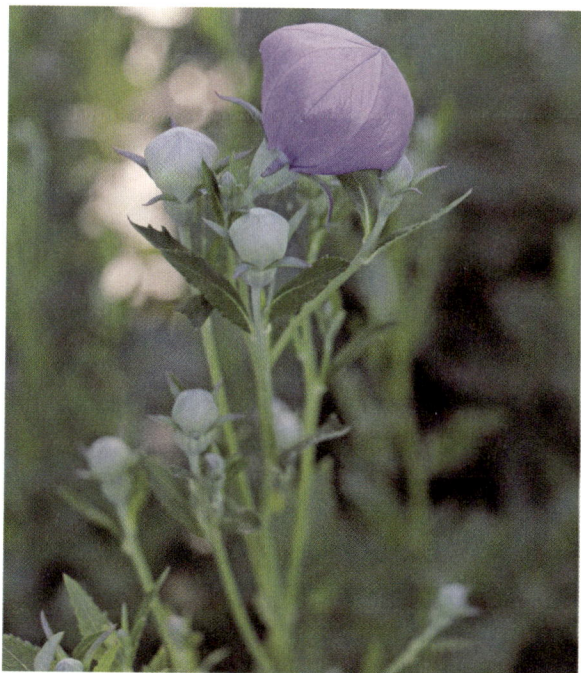

图 2-124-1 桔梗 *Platycodon grandiflorum*（Jacq.）A. DC.

【生境】多生长于海拔 2000m 以下的向阳山坡草丛、灌丛及疏林边缘，喜光照充足环境，耐寒性强，在林下阴湿处偶见生长但长势较弱。

【入药部位】以干燥根入药，药材名称为桔梗。

桔梗 Platycodonis Radix

【采收加工】春、秋二季采挖，洗净，除去须根，趁鲜剥去外皮或不去外皮，干燥。

【药材性状】本品呈圆柱形或略呈纺锤形，下部渐细，有的有分枝，略扭曲，长 7 ~ 20cm，直径 0.7 ~ 2cm（图 2-124-2）。表面淡黄白色至黄色，不去外皮者表面黄棕色至灰棕色，具纵扭皱沟，并有横长的皮孔样斑痕及支根痕，上部有横纹。有的顶端有较短的根茎或不明显，其上有数个半月形茎痕。质脆，断面不平坦，形成层环棕色，皮部黄白色，有裂隙，木部淡黄色。气微，味微甜后苦。

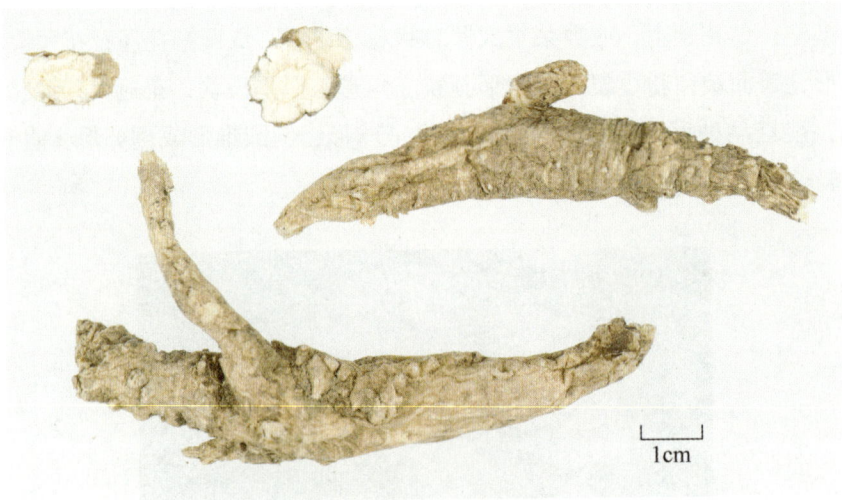

图 2-124-2　桔梗药材

【质量要求】传统经验认为，本品以条粗均匀、质地坚实、表面洁白、味苦者为佳；条粗细不均、易折断且中空、表面色灰白者质量次之。《中国药典》（2020 年版）规定，本品水分不得过 15.0%；总灰分不得过 6.0%；醇溶性浸出物（热浸法测定）不得少于 17.0%；按干燥品计算，含桔梗皂苷 D（$C_{57}H_{92}O_{28}$）不得少于 0.10%。

【功能主治】宣肺，利咽，祛痰，排脓。用于咳嗽痰多，胸闷不畅，咽痛音哑，肺痈吐脓。

【用法用量】3 ~ 10g。

【禁忌】阴虚久嗽、气逆及咳血者忌服。

【中药别名】符蒥，白药，利如，梗草，卢茹，房图，苦梗，苦桔梗，大药，苦菜根。

...

125. 林泽兰

【分类学地位】菊科 Asteraceae 泽兰属 *Eupatorium*。

【植物形态】多年生草本，植株高 30～150cm（图 2-125-1）。根茎短，具多数细根。茎直立，下部及中部常呈红色或淡紫红色。下部茎叶于花期枯萎脱落；中部茎叶长椭圆状披针形或线状披针形，不分裂或三全裂，叶片质地较厚，基部楔形，顶端急尖，叶面被白色长或短粗毛及黄色腺点；全部茎叶边缘具深浅不等的锯齿，无叶柄。头状花序多数，在茎顶或枝端排列成紧密的伞房花序；总苞钟状，内含 5 朵小花；总苞片覆瓦状排列，约 3 层；外层苞片较短，呈披针形或宽披针形，内层苞片为长椭圆形或长椭圆状披针形；全部苞片呈绿色或紫红色，顶端急尖。花冠颜色为白色、粉红色或淡紫红色，花冠筒外表面散生黄色腺点。瘦果黑褐色，椭圆状，具 5 棱，表面散生黄色腺点；冠毛白色，长度与花冠相等或略长。

图 2-125-1　林泽兰 *Eupatorium lindleyanum* DC.

【生境】生长于山谷阴湿处、林下湿地或草原地带，海拔范围为 200～2600m。

【入药部位】以干燥地上部分入药，药材名称为野马追。

野马追 Eupatorii Lindleyani Herba

【采收加工】秋季花初开放时采割，晒干。

【药材性状】本品茎呈圆柱形，长 30～90cm，直径 0.2～0.5cm；表面黄绿色或紫褐色，有纵棱，密被灰白色茸毛；质硬，易折断，断面纤维性，髓部白色。叶对生，无柄；叶片多皱缩，展平后叶片 3 全裂，似轮生，裂片条状披针形，中间裂片较长；先端钝圆，边缘具疏锯齿，上表面绿褐色，下表面黄绿色，两面被毛，有腺点。头状花序顶生。气微，叶味苦、涩。

【质量要求】传统经验认为，本品以身干、叶多、色绿、无杂质者为佳。《中国药典》（2020 年版）规定，本品水分不得过 13.0%；总灰分不得过 13.0%；酸不溶性灰分不得过 2.5%；醇溶性浸出物（热浸法测定）不得少于 9.0%；按干燥品计算，含金丝桃苷（$C_{21}H_{20}O_{12}$）不得少于 0.020%。

【功能主治】化痰止咳平喘。用于痰多咳嗽气喘。

【用法用量】30～60g。

【中药别名】白鼓钉，化食草，毛泽兰。

🟢 126. 紫菀

【分类学地位】菊科 Asteraceae 紫菀属 *Aster*。

【植物形态】多年生草本植物，具斜生根状茎（图 2-126-1）。茎直立，粗壮，高 40～150cm。基部叶在花期枯萎脱落，叶片呈长圆状或椭圆状匙形；中部叶长圆形或长圆状披针形，无柄，全缘或具浅锯齿；上部叶渐狭小；叶片均为厚纸质，上表面被短糙毛，下表面被稍稀疏的短粗毛，叶脉处毛被较密；主脉粗壮，与 5～10 对侧脉在叶背显著突起，网脉清晰可见。头状花序多数，于茎顶及分枝顶端排列成复伞房花序；花序梗细长，具线形苞叶。总苞半球形；总苞片 3 层，线形至线状披针形，顶端锐尖或钝圆，边缘具宽膜质且常带紫红色，中央具明显草质中脉。舌状花 20～40 朵，舌片蓝紫色，具 4 至多条纵脉；管状花长约 6mm，稍被柔毛；花柱附属物披针形。瘦果倒卵状长圆形，紫褐色；冠毛 1 层，污白色或略带红色。

【生境】多生长于低山阴坡湿地、山顶草地、林缘及沼泽地带，海拔范围为 400～2000m。

【入药部位】干燥根和根茎入药，药材名称为紫菀。

图 2-126-1　紫菀 *Aster tataricus* L. f.

紫菀 Asteris Radix et Rhizoma

【采收加工】春、秋二季采挖，除去有节的根茎（习称"母根"）和泥沙，编成辫状晒干，或直接晒干。

【药材性状】本品根茎呈不规则块状，大小不一，顶端有茎、叶的残基；质稍硬。根茎簇生多数细根，长 3～15cm，直径 0.1～0.3cm，多编成辫状；表面紫红色或灰红色，有纵皱纹；质较柔韧。气微香，味甜、微苦。

【质量要求】传统经验认为，本品以根长、色紫、质柔韧、去净茎苗者为佳。《中国药典》（2020 年版）规定，本品水分不得过 15.0%；总灰分不得过 15.0%；酸不溶性灰分不得过 8.0%；按干燥品计算，含紫菀酮（$C_{30}H_{50}O$）不得少于 0.15%。

【功能主治】润肺下气，消痰止咳。用于痰多喘咳，新久咳嗽，劳嗽咳血。

【用法用量】5～10g。

【禁忌】有实热者忌服。

【中药别名】青菀，紫蒨，返魂草根，夜牵牛，紫菀茸，关公须。

127. 旋覆花

【分类学地位】菊科 Asteraceae 旋覆花属 *Inula*。

【植物形态】多年生草本（图 2-127-1）。茎通常单生，偶见 2～3 株簇生，直立，高 30～70cm，具细纵沟，密被长伏毛。基部叶较小，花期常枯萎；中部叶多为长圆形、长圆状披针形或披针形，基部渐狭，常具半抱茎的圆形小耳，无柄，先端锐尖或渐尖，叶缘具稀疏小尖头状齿或近全缘。头状花序多数或少数，排列成疏松的伞房状花序；花序梗纤细。总苞半球形；总苞片约 6 层，呈线状披针形。舌状花黄色，舌片线形，长度约为总苞的 2～2.5 倍；管状花冠檐部具三角状披针形裂片；冠毛 1 层，白色，由 20 余枚微糙毛组成，与管状花近等长。瘦果圆柱形，具 10 条纵棱，顶端平截，表面被稀疏短毛。

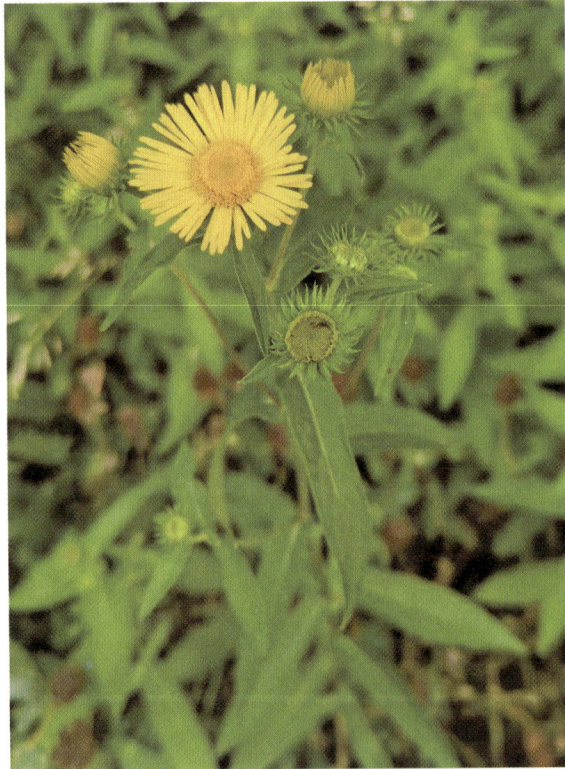

图 2-127-1　旋覆花 *Inula japonica* Thunb.

【生境】多生长于山坡路旁、湿润草地、河岸及田埂等生境，海拔范围为 150～2400m。

【入药部位】以干燥头状花序入药，药材名称为旋覆花；干燥地上部分入药，药材名称为金沸草。

旋覆花 Inulae Flos

【来源】《中国药典》（2020 年版）规定，旋覆花药材的植物来源有 2 种，分别为菊科植物旋覆花 *Inula japonica* Thunb. 或欧亚旋覆花 *Inula britannica* L.。

【采收加工】夏、秋二季花开放时采收，除去杂质，阴干或晒干。

【药材性状】本品呈扁球形或类球形，直径 1 ～ 2cm（图 2-127-2）。总苞由多数苞片组成，呈覆瓦状排列，苞片披针形或条形，灰黄色，长 4 ～ 11mm；总苞基部有时残留花梗，苞片及花梗表面被白色茸毛，舌状花 1 列，黄色，长约 1cm，多卷曲，常脱落，先端 3 齿裂；管状花多数，棕黄色，长约 5mm，先端 5 齿裂；子房顶端有多数白色冠毛，长 5 ～ 6mm。有的可见椭圆形小瘦果。体轻，易散碎。气微，味微苦。

1cm

图 2-127-2　旋覆花药材

【质量要求】传统经验认为，本品以朵大、色金黄、有白茸毛、无枝梗者为佳。

【功能主治】降气，消痰，行水，止呕。用于风寒咳嗽，痰饮蓄结，胸膈痞闷，喘咳痰多，呕吐噫气，心下痞硬。

【用法用量】3 ～ 9g，包煎。

【中药别名】覆，盗庚，盛椹，戴椹，飞天蕊，金钱花，野油花，滴滴金，夏菊，金钱菊，艾菊，迭罗黄，满天星，六月菊，黄熟花，水葵花，金盏花，复花，小黄花，猫耳朵花，驴耳朵花，金沸花，伏花，全福花。

金沸草 Inulae Herba

【来源】《中国药典》（2020 年版）规定，金沸草药材的植物来源有 2 种，分别为菊

科植物条叶旋覆花 *Inula linariifolia* Turcz. 或旋覆花 *Inula japonica* Thunb.。

【采收加工】夏、秋二季采割，晒干。

【药材性状】

1. 条叶旋覆花 茎呈圆柱形，上部分枝，长 30 ～ 70cm，直径 0.2 ～ 0.5cm；表面绿褐色或棕褐色，疏被短柔毛，有多数细纵纹；质脆，断面黄白色，髓部中空。叶互生，叶片条形或条状披针形，长 5 ～ 10cm，宽 0.5 ～ 1cm；先端尖，基部抱茎，全缘，边缘反卷，上表面近无毛，下表面被短柔毛。头状花序顶生，直径 0.5 ～ 1 cm，冠毛白色，长约 0.2cm。气微，味微苦。

2. 旋覆花 叶片椭圆状披针形，宽 1 ～ 2.5cm，边缘不反卷，头状花序较大，直径 1 ～ 2cm，冠毛长约 0.5cm。

【质量要求】传统经验认为，本品以色绿褐、叶多、带花者为佳。《中国药典》（2020 年版）规定，本品水分不得过 12.0%；醇溶性浸出物（热浸法测定）不得少于 5.0%。

【功能主治】降气，消痰，行水。用于外感风寒，痰饮蓄结，咳喘痰多，胸膈痞满。

【用法用量】5 ～ 10g。

【禁忌】阴虚劳咳及温热燥嗽者忌用。

【中药别名】金佛草，白芷胡，旋复梗，黄花草，毛柴胡，黄柴胡。

【备注】中药旋覆花的另一个来源欧亚旋覆花在黑龙江省亦有分布。欧亚旋覆花的基部叶在花期常枯萎，长椭圆形或披针形，下部渐狭成长柄；中部叶长椭圆形，基部宽大，无柄，心形或有耳，半抱茎，顶端尖或稍尖，有浅或疏齿，稀近全缘，上面无毛或被疏伏毛，下面被密伏柔毛，有腺点；中脉和侧脉被较密的长柔毛；上部叶渐小。头状花序 1 ～ 5 个，生于茎端或枝端（图 2-127-3）。

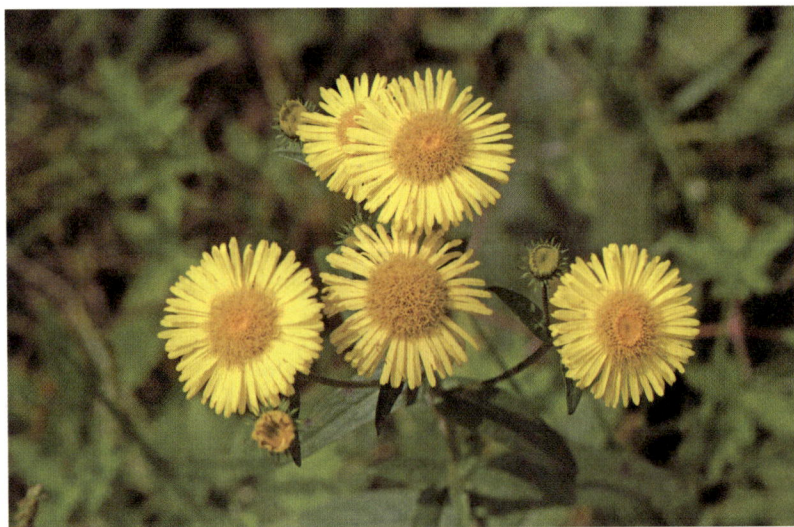

图 2-127-3 欧亚旋覆花 *Inula britannica*

中药金沸草的另一个来源条叶旋覆花在黑龙江省亦有分布。条叶旋覆花的叶呈线状披针形，边缘反卷，基部渐狭，无小耳；总苞片外面有腺，被柔毛。

128. 腺梗豨莶

【分类学地位】菊科 Asteraceae 豨莶属 *Siegesbeckia*。

【植物形态】一年生草本，植株高 50 ～ 100cm。茎直立，常呈紫红色。上部枝条密被灰白色长柔毛及紫褐色腺毛；叶对生，具叶柄；叶片阔卵形至卵状三角形，基部楔形并下延成翼状叶柄，先端渐尖，叶缘具不规则锯齿，两面均密布长柔毛；上部叶渐小，多呈长椭圆状披针形（图 2-128-1）。头状花序顶生或腋生，排列成圆锥花序；总花梗密被长柔毛与腺毛，能分泌粘液；总苞片 2 层，外层 5 枚，线状匙形，内层 10 ～ 12 枚，倒卵形且呈兜状，内外苞片均具腺毛。花杂性，黄色，边缘为雌性舌状花，先端 3 浅裂，柱头 2 裂；中央为两性管状花，花冠 5 裂，雄蕊 5 枚，子房下位，柱头 2 裂。瘦果倒卵形，稍弯曲，具 4 条纵棱，成熟时黑色，无冠毛。

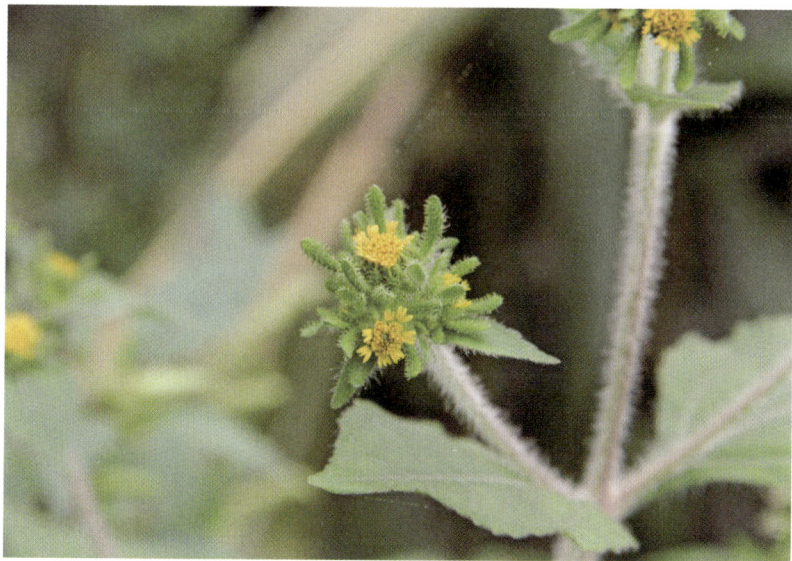

图 2-128-1　腺梗豨莶 *Siegesbeckia pubescens* Makino

【生境】多生长于山坡、山谷林缘、灌丛下的湿润草地，亦常见于河谷、溪畔、河滩湿地、旷野及农田边缘，海拔范围为 160 ～ 3400m。

【入药部位】以干燥地上部分入药，药材名称为豨莶草。

【释名】其名源自特性，"豨"意为野猪，因该植物新鲜时具特殊臭气且味涩，过量服用可致呕吐反应。

豨莶草 Siegesbeckiae Herba

【来源】《中国药典》（2020 年版）规定，豨莶草药材的植物来源有 3 种，分别为菊科植物豨莶 *Siegesbeckia orientalis* L.、腺梗豨莶 *Siegesbeckia pubescens* Makino 或毛梗豨莶 *Sigesbeckia glabrescens* Makino。

【采收加工】夏、秋二季花开前和花期均可采割，除去杂质，晒干。

【药材性状】本品茎略呈方柱形，多分枝，长 30～110cm，直径 0.3～1cm；表面灰绿色、黄棕色或紫棕色，有纵沟和细纵纹，被灰色柔毛；节明显，略膨大；质脆，易折断，断面黄白色或带绿色，髓部宽广，类白色，中空（图 2-128-2）。叶对生，叶片多皱缩、卷曲，展平后呈卵圆形，灰绿色，边缘有钝锯齿，两面皆有白色柔毛，主脉 3 出。有的可见黄色头状花序，总苞片匙形。气微，味微苦。

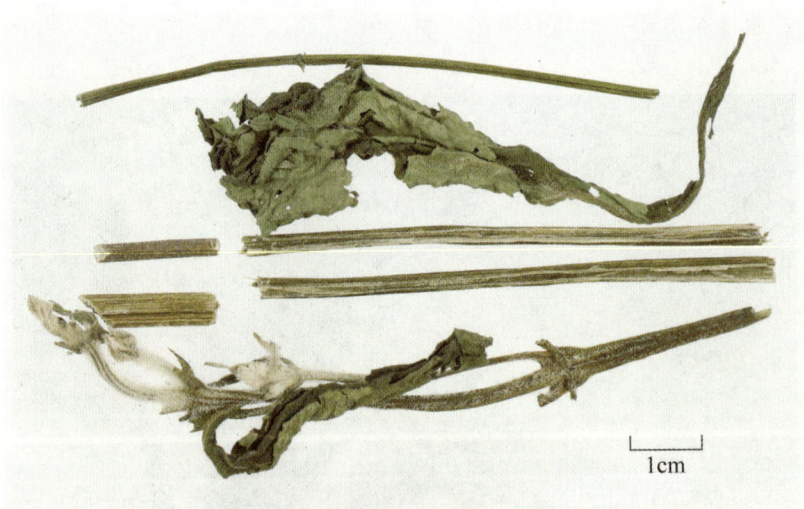

1cm

图 2-128-2　豨莶草药材

【质量要求】传统经验认为，本品以茎粗、叶多、花未开放、灰绿色者为佳。《中国药典》（2020 年版）规定，本品水分不得过 15.0%；总灰分不得过 12.0%；按干燥品计算，含奇壬醇（$C_{20}H_{34}O_4$）不得少于 0.050%。

【功能主治】祛风湿，利关节，解毒。用于风湿痹痛，筋骨无力，腰膝酸软，四肢麻痹，半身不遂，风疹湿疮。

【用法用量】9～12g。

【禁忌】阴血不足者忌服。

【中药别名】火莶，猪膏莓，虎膏，狗膏，火杴草，猪膏草，皱面地葱花，豨莶草，粘糊菜，希仙，虎苍，黄猪母，肥猪苗，母猪油，亚婆针，棉花狼，粘强子，粘不扎，虾钳草，土伏虱，金耳钩，有骨消，黄花草，猪母菜，猪冠麻叶，四棱麻，大接骨，老奶补补丁，野芝麻，毛檫拉子，大叶草，棉黍棵，老陈婆，油草子，风湿草，老前婆，大叶草。

129. 苍耳

【分类学地位】菊科 Asteraceae 苍耳属 *Xanthium*。

【植物形态】一年生草本，植株高 20～90cm（图 2-129-1）。茎直立，通常不分枝或偶有分枝。叶片呈三角状卵形或心形，近全缘或具 3～5 个不明显浅裂，先端锐尖或钝圆，基部微心形或截形，与叶柄连接处呈楔形；叶缘具不规则粗锯齿，具明显三出基生脉，叶脉上密被糙伏毛。雄性头状花序呈球形，花序梗有或无；总苞片长圆状披针形，被短柔毛；花托圆柱状；托片倒披针形，先端锐尖，具微毛；雄花多数，花冠钟形，冠管上部具 5 枚宽裂片；花药呈长圆状线形。雌性头状花序为椭圆形，外层总苞片较小，呈披针形且被短柔毛；内层总苞片合生成囊状，宽卵形或椭圆形，呈绿色、淡黄绿色或偶带红褐色，果实成熟时硬化，表面疏生具钩的细直刺，刺基部略增粗或近等粗。瘦果通常 2 枚，倒卵形。

图 2-129-1 苍耳 *Xanthium sibiricum* Patr.

【生境】多生长于平原、丘陵、低山地区的荒野路边、田间地头等处。在黑龙江省全境均有广泛分布。

【入药部位】以干燥成熟带总苞的果实入药，药材名称为苍耳子。

苍耳子 Xanthii Fructus

【采收加工】秋季果实成熟时采收，干燥，除去梗、叶等杂质。

【药材性状】本品呈纺锤形或卵圆形，长 1 ～ 1.5cm，直径 0.4 ～ 0.7cm（图 2-129-2）。表面黄棕色或黄绿色，全体有钩刺，顶端有 2 枚较粗的刺，分离或相连，基部有果梗痕。质硬而韧，横切面中央有纵隔膜，2 室，各有 1 枚瘦果。瘦果略呈纺锤形，一面较平坦，顶端具 1 突起的花柱基，果皮薄，灰黑色，具纵纹。种皮膜质，浅灰色，子叶 2，有油性。气微，味微苦。

1cm

图 2-129-2　苍耳子药材

【质量要求】传统经验认为，本品以粒大而饱满、色黄棕者为佳。《中国药典》（2020年版）规定，本品水分不得过 12.0%；总灰分不得过 5.0%；按干燥品计算，含绿原酸（$C_{16}H_{18}O_9$）不得少于 0.25%。

【功能主治】散风寒，通鼻窍，祛风湿。用于风寒头痛，鼻塞流涕，鼻鼽，鼻渊，风疹瘙痒，湿痹拘挛。

【用法用量】3 ～ 10g。

【禁忌】血虚之头痛、痹痛者忌服。

【中药别名】菜耳实，牛虱子，胡寝子，苍郎种，棉螳螂，苍子，胡苍子，饿虱子，苍棵子，苍耳蒺藜，苍浪子，老苍子。

🔵 130. 蓍

【分类学地位】菊科 Asteraceae 蓍属 *Achillea*。

【植物形态】多年生草本，具短根状茎（图 2-130-1）。茎直立，高 30 ～ 80cm。叶无柄，条状披针形，篦齿状羽状浅裂至深裂，基部裂片抱茎；裂片条形或条状披针形，先端尖锐，边缘具不等大的锯齿或浅裂。头状花序多数，集成伞房状；总苞宽矩圆形或近球形；总苞片3层，覆瓦状排列，宽披针形至长椭圆形，中层草质，绿色，具凸起的中肋，边缘膜质，褐色，疏被长柔毛；托片形态与内层总苞片相似。边缘舌状花6～8朵，舌片白色，宽椭圆形，顶端3浅裂，管部翅状压扁，无腺点；中央管状花白色，花冠檐部5裂，管部压扁。瘦果宽倒披针形，扁平，具淡色边肋，偶见头状花序中心1～2枚瘦果腹面具1～2条肋棱。

图 2-130-1　蓍 *Achillea alpina* L.

【生境】常见于山坡草地、灌丛间及林缘地带。

【入药部位】以干燥地上部分入药，药材名称为蓍草。

蓍草 Achilleae Herba

【采收加工】夏、秋二季花开时采割，除去杂质，阴干。

【药材性状】本品茎呈圆柱形，直径1～5mm。表面黄绿色或黄棕色，具纵棱，被白色柔毛；质脆，易折断，断面白色，中部有髓或中空（图 2-130-2）。叶常卷缩，破碎，完整者展平后为长线状披针形，裂片线形，表面灰绿色至黄棕色，两面被柔毛。头状花序密集成复伞房状，黄棕色；总苞片卵形或长圆形，覆瓦状排列。气微香，味微苦。

图 2-130-2　蓍草药材

【**质量要求**】《中国药典》（2020 年版）规定，本品水分不得过 10.0%；总灰分不得过 7.0%；酸不溶性灰分不得过 2.0%；醇溶性浸出物（热浸法测定）不得少于 8.0%；按干燥品计算，含绿原酸（$C_{16}H_{18}O_9$）不得少于 0.40%。

【**功能主治**】解毒利湿，活血止痛。用于乳蛾咽痛，泄泻痢疾，肠痈腹痛，热淋涩痛，湿热带下，蛇虫咬伤。

【**用法用量**】15 ～ 45g，必要时日服二剂。

【**禁忌**】孕妇慎服。

【**中药别名**】蓍，蜈蚣草，飞天蜈蚣，乱头发，土一支蒿，羽衣草，千条蜈蚣，锯草，一枝蒿。

【**备注**】本品在《中国药典》（2020 年版）中规定的来源为蓍，其植物形态特征与高山蓍（中文名）一致，学名均为 *Achillea alpina* L.。

🟢 131. 黄花蒿

【**分类学地位**】菊科 Asteraceae 蒿属 *Artemisia*。

【**植物形态**】一年生草本植物（图 2-131-1），全株具有浓烈的挥发性香气。主根单一，垂直生长，呈狭纺锤形；茎单一，直立，高度为 100 ～ 200cm，具纵棱。叶片纸质，绿色；茎下部叶片呈宽卵形或三角状卵形，绿色，三（至四）回栉齿状羽状深裂，每侧具裂片 5 ～ 10 枚；中部叶片为二（至三）回栉齿状羽状深裂，小裂片呈栉齿状三角形。头状花序球形，数量众多，具短梗；总苞片 3 ～ 4 层，内、外层长度相近；花深黄色，雌花 10 ～ 18 朵，花冠狭管状，檐部具 2 ～ 3 裂齿，外表面具腺点，花柱线形，伸出花冠外，先端 2 叉，叉端钝尖；两性花 10 ～ 30 朵，多数可结实，仅中央少数花不育，花冠管状，花药线形，上端附属物呈尖长三角形，基部具短尖头，花柱长度与花冠相近，先端 2 叉，叉端截形，具短睫毛。瘦果较小，呈椭圆状卵形，略扁平。

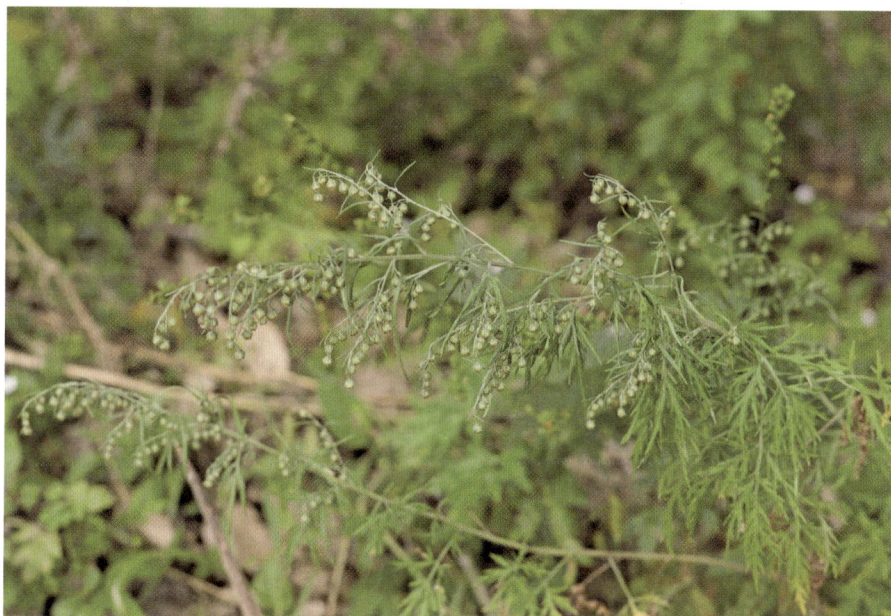

图 2-131-1　黄花蒿 *Artemisia annua* L.

【生境】多生长于路旁、荒地、山坡及林缘等环境中。

【入药部位】以干燥地上部分入药，药材名称为青蒿。

【释名】其采收时叶片呈青绿色，故得名青蒿。

青蒿 Artemisiae Annuae Herba

【采收加工】秋季花盛开时采割，除去老茎，阴干。

【药材性状】本品茎呈圆柱形，上部多分枝，长 30 ～ 80cm，直径 0.2 ～ 0.6cm；表面黄绿色或棕黄色，具纵棱线；质略硬，易折断，断面中部有髓（图 2-131-2）。叶互生，暗绿色或棕绿色，卷缩易碎，完整者展平后为三回羽状深裂，裂片和小裂片矩圆形或长椭圆形，两面被短毛。气香特异，味微苦。

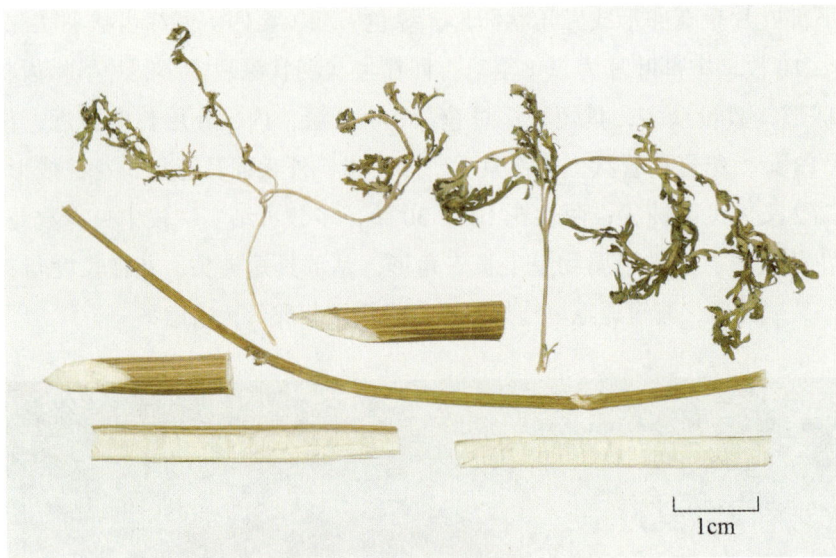

图 2-131-2　青蒿药材

【质量要求】传统经验认为，本品以质嫩、色绿、气清香者为佳。《中国药典》（2020年版）规定，本品水分不得过 14.0%；总灰分不得过 8.0%；醇溶性浸出物（冷浸法测定）不得少于 1.9%。

【功能主治】清虚热，除骨蒸，解暑热，截疟，退黄。用于温邪伤阴，夜热早凉，阴虚发热，骨蒸劳热，暑邪发热，疟疾寒热，湿热黄疸。

【用法用量】6～12g，后下。

【禁忌】产后血虚、内寒作泻及饮食停滞泄泻者勿用。

【中药别名】蒿，草蒿，方溃，泛蒿，臭蒿，香蒿，三庚草，蒿子，草青蒿，草蒿子，细叶蒿，香青蒿，苦蒿，臭青蒿，香丝草，酒饼草。

【本草考证】胡世林通过本草考证研究，纠正了日本学者将青蒿 *Artemisia carvifolia* Buch. Ham. ex Roxb. 错误鉴定为中药青蒿基原植物的观点，明确提出中药青蒿的正品基原应为黄花蒿 *Artemisia annua* L.。

🔵🟠 132. 艾

【分类学地位】菊科 Asteraceae 蒿属 *Artemisia*。

【植物形态】多年生草本或呈半灌木状（图 2-132-1），全株具浓烈香气。主茎通常单一或少数丛生，株高 80～250cm，茎秆具明显纵棱，表面呈褐色至灰黄褐色。叶片厚纸质，叶面被灰白色短柔毛并散布白色腺点及凹陷小点，叶背密被灰白色蛛丝状绒毛；基生叶具长柄，花期枯萎脱落；茎下部叶近圆形或宽卵形，羽状深裂，每侧具 2～3 枚裂片，裂片呈椭圆形或倒卵状长椭圆形，叶基渐狭为宽楔形并延伸成短柄状，叶脉显著隆起于叶背，干燥时呈锈色；上部叶及苞片叶多为羽状半裂、浅裂或3深裂。头状花序椭圆状，无梗或具极短花序梗。瘦果呈长卵形或长圆形。

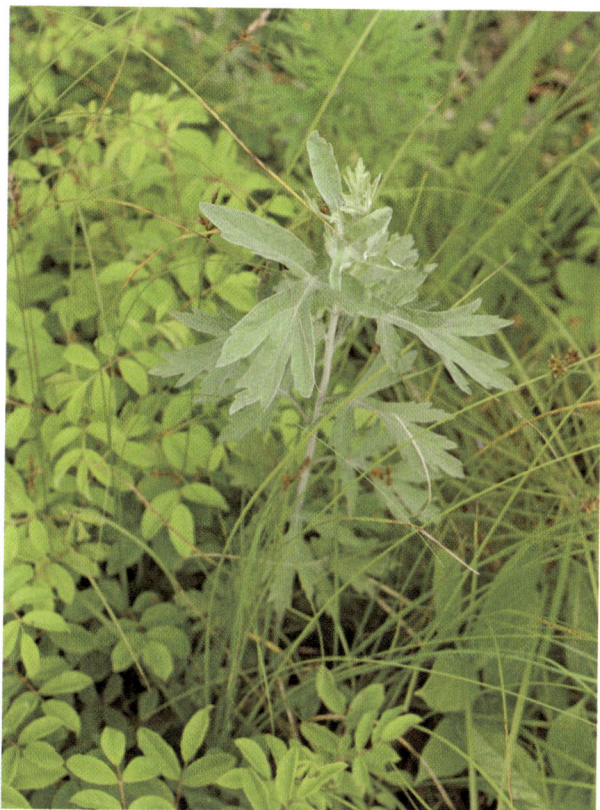

图 2-132-1　艾 *Artemisia argyi* Levi et Vant.

【生境】多分布于海拔范围为 200 ～ 800m 的区域，常见于荒地、路旁、河岸、山坡等生境，在森林草原带及典型草原区亦有分布，适应性强。

【入药部位】以干燥叶入药，药材名称为艾叶。

【释名】此草可乂疾，久而弥善，故字从乂，而名艾。

艾叶 Artemisiae Argyi Folium

【采收加工】夏季花未开时采摘，除去杂质，晒干。

【药材性状】本品多皱缩、破碎，有短柄（图 2-132-2）。完整叶片展平后呈卵状椭圆形，羽状深裂，裂片椭圆状披针形，边缘有不规则的粗锯齿；上表面灰绿色或深黄绿色，有稀疏的柔毛和腺点；下表面密生灰白色绒毛。质柔软。气清香，味苦。

图 2-132-2　艾叶药材

【质量要求】传统经验认为，本品以叶背灰白色、绒毛多、香气浓郁者为佳。《中国药典》（2020 年版）规定，本品水分不得过 15.0%；总灰分不得过 12.0%；酸不溶性灰分不得过 3.0%；按干燥品计算，含桉油精（$C_{10}H_8O$）不得少于 0.050%，含龙脑（$C_{10}H_{18}O$）不得少于 0.020%。

【功能主治】温经止血，散寒止痛；外用祛湿止痒。用于吐血，衄血，崩漏，月经过多，胎漏下血，少腹冷痛，经寒不调，宫冷不孕；外治皮肤瘙痒。醋艾炭温经止血，用于虚寒性出血。

【用法用量】3 ～ 9g。外用适量，供灸治或熏洗用。

【禁忌】阴虚血热者慎用。

【中药别名】艾，冰台，艾蒿，医草，灸草，蕲艾，黄草，家艾，甜艾，草蓬，艾蓬，狼尾蒿子，香艾，阿及艾。

● 133. 滨蒿

【分类学地位】菊科 Asteraceae 蒿属 *Artemisia*。

【植物形态】多年生草本植物（图 2-133-1），全株具有浓烈香气。主根单一，根状茎粗短且直立。茎通常单一生长，表面具纵向条纹。基生叶与营养枝叶的两面均密被灰白色绢质柔毛。叶片呈二至三回羽状全裂形态，叶柄较长，花期时基生叶枯萎脱落。头状花序近球形，数量极多；总苞片 3 ～ 4 层，外层总苞片为草质卵形，背面呈绿色且无毛，边缘为膜质，中、内层总苞片呈半膜质；花序托较小且明显凸起；雌花的花冠呈狭圆锥状或狭管状，冠檐具 2 裂齿，花柱线形并伸出花冠外，先端 2 叉状；两性花不育，花冠管状，花药线形且先端附属物尖锐，花柱较短，先端膨大但不分叉，退化子房不明显。瘦果呈褐色。

图 2-133-1　滨蒿 *Artemisia scoparia* Waldst. et Kit

【生境】分布于中、低海拔地区的山坡、旷野、路旁等处。

【入药部位】以干燥地上部分入药，药材名称为茵陈。

【释名】因该植物叶片紧细，不具花果结构，秋季叶片枯萎后，茎干能越冬存活，至次年春季又从旧茎萌发新叶，故得名茵陈蒿。

茵陈 Artemisiae Scopariae Herba

【来源】《中国药典》（2020 年版）规定，茵陈药材的植物来源有 2 种，分别为菊科植物滨蒿 *Artemisia scoparia* Waldst.et Kit. 或茵陈蒿 *Artemisia capillaris* Thunb.。

【采收加工】春季幼苗高 6 ～ 10cm 时采收或秋季花蕾长成至花初开时采割，除去杂质和老茎，晒干。春季采收的习称"绵茵陈"，秋季采割的称"花茵陈"。

【药材性状】

1. 绵茵陈 多卷曲成团状，灰白色或灰绿色，全体密被白色茸毛，绵软如绒。茎细小，长 1.5 ～ 2.5cm，直径 0.1 ～ 0.2cm，除去表面白色茸毛后可见明显纵纹；质脆，易折断。叶具柄；展平后叶片呈一至三回羽状分裂，叶片长 1 ～ 3cm，宽约 1cm；小裂片卵形或稍呈倒披针形、条形，先端锐尖。气清香，味微苦。

2. 花茵陈 茎呈圆柱形，多分枝，长 30 ～ 100cm，直径 2 ～ 8mm；表面淡紫色或紫色，有纵条纹，被短柔毛；体轻，质脆，断面类白色（图 2-133-2）。叶密集，或多脱落；下部叶二至三回羽状深裂，裂片条形或细条形，两面密被白色柔毛；茎生叶一至二回羽状全裂，基部抱茎，裂片细丝状。头状花序卵形，多数集成圆锥状，长 1.2 ～ 1.5mm，直径 1 ～ 1.2mm，有短梗；总苞片 3 ～ 4 层，卵形，苞片 3 裂；外层雌花 6 ～ 10 个，可多达 15 个，内层两性花 2 ～ 10 个。瘦果长圆形，黄棕色。气芳香，味微苦。

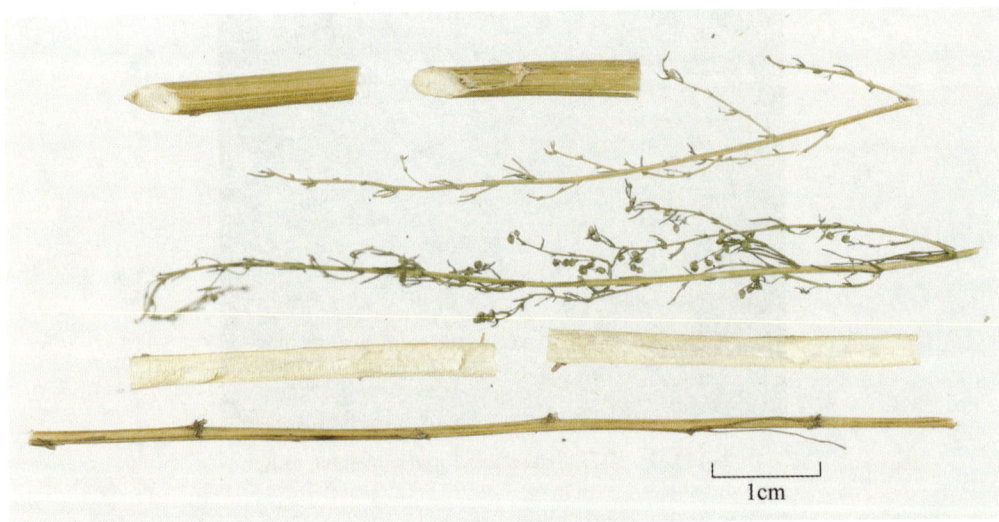

图 2-133-2　花茵陈药材

【质量要求】 传统经验认为，本品以质嫩、色灰绿、香气浓者为佳。《中国药典》（2020 年版）规定，本品水分不得过 12.0%；绵茵陈水溶性浸出物（热浸法测定）不得少于 25.0%；按干燥品计算，含绿原酸（$C_{16}H_{18}O_9$）不得少于 0.50%，含滨蒿内酯（$C_{11}H_{10}O_4$）不得少于 0.20%。

【功能主治】 清利湿热，利胆退黄。用于黄疸尿少，湿温暑湿，湿疮瘙痒。

【用法用量】 6 ～ 15g。外用适量，煎汤熏洗。

【禁忌】 非湿热证所致黄疸者慎用。

【中药别名】 因尘，马先，茵蒾蒿，因陈蒿，绵茵陈，绒蒿，细叶青蒿，臭蒿，安吕草，婆婆蒿，野兰蒿。

【本草考证】谢宗万通过本草考证研究提出，现行《中国药典》收载的茵陈正品来源为菊科植物猪毛蒿与茵陈蒿，二者均为传统药用茵陈的正品基原植物，表明古今药用品种具有传承一致性。

134. 鹅不食草

【分类学地位】菊科 Asteraceae 石胡荽属 *Centipeda*。

【植物形态】一年生小型草本植物。茎多分枝，株高 5～20cm，呈匍匐状生长，表面微被蛛丝状毛或近无毛（图 2-134-1）。叶互生，呈楔状倒披针形，先端钝圆，基部楔形，叶缘具稀疏锯齿，叶面无毛，背面偶被稀疏蛛丝状毛。头状花序小型，扁球形，通常单生于叶腋，无显著花序梗或极短；总苞呈半球形；总苞片 2 层，椭圆状披针形，绿色，边缘为透明膜质，外层苞片较大；边缘雌花多层，花冠细管状，呈淡绿黄色，顶端具 2～3 微裂；中央两性花为管状花冠，顶端 4 深裂，淡紫红色，下部具明显狭管。瘦果椭圆形，具 4 纵棱，棱上密被长毛，无冠状冠毛。

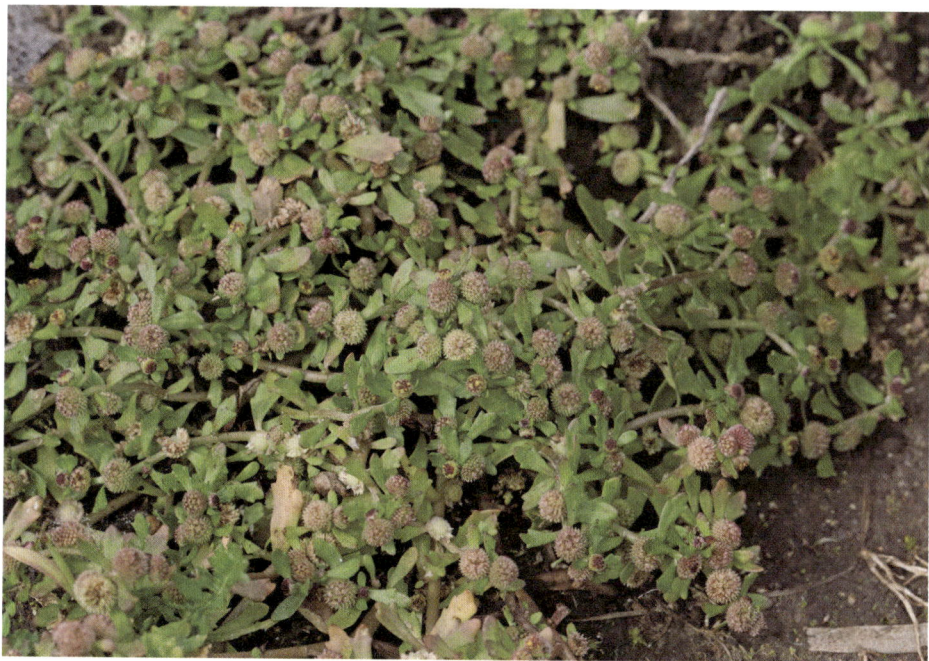

图 2-134-1　鹅不食草 *Centipeda minima*（L.）A. Br. et Aschers.

【生境】多生长于路旁、荒野阴湿地。

【入药部位】以干燥全草入药，药材名称为鹅不食草。

【释名】因植株具特殊气味，家禽避而不食，故得此名。

鹅不食草 Centipeda Herba

【**采收加工**】夏、秋二季花开时采收，洗去泥沙，晒干。

【**药材性状**】本品缠结成团。须根纤细，淡黄色。茎细，多分枝；质脆，易折断，断面黄白色。叶小，近无柄；叶片多皱缩、破碎，完整者展平后呈匙形，表面灰绿色或棕褐色，边缘有 3～5 个锯齿。头状花序黄色或黄褐色。气微香，久嗅有刺激感，味苦、微辛。

【**质量要求**】《中国药典》（2020 年版）规定，本品杂质不得过 2%；水分不得过 12.0%；水溶性浸出物（冷浸法测定）不得少于 15.0%；按干燥品计算，含短叶老鹳草素 A（$C_{20}H_{26}O_5$）不得少于 0.10%。

【**功能主治**】发散风寒，通鼻窍，止咳。用于风寒头痛，咳嗽痰多，鼻塞不通，鼻渊流涕。

【**用法用量**】6～9g。外用适量。

食胡荽，野园荽，鸡肠草，鹅不食，地芫荽，满天星，沙飞草，地胡椒，大救驾，三节剑，山胡椒，连地稗，球子草，二郎戟，小救驾，杜网草，猪屎草，砂药草，猪屎潺，通天窍，雾水沙，猫沙，小拳头，铁拳头，散星草，地杨梅，三牙钻，蚊子草，白珠子草，二郎剑。

【**备注**】在《中国植物志》中，鹅不食草的中文正名与学名为石胡荽 *Centipeda minima*（L.）A. Braun et Asch.。

● 135. 菊花

【**分类学地位**】菊科 Asteraceae 菊花 *Chrysanthemum*。

【**植物形态**】多年生草本植物，株高 50～140cm，全株密被白色柔毛（图 2-135-1）。茎基部稍木质化，常呈紫红色，幼枝具浅棱。叶互生，叶片卵形至卵状披针形，先端钝圆，基部近心形或阔楔形，边缘羽状深裂，裂片具粗锯齿或重锯齿，叶下面均密被白色短柔毛；叶柄具浅槽。头状花序顶生或腋生；总苞半球形，苞片 3～4 层，绿色，被毛，边缘膜质透明，呈淡棕色；花托凸起，半球形。舌状花为雌性，排列于花序边缘，舌片线状长圆形，先端钝圆，花色多样，包括白色、黄色、淡红色或淡紫色，雌蕊 1 枚，花柱短，柱头 2 裂；管状花为两性，位于花序中央，黄色，每朵管状花外具 1 枚卵状膜质鳞片，花冠管先端 5 裂，裂片三角状卵形，雄蕊 5 枚，聚药，花丝极短且分离，雌蕊 1

枚，子房下位，矩圆形，花柱线形，柱头 2 裂。瘦果矩圆形，具 4 棱，顶端平截，表面光滑无毛。

图 2-135-1　菊花 *Chrysanthemum morifolium* Ramat.

【生境】黑龙江省各地均有栽培，适应性较强，常见于园林及药用植物种植区。

【入药部位】以干燥头状花序入药，药材名称为菊花。

【释名】"菊"为象形字，其字形演变与菊花形态特征相关。

菊花 Chrysanthemi Flos

【采收加工】9～11 月花盛开时分批采收，阴干或焙干，或熏、蒸后晒干。药材按产地和加工方法不同，分为"亳菊""滁菊""贡菊""杭菊""怀菊"。

【药材性状】

1. 亳菊　呈倒圆锥形或圆筒形，有时稍压扁呈扇形，直径 1.5～3cm，离散。总苞碟状；总苞片 3～4 层，卵形或椭圆形，草质，黄绿色或褐绿色，外面被柔毛，边缘膜质。花托半球形，无托片或托毛。舌状花数层，雌性，位于外围，类白色，劲直，上举，纵向折缩，散生金黄色腺点；管状花多数，两性，位于中央，为舌状花所隐藏，黄色，顶端 5 齿裂。瘦果不发育，无冠毛。体轻，质柔润，干时松脆。气清香，味甘、微苦。

2. 滁菊　呈不规则球形或扁球形，直径 1.5～2.5cm。舌状花类白色，不规则扭曲，内卷，边缘皱缩，有时可见淡褐色腺点；管状花大多隐藏。

3. 贡菊 呈扁球形或不规则球形，直径 1.5 ～ 2.5cm。舌状花白色或类白色，斜升，上部反折，边缘稍内卷而皱缩，通常无腺点；管状花少，外露。

4. 杭菊 呈碟形或扁球形，直径 2.5 ～ 4cm，常数个相连成片。舌状花类白色或黄色，平展或微折叠，彼此粘连，通常无腺点；管状花多数，外露。

5. 怀菊 呈不规则球形或扁球形，直径 1.5 ～ 2.5cm。多数为舌状花，舌状花类白色或黄色，不规则扭曲，内卷，边缘皱缩，有时可见腺点；管状花大多隐藏。

【质量要求】传统经验认为，本品以花朵完整、颜色鲜艳、气清香、无杂质者为佳。《中国药典》（2020 年版）规定，本品水分不得过 15.0%；按干燥品计算，含绿原酸（$C_{16}H_{18}O_9$）不得少于 0.20%，含木犀草苷（$C_{21}H_{20}O_{11}$）不得少于 0.080%，含 3,5-O- 二咖啡酰基奎宁酸（$C_{25}H_{24}O_{12}$）不得少于 0.70%。

【功能主治】散风清热，平肝明目，清热解毒。用于风热感冒，头痛眩晕，目赤肿痛，眼目昏花，疮痈肿毒。

【用法用量】5 ～ 10g。

【禁忌】气虚胃寒、食少泄泻者慎用。

【中药别名】节华，日精，女节，女华，女茎，更生，周盈，傅延年，阴成，甘菊，真菊，金精，金蕊，馒头菊，簪头菊，甜菊花，药菊。

【备注】在《中国植物志》中，菊花的学名已接受修订为 *Chrysanthemum ×morifolium*（Ramat.）Hemsl.。

🟢 136. 驴欺口

【分类学地位】菊科 Asteraceae 蓝刺头属 *Echinops*。

【植物形态】多年生草本（图 2-136-1）。茎直立，基部具残存纤维状撕裂的褐色叶柄。基生叶与下部茎叶具长叶柄，叶柄基部扩大呈贴茎或半抱茎状；上部茎叶无柄，基部扩大呈抱茎状。叶片纸质，质地较薄，两面异色明显，上表面绿色，无毛或疏被蛛丝毛，下表面灰白色，密被厚蛛丝状绵毛。复头状花序单生茎顶或茎生 2 ～ 3 个；基毛白色，不等长，呈扁毛状。总苞片多层：外层苞片略长于基毛，线状倒披针形，上部菱形或椭圆形扩大，边缘具长缘毛，顶端短渐尖；中层苞片倒披针形，自最宽处向上骤缩成针刺状长渐尖，边缘具稀疏短缘毛；内层苞片长椭圆形，上部边缘具短缘毛，顶端刺芒状渐尖。所有苞片外表面均无毛。小花蓝色，花冠裂片线形，花冠管上部密布腺点。瘦果密被顺向贴伏的淡黄色长直毛，完全遮盖冠毛。

【生境】生长于山坡草地及疏林下，海拔范围为 120 ～ 2200m。

【入药部位】以干燥根入药，药材名称为禹州漏芦。

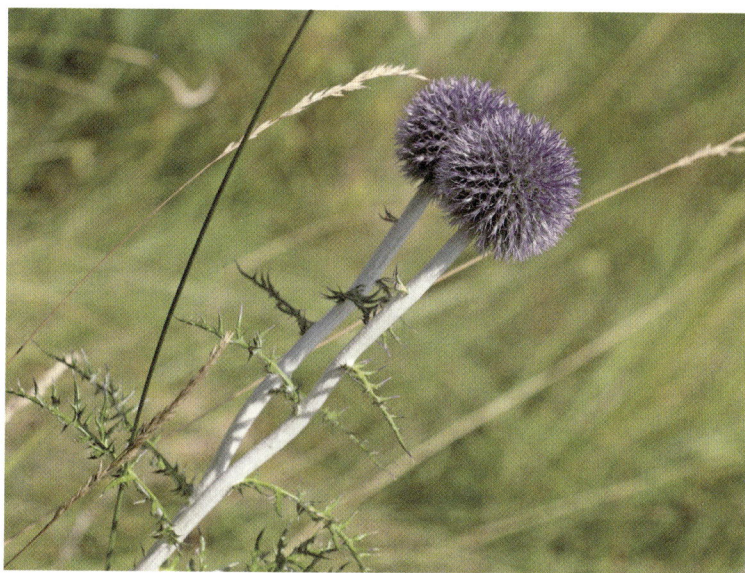

图 2-136-1　驴欺口 *Echinops latifolius* Tausch.

禹州漏芦 Echinopsis Radix

【来源】《中国药典》（2020 年版）规定，禹州漏芦药材的植物来源有 2 种，分别为菊科植物驴欺口 *Echinops latifolius* Tausch. 或华东蓝刺头 *Echinops grijsii* Hance。

【采收加工】春、秋二季采挖，除去须根和泥沙，晒干。

【药材性状】本品呈类圆柱形，稍扭曲，长 10～25cm，直径 0.5～1.5cm。表面灰黄色或灰褐色，具纵皱纹，顶端有纤维状棕色硬毛。质硬，不易折断，断面皮部褐色，木部呈黄黑相间的放射状纹理。气微，味微涩。

【质量要求】传统经验认为，本品以枝条粗长、表面呈土棕色、质地坚实、长短整齐者为佳。《中国药典》（2020 年版）规定，本品水分不得过 13.0%；总灰分不得过 10.0%；酸不溶性灰分不得过 4.5%；按干燥品计算，含 α- 三联噻吩（$C_{12}H_8S_3$）不得少于 0.20%。

【功能主治】清热解毒，消痈，下乳，舒筋通脉。用于乳痈肿痛，痈疽发背，瘰疬疮毒，乳汁不通，湿痹拘挛。

【用法用量】5～10g。

【禁忌】气虚、疮疡阴证者及孕妇忌服。

【中药别名】野兰，鹿骊，鬼油麻，独花山牛蒡，祁漏芦，禹漏芦，龙葱根，毛头。

【备注】在《中国植物志》中，驴欺口的中文正名与学名为蓝刺头 *Echinops davuricus* Trevir.。

137. 牛蒡

【分类学地位】菊科 Asteraceae 牛蒡属 *Arctium*。

【植物形态】二年生草本植物，具粗大肉质直根，多分枝支根（图 2-137-1）。茎直立，高可达 2m，粗壮，常呈紫红色或淡紫红色。基生叶宽卵形，叶缘具稀疏浅波状凹齿或齿尖，基部心形，具长叶柄，叶片两面异色，上表面绿色，下表面灰白色或淡绿色。头状花序多数或少数，于茎枝顶端排列成疏松的伞房花序或圆锥状伞房花序。总苞卵形至卵球形；总苞片多层，多数，外层呈三角状或披针状钻形，中内层为披针状或线状钻形。小花紫红色，花冠裂片长约 2mm。瘦果倒长卵形或偏斜倒长卵形，两侧压扁，浅褐色，表面具多数细脉纹，部分个体具深褐色斑纹或无斑纹。冠毛多层，浅褐色；冠毛刚毛呈糙毛状，不等长，基部不连合成环，易分散脱落。

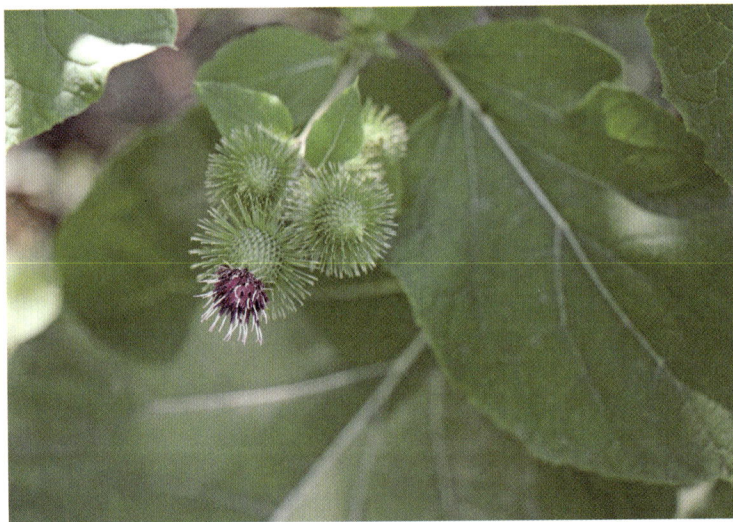

图 2-137-1　牛蒡 *Arctium lappa* L.

【生境】常生长于山坡、山谷、林缘、林下、灌木丛中、河边潮湿地、村庄路旁及荒地，海拔范围为 750 ～ 3500m。

【入药部位】以干燥成熟果实入药，药材名称为牛蒡子。

牛蒡子 Arctii Fructus

【采收加工】秋季果实成熟时采收果序，晒干，打下果实，除去杂质，再晒干。

【药材性状】本品呈长倒卵形，略扁，微弯曲，长 5 ～ 7mm，宽 2 ～ 3mm（图 2-137-2）。

表面灰褐色，带紫黑色斑点，有数条纵棱，通常中间 1～2 条较明显。顶端钝圆，稍宽，顶面有圆环，中间具点状花柱残迹；基部略窄，着生面色较淡。果皮较硬，子叶 2，淡黄白色，富油性。气微，味苦后微辛而稍麻舌。

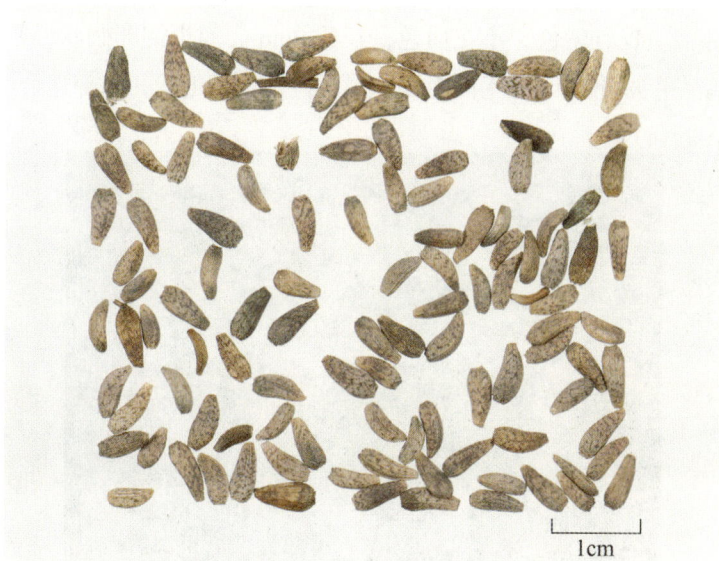

图 2-137-2　牛蒡子药材

【质量要求】传统经验认为，本品以粒大而饱满、色灰褐者为佳。《中国药典》（2020年版）规定，本品水分不得过 9.0%；总灰分不得过 7.0%；含牛蒡苷（$C_{27}H_{34}O_{11}$）不得少于 5.0%。

【功能主治】疏散风热，宣肺透疹，解毒利咽。用于风热感冒，咳嗽痰多，麻疹，风疹，咽喉肿痛，痄腮，丹毒，痈肿疮毒。

【用法用量】6～12g。

【禁忌】本品能滑肠，故气虚便溏者忌用。

【中药别名】恶实，鼠粘子，黍粘子，大力子，毛然然子，黑风子，毛锥子，粘苍子，大牛了，牛子，万把钩，鼠尖子。

138. 北苍术

【分类学地位】菊科 Asteraceae 苍术属 Atractylodes。

【植物形态】多年生草本，高 30～100cm（图 2-138-1）。根状茎平卧或斜升，粗壮而长，常呈不规则结节状疙瘩形，生多数直径相近、长度相似的不定根。茎直立，单生或2～3茎簇生。基部叶在花期枯萎脱落；中下部茎叶具 3～5（偶见 7～9）羽状深裂或半裂，裂片边缘具细锯齿；中部以上茎叶通常不分裂，呈倒长卵形、倒卵状长椭圆形或长椭圆形。头状花序 2～5（稀多数）生于茎枝顶端。总苞钟状，直径 1～1.5cm；苞叶呈针刺状羽状全裂。总苞片 5～7 层，覆瓦状紧密排列：最外层及外层为卵形至卵状披针形；中层呈长卵形至长椭圆形；内层为线状长椭圆形。苞片顶端钝圆，边缘具稀疏蛛丝状毛，中内层苞片上部常呈现红紫色。小花白色，长约 9mm。瘦果倒卵圆状，密被顺向贴伏的白色长直毛（偶见毛被稀疏）。冠毛刚毛褐色或污白色，羽毛状，基部连合成环状。

图 2-138-1 北苍术 *Atractylodes chinensis*（DC.）Koidz.

【生境】野生于海拔范围为 500～1500m 的山坡草地、林缘、灌丛及岩石缝隙等向阳排水良好处。

【入药部位】以干燥根茎入药，药材名称为苍术。

苍术 Atractylodis Rhizoma

【来源】《中国药典》（2020 年版）规定，苍术药材的植物来源有 2 种，分别为菊科植物茅苍术 *Atractylodes lancea*（Thunb.）DC. 或北苍术 *Atractylodes chinensis*（DC.）Koidz.。

【采收加工】春、秋二季采挖，除去泥沙，晒干，撞去须根。

【药材性状】

1. 茅苍术　呈不规则连珠状或结节状圆柱形，略弯曲，偶有分枝，长 3～10cm，直径 1～2cm。表面灰棕色，有皱纹、横曲纹及残留须根，顶端具茎痕或残留茎基。质坚实，断面黄白色或灰白色，散有多数橙黄色或棕红色油室，暴露稍久，可析出白色细针状结晶。气香特异，味微甘、辛、苦。

2. 北苍术　呈疙瘩块状或结节状圆柱形，长 4～9cm，直径 1～4cm（图 2-138-2）。表面黑棕色，除去外皮者黄棕色。质较疏松，断面散有黄棕色油室。香气较淡，味辛、苦。

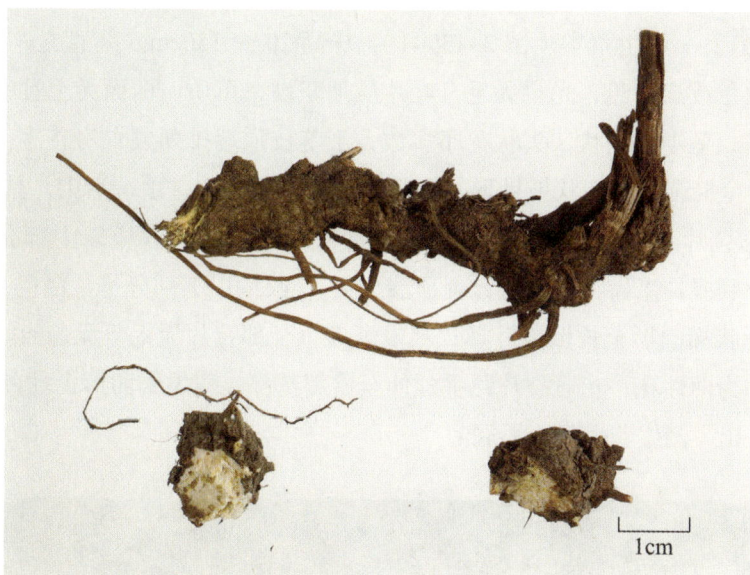

图 2-138-2　北苍术药材

【质量要求】传统经验认为，本品以质坚实、断面朱砂点多、香气浓者为佳。《中国药典》（2020 年版）规定，本品水分不得过 13.0%；总灰分不得过 7.0%；按干燥品计算，含苍术素（$C_{13}H_{10}O$）不得少于 0.30%。

【功能主治】燥湿健脾，祛风散寒，明目。用于湿阻中焦，脘腹胀满，泄泻，水肿，脚气痿躄，风湿痹痛，风寒感冒，夜盲，眼目昏涩。

【用法用量】3～9g。

【禁忌】阴虚内热，气虚多汗者忌服。

【中药别名】山精，赤术，马蓟，青术，仙术。

【本草考证】胡世林通过本草考证研究提出，宋、明时期本草著作及部分医药学家所持"术即白术"的观点存在谬误。其研究证实，《神农本草经》所载之"术"实为苍术，而白术系苍术经长期栽培后根茎形态特化的结果。

【备注】在《中国植物志》中，北苍术的中文名与学名为苍术 *Atractylodes lancea*（Thunb.）DC.。《中国植物志》将原有关苍术合并至苍术种下，从植物分类学角度，目前两者被视为同一物种。然而，关苍术的根茎形态与药典描述的苍术性状存在显著差异：其根茎通常较粗大，断面缺乏朱砂点（习称"白茬苍术"），且苍术素含量不符合《中国药典》的质量标准要求，因此不可作为苍术的药用来源。

● 139. 红花

【分类学地位】菊科 Asteraceae 红花属 *Carthamus*。

【植物形态】一年生草本（图 2-139-1）。株高 20～150cm。茎直立，上部多分枝；茎枝表面呈白色或淡白色，光滑无毛。叶片质地坚硬，革质，两面无毛且无腺点，具光泽，基部无柄，呈半抱茎状。头状花序多数，于茎枝顶端排列成伞房花序，外围为苞叶所包围；苞片呈椭圆形或卵状披针形，边缘具针刺或无针刺，顶端渐尖，具篦齿状针刺。总苞卵形，总苞片 4 层：外层呈竖琴状，中部或下部收缢，收缢以上部分为叶质，绿色，边缘无针刺或具篦齿状针刺（针刺顶端渐尖），收缢以下部分呈黄白色；中内层为硬膜质，倒披针状椭圆形至长倒披针形，顶端渐尖。全部苞片无毛且无腺点。小花为红色或橘红色，均为两性花；花冠裂片几乎延伸至檐部基部。瘦果倒卵形，乳白色，具 4 棱，棱在果顶端突出，侧生着生面。无冠毛。

图 2-139-1　红花 *Carthamus tinctorius* L.

【生境】黑龙江省为人工栽培区。

【入药部位】以干燥花入药，药材名称为红花。

【释名】因其花色及药用部位而得名。初花期花朵多呈黄色，随花期推移逐渐转为红色。

红花 Carthami Flos

【采收加工】5月下旬开花，5月底至6月中、下旬盛花期，分批采摘。选晴天，每日早晨6～8时，待管状花充分展开呈金黄色时采摘，过迟则管状花发蔫并呈红黑色，收获困难，质量差，产量低。采回后阴干或用40～60℃低温烘干。

【药材性状】本品为不带子房的管状花，长1～2cm（图2-139-2）。表面红黄色或红色。花冠筒细长，先端5裂，裂片呈狭条形，长5～8mm；雄蕊5，花药聚合成筒状，黄白色；柱头长圆柱形，顶端微分叉。质柔软。气微香，味微苦。

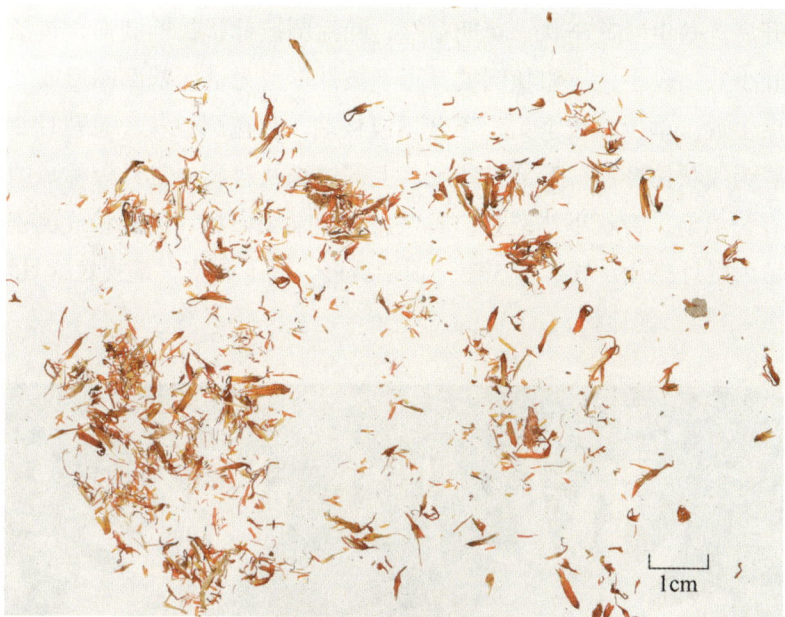

1cm

图2-139-2 红花药材

【质量要求】传统经验认为，本品以花冠长、色红、鲜艳、质柔软、无枝刺者为佳。《中国药典》（2020年版）规定，本品杂质不得过2%；水分不得过13.0%；总灰分不得过15.0%；酸不溶性灰分不得过5.0%；红色素的吸光度不得低于0.20；水溶性浸出物（冷浸法测定）不得少于30.0%；按干燥品计算，含羟基红花黄色素A（$C_{27}H_{32}O_{16}$）不得少于1.0%，含山奈酚（$C_{15}H_{10}O_6$）不得少于0.050%。

【功能主治】活血通经，散瘀止痛。用于经闭，痛经，恶露不行，癥瘕痞块，胸痹心痛，瘀滞腹痛，胸胁刺痛，跌扑损伤，疮疡肿痛。

【用法用量】3 ～ 10g。

【禁忌】孕妇慎用。

【中药别名】红蓝花，刺红花，草红花。

【本草考证】翁倩倩等学者通过本草文献考证及历史源流分析认为，红花自汉代以来由地中海沿岸地区经"丝绸之路"传入我国，其应用历史源远流长。红花最初作为天然染料使用，后逐渐发展为重要的药用植物。历代本草记载及现代研究表明，菊科植物红花 *Carthamus tinctorius* L. 始终是药用红花的主流基原，古今用药传统一脉相承。

● 140. 菊苣

【分类学地位】菊科 Asteraceae 菊苣属 *Cichorium*。

【植物形态】多年生草本植物，株高 40 ～ 100cm（图 2-140-1）。茎直立，单生，分枝开展或极开展。基生叶莲座状，花期宿存，叶片倒披针状长椭圆形，包括基部渐狭的叶柄。茎生叶少数，较小，呈卵状倒披针形至披针形，无柄，基部圆形或戟形扩大半抱茎。头状花序多数，单生或数个集生于茎顶或枝端。总苞圆柱状；总苞片 2 层，外层为披针形，内层为线状披针形，下部稍坚硬，上部边缘及背面通常具极稀疏的头状具柄长腺毛，并杂有长单毛。舌状小花蓝色，具色斑。瘦果倒卵状、椭圆状或倒楔形，外层瘦果压扁，紧贴内层总苞片，具 3 ～ 5 棱，顶端截形，向下收窄，呈褐色，具棕黑色色斑。冠毛极短，2 ～ 3 层，膜片状。

图 2-140-1　菊苣 *Cichorium intybus* L.

【生境】生长于滨海荒地、河边、水沟边或山坡等区域。

【入药部位】以干燥地上部分或根入药，药材名称为菊苣。

菊苣 Cichorii Herba Cichorii Radix

【来源】本品系维吾尔族习用药材。《中国药典》（2020 年版）规定，菊苣药材的植物来源有 2 种，分别为菊科植物毛菊苣 Cichorium glandulosum Boiss.et Huet 或菊苣 Cichorium intybus L.。

【采收加工】夏、秋二季采割地上部分或秋末挖根，除去泥沙和杂质，晒干。

【药材性状】

1.毛菊苣　茎呈圆柱形，稍弯曲；表面灰绿色或带紫色，具纵棱，被柔毛或刚毛，断面黄白色，中空。叶多破碎，灰绿色，两面被柔毛；茎中部的完整叶片呈长圆形，基部无柄，半抱茎；向上叶渐小，圆耳状抱茎，边缘有刺状齿。头状花序 5 ～ 13 个成短总状排列。总苞钟状，直径 5 ～ 6mm；苞片 2 层，外层稍短或近等长，被毛；舌状花蓝色。瘦果倒卵形，表面有棱及波状纹理，顶端截形，被鳞片状冠毛，长 0.8 ～ 1mm，棕色或棕褐色，密布黑棕色斑。气微，味咸、微苦。

2.毛菊苣根　主根呈圆锥形，有侧根和多数须根，长 10 ～ 20cm，直径 0.5 ～ 1.5cm。表面棕黄色，具细腻不规则纵皱纹。质硬，不易折断，断面外侧黄白色，中部类白色，有时空心。气微，味苦。

3.菊苣　茎表面近光滑。茎生叶少，长圆状披针形。头状花序少数，簇生；苞片外短内长，无毛或先端被稀毛。瘦果鳞片状，冠毛短，长 0.2 ～ 0.3mm。

4.菊苣根　顶端有时有 2 ～ 3 叉。表面灰棕色至褐色，粗糙，具深纵纹，外皮常脱落，脱落后显棕色至棕褐色，有少数侧根和须根。嚼之有韧性。

【质量要求】《中国药典》（2020 年版）规定，本品水分不得过 10.0%；总灰分不得过10.0%；醇溶性浸出物（热浸法测定）不得少于 10.0%。

【功能主治】清肝利胆，健胃消食，利尿消肿。用于湿热黄疸，胃痛食少，水肿尿少。

【用法用量】9 ～ 18g。

【中药别名】蓝菊，卡斯尼。

🟢 141. 刺儿菜

【分类学地位】菊科 Asteraceae 蓟属 *Cirsium*。

【植物形态】多年生草本，具匍匐根状茎。茎直立，高 30 ～ 80cm（特殊生境下可达 100 ～ 120cm），上部具分枝，花序分枝无毛或被稀疏蛛丝状柔毛。基生叶与茎生叶异形：基生叶花期枯萎；中部茎叶呈椭圆形、长椭圆形或椭圆状倒披针形，长 5 ～ 12cm，宽 1 ～ 3cm，顶端钝圆，基部渐狭成楔形，叶缘具不规则羽状浅裂或全缘，裂片常具针刺。头状花序单生（图 2-141-1）或 2 ～ 5 个集生于枝端，组成疏松的伞房状花序。总苞钟形，直径 1.5 ～ 2cm；总苞片 6 ～ 8 层，覆瓦状排列，外层者短，先端具刺尖，内层者渐长，先端膜质扩大。管状花两性，花冠紫红色（偶见白色变型），长约 2cm。瘦果长椭圆形，长约 3mm，压扁，具 4 棱；冠毛羽状，长约 2cm，基部连合成环。

图 2-141-1　刺儿菜 *Cirsium setosum*（Willd.）MB.

【生境】广布于温带地区，在我国见于除华南外的各省区。生态适应性强，常见于海拔 170 ～ 2650m 的山坡林缘、河滩冲积地、田间路旁及撂荒地，在轻度盐碱地亦能生长。

【入药部位】以干燥地上部分入药，药材名称为小蓟。

小蓟 Cirsii Herba

【采收加工】夏、秋二季花开时采割，除去杂质，晒干。

【药材性状】本品茎呈圆柱形，有的上部分枝，长 5 ～ 30cm，直径 0.2 ～ 0.5cm；表面灰绿色或带紫色，具纵棱及白色柔毛；质脆，易折断，断面中空。叶互生，无柄或有短柄；叶片皱缩或破碎，完整者展平后呈长椭圆形或长圆状披针形，长 3 ～ 12cm，宽 0.5 ～ 3cm；全缘或微齿裂至羽状深裂，齿尖具针刺；上表面绿褐色，下表面灰绿色，两面均具白色柔毛。头状花序单个或数个顶生；总苞钟状，苞片 5 ～ 8 层，黄绿色；花紫红色。气微，味微苦。

【质量要求】传统经验认为，本品以色绿、叶多者为佳。《中国药典》（2020 年版）规定，本品杂质不得过 2%；水分不得过 12.0%；酸不溶性灰分不得 5.0%；醇溶性浸出物（热浸法测定）不得少于 19.0%；按干燥品计算，含蒙花苷（$C_{28}H_{32}O_{14}$）不得少于 0.70%。

【功能主治】凉血止血，散瘀解毒消痈。用于衄血，吐血，尿血，血淋，便血，崩漏，外伤出血，痈肿疮毒。

【用法用量】5 ～ 12g。

【禁忌】脾胃虚寒而无瘀滞者忌服。

【中药别名】猫蓟，青刺蓟，千针草，刺蓟菜，刺儿菜，青青菜，姜姜菜，枪刀菜，野红花，刺角菜，木刺艾，刺杆菜，刺刺芽，刺杀草，荠荠毛，小恶鸡婆，刺萝卜，小蓟姆，刺儿草，牛戳刺，刺尖头草，小刺盖。

【备注】在《中国植物志》中，刺儿菜的学名已修订为 *Cirsium arvense* var. *integrifolium* Wimm. et Grab.。

● 142. 水飞蓟

【分类学地位】菊科 Asteraceae 水飞蓟属 *Silybum*。

【植物形态】一年生或二年生草本，株高可达 1.2m（图 2-142-1）。茎直立，多分枝，具明显条棱，偶见不分枝个体。莲座状基生叶与下部茎叶具叶柄，叶片全形呈椭圆形或倒披针形，羽状浅裂至全裂；中部与上部茎叶逐渐变小，呈长卵形或披针形，羽状浅裂或边缘具浅波状圆齿，基部呈尾状渐尖，心形，半抱茎。头状花序较大，着生于枝条顶端。总苞球形或卵球形，苞片无毛，中外层苞片质地坚硬，呈革质。小花多为红紫色，偶见白色。花丝短而宽，上部分离，下部因被黏质柔毛而黏合。瘦果压扁，呈长椭圆形或长倒卵形，褐色，表面具线状长椭圆形的深褐色斑纹，顶端具果缘，果缘边缘全缘，无锯齿。冠毛多层，刚毛状，白色，中层至内层逐渐增长；冠毛刚毛呈锯齿状，基部连合成环，整体脱落；最内层冠毛极短，呈柔毛状，边缘全缘，排列于冠毛环上。

【生境】黑龙江省为人工栽培区，无野生分布记录。

【入药部位】以干燥成熟果实入药，药材名称为水飞蓟。

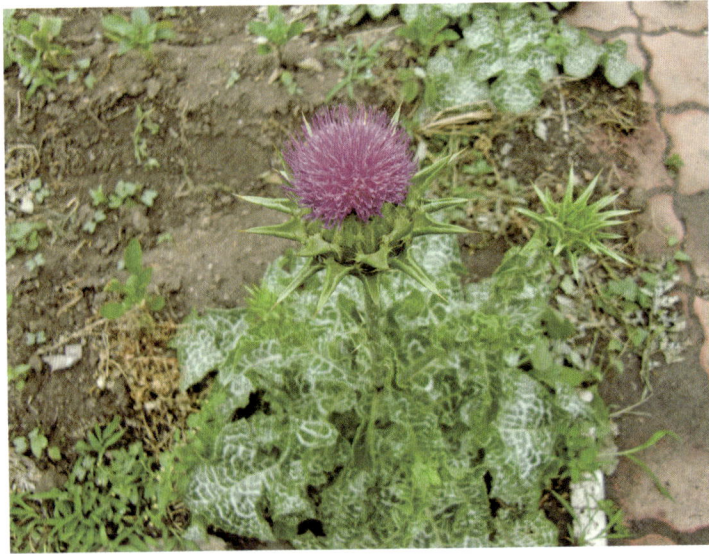

图 2-142-1　水飞蓟 *Silybum marianum*（L.）Gaertn.

水飞蓟 Silybi Fructus

【采收加工】秋季果实成熟时采收果序，晒干，打下果实，除去杂质，晒干。

【药材性状】本品呈长倒卵形或椭圆形，长 5～7mm，宽 2～3mm。表面淡灰棕色至黑褐色，光滑，有细纵花纹。顶端钝圆，稍宽，有一圆环，中间具点状花柱残迹，基部略窄。质坚硬。破开后可见子叶 2 片，浅黄白色，富油性。气微，味淡。

【质量要求】传统经验认为，本品以色浅黄、富油性者为佳。《中国药典》（2020 年版）规定，本品水分不得过 10.0%；总灰分不得过 9.0%；醇溶性浸出物（热浸法测定）不得少于 18.0%；按干燥品计算，含水飞蓟宾（$C_{25}H_{22}O_{10}$）不得少于 0.60%。

【功能主治】清热解毒，疏肝利胆。用于肝胆湿热，胁痛，黄疸。

【用法用量】供配制成药用。

【中药别名】水飞雉，奶蓟，老鼠簕。

🔵 143. 祁州漏芦

【分类学地位】菊科 Asteraceae 漏芦属 *Rhaponticum*。

【植物形态】多年生草本（图 2-143-1）。根状茎粗壮肥厚；主根圆柱形，直伸。茎直立，通常不分枝，多簇生或偶见单生，表面密被灰白色棉毛。基生叶及下部茎叶轮廓呈椭圆形、长椭圆形或倒披针形，羽状深裂至近全裂，具明显长叶柄；侧裂片 5～12 对，椭圆形至倒披针形，边缘具不规则锯齿，向上或向下的侧裂片依次渐小；中上部茎叶逐渐变小，裂片数减少。头状花序单生于茎顶，花序梗粗壮，裸露或具少数钻形小苞叶；总苞半球形，总苞片约9层，呈覆瓦状排列，由外向内逐层增长；所有苞片顶端均具浅褐色膜质附属物。花全为两性管状花，花冠紫红色。瘦果具3～4棱，楔形，顶端具环状果缘；冠毛褐色，多层，不等长，内层较长，基部连合成环且整体脱落，冠毛刚毛呈糙毛状。

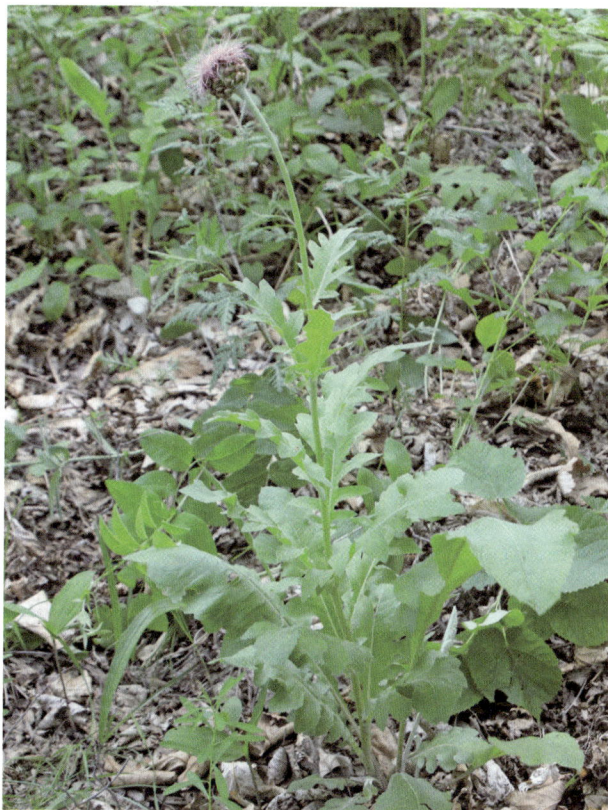

图 2-143-1　祁州漏芦 *Rhaponticum uniflorum*（L.）DC.

【生境】多生长于山坡丘陵地带、松林或桦木林下，海拔范围为390～2700m。

【入药部位】以干燥根入药，药材名称为漏芦。

【释名】《本草纲目》记载："屋之西北黑处谓之漏。凡物黑色谓之卢。此草秋后即黑，异于众草，故有漏卢之称。"

漏芦 Rhapontici Radix

【采收加工】春、秋二季采挖，除去须根和泥沙，晒干。

【药材性状】本品呈圆锥形或扁片块状，多扭曲，长短不一，直径1～2.5cm

（图 2-143-2）。表面暗棕色、灰褐色或黑褐色，粗糙，具纵沟及菱形的网状裂隙。外层易剥落，根头部膨大，有残茎和鳞片状叶基，顶端有灰白色绒毛。体轻，质脆，易折断，断面不整齐，灰黄色，有裂隙，中心有的呈星状裂隙，灰黑色或棕黑色。气特异，味微苦。

图 2-143-2　漏芦药材

【质量要求】传统经验认为，本品以外皮色灰黑、条粗、质坚、不裂者为佳。《中国药典》（2020 年版）规定，本品水分不得过 15.0%；酸不溶性灰分不得过 5.0%。醇溶性浸出物（热浸法测定）不得少于 8.0%；按干燥品计算，含 β- 蜕皮甾酮（$C_{27}H_{44}O_7$）不得少于 0.040%。

【功能主治】清热解毒，消痈，下乳，舒筋通脉。用于乳痈肿痛，痈疽发背，瘰疬疮毒，乳汁不通，湿痹拘挛。

【用法用量】5 ～ 9g。

【禁忌】气虚、疮疡阴证者及孕妇忌服。

【中药别名】野兰，鹿骊，鬼油麻，和尚头，大头翁，独花山牛蒡，祁漏芦，禹漏芦，龙葱根，毛头。

【备注】在《中国植物志》中，祁州漏芦的中文名修订为漏芦。

144. 蒲公英

【分类学地位】菊科 Asteraceae 蒲公英属 *Taraxacum*。

【植物形态】多年生草本（图 2-144-1）。根呈圆柱状，黑褐色，粗壮。叶基生，呈倒卵状披针形、倒披针形或长圆状披针形，先端钝或急尖，边缘具波状齿或羽状深裂；叶柄及主脉常带红紫色，表面疏被蛛丝状白色柔毛或近无毛。花葶 1 至数枚，直立，与叶等长或稍长，高 10～25cm，上部呈紫红色，密被蛛丝状白色长柔毛；头状花序单生于花葶顶端；总苞钟状，淡绿色；总苞片 2～3 层，覆瓦状排列，外层总苞片卵状披针形或披针形，边缘具宽膜质结构，基部淡绿色，上部紫红色，先端增厚或具小至中等的角状突起；内层总苞片线状披针形，先端紫红色，具明显小角状突起；舌状花黄色，两性，边缘花舌片背面可见紫红色纵条纹，花药和柱头呈暗绿色。瘦果为倒卵状披针形，暗褐色，上部密布小刺状突起，下部具成行排列的瘤状突起，顶端渐缩为圆锥形至圆柱形的喙基，纤细；冠毛白色，多数，易脱落。

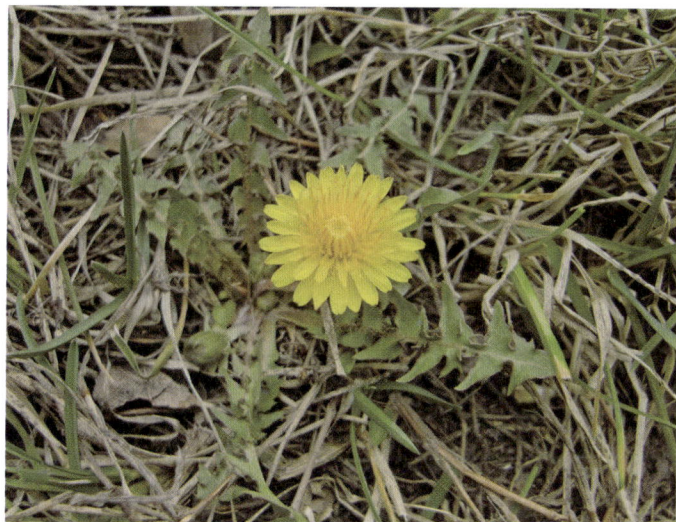

图 2-144-1　蒲公英 *Taraxacum mongolicum* Hand.–Mazz.

【生境】广泛分布于中、低海拔地区，常见于山坡草地、路边、田野及河滩等处，适应性强。

【入药部位】以干燥全草入药，药材名称为蒲公英。

蒲公英 Taraxaci Herba

【来源】《中国药典》（2020 年版）规定，蒲公英药材的植物来源有多种，包括菊科植物蒲公英 *Taraxacum mongolicum* Hand.–Mazz.、碱地蒲公英 *Taraxacum borealisinense* Kitam. 或同属数种植物。

【采收加工】春至秋季花初开时采挖，除去杂质，洗净，晒干。

【药材性状】本品呈皱缩卷曲的团块（图 2-144-2）。根呈圆锥状，多弯曲，长 3～7cm；表面棕褐色，抽皱；根头部有棕褐色或黄白色的茸毛，有的已脱落。叶基生，多皱缩破碎，完整叶片呈倒披针形，绿褐色或暗灰绿色，先端尖或钝，边缘浅裂或羽状分裂，基部渐狭，下延呈柄状，下表面主脉明显。花茎1至数条，每条顶生头状花序，总苞片多层，内面一层较长，花冠黄褐色或淡黄白色。有的可见多数具白色冠毛的长椭圆形瘦果。气微，味微苦。

图 2-144-2　蒲公英药材

【质量要求】 传统经验认为，本品以叶多、色灰绿、根完整、无杂质者为佳。《中国药典》（2020年版）规定，本品水分不得过13.0%；按干燥品计算，含菊苣酸（$C_{22}H_{18}O_{12}$）不得少于0.45%。

【功能主治】 清热解毒，消肿散结，利尿通淋。用于疔疮肿毒，乳痈，瘰疬，目赤，咽痛，肺痈，肠痈，湿热黄疸，热淋涩痛。

【用法用量】 10～15g。

【禁忌】 阳虚外寒、脾胃虚弱者忌用。

【中药别名】 凫公英，蒲公草，耩褥草，仆公英，仆公罂，地丁，金簪草，孛孛丁菜，黄花苗，黄花郎，鹁鸪英，婆婆丁，白鼓丁，黄花地丁，蒲公丁，真痰草，狗乳草，奶汁草，黄狗头，卜地蜈蚣，鬼灯笼，羊奶奶草，双英卜地，黄花草，古古丁。

🔵 145. 泽泻

【分类学地位】 泽泻科 Alismataceae 泽泻属 *Alisma*。

【植物形态】 多年生水生或沼生草本（图2-145-1）。块茎球形或椭圆形，直径1～3.5cm，成熟个体可达更大。叶基生，通常多数，二型；沉水叶条形或披针形；挺水叶宽披针形、椭圆形至卵形，先端渐尖，稀急尖，基部宽楔形或浅心形，具5～7条明显纵脉；叶柄基部渐宽呈鞘状，边缘膜质。花序为大型圆锥状聚伞花序，具3～8轮分枝，每轮分枝3～9枚。花两性，辐射对称；外轮花被片3枚，广卵形，具7脉，边缘膜质；内轮花被片 3 枚，近圆形，明显大于外轮，边缘具不规则粗齿，呈白色、粉红色或浅紫色；雄蕊 6 枚，花药椭圆形，黄色或淡绿色；雌蕊由 17 ～ 23 枚离生心皮组成，心皮轮状排列，花柱直立，长于心皮，柱头短小，约为花柱长度的 1/9 ～ 1/5；花托平凸，近圆形。瘦果椭圆形或近矩圆形，背部具 1 ～ 2 条不明显浅沟，腹面平坦，果喙自腹侧突出，喙基部凸起呈膜质。种子紫褐色，表面具瘤状突起。

图 2-145-1 泽泻 *Alisma plantago-aquatica* L.

【生境】多生长于湖泊、河湾、溪流、水塘的浅水带，常见于海拔范围为 50 ～ 1500m 的沼泽、沟渠及低洼湿地。

【入药部位】以干燥块茎入药，药材名称为泽泻。

【释名】其生长在水边及浅水中，又有利水之功，故得此名。

泽泻 Alismatis Rhizoma

【来源】《中国药典》（2020 年版）规定，泽泻药材的植物来源有 2 种，分别为泽泻科植物东方泽泻 *Alisma orientale*（Sam.）Juzep. 或泽泻 *Alisma plantago-aquatica* Linn.。

【采收加工】冬季茎叶开始枯萎时采挖，洗净，干燥，除去须根和粗皮。

【药材性状】本品呈类球形、椭圆形或卵圆形，长 2 ～ 7cm，直径 2 ～ 6cm（图 2-145-2）。表面淡黄色至淡黄棕色，有不规则的横向环状浅沟纹和多数细小突起的须根痕，底部有的有瘤状芽痕。质坚实，断面黄白色，粉性，有多数细孔。气微，味微苦。

图 2-145-2　泽泻药材

【质量要求】传统经验认为，本品以个大、质坚、色黄白、粉性足者为佳。《中国药典》（2020 年版）规定，本品水分不得过 14.0%；总灰分不得过 5.0%；按干燥品计算，含 23- 乙酰泽泻醇 B（$C_{32}H_{50}O_5$）和 23- 乙酰泽泻醇 C（$C_{32}H_{48}O_6$）的总量不得少于 0.10%。

【功能主治】利水渗湿，泄热，化浊降脂。用于小便不利，水肿胀满，泄泻尿少，痰饮眩晕，热淋涩痛，高脂血症。

【用法用量】6 ～ 10g。

【禁忌】肾虚精滑者忌服。

【中药别名】水泻，芒芋，鹄泻，泽芝，及泻，天秃，禹孙。

146. 大蒜

【分类学地位】百合科 Liliaceae 葱属 *Allium*。在最新的 APG Ⅳ 系统中，大蒜已调整至石蒜科 Amaryllidaceae 葱属 *Allium*。

【植物形态】鳞茎呈球形至扁球形，通常由多数肉质、瓣状的小鳞茎紧密排列组成，外层被覆数层白色至淡紫色的膜质鳞茎外皮。叶片宽条形至条状披针形，扁平，先端长渐尖，长度短于花葶（图 2-146-1）。花葶实心，圆柱形，中部以下包被叶鞘；总苞具长喙，早落；伞形花序密集，常具珠芽，间杂少量花朵；小花梗纤细；小苞片较大，卵形，膜质，先端具短尖；花常呈淡红色；花被片披针形至卵状披针形，内轮花被片较短；花丝短于花被片，基部合生并与花被片贴生，内轮花丝基部扩大，扩大部分两侧各具 1 齿，齿端延伸成丝状，长度超过花被片，外轮花丝呈锥形；子房球形；花柱不伸出花被外。

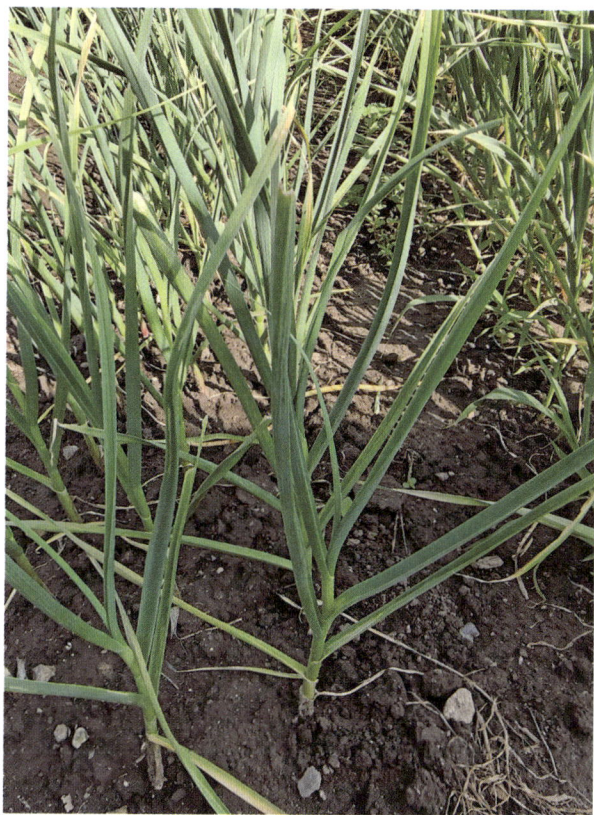

图 2-146-1 大蒜 *Allium sativum* L.

【生境】全国各地广泛栽培。

【入药部位】以鳞茎入药，药材名称为大蒜。

大蒜 Allii Sativi Bulbus

【采收加工】夏季叶枯时采挖，除去须根和泥沙，通风晾晒至外皮干燥。

【药材性状】本品呈类球形，直径 3～6cm。表面被白色、淡紫色或紫红色的膜质鳞皮。顶端略尖，中间有残留花葶，基部有多数须根痕。剥去外皮，可见独头或 6～16 个瓣状小鳞茎，着生于残留花茎基周围。鳞茎瓣略呈卵圆形，外皮膜质，先端略尖，一面弓状隆起，剥去皮膜，白色，肉质。气特异，味辛辣，具刺激性。

【质量要求】传统经验认为，本品以个大、肥厚、味辛辣者为佳。《中国药典》（2020 年版）规定，本品总灰不得过 2.0%；水溶性浸出物（热浸法测定）不得少于 63.0%；按干燥品计算，含大蒜素（$C_6H_{10}S_3$）不得少于 0.15%。

【功能主治】解毒消肿，杀虫，止痢。用于痈肿疮疡，疥癣，肺痨，顿咳，泄泻，痢疾。

【用法用量】9～15g。

【禁忌】阴虚火旺者，以及目、口齿、喉、舌诸患和时行病患者均应忌食。

【中药别名】胡蒜，葫，独头蒜，独蒜，蒜，蒜头。

【备注】在《中国植物志》中，大蒜的中文正名为蒜。

● 147. 韭

【分类学地位】百合科 Liliaceae 葱属 *Allium*。在最新的 APG Ⅳ 系统中，韭已调整至石蒜科 Amaryllidaceae 葱属 *Allium*。

【植物形态】植株具倾斜的横生根状茎（图 2-147-1）。鳞茎簇生，近圆柱状；鳞茎外皮呈暗黄色至黄褐色，破裂后呈纤维状，排列成网状或近网状结构。叶为条形，扁平，实心，较花葶短，叶缘全缘。花葶圆柱形；伞形花序呈半球形或近球形，具多数但较稀疏的花；小花梗近等长，长度为花被片的 2～4 倍，基部具小苞片，且数枚小花梗的基部由 1 枚共同的苞片包裹；花白色；花被片通常具绿色或黄绿色的中脉，内轮花被片呈矩圆状倒卵形（稀为矩圆状卵形），先端具短尖头或钝圆，外轮花被片较窄，呈矩圆状卵形至矩圆状披针形，先端具短尖；花丝等长，长度为花被片的 2/3～4/5，基部合生并与花被片贴生，分离部分呈狭三角形，内轮花丝稍宽；子房为倒圆锥状球形，具 3 条明显圆棱，外壁密布细疣状突起。

图 2-147-1　韭 *Allium tuberosum* Rottl. ex Spreng

【生境】黑龙江省境内多为栽培品种。

【入药部位】以干燥成熟种子入药，药材名称为韭菜子。

韭菜子 Allii Tuberosi Semen

【采收加工】秋季果实成熟时采收果序，晒干，搓出种子，除去杂质。

【药材性状】本品呈半圆形或半卵圆形，略扁，长 2～4mm，宽 1.5～3mm。表面黑色，一面突起，粗糙，有细密的网状皱纹，另一面微凹，皱纹不甚明显（图 2-147-2）。顶端钝，基部稍尖，有点状突起的种脐。质硬。气特异，味微辛。

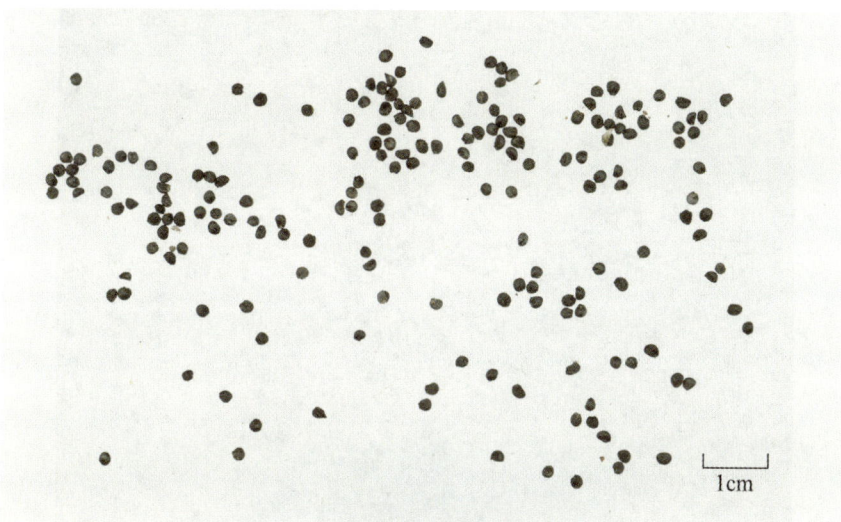

图 2-147-2　韭菜子药材

【质量要求】传统经验认为，本品以粒饱满、色黑、无杂质者为佳。

【功能主治】温补肝肾，壮阳固精。用于肝肾亏虚，腰膝酸痛，阳痿遗精，遗尿尿频，白浊带下。

【用法用量】3～9g。

【禁忌】阴虚火旺者忌用。

【中药别名】韭菜子，韭菜仁。

🟢 148. 小根蒜

【分类学地位】百合科 Liliaceae 葱属 *Allium*。在最新的 APG Ⅳ 系统中，韭已调整至石蒜科 Amaryllidaceae 葱属 *Allium*。

【植物形态】鳞茎近球形，基部常具小鳞茎；鳞茎外皮呈黑色，纸质或膜质，完整不破裂。叶 3 ～ 5 枚，半圆柱形，或因背部纵棱显著而呈三棱状半圆柱形，中空，叶面具纵沟，长度短于花葶。花葶圆柱形，下部 1/4 ～ 1/3 被叶鞘包裹；总苞 2 裂，短于花序；伞形花序呈半球形至球形，具多数密集小花，偶杂生珠芽或全部为珠芽（图 2-148-1）；小花梗近等长，长度为花被片的 3 ～ 5 倍，基部具小苞片；珠芽暗紫色，基部同样具小苞片；花淡紫色至淡红色；花被片矩圆状卵形至矩圆状披针形，内轮花被片常较窄；花丝等长，略长于花被片至比花被片长 1/3，基部合生并与花被片贴生，分离部分基部呈狭三角形扩展，向上渐狭成锥形，内轮花丝基部宽度约为外轮的 1.5 倍；子房近球形，腹缝线基部具带帘状突起的凹陷蜜穴；花柱伸出花被外。

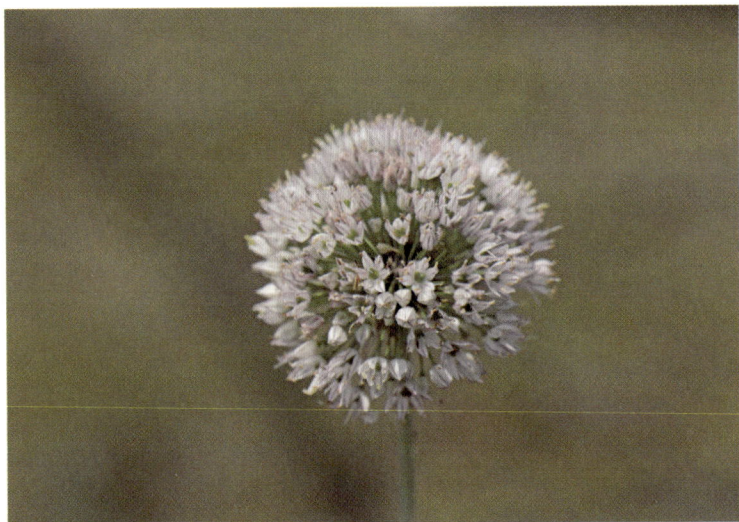

图 2-148-1　小根蒜 *Allium macrostemon* Bge

【生境】分布于海拔 3000m 以下的山坡、丘陵、山谷及草地。黑龙江省全境均有分布。

【入药部位】以干燥鳞茎入药，药材名称为薤白。

薤白 Allii Macrostemonis Bulbus

【来源】《中国药典》（2020 年版）规定，薤白药材的植物来源有 2 种，分别为百合科植物小根蒜 *Allium macrostemon* Bge. 或薤 *Allium chinense* G. Don。

【采收加工】夏、秋二季采挖，洗净，除去须根，蒸透或置沸水中烫透，晒干。

【药材性状】

1. 小根蒜　呈不规则卵圆形，高 0.5 ～ 1.5cm，直径 0.5 ～ 1.8cm（图 2-148-2）。表

面黄白色或淡黄棕色，皱缩，半透明，有类白色膜质鳞片包被，底部有突起的鳞茎盘。质硬，角质样。有蒜臭，味微辣。

2. 薤　呈略扁的长卵形，高 1 ～ 3cm，直径 0.3 ～ 1.2cm。表面淡黄棕色或棕褐色，具浅纵皱纹。质较软，断面可见鳞叶 2 ～ 3 层。嚼之粘牙。

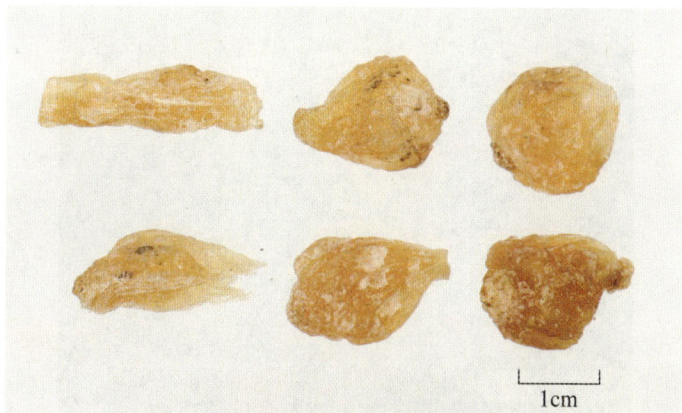

图 2-148-2　薤白药材

【质量要求】传统经验认为，本品以个大、质坚、色黄白、半透明、不带花茎者为佳。《中国药典》（2020 年版）规定，本品水分不得过 10.0%；总灰分不得过 5.0%；醇溶性浸出物（热浸法测定）不得少于 30.0%。

【功能主治】通阳散结，行气导滞。用于胸痹心痛，脘腹痞满胀痛，泻痢后重。

【用法用量】5 ～ 10g。

【禁忌】气虚者慎用。

【中药别名】薤根，藠子，野蒜，小独蒜，薤白头，小蒜，宅蒜，大头菜子。

【备注】在《中国植物志》中，小根蒜的中文正名为薤白。

🟢 149. 知母

【分类学地位】百合科 Liliaceae 知母属 *Anemarrhena*。在最新的 APG Ⅳ 系统中，知母已调整至天门冬科 Asparagaceae 知母属 *Anemarrhena*。

【植物形态】根状茎横生，表面密被黄褐色纤维状叶鞘残基（图 2-149-1）。叶基生，丛生；叶片狭条形，先端渐尖呈丝状，基部渐宽为鞘状，具多条平行脉，无明显主脉。花葶直立，显著高于叶丛；总状花序长 20 ～ 40cm；苞片卵形至卵圆形，长 3 ～ 6mm，先端长渐尖；花被片 6，排成 2 轮，粉红色、淡紫色或白色，条状倒披针形，中央具 3 条纵脉，宿存；雄蕊 3，着生于内轮花被片基部。蒴果狭椭圆形，具 6 纵棱，顶端具短喙。

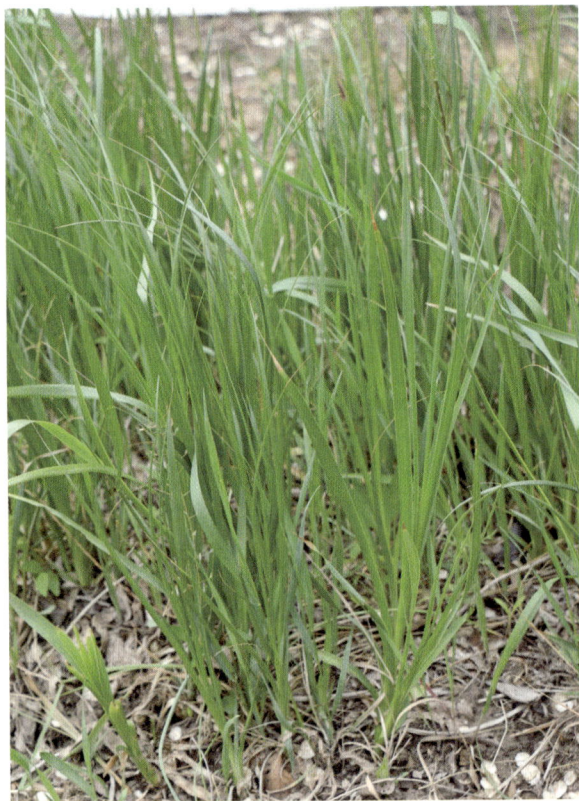

图 2-149-1　知母 *Anemarrhena asphodeloides* Bunge

【生境】多生长于海拔范围为 200 ～ 1450m 的向阳山坡、丘陵草原、固定沙丘或路边干旱地带，喜排水良好的砂质壤土。

【入药部位】以干燥根茎入药，药材名称为知母。

【释名】《本草纲目》释名："宿根之旁，初生子根，状如蚔莔之状，故谓之蚔母，讹为知母、蝭母也。"

知母 Anemarrhenae Rhizoma

【采收加工】春、秋二季采挖，除去须根和泥沙，晒干，习称"毛知母"；或除去外皮，晒干。

【药材性状】本品呈长条状，微弯曲，略扁，偶有分枝，长 3 ～ 15cm，直径 0.8 ～ 1.5cm，一端有浅黄色的茎叶残痕（图 2-149-2）。表面黄棕色至棕色，上面有一凹沟，具紧密排列的环状节，节上密生黄棕色的残存叶基，由两侧向根茎上方生长；下面隆起而略皱缩，并有凹陷或突起的点状根痕。质硬，易折断，断面黄白色。气微，味微甜、略苦，嚼之带黏性。

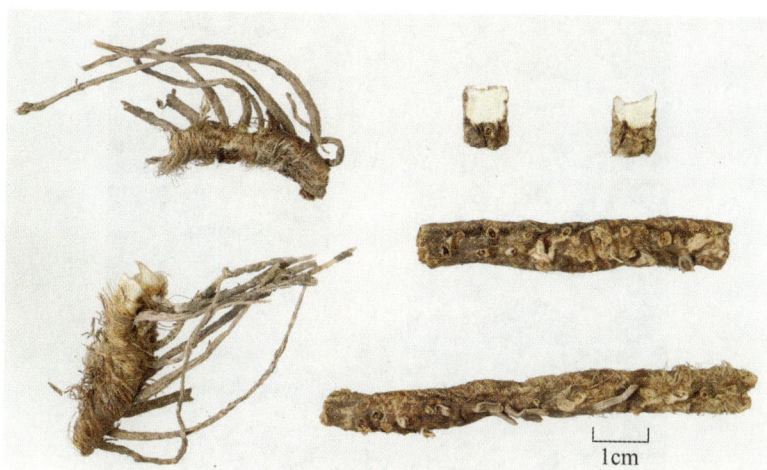

图 2-149-2　知母药材

【质量要求】传统经验认为，本品以条粗、质硬、断面色白黄者为佳。《中国药典》（2020 年版）规定，本品水分不得过 12.0%；总灰分不得过 9.0%；酸不溶性灰分不得过 4.0%；按干燥品计算，含知母皂苷 B Ⅱ（$C_{45}H_{76}O_{19}$）不得少于 3.0%，含芒果苷（$C_{19}H_{18}O_{11}$）不得少于 0.70%。

【功能主治】清热泻火，滋阴润燥。用于外感热病，高热烦渴，肺热燥咳，骨蒸潮热，内热消渴，肠燥便秘。

【用法用量】6 ～ 12g。

【禁忌】脾胃虚寒、大便溏泄者忌服。

【中药别名】蚳母，连母，野蓼，地参，水参，水浚，货母，蝭母，芪母，提母，女雷，女理，鹿列，韭逢，儿踵草，东根，苦心，儿草，水须，昌支，蒜瓣子草，兔子油草，山韭菜，羊胡子根，穿地龙，虾草，马马草，淮知母。

🟢 150. 平贝母

【分类学地位】百合科 Liliaceae 贝母属 *Fritillaria*。

【植物形态】植株高度可达 1m（图 2-150-1）。鳞茎由 2 枚肉质鳞片组成，呈扁圆形，周围常附着数枚易脱落的小鳞茎。叶通常轮生或对生，中上部偶见散生叶，叶片条形至披针形，先端微卷曲或不卷曲。花 1 ～ 3 朵顶生，花被片 6 枚，呈钟形，外花被片长，内花被片稍短窄，花被片紫色并具鲜明的黄色方格斑纹；顶端花朵基部具 4 ～ 6 枚叶状苞片，苞片先端呈显著卷曲状；蜜腺窝在花被片背面明显隆起；雄蕊 6 枚，长度约为花被片的 3/5，花药近基着生，花丝密布小乳突，上部尤为显著；雌蕊花柱具乳突，柱头 3 裂。

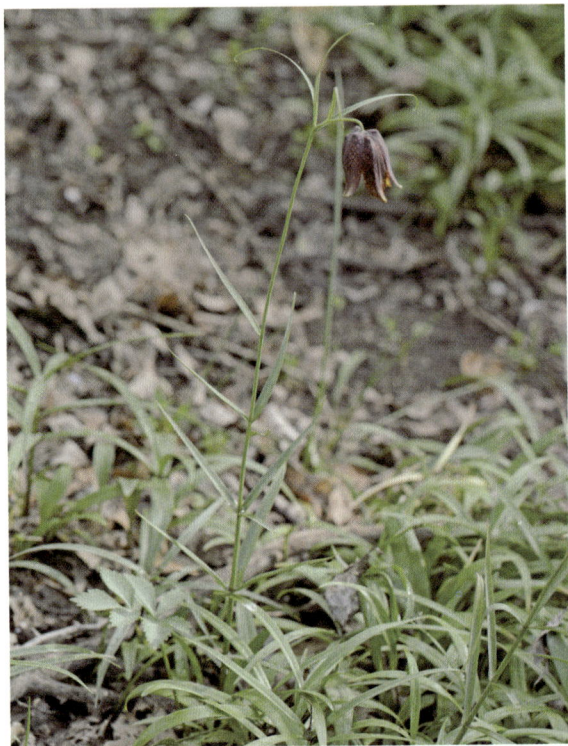

图 2-150-1　平贝母 *Fritillaria ussuriensis* Maxim.

【生境】多分布于海拔 200～800m 的温带针阔叶混交林下、湿润草甸及河谷冲积地带。

【入药部位】以干燥鳞茎入药，药材名称为平贝母。

【释名】平贝母源于其鳞茎较其他贝母属植物更为扁平的特征。

平贝母 Fritillariae Ussuriensis Bulbus

【采收加工】春季采挖，除去外皮、须根及泥沙，晒干或低温干燥。

【药材性状】本品呈扁球形，高 0.5～1cm，直径 0.6～2cm。表面黄白色至浅棕色，外层鳞叶 2 瓣，肥厚，大小相近或一片稍大抱合，顶端略平或微凹入，常稍开裂；中央鳞片小。质坚实而脆，断面粉性。气微，味苦。

【质量要求】传统经验认为，本品以饱满、白色、粉性足、大小均匀者为佳。《中国药典》（2020 年版）规定，本品水分不得过 15.0%；总灰分不得过 4.0%；醇溶性浸出物（热浸法测定）不得少于 8.0%；按干燥品计算，含总生物碱以贝母素乙（$C_{27}H_{43}NO_3$）计，不得少于 0.050%。

【功能主治】清热润肺，化痰止咳。用于肺热燥咳，干咳少痰，阴虚劳嗽，咳痰带血。

【用法用量】3 ～ 9g；研粉冲服，一次 1 ～ 2g。

【禁忌】不宜与川乌、制川乌、草乌、制草乌、附子同用。

【中药别名】坪贝，平贝。

151. 卷丹

【分类学地位】百合科 Liliaceae 百合属 *Lilium*。

【植物形态】鳞茎近宽球形。鳞片宽卵形，白色，肉质。茎直立，高 0.8 ～ 1.5m，具紫色纵条纹，密被白色绵毛。叶互生，散生排列，叶片矩圆状披针形至披针形，两面近无毛，先端具白色柔毛，叶缘具乳头状突起，具 5 ～ 7 条平行脉，上部叶腋常生有珠芽。花序总状，着花 3 ～ 6 朵或更多（图 2-151-1）；苞片叶状，卵状披针形，先端钝，被白色绵毛；花梗紫色，密被白色绵毛；花下垂，花被片 6 枚，披针形，强烈反卷，橙红色，基部具紫黑色斑点；雄蕊 6 枚，向四面张开；花丝淡红色，无毛；花药矩圆形。子房圆柱形；柱头稍膨大，3 裂。蒴果狭长卵形。

图 2-151-1　卷丹 *Lilium landfolium* Thunb.

【生境】生长于山坡灌木林下、草地、路边或溪旁，海拔范围为 400 ~ 2500m；喜排水良好的微酸性土壤。黑龙江省内各地常见栽培，以哈尔滨、牡丹江、佳木斯等地为主要种植区。

【入药部位】以干燥肉质鳞叶入药，药材名称为百合。

【释名】《本草纲目》中记载："百合之根，以众瓣合成也。"意思是其鳞茎由多数肉质鳞叶覆瓦状排列组成。卷丹之名源于其花瓣强烈反卷且呈丹红色（橙红色）。

百合 Lilii Bulbus

【来源】《中国药典》（2020 年版）规定，百合药材的植物来源有 3 种，分别为百合科植物卷丹 *Lilium lancifolium* Thunb.、百合 *Lilium brownii* F. E. Brown var. *viridulum* Baker 或细叶百合 *Lilium pumilum* DC.。

【采收加工】秋季采挖，洗净，剥取鳞叶，置沸水中略烫，干燥。

【药材性状】本品呈长椭圆形，长 2 ~ 5cm，宽 1 ~ 2cm，中部厚 1.3 ~ 4mm（图 2-152-2）。表面黄白色至淡棕黄色，有的微带紫色，有数条纵直平行的白色维管束。顶端稍尖，基部较宽，边缘薄，微波状，略向内弯曲。质硬而脆，断面较平坦，角质样。气微，味微苦。

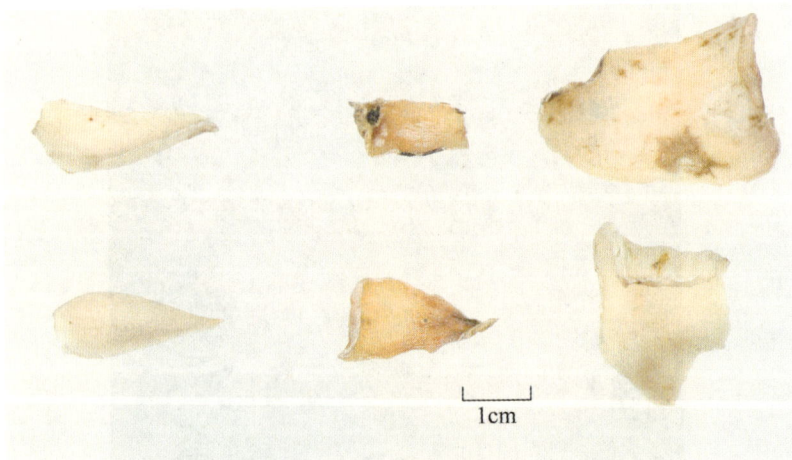

1cm

图 2-151-2　百合药材

【质量要求】传统经验认为，本品以鳞叶均匀、肉厚、质硬、筋少、色白、味微苦者为佳。《中国药典》（2020 年版）规定，本品水分不得过 13.0%；总灰分不得过 5.0%；水溶性浸出物（冷浸法测定）不得少于 18.0%；按干燥品计算，含百合多糖以无水葡萄糖（$C_6H_{12}O_6$）计，不得少于 21.0%。

【功能主治】养阴润肺，清心安神。用于阴虚燥咳，劳嗽咳血，虚烦惊悸，失眠多梦，精神恍惚。

【用法用量】6～12g。

【禁忌】风寒咳嗽及中寒便溏者忌服。

【中药别名】重迈，中庭，重箱，摩罗，强瞿，百合蒜，蒜脑薯。

【备注】中药百合的来源之一细叶百合在黑龙江省具有野生种群分布（图 2-151-3）。其鳞茎呈卵形至圆锥形；鳞片 5～8 枚，肉质肥厚，呈矩圆形或长卵形，外层鳞片表面常带淡紫色条纹，内层鳞片乳白色。地上茎直立，高 15～60cm，茎秆具纵棱，表面密被小乳头状突起，部分个体呈现紫褐色纵条纹。叶互生于茎中部，无柄，叶片条形，叶缘具白色膜质边，上下表面均具明显乳突，中脉于下表面显著隆起。花单生或 2～5 朵组成总状花序；花冠鲜红色，通常无斑点；花梗下弯使花朵呈下垂状；花被片 6 枚，披针形，强烈反卷；蜜腺沟两侧具密集乳头状突起；雄蕊 6 枚，花丝淡红色，无毛；花药长椭圆形，鲜黄色，花粉粒深橙红色；雌蕊 1 枚，子房圆柱形；花柱明显长于子房，柱头膨大呈头状，3 浅裂。蒴果矩圆形，具 6 条纵棱，室背开裂。

图 2-151-3　细叶百合 *Lilium pumilum* DC.

152. 玉竹

【分类学地位】百合科 Liliaceae 黄精属 *Polygonatum*。在最新的 APG Ⅳ 系统中，玉竹已调整至天门冬科 Asparagaceae 黄精属 *Polygonatum*。

【植物形态】多年生草本植物（图 2-152-1）。根状茎圆柱形，横走，肉质，黄白色，多节。茎直立或倾斜，高 20～50cm，具 7～12 枚叶片。叶互生，无柄，叶片椭圆形至卵状矩圆形，先端渐尖，基部楔形，上表面绿色，下表面灰白色，叶脉在下表面平滑或呈乳头状粗糙。花序腋生，具 1～4 朵花（栽培条件下可达 8 朵），总花梗长 1～1.5cm；花被片 6，合生成筒状，黄绿色至白色；花丝着生于花被筒中部，近平滑或具乳头状突起；子房上位，3 室。浆果球形，成熟时蓝黑色，直径约 1cm，内含 7～9 粒种子。

【生境】生长于林下、灌丛或山野阴坡，喜阴湿环境，海拔范围为 500～3000m；在黑龙江省主要分布于大、小兴安岭，张广才岭，完达山等山区。

【入药部位】以干燥根茎入药，药材名称为玉竹。

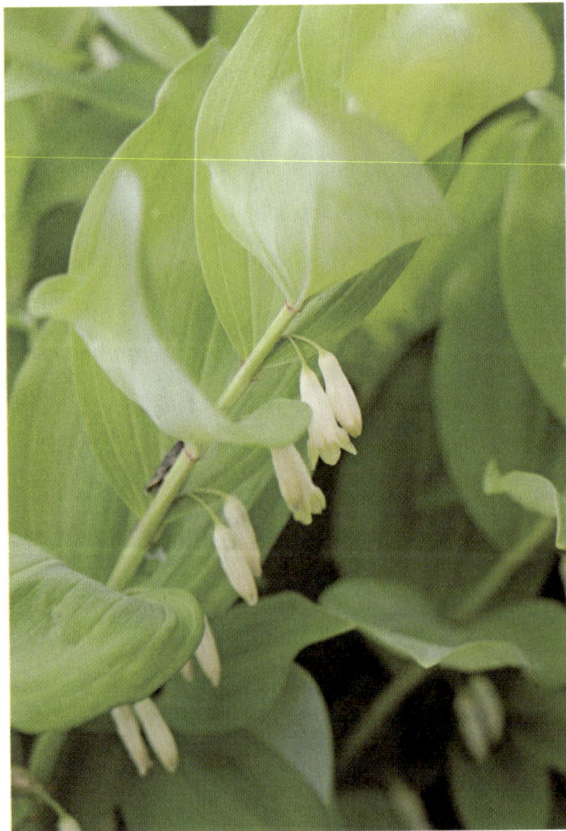

图 2-152-1　玉竹 *Polygonatum odoratum*（Mill.）Druce

【释名】玉竹之名源于其形态特征：茎秆直立有节，形似小竹；叶片光洁莹润，状如竹叶；地下根状茎洁白如玉，节间明显。此外，其根茎经加工后呈半透明状，犹如玉石，故得此名。

玉竹 Polygonati Odorati Rhizoma

【采收加工】秋季采挖，除去须根，洗净，晒至柔软后，反复揉搓、晾晒至无硬心，晒干；或蒸透后，揉至半透明，晒干。

【药材性状】本品呈长圆柱形，略扁，少有分枝，长 4 ～ 18cm，直径 0.3 ～ 1.6cm（图 2-152-2）。表面黄白色或淡黄棕色，半透明，具纵皱纹和微隆起的环节，有白色圆点状的须根痕和圆盘状茎痕。质硬而脆或稍软，易折断，断面角质样或显颗粒性。气微，味甘，嚼之发黏。

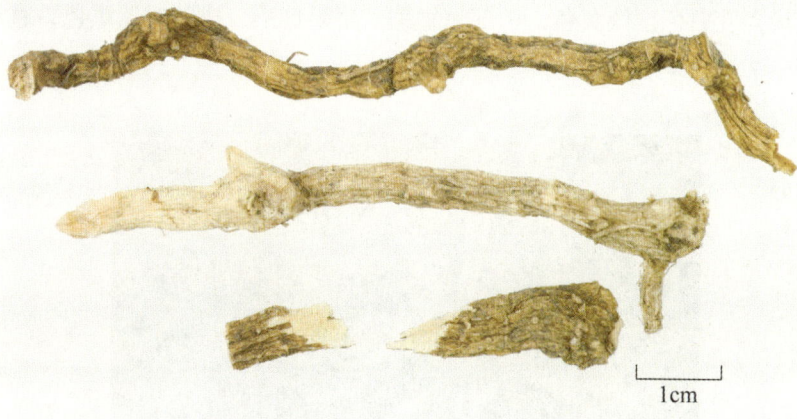

图 2-152-2　玉竹药材

【质量要求】传统经验认为，本品以条长、色黄白、光泽柔润者为佳。《中国药典》（2020 年版）规定，本品水分不得过 16.0%；总灰分不得过 3.0%；醇溶性浸出物（冷浸法测定）不得少于 50.0%；按干燥品计算，含玉竹多糖以葡萄糖（$C_6H_{12}O_6$）计，不得少于 6.0%。

【功能主治】养阴润燥，生津止渴。用于肺胃阴伤，燥热咳嗽，咽干口渴，内热消渴。

【用法用量】6 ～ 12g。

【禁忌】痰湿气滞者、脾虚便溏者慎服。

【中药别名】荧，委萎，女萎，萎莎，葳蕤，王马，节地，虫蝉，乌萎，青粘，黄芝，地节，萎蕤，马熏，葳参，玉术，山玉竹，笔管子，十样错，竹七根，竹节黄，黄脚鸡，百解药，黄蔓菁，尾参，连竹，西竹，山铃子草，铃铛菜，灯笼菜，山包米。

【本草考证】赵荣等学者通过本草考证研究提出，历代本草对女萎、葳蕤在植物形态、功效主治、炮制方法方面均有混淆。唐《新修本草》首次在形态上区分两者，但功效描述仍有混淆；明代虽延续形态混淆，却在炮制方法上完成区分；至清代，形态与功效描述方实现彻底区分。现明确界定，女萎为毛茛科植物女萎，葳蕤为百合科植物玉竹。

153. 黄精

【分类学地位】百合科 Liliaceae 黄精属 *Polygonatum*。在最新的 APG Ⅳ 系统中，黄精已调整至天门冬科 Asparagaceae 黄精属 *Polygonatum*。

【植物形态】根状茎呈圆柱形，结节处膨大，形成"节间"一端粗、一端细的形态特征，粗端常具短分枝。茎直立或有时呈攀援状。叶 4 ～ 6 枚轮生，叶片条状披针形，先端常拳卷或弯曲成钩状（图 2-153-1）。花序腋生，通常具 2 ～ 4 朵花，呈伞形花序状；花梗长 1 ～ 2cm，下垂；苞片着生于花梗基部，膜质，钻形或条状披针形，具 1 条明显中脉；花被筒状，乳白色至淡黄色，中部稍缢缩。浆果球形，成熟时紫黑色，直径约 1cm，内含种子 4 ～ 7 粒。

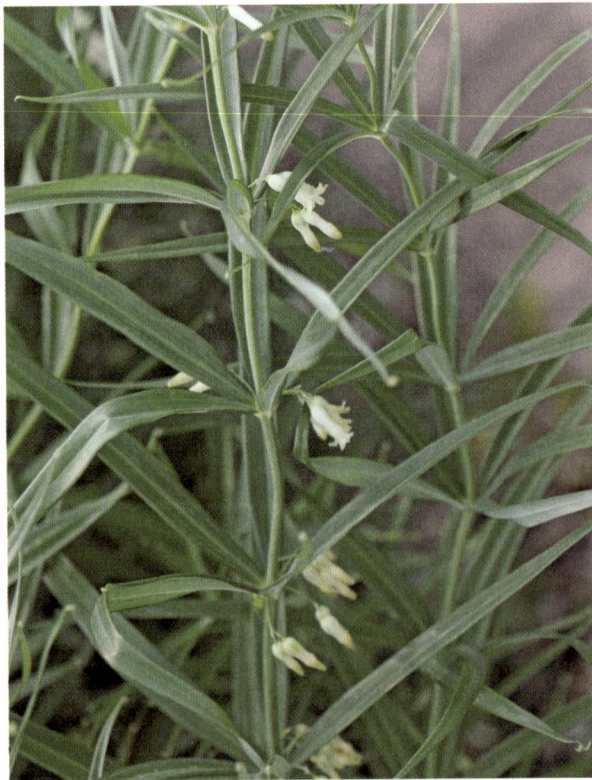

图 2-153-1　黄精 *Polygonatum sibiricum* Red.

【生境】多生长于林下、灌丛或山坡阴湿处，海拔范围为 800～2800m。喜阴凉湿润环境，适宜在腐殖质丰富的土壤中生长。

【入药部位】以干燥根茎入药，药材名称为黄精。

【释名】《本草纲目》中记载："仙家以为芝草之类，以其得坤土之精粹，故谓之黄精。"其名体现古人认为此药吸收土地精华之观念。

黄精 Polygonati Rhizoma

【来源】《中国药典》（2020 年版）规定，黄精药材的植物来源有 3 种，分别为百合科植物滇黄精 *Polygonatum kingianum* Coll. et Hemsl.、黄精 *Polygonatum sibiricum* Red. 或多花黄精 *Polygonatum cyrtonema* Hua。按形状不同，习称"大黄精""鸡头黄精""姜形黄精"。

【采收加工】春、秋二季采挖，除去须根，洗净，置沸水中略烫或蒸至透心，干燥。

【药材性状】

1. 大黄精 呈肥厚肉质的结节块状，结节长可达 10cm 以上，宽 3～6cm，厚 2～3cm。表面淡黄色至黄棕色，具环节，有皱纹及须根痕，结节上侧茎痕呈圆盘状，圆周凹入，中部突出。质硬而韧，不易折断，断面角质，淡黄色至黄棕色。气微，味甜，嚼之有黏性。

2. 鸡头黄精 呈结节状弯柱形，长 3～10cm，直径 0.5～1.5cm（图 2-153-2）。结节长 2～4cm，略呈圆锥形，常有分枝。表面黄白色或灰黄色，半透明，有纵皱纹，茎痕圆形，直径 5～8mm。

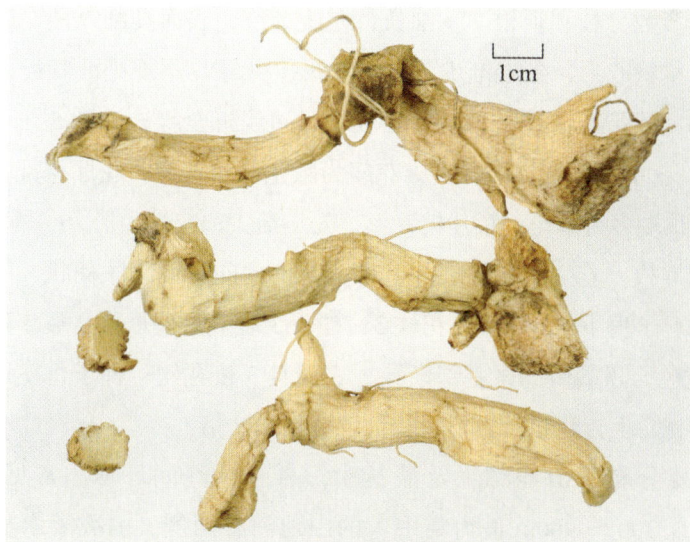

图 2-153-2　黄精药材

3.姜形黄精 呈长条结节块状，长短不等，常数个块状结节相连。表面灰黄色或黄褐色，粗糙，结节上侧有突出的圆盘状茎痕，直径 0.8 ～ 1.5cm。

【**质量要求**】传统经验认为，本品以块大、色黄、断面透明、质润泽，且习称"冰糖渣"者为佳；味苦者不可药用。《中国药典》（2020 年版）规定，本品水分不得过 18.0%；总灰分不得过 4.0%；重金属及有害元素检查中，铅不得过 5mg/kg，镉不得过 1mg/kg，砷不得过 2mg/kg，汞不得过 0.2mg/kg，铜不得过 20mg/kg；醇溶性浸出物（热浸法测定）不得少于 45.0%；按干燥品计算，含黄精多糖以无水葡萄糖（$C_6H_{12}O_6$）计，不得少于 7.0%。

【**功能主治**】补气养阴，健脾，润肺，益肾。用于脾胃气虚，体倦乏力，胃阴不足，口干食少，肺虚燥咳，劳嗽咳血，精血不足，腰膝酸软，须发早白，内热消渴。

【**用法用量**】9 ～ 15g。

【**禁忌**】中寒泄泻、痰湿痞满气滞者忌服。

【**中药别名**】龙衔，兔竹，垂珠，鸡格，米脯，菟竹，鹿竹，重楼，救穷，戊已芝，萎蕤，苟格，马箭，仙人余粮，气精，生姜，野生姜，米餔，野仙姜，山生姜，玉竹黄精，白及黄精，阳誉蕺，土灵芝，老虎姜，山捣臼，鸡头参，赖姜。

🟢 154. 穿龙薯蓣

【**分类学地位**】薯蓣科 Dioscoreaceae 薯蓣属 *Dioscorea*。

【**植物形态**】多年生缠绕草质藤本（图 2-154-1）。根状茎横生，呈不规则圆柱形，表面黄褐色，具多数分枝和须根。茎细长，左旋缠绕，表面具细纵棱，近无毛。单叶互生，纸质；叶片掌状心形，先端渐尖，基部心形，叶缘具不规则波状齿，茎基部叶片常呈不等大的三角状浅裂至深裂，顶端叶片较小且边缘近全缘；叶脉 5 ～ 7 条，基出；叶柄长 3 ～ 10cm。花单性，雌雄异株。雄花序为腋生穗状花序，花序基部常具 2 ～ 4 朵花聚生成小伞状，顶端多为单花；苞片披针形，先端渐尖；花被碟形，6 深裂，裂片卵圆形，先端钝圆；雄蕊 6 枚，着生于花被裂片基部，花药内向。雌花序穗状，单生叶腋；雌花具 6 枚退化雄蕊；子房下位，3 室，花柱 3，柱头 3 裂，每裂片再 2 裂。蒴果三棱状倒卵形，成熟时枯黄色，顶端微凹，基部渐狭，表面具 3 枚宽翅；种子每室通常 2 枚，扁卵形，四周具膜质翅，上方翅呈长方形，长约较宽处大 2 倍。

【**生境**】主要分布于山地林缘及灌丛中，喜半阴湿润环境。常见于海拔范围为 100 ～ 1700m（以 300 ～ 900m 最为集中）的山地河谷两侧、山坡灌木丛、稀疏杂木林下及林缘地带，较少见于山脊路旁及乱石堆积的灌丛中。适宜生长在土层深厚（30cm 以上）、腐殖质含量丰富（＞5%）、排水良好的黄棕壤或黑棕壤土中，土壤 pH 值 5.5～7.0。

【入药部位】以干燥根茎入药，药材名称为穿山龙。

【释名】因其生长在山中，根茎在林下土壤中横走而得名。

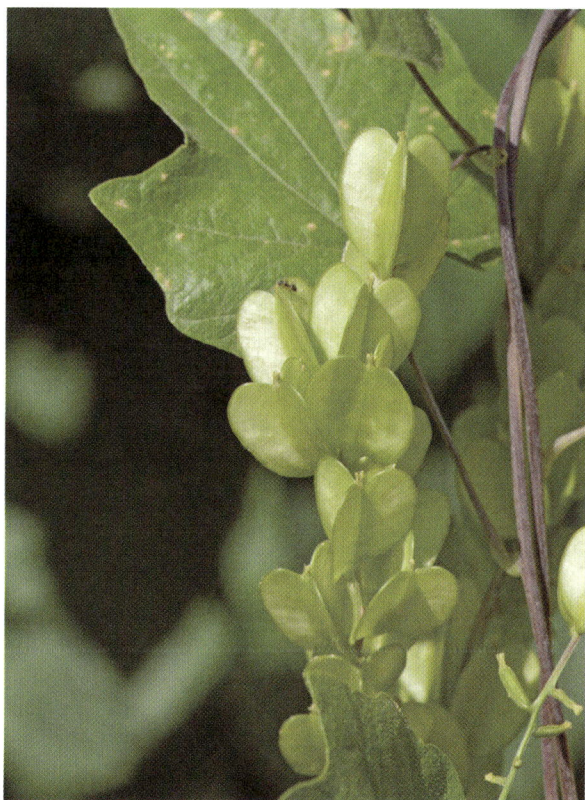

图 2-154-1　穿龙薯蓣 *Dioscorea nipponica* Makino

穿山龙 Dioscoreae Nipponicae Rhizoma

【采收加工】春、秋二季采挖，洗净，除去须根和外皮，晒干。

【药材性状】根茎呈类圆柱形，稍弯曲，长 15～20cm，直径 1.0～1.5cm（图 2-154-2）。表面黄白色或棕黄色，有不规则纵沟、刺状残根及偏于一侧的突起茎痕。质坚硬，断面平坦，白色或黄白色，散有淡棕色维管束小点。气微，味苦涩。

【质量要求】传统经验认为，本品以根茎粗长、色土黄、质坚硬者为佳。《中国药典》（2020 年版）规定，本品水分不得过 12.0%；总灰分不得过 5.0%；醇溶性浸出物（热浸法测定）不得少于 20.0%；按干燥品计算，含薯蓣皂苷（$C_{45}H_{72}O_{16}$）不得少于 1.3%。

【功能主治】祛风除湿，舒筋通络，活血止痛，止咳平喘。用于风湿痹病，关节肿胀，疼痛麻木，跌扑损伤，闪腰岔气，咳嗽气喘。

【用法用量】9～15g；也可制成酒剂用。

【中药别名】穿龙骨，穿地龙，狗山药，山常山，穿山骨，火藤根，土山薯，竹根薯，铁根薯，雄姜，黄鞭，野山药，地龙骨，金刚骨，串山龙，过山龙。

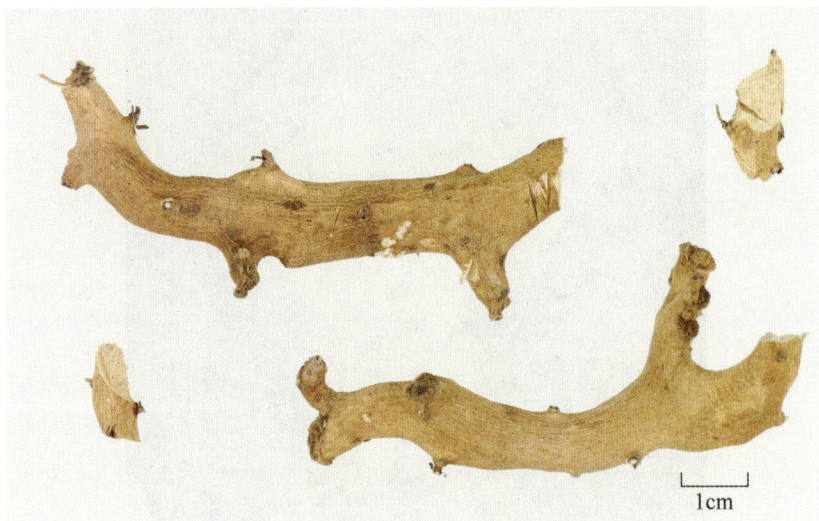

1cm

图 2-154-2　穿山龙药材

155. 薯蓣

【分类学地位】薯蓣科 Dioscoreaceae 薯蓣属 *Dioscorea*。

【植物形态】多年生缠绕性草质藤本（图 2-155-1）。地下块茎呈长圆柱形，垂直向下生长，断面干燥时呈白色。茎细长，常呈紫红色，右旋（顺时针方向缠绕），表面无毛。叶序为单叶互生，下部茎生叶为互生排列，中上部多呈对生；叶形变异较大，基部叶多为卵状三角形至宽卵形，上部叶常呈戟形，先端渐尖，基部呈深心形、宽心形或近截形，叶缘通常具 3 浅裂至 3 深裂。叶腋处常着生珠芽（零余子）。雌雄异株。雄花序为穗状花序，通常 2～8 个簇生于叶腋，偶见圆锥状排列；花序轴明显呈"之"字形曲折；苞片及花被片均具紫褐色斑点；雄花具 6 枚雄蕊，外轮花被片宽卵形，内轮花被片卵形且较小。雌花序为穗状花序，1～3 个腋生。蒴果呈三棱状扁圆形或近圆形，成熟时不反折，表面被白粉；种子着生于每室中轴中部，四周具膜质翅。

【生境】多生长于海拔范围为 150～1500m 的山坡林缘、山谷疏林下、溪流沿岸及路旁灌丛中，喜温暖湿润、排水良好的砂质壤土环境。

【入药部位】以干燥根茎入药，药材名称为山药。

图 2–155–1　薯蓣 *Dioscorea opposita* Thunb.

山药 Dioscoreae Rhizoma

【采收加工】冬季茎叶枯萎后采挖，切去根头，洗净，除去外皮和须根，干燥，习称"毛山药"；或除去外皮，趁鲜切厚片，干燥，称为"山药片"；也有选择肥大顺直的干燥山药，置清水中，浸至无干心，闷透，切齐两端，用木板搓成圆柱状，晒干，打光，习称"光山药"。

【药材性状】

1. 毛山药　略呈圆柱形，弯曲而稍扁，长 15 ～ 30cm，直径 1.5 ～ 6cm。表面黄白色或淡黄色，有纵沟、纵皱纹及须根痕，偶有浅棕色外皮残留。体重，质坚实，不易折断，断面白色，粉性。气微，味淡、微酸，嚼之发黏。

2. 山药片　为不规则的厚片，皱缩不平，切面白色或黄白色，质坚脆，粉性。气微，味淡、微酸（图 2–155–2）。

3. 光山药　呈圆柱形，两端平齐，长 9 ～ 18cm，直径 1.5 ～ 3cm。表面光滑，白色或黄白色。

【质量要求】传统经验认为，本品以质坚实、粉性足、色洁白者为佳。《中国药典》（2020 年版）规定，毛山药和光山药水分不得过 16.0%，山药片水分不得过 12.0%；毛山药和光山药总灰分不得过 4.0%，山药片总灰分不得过 5.0%；毛山药和光山药水溶性浸出物（冷浸法测定）不得少于 7.0%，山药片水溶性浸出物（冷浸法测定）不得少于 10.0%。

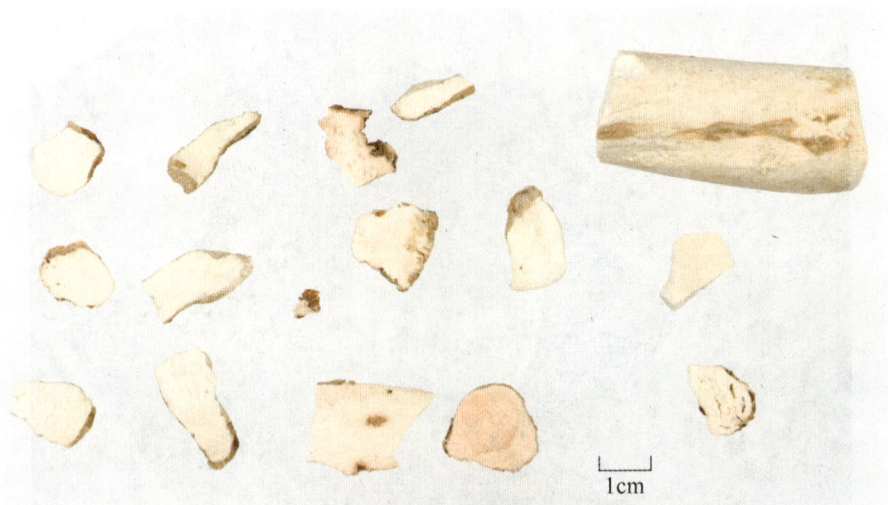

图 2-155-2　山药药材

【功能主治】补脾养胃，生津益肺，补肾涩精。用于脾虚食少，久泻不止，肺虚喘咳，肾虚遗精，带下，尿频，虚热消渴。麸炒山药补脾健胃。用于脾虚食少，泄泻便溏，白带过多。

【用法用量】15 ～ 30g。

【禁忌】湿盛中满或有实邪、积滞者慎用。

【中药别名】薯蓣，署预，薯蓣，山芋，诸署，署豫，玉延，薯，山薯，王薯，薯药，怀山药，蛇芋，白苔，九黄姜，野白薯，山板薯，扇子薯，佛掌薯。

156. 射干

【分类学地位】鸢尾科 Iridaceae 射干属 Belamcanda。

【植物形态】多年生草本植物。根状茎呈不规则块状，斜向生长，表面黄色至黄褐色；须根发达，多数，呈淡黄色。茎直立，高 1 ～ 1.5m，圆柱形，实心。叶互生，呈二列嵌迭状排列，叶片剑形，基部鞘状抱茎，顶端渐尖，具平行脉。花序为顶生聚伞状圆锥花序，多回叉状分枝，每分枝顶端簇生 3 ～ 10 朵花；花梗纤细；花梗及花序分枝处均具膜质苞片；花被片 6 枚，排成 2 轮，外轮 3 枚较大，倒卵形，内轮 3 枚稍小；花橙红色（图 2-156-1），表面散生紫褐色斑点；雄蕊 3 枚，着生于外轮花被片基部，花药条形，外向纵裂；花柱上部略扁，顶端 3 浅裂，裂片边缘稍外卷，具短柔毛；子房下位，倒卵形，3 室，中轴胎座，每室具多数胚珠。蒴果倒卵形或长椭圆形，成熟时室背开裂，顶端无喙，常宿存枯萎的花被；种子近球形，黑紫色，具光泽，着生于果轴上。

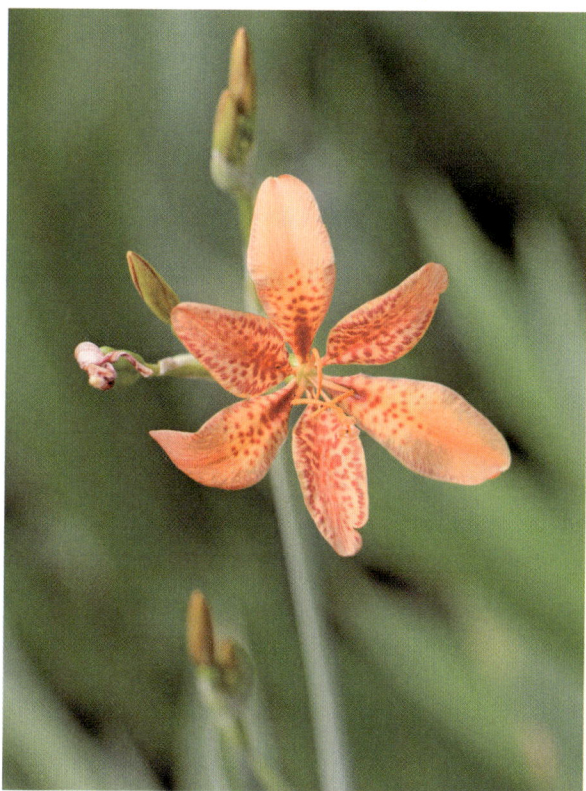

图 2-156-1　射干 *Belamcanda chinensis*（L.）Redouté

【生境】多生长于林缘、山坡草地及灌丛边缘，喜温暖湿润环境。主要分布于低海拔地区，但在我国西南山区，海拔范围为 2000 ～ 2200m 的向阳山坡亦有分布。

【入药部位】以干燥根茎入药，药材名称为射干。

【释名】《本草纲目》记载："射干之形，茎梗疏长，正如射人长竿之状，得名由此尔。"

射干 Belamcandae Rhizoma

【采收加工】春初刚发芽或秋末茎叶枯萎时采挖，除去须根和泥沙，干燥。

【药材性状】本品呈不规则结节状，长 3 ～ 10cm，直径 1 ～ 2cm。表面黄褐色、棕褐色或黑褐色，皱缩，有较密的环纹。上面有数个圆盘状凹陷的茎痕，偶有茎基残存；下面有残留细根及根痕。质硬，断面黄色，颗粒性。气微，味苦、微辛。

【质量要求】传统经验认为粗壮、质硬、断面色黄者为佳。《中国药典》（2020 年版）规定，本品水分不得过 10.0%；总灰分不得过 7.0%；醇溶性浸出物（热浸法测定）不得少于 18.0%；按干燥品计算，含次野鸢尾黄素（$C_{20}H_{18}O_8$）不得少于 0.10%。

【功能主治】清热解毒，消痰，利咽。用于热毒痰火郁结，咽喉肿痛，痰涎壅盛，咳嗽气喘。

【用法用量】3 ～ 10g。

【禁忌】无实火及脾虚便溏者、孕妇忌服。

【中药别名】乌扇，乌蒲，黄远，乌莲，夜干，乌翣，乌吹，草姜，鬼扇，凤翼，扁竹根，仙人掌，紫金牛，野萱花，扁竹，地萹竹，较剪草，黄花扁蓄，开喉箭，黄知母，冷水丹，冷水花，扁竹兰，金蝴蝶，金绞剪，铁扁担，六甲花，扇把草，鱼翅草，山蒲扇，剪刀草，老君扇，高搜山，凤凰草。

157. 番红花

【分类学地位】鸢尾科 Iridaceae 番红花属 *Crocus*。

【植物形态】多年生草本植物（图 2-157-1）。球茎呈扁圆球形，外层具黄褐色膜质包被。叶基生，通常 9 ～ 15 枚，狭条形，灰绿色，边缘明显反卷；叶丛基部具 4 ～ 5 片膜质鞘状叶。花茎极短，隐于地面以下；花 1 ～ 2 朵，花色呈淡蓝色、红紫色或白色，具特殊芳香；花被裂片 6 枚，排成 2 轮，内外轮花被裂片均为倒卵形，顶端钝圆；雄蕊 3 枚，直立，花药黄色，顶端锐尖并略弯曲；花柱橙红色，上部 3 分枝，各分枝弯曲下垂，柱头略扁，顶端呈楔形，具不规则浅齿，明显长于雄蕊；子房狭纺锤形，长约 1cm。蒴果椭圆形，具三棱。

图 2-157-1　番红花 *Crocus sativus* L.

【生境】黑龙江省部分地区有引种栽培。

【入药部位】以干燥柱头入药，药材名称为西红花。

【释名】因历史上经西亚传入我国，且为区别于菊科植物红花而得名。

西红花 Croci Stigma

【采收加工】晴天早晨采收花朵，摘下柱头，烘干，即为干红花；若再加工，使油润光亮，则为湿红花。置阴凉干燥处，密闭保存。

【药材性状】本品呈线形，三分枝，长约3cm（图2-157-2）。暗红色，上部较宽而略扁平，顶端边缘显不整齐的齿状，内侧有一短裂隙，下端有时残留一小段黄色花柱。体轻，质松软，无油润光泽，干燥后质脆易断。气特异，微有刺激性，味微苦。

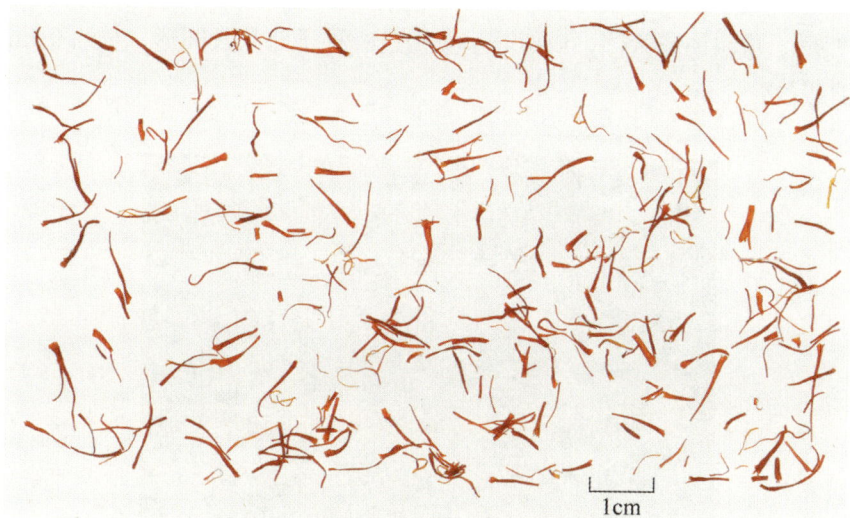

1cm

图 2-157-2　西红花药材

【质量要求】传统经验认为，本品以柱头细长、色泽深红且均匀、表面油润有光泽、花柱残留少、气味浓郁辛凉者为佳。《中国药典》（2020年版）规定，本品干燥失重不得过12.0%；总灰分不得过7.5%；按干燥品计算，含西红花苷-Ⅰ（$C_{44}H_{64}O_{24}$）和西红花苷-Ⅱ（$C_{38}H_{54}O_{19}$）的总量不得少于10.0%，含苦番红花素（$C_{16}H_{26}O_7$）不得少于5.0%。

【功能主治】活血化瘀，凉血解毒，解郁安神。用于经闭癥瘕，产后瘀阻，温毒发斑，忧郁痞闷，惊悸发狂。

【用法用量】1～3g，煎服或沸水泡服。

【禁忌】孕妇禁服。

【中药别名】洎夫蓝，番栀子蕊，撒馥兰，撒法郎，藏红花，西红花。

158. 灯心草

【分类学地位】灯心草科 Juncaceae 灯心草属 *Juncus*。

【植物形态】多年生草本植物（图 2-158-1）。根状茎粗壮横走，具黄褐色稍粗的须根。茎丛生，直立，圆柱形，淡绿色，具明显纵条纹，茎内充满白色髓心。叶全部退化为低出叶，呈鞘状或鳞片状，包围在茎的基部，基部呈红褐色至黑褐色；叶片完全退化为刺芒状结构。聚伞花序假侧生，多花组成，排列紧密或疏散；总苞片圆柱形，生于顶端，为茎的延伸结构，直立且顶端尖锐；小苞片 2 枚，宽卵形，膜质，顶端锐尖；花淡绿色；花被片 6 枚，线状披针形，顶端锐尖，背脊增厚突出，黄绿色，边缘膜质，外轮花被片略长于内轮；雄蕊通常 3 枚（偶见 6 枚变异），长度约为花被片的 2/3；花药长圆形，黄色，长度略短于花丝；雌蕊子房上位，3 室；花柱极短；柱头 3 分叉，线形。蒴果长圆形或卵形，顶端钝或微凹，成熟时呈黄褐色。种子卵状长圆形，长约 0.5mm，黄褐色，表面具纵纹。

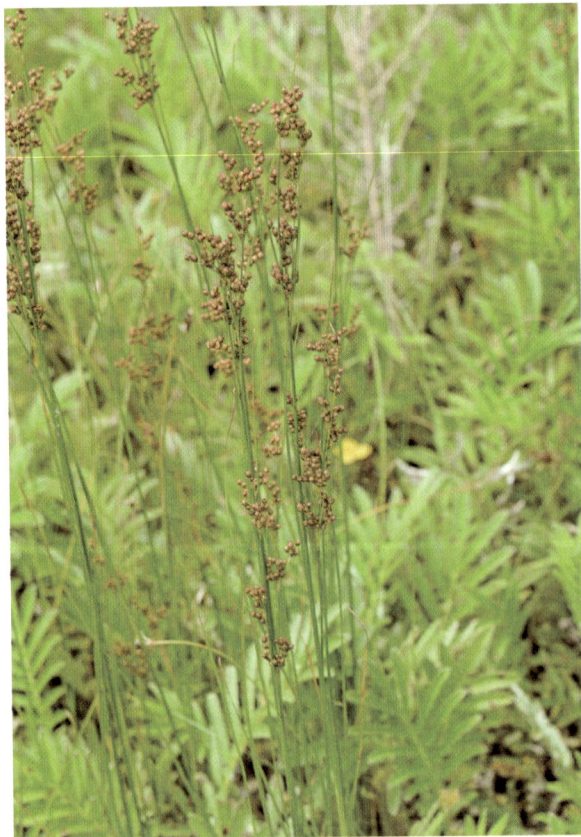

图 2-158-1　灯心草 *Juncus effusus* L.

【**生境**】多生长于海拔范围为 1650～3400m 的河边、池旁、水沟，稻田旁、草地及沼泽湿处。

【**入药部位**】以干燥茎髓入药，药材名称为灯心草。

【**释名**】因传统用作油灯灯芯而得名。其茎髓富含白色髓质，具良好吸油性。

灯心草 Junci Medulla

【**采收加工**】夏末至秋季割取茎，晒干，取出茎髓，理直，扎成小把。

【**药材性状**】本品呈细圆柱形，长达 90cm，直径 0.1～0.3cm（图 2-158-2）。表面白色或淡黄白色，有细纵纹。体轻，质软，略有弹性，易拉断，断面白色。气微，味淡。

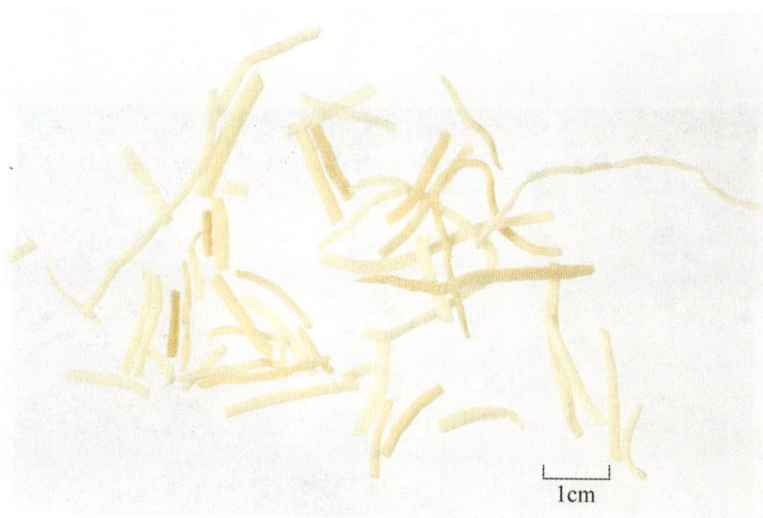

1cm

图 2-158-2　灯心草药材

【**质量要求**】传统经验认为，本品以色白、条长、体粗细均匀、有弹性者为佳。《中国药典》（2020 年版）规定，本品水分不得过 11.0%；总灰分不得过 5.0%；醇溶性浸出物（热浸法测定）不得少于 5.0%。

【**功能主治**】清心火，利小便。用于心烦失眠，尿少涩痛，口舌生疮。

【**用法用量**】1～3g。

【**禁忌**】虚寒者慎服。

【**中药别名**】虎须草，赤须，灯心，灯草，碧玉草，水灯心，铁灯心，虎酒草，曲屎草。

【**备注**】在《中国植物志》中，灯心草的中文正名与学名为灯芯草 *Juncus effusus* L.，列入灯芯草科 Juncaceae 灯芯草属 *Juncus*。

159. 鸭跖草

【分类学地位】鸭跖草科 Commelinaceae 鸭跖草属 *Commelina*。

【植物形态】一年生披散草本（图 2-159-1）。茎匍匐状，节部生根，多分枝，长可达 1m，下部无毛，上部被短柔毛。叶互生，叶片披针形至卵状披针形，全缘，基部渐狭成鞘状抱茎。总苞片佛焰苞状，与叶对生，折叠状，展开后呈心形，顶端短急尖，基部心形，边缘具缘毛；聚伞花序腋生，下面一枝具单花且常不育；上面一枝具 3～4 朵两性花，花梗短，通常不伸出佛焰苞。花两性，两侧对称；萼片 3，膜质；花瓣 3 枚，上方 2 枚较大，深蓝色，下方 1 枚较小，色淡；能育雄蕊 3 枚，退化雄蕊 3 枚。蒴果椭圆形，2 室，室背开裂，每室含种子 2 颗。种子棕黄色，腹面平坦，表面具不规则网状皱纹，种脐端平截。

图 2-159-1　鸭跖草 *Commelina communis* L.

【生境】喜湿润环境，常见于田边、沟旁、林缘等阴湿处。在黑龙江省全境均有分布。

【入药部位】以干燥全草入药，药材名称为鸭跖草。

鸭跖草 Commelinae Herba

【采收加工】夏、秋二季采收，晒干。

【药材性状】本品长可达 60cm，黄绿色或黄白色，较光滑（图 2-159-2）。茎有纵棱，直径约 0.2cm，多有分枝或须根，节稍膨大，节间长 3 ～ 9cm；质柔软，断面中心有髓。叶互生，多皱缩、破碎，完整叶片展平后呈卵状披针形或披针形，长 3 ～ 9cm，宽 1 ～ 2.5cm；先端尖，全缘，基部下延成膜质叶鞘，抱茎，叶脉平行。花多脱落，总苞佛焰苞状，心形，两边不相连；花瓣皱缩，蓝色。气微，味淡。

图 2-159-2　鸭跖草药材

【质量要求】传统经验认为，本品以色黄绿者为佳。《中国药典》（2020 年版）规定，本品水分不得过 12.0%；水溶性浸出物（热浸法测定）不得少于 16.0%。

【功能主治】清热泻火，解毒，利水消肿。用于感冒发热，热病烦渴，咽喉肿痛，水肿尿少，热淋涩痛，痈肿疔毒。

【用法用量】15 ～ 30g。外用适量。

【禁忌】脾胃虚寒者慎服。

【中药别名】鸡舌草，鼻斫草，碧竹子，碧蟾蜍，竹叶草，鸭脚草，耳环草，碧蝉儿花，地地藕，蓝姑草，竹鸡草，竹叶菜，碧蝉花，水竹子，露草，帽子花，竹叶兰，竹根菜，鹅儿菜，竹管草，兰花草，野靛青，萤火虫草，竹叶活血丹，鸡冠菜，蓝花姑娘，鸭仔草。

160. 稻

【分类学地位】禾本科 Poaceae 稻属 Oryza。

【植物形态】一年生水生草本（图 2-160-1）。秆直立，丛生，高 0.5 ～ 1.5m，株高因栽培品种差异显著。叶鞘松弛包裹茎秆，表面无毛；叶舌膜质披针形，基部两侧下延与叶鞘边缘相连；叶片线状披针形，中脉明显，叶缘具微锯齿，叶面粗糙。圆锥花序顶生，分枝轮生具明显纵棱；小穗两侧压扁，含 1 朵两性花及 2 枚退化外稃；颖片退化仅残留半月形痕迹于小穗柄端；孕性外稃厚纸质，具 5 条凸起纵脉，表面密布方格状小乳突及短硬毛，先端具直芒或无芒（芒长可达 10cm）；内稃质地与外稃相同，具 3 脉；鳞被 2 枚；雄蕊 6 枚。颖果长椭圆形，成熟时稃壳呈黄色或金黄色；胚部明显，长度约为颖果的 1/4。

图 2-160-1　稻 *Oryza sativa* L.

【生境】黑龙江省有栽培品种。

【入药部位】以其成熟果实经发芽干燥的炮制加工品入药，药材名称为稻芽。

稻芽 Oryzae Fructus Germinatus

【采收加工】将稻谷用水浸泡后，保持适宜的温、湿度，待须根长至约 1cm 时，干燥。

【药材性状】本品呈扁长椭圆形，两端略尖，长 7～9mm，直径约 3mm。外稃黄色，有白色细茸毛，具 5 脉。一端有 2 枚对称的白色条形浆片，长 2～3mm，于一个浆片内侧伸出弯曲的须根 1～3 条，长 0.5～1.2cm。质硬，断面白色，粉性。气微，味淡。

【质量要求】传统经验认为，本品以粒饱满、均匀、色黄、无杂质者为佳。《中国药典》（2020 年版）规定，本品出芽率不得少于 85%。

【功能主治】消食和中，健脾开胃。用于食积不消，腹胀口臭，脾胃虚弱，不饥食少。炒稻芽偏于消食。用于不饥食少。焦稻芽善化积滞。用于积滞不消。

【用法用量】9～15g。

【禁忌】胃下垂者忌用。

【中药别名】蘖米，稻蘖。

161. 芦苇

【分类学地位】禾本科 Poaceae 芦苇属 *Phragmites*。

【植物形态】多年生草本植物，具发达的地下根状茎（图 2-161-1）。秆直立，高 1～3m（最高可达 8m），具 20 节以上；基部和上部节间较短，最长节间通常位于秆下部第 4～6 节，节下具明显白色蜡粉。叶鞘下部者短于节间，上部者长于节间；叶舌膜质，边缘密生一圈长约 1mm 的短纤毛，两侧缘毛易脱落；叶片披针状线形，无毛，先端渐尖呈丝状。圆锥花序大型，分枝多数，着生稠密下垂的小穗；小穗含 4 小花；颖片 3 脉；内稃两脊具纤毛；雄蕊 3 枚，花药黄色；颖果长约 1.5mm。

图 2-161-1　芦苇 *Phragmites australis*（Cav.）Trin. ex Steud.

【生境】多生长于江河、湖泊、池塘、沟渠等水域沿岸及低洼湿地，常形成大面积芦苇荡。

【入药部位】以新鲜或干燥根茎入药，药材名称为芦根。

芦根 Phragmitis Rhizoma

【采收加工】全年均可采挖，除去芽、须根及膜状叶，鲜用或晒干。

【药材性状】

1. 鲜芦根　呈长圆柱形，有的略扁，长短不一，直径 1～2cm。表面黄白色，有光泽，外皮疏松可剥离，节呈环状，有残根和芽痕。体轻，质韧，不易折断。切断面黄白色，中空，壁厚 1～2mm，有小孔排列成环。气微，味甘。

2. 芦根　呈扁圆柱形。节处较硬，节间有纵皱纹。

【质量要求】传统经验认为，以条粗壮、色黄白、有光泽、无须根、质嫩者为佳。《中国药典》（2020 年版）规定，本品水分不得过 12.0%；总灰分不得过 11.0%；酸不溶性灰分不得过 8.0%。

【功能主治】清热泻火，生津止渴，除烦，止呕，利尿。用于热病烦渴，肺热咳嗽，肺痈吐脓，胃热呕哕，热淋涩痛。

【用法用量】15～30g；鲜品用量加倍，或捣汁用。

【禁忌】脾胃虚寒者忌服。

【中药别名】芦茅根，苇根，芦菰根，水蓢蓢，芦柴根，芦通，苇子根，芦芽根，甜梗子，芦头。

● 162. 大麦

【分类学地位】禾本科 Poaceae 大麦属 *Hordeum*。

【植物形态】一年生草本植物（图 2-162-1）。秆粗壮，光滑无毛，直立，株高 50～100cm。叶鞘松弛抱茎，多数无毛，仅基部偶具柔毛；叶耳披针形，着生于叶鞘两侧；叶舌膜质；叶片扁平。穗状花序直立，长 5～15cm（芒除外），小穗稠密排列，每节着生 3 枚可育小穗；小穗无柄；颖片线状披针形，外被短柔毛，先端渐尖或延伸成芒状；外稃具 5 条明显纵脉，先端延伸成芒，芒粗糙，边缘具细刺状锯齿；内稃与外稃近等长。颖果成熟时与稃片粘合，不易分离。

【生境】其广泛栽培于我国南北各地，适应性强，常见于温带及亚热带地区。

【入药部位】以成熟果实经发芽干燥的炮制加工品入药，药材名称为麦芽。

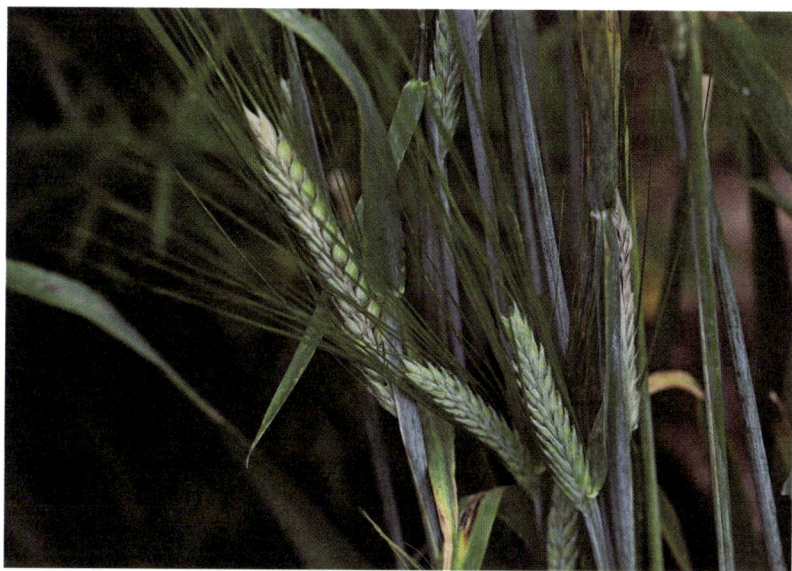

图 2-162-1　大麦 *Hordeum vulgare* L.

麦芽 Hordei Fructus Germinatus

【采收加工】将麦粒用水浸泡后，保持适宜温、湿度，待幼芽长至约 5mm 时，晒干或低温干燥。

【药材性状】本品呈梭形，长 8 ～ 12mm，直径 3 ～ 4mm。表面淡黄色，背面为外稃包围，具 5 脉；腹面为内稃包围。除去内外稃后，腹面有 1 条纵沟；基部胚根处生出幼芽和须根，幼芽长披针状条形，长约 5mm。须根数条，纤细而弯曲。质硬，断面白色，粉性。气微，味微甘。

【质量要求】传统经验认为，本品以色黄、粒大而饱满、芽完整者为佳。《中国药典》（2020 年版）规定，本品水分不得过 13.0%；总灰分不得过 5.0%；出芽率不得少于 85%。

【功能与主治】行气消食，健脾开胃，回乳消胀。用于食积不消，脘腹胀痛，脾虚食少，乳汁郁积，乳房胀痛，妇女断乳，肝郁胁痛，肝胃气痛。生麦芽健脾和胃，疏肝行气。用于脾虚食少，乳汁郁积。炒麦芽行气消食回乳。用于食积不消，妇女断乳。焦麦芽消食化滞。用于食积不消，脘腹胀痛。

【用法用量】10 ～ 15g；回乳炒用 60g。

【禁忌】久食消肾，不可多食。

【中药别名】大麦蘖，麦蘖，大麦毛，大麦芽。

163. 薏米

【**分类学地位**】禾本科 Poaceae 薏苡属 *Coix*。

【**植物形态**】一年生草本植物（图 2-163-1）。植株秆直立，高 1 ～ 1.5m，具 6 ～ 10 节，节间中空，基部节上常生不定根，分蘖性强。叶片扁平宽大，呈披针形，宽 1.5 ～ 3cm，两面无毛，边缘粗糙，中脉粗厚。总状花序腋生，雄花序位于雌花序上部，由 5 ～ 6 对雄小穗组成；雄小穗含 2 朵小花，覆瓦状排列于穗轴各节。雌小穗位于花序下部，外包以骨质总苞；总苞卵圆形或椭圆形，表面具明显纵条纹，质地坚硬但易压碎，成熟时呈暗褐色或浅棕色，顶端具颈状喙及斜口，基部渐狭。颖果近长圆形，腹面具宽纵沟，基部有圆形棕色种脐，胚乳粉质，白色或黄白色。

【**生境**】喜温暖湿润环境，多生长于池塘边、河沟旁、山谷溪涧及排水不良的农田等潮湿地带，海拔范围为 200 ～ 2000m。在黑龙江省作为药用作物广泛栽培，常见于松嫩平原及三江平原地区。

【**入药部位**】以干燥成熟种仁入药，药材名称为薏苡仁。

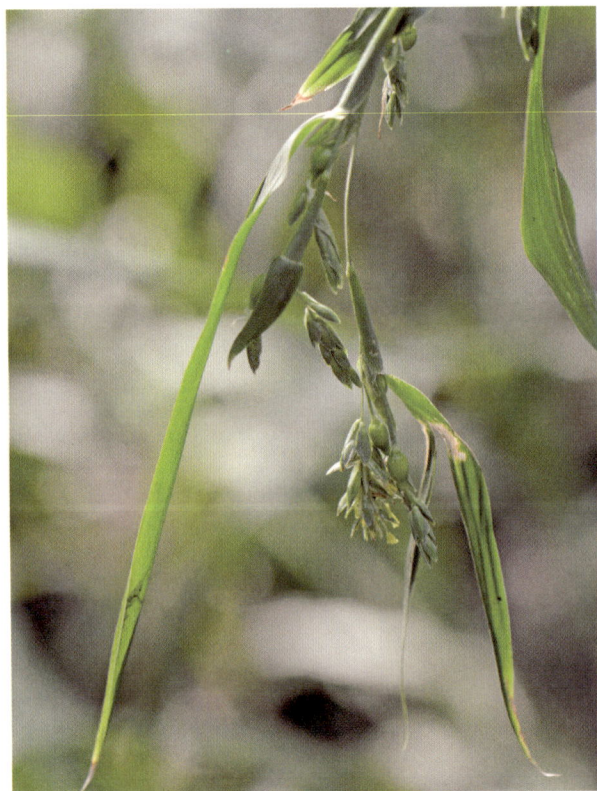

图 2-163-1　薏米 *Coix lacryma-jobi* L. var. *ma-yuen*（Rom. Caill.）Stapf

薏苡仁 Coicis Semen

【采收加工】秋季果实成熟时采割植株，晒干，打下果实，再晒干，除去外壳、黄褐色种皮和杂质，收集种仁。

【药材性状】本品呈宽卵形或长椭圆形，长 4～8mm，宽 3～6mm（图 2-163-2）。表面乳白色，光滑，偶有残存的黄褐色种皮；一端钝圆，另端较宽而微凹，有 1 淡棕色点状种脐；背面圆凸，腹面有 1 条较宽而深的纵沟。质坚实，断面白色，粉性。气微，味微甜。

图 2-163-2 薏苡仁药材

【质量要求】传统经验认为，本品以粒大而饱满、色白、完整者为佳。《中国药典》（2020 年版）规定，本品杂质不得过 2%；水分不得过 15.0%；总灰分不得过 3.0%；按干燥品计算，含甘油三油酸酯（$C_{57}H_{104}O_6$），不得少于 0.50%。

【功能主治】利水渗湿，健脾止泻，除痹，排脓，解毒散结。用于水肿，脚气，小便不利，脾虚泄泻，湿痹拘挛，肺痈，肠痈，赘疣，癌肿。

【用法用量】9～30g。

【禁忌】孕妇慎用。

【中药别名】起英，赣米，感米，薏珠子，回回米，草珠儿，赣珠，薏米，米仁，薏仁，苡仁，玉秣，六谷米，珠珠米，药玉米，水玉米，沟子米，裕米，益米。

164. 粟

【分类学地位】 禾本科 Poaceae 狗尾草属 *Setaria*。

【植物形态】 一年生草本植物（图 2-164-1）。须根系发达，具多数纤维状分枝。秆直立，圆柱形，粗壮，基部节间较短，上部节间渐长。叶鞘松弛包茎，表面具纵向条纹，密被疣基毛或近无毛，尤以边缘及叶舌处毛被密集；叶舌具纤毛；叶片扁平，长披针形至线状披针形，先端渐尖，基部钝圆，边缘粗糙，两面被糙毛或无毛。圆锥花序圆柱状或塔形，下垂，主轴密被柔毛；分枝缩短呈簇生状；刚毛长于小穗 1～3 倍，黄色至紫色；小穗椭圆形，着生于短柄上；颖片膜质，第一颖长约为小穗的 1/3～1/2，具 3 脉；第二颖略短于小穗，具 5～7 脉；第一外稃与小穗等长，具 5 脉，内稃膜质；第二外稃革质，卵圆形，表面具细横皱纹，成熟时与颖片一同脱落；鳞被 2 枚，楔形；雄蕊 3 枚；花柱 2 裂，基部分离。

图 2-164-1　粟 *Setaria italica*（L.）Beauv.

【生境】 黑龙江省为重要栽培区域，常见于平原及低山丘陵地带，喜排水良好的肥沃土壤。

【入药部位】 以成熟果实经发芽干燥的炮制加工品入药，药材名称为谷芽。

谷芽 Setariae Fructus Germinatus

【采收加工】将粟谷用水浸泡后，保持适宜的温、湿度，待须根长至约 6mm 时，晒干或低温干燥。

【药材性状】本品呈类圆球形，直径约 2mm，顶端钝圆，基部略尖。外壳为革质的稃片，淡黄色，具点状皱纹，下端有初生的细须根，长约 3～6mm，剥去稃片，内含淡黄色或黄白色颖果（小米）1 粒。气微，味微甘。

【质量要求】传统经验认为，本品以粒饱满、色黄、无杂质者为佳。《中国药典》（2020 年版）规定，本品水分不得过 14.0%；总灰分不得过 5.0%；酸不溶性灰分不得过 3.0%；出芽率不得少于 85%。

【功能主治】消食和中，健脾开胃。用于食积不消，腹胀口臭，脾胃虚弱，不饥食少。炒谷芽偏于消食，用于不饥食少。焦谷芽善化积滞，用于积滞不消。

【用法用量】9～15g。

【中药别名】蘖米，谷蘖。

【备注】目前栽培的品种可能为其变种粟 *Setaria italica* var. *Germanica*（Mill.）Schred.。有学者建议将粟的发芽制品单独命名为粟芽，以便与稻芽形成明确区分。

🔵🟤 165. 藏菖蒲

【分类学地位】菖蒲科 Acoraceae 菖蒲属 *Acorus*。在最新的 APG Ⅳ 系统中，藏菖蒲已调整至天南星科 Araceae 菖蒲属 *Acorus*。

【植物形态】多年生草本（图 2-165-1）。根茎横走，稍扁，多分枝，外皮黄褐色，具芳香；肉质根多数，密生毛发状须根。叶基生，基部具膜质叶鞘，向上渐狭，至叶片近基部 1/3 处逐渐消失或脱落。叶片剑状线形，基部宽大、对折，中部以上渐狭，草质，深绿色，具光泽；中脉在叶片两面均显著隆起，侧脉 3～5 对，平行，纤细，多数延伸至叶尖。花序柄三棱形；佛焰苞叶状，剑状线形，长 30～40 cm；肉穗花序斜向上或近直立，狭圆锥状圆柱形。花黄绿色；子房长圆柱形。浆果长圆形，成熟时红色。

【生境】生长于河岸、湖泊、池塘等浅水处或湿地。

【入药部位】以干燥根茎入药，药材名称为藏菖蒲。

【释名】因其叶片形似利剑，民间习称"蒲剑"；又因其多生于水边，故亦称"水剑"。

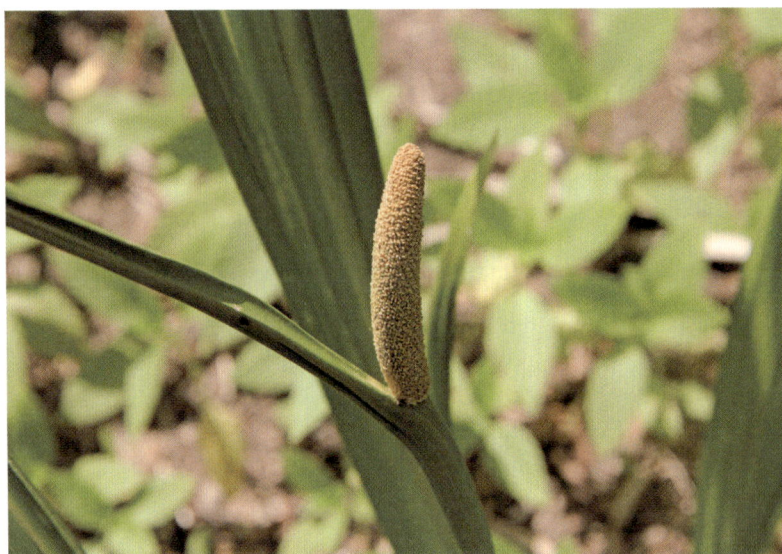

图 2-165-1　藏菖蒲 *Acorus calamus* L.

藏菖蒲 Acori Calami Rhizoma

【采收加工】秋、冬二季采挖，除去须根和泥沙，晒干。

【药材性状】本品呈扁圆柱形，略弯曲，长 4～20cm，直径 0.8～2cm。表面灰棕色至棕褐色，节明显，节间长 0.5～1.5cm，具纵皱纹，一面具密集圆点状根痕；叶痕呈斜三角形，左右交互排列，侧面茎基痕周围常残留有鳞片状叶基和毛发状须根。质硬，断面淡棕色，内皮层环明显，可见众多棕色油细胞小点。气浓烈而特异，味辛。

【质量要求】《中国药典》（2020 年版）规定，本品水分不得过 8.0%；总灰分不得过 8.0%；含挥发油不得少于 2.0%（mL/g）。

【功能主治】温胃，消炎止痛。用于补胃阳，消化不良，食物积滞，白喉，炭疽等。本品系藏族习用药材。

【用法用量】3～6g。

【中药别名】白菖，泥菖蒲，臭菖，大叶菖蒲。

【备注】在《中国植物志》中，藏菖蒲的中文正名为菖蒲。

166. 东北天南星

【分类学地位】天南星科 Araceae 天南星属 *Arisaema*。

【植物形态】块茎较小，近球形。鳞叶 2 枚，线状披针形，先端锐尖，膜质。叶 1

枚，叶柄下部 1/3 处具鞘，鞘部常呈紫色；叶片呈鸟足状分裂，裂片 5 枚，倒卵形、倒卵状披针形或椭圆形，先端短渐尖至锐尖，基部楔形，中裂片与侧裂片近等大；叶缘全缘（图 2-166-1）。花序柄短于叶柄。佛焰苞管部呈漏斗状，白绿色，喉部边缘斜截形，外缘狭而反卷；檐部直立，卵状披针形，先端渐尖，绿色或紫色并具白色纵条纹。肉穗花序单性，雄花序上部渐狭，雄花排列较疏松；雌花序呈短圆锥形；附属器具短柄，棒状，基部截形，向上稍渐细，先端钝圆。雄花具柄，雄蕊 2～3 枚，花药药室近圆球形，顶孔开裂；雌花子房倒卵形，柱头大，盘状，具短柄。浆果成熟时红色。种子通常 4 粒，红色，卵形。肉穗花序轴在果期显著增粗，果落后呈紫红色。

图 2-166-1　东北天南星 *Arisaema amurense* Maxim

【生境】多生长于海拔 50～1200m 的林下阴湿处及溪沟旁，喜腐殖质丰富的土壤。

【入药部位】以干燥块茎入药，药材名称为天南星。

【释名】南星之名，源自其块茎形态圆白，状如古代天文所称"老人星"（南极星），故得名。

天南星 Arisaematis Rhizoma

【来源】《中国药典》（2020 年版）规定，天南星药材的植物来源有 3 种，分别为天南星科植物天南星 *Arisaema erubescens*（Wall.）Schott、异叶天南星 *Arisaema heterophyllum* Bl. 或东北天南星 *Arisaema amurense* Maxim.。

【采收加工】秋、冬二季茎叶枯萎时采挖，除去须根及外皮，干燥。

【**药材性状**】本品呈扁球形，高 1 ～ 2cm，直径 1.5 ～ 6.5cm（图 2-166-1）。表面类白色或淡棕色，较光滑，顶端有凹陷的茎痕，周围有麻点状根痕，有的块茎周边有小扁球状侧芽。质坚硬，不易破碎，断面不平坦，白色，粉性。气微辛，味麻辣。

图 2-166-2　天南星药材

【**质量要求**】传统经验认为，本品以体大、色白、粉性足、有侧芽者为佳；未去外皮者不宜入药。《中国药典》（2020 年版）规定，本品水分不得过 15.0%；总灰分不得过 5.0%；按干燥品计算，含总黄酮以芹菜素（$C_{15}H_{10}O_5$）计，不得少于 0.050%。

【**功能主治**】散结消肿。外用治痈肿，蛇虫咬伤。

【**用法用量**】外用生品适量，研末以醋或酒调敷患处。

【**禁忌**】孕妇慎用；生品内服宜慎。

【**中药别名**】半夏精，鬼南星，虎膏，蛇芋，野芋头，蛇木芋，山苞米，蛇包谷，山棒子。

【**本草考证**】赵佳琛等学者通过本草考证研究提出，天南星之名最早见于唐代文献，记载其主产地为安东都护府（今辽宁省东南部地区），但唐代所用基原植物尚不明确。宋代以降的本草著作普遍记载天南星处处有之。东北天南星作为独立物种的记载始见于近代，《中药大辞典》《中国植物志》及历版《中国药典》均将其列为天南星药材的正品来源之一。

【**备注**】在《中国植物志》中，东北天南星的中文正名为东北南星。天南星药材的来源之一天南星在黑龙江省亦有分布（图 2-166-3）。天南星的呈鸟足状全裂，裂片 13 ～ 19 枚，基部楔形，先端骤狭渐尖，全缘，表面暗绿色，背面淡绿色；中裂片无柄，侧裂片自内向外依次减小，呈蝎尾状排列。花序柄自叶柄鞘筒内抽出；佛焰苞管部呈圆柱形，外表面粉绿色，内面绿白色，喉部截形且外缘略反卷；檐部卵形至卵状披针形，强烈下弯呈盔状，背面颜色由深绿色渐变为淡黄色，先端骤狭渐尖。浆果成熟时呈黄红色至红色，圆柱形，内含棒状种子 1 枚及不育胚珠 2～3 枚；种子黄色，表面具红色斑点。常见于海拔 2700m 以下的林下、灌丛或草地。

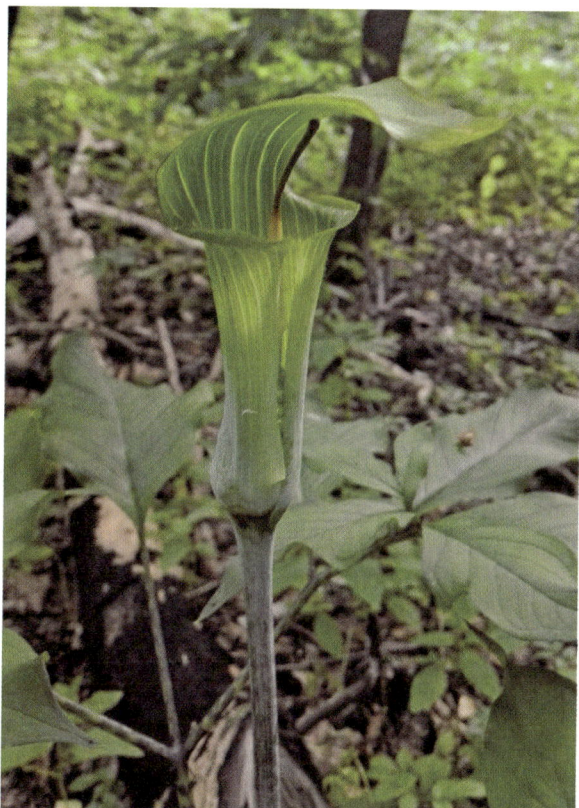

图 2-166-3　天南星 *Arisaema erubescens*（Wall.）Schott

🟢🟠 167. 独角莲

【分类学地位】天南星科 Araceae 犁头尖属 *Typhonium*。在最新的 APG Ⅳ 系统中，独角莲已调整至天南星科斑龙芋属 *Sauromatum*。

【植物形态】块茎倒卵形、卵球形或卵状椭圆形，外被暗褐色鳞片状叶痕，具 7～8 条明显环状节，颈部簇生多数须根。叶与花序同期抽出。叶柄圆柱形，密布紫色斑点，下部具膜质叶鞘（图 2-167-1）；叶片初生时内卷呈角状，展开后呈箭形，先端渐尖，基部深箭形，叶缘全缘；中脉背面显著隆起，侧脉羽状。佛焰苞紫色，管部筒状；檐部卵形，展开后先端呈尾状弯曲。肉穗花序无柄，雌花序长 1.5～3cm；雄花序附属器紫褐色，圆柱形，长 5～15cm，直立，基部骤狭，先端钝圆。雄花无花被，雄蕊 2，药室卵圆形，顶孔开裂；雌花子房圆柱形，1室，胚珠2，柱头盘状。

【生境】喜生长于海拔300～1500m的阴湿环境，常见于林缘荒地、溪沟边坡及农田周边。现主产区多采用人工栽培。

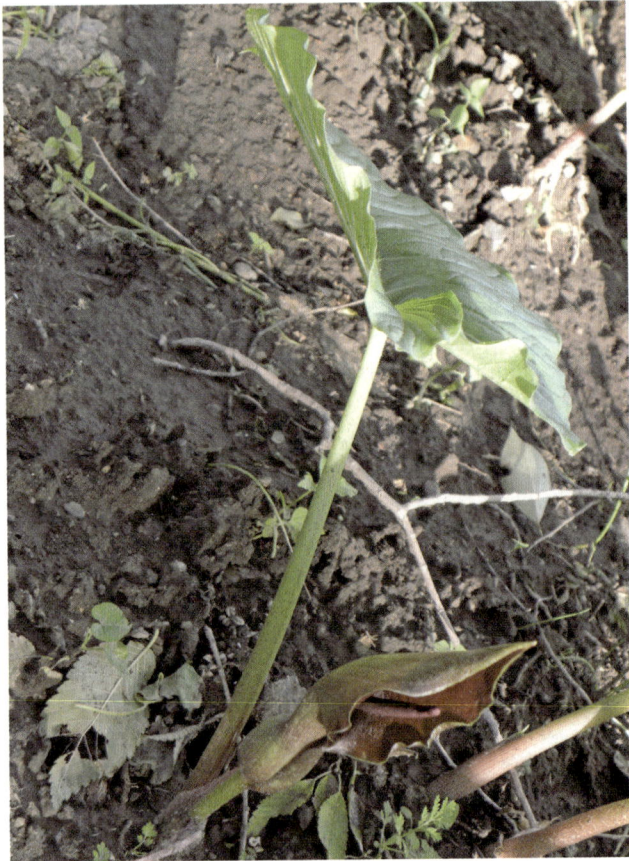

图 2-167-1　独角莲 *Sauromatum giganteum* Engl.

【入药部位】以干燥块茎入药，药材名称为白附子。

【释名】白附子：因其炮制后断面类白色，形似附子（毛茛科乌头属植物）；独角莲：得名于其幼叶内卷如独角，及成熟叶片形似莲叶的特征。

白附子 Typhonii Rhizoma

【采收加工】秋季采挖，除去须根和外皮，晒干。

【药材性状】本品呈椭圆形或卵圆形，长2～5cm，直径1～3cm（图2-167-2）。表面白色至黄白色，略粗糙，有环纹及须根痕，顶端有茎痕或芽痕。质坚硬，断面白色，粉性。气微，味淡、麻辣刺舌。

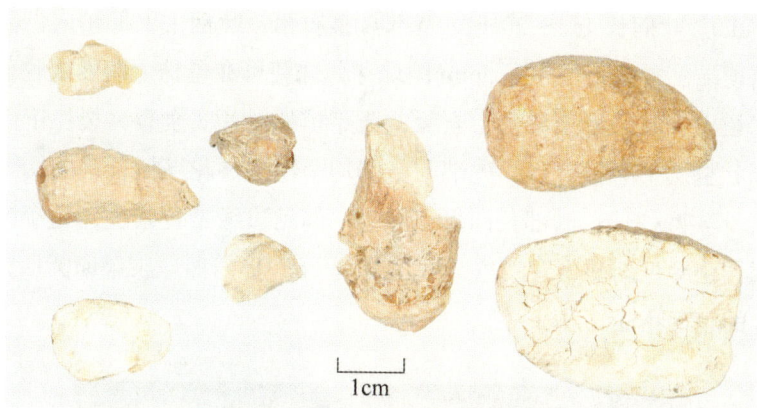

图 2-167-2 白附子药材

【质量要求】传统经验认为，本品以个大、质坚实、色白、粉性足者为佳。《中国药典》（2020 年版）规定，本品水分不得过 15.0%；总灰分不得过 4.0%；醇溶性浸出物（热浸法测定）不得少于 7.0%。

【功能主治】祛风痰，定惊搐，解毒散结，止痛。用于中风痰壅，口眼㖞斜，语言謇涩，惊风癫痫，破伤风，痰厥头痛，偏正头痛，瘰疬痰核，毒蛇咬伤。

【用法用量】3 ～ 6g。一般炮制后用，外用生品适量捣烂，熬膏或研末以酒调敷患处。

【禁忌】孕妇慎用；生品内服宜慎。

【中药别名】禹白附，牛奶白附，野半夏，野慈姑，鸡心白附，麻芋子。

【本草考证】白附子始载于《名医别录》。《本草乘雅半偈》记载："生砂碛下湿地，独茎，类鼠尾草，细叶周匝，生于穗间。形似天雄，根如草乌头小者，长寸许，干皱有节。白附子，形肖附子而色白。"现代学者认为，古文献中记载的白附子与现代药典记载的植物来源明显不同。查阅多版禹州地方志，自明代嘉靖年间《钧州志》卷一物产中出现对白附子的记载，以后各版禹州地方志均有对白附子的记载。20 世纪 30 年代《药物出产辨》记载："白附子，产河南禹州。近日多由牛庄帮运来，用姜煲过，乃能用之。"可以推测独角莲自清朝后期逐渐作为白附子正品来源。

【备注】在《中国植物志》中，独角莲的学名修订为 *Sauromatum giganteum*（Engl.）Cusimano et Hett.。

🟢 168. 半夏

【分类学地位】天南星科 Araceae 半夏属 *Pinellia*。

【植物形态】块茎圆球形，直径 1 ～ 2cm，表面密生须根。叶通常 2 ～ 5 枚，偶见 1

枚（图2-168-1）。叶柄长15～20cm，基部具膜质鞘；叶柄中下部鞘内、鞘部以上或叶片基部（叶柄顶端）常生直径3～5mm的珠芽，珠芽可在母株上萌发或脱落后萌发；初生叶（修正术语）卵状心形至戟形，全缘；成年植株叶片3全裂，裂片正面绿色，背面淡绿色，长圆状椭圆形至披针形，先端与基部均呈锐尖。花序柄长于叶柄。佛焰苞绿色或绿白色，管部狭圆柱形；檐部长圆形，绿色，偶见边缘带青紫色，先端钝或骤尖。肉穗花序：附属器由绿色渐变为青紫色，直立或呈"S"形弯曲。浆果卵圆形，黄绿色，顶端具明显突起的宿存花柱。

图 2-168-1　半夏 *Pinellia ternata*（Thunb.）Breit.

【**生境**】黑龙江省有栽培。多生于海拔2500m以下的草坡、荒地、农田边缘或疏林下，为常见旱地杂草。

【**入药部位**】以干燥块茎入药，药材名称为半夏。

【**释名**】《本草求原》中记载："二月阳盛而苗生，五月一阴之时而苗枯，根乃告成。形圆而白，正当夏半，故名半夏。"

半夏 Pinelliae Rhizoma

【采收加工】夏、秋二季采挖，洗净，除去外皮和须根，晒干。

【药材性状】本品呈类球形，有的稍偏斜，直径 0.7～1.6cm（图 2-168-2）。表面白色或浅黄色，顶端有凹陷的茎痕，周围密布麻点状根痕；下面钝圆，较光滑。质坚实，断面洁白，富粉性。气微，味辛辣、麻舌而刺喉。

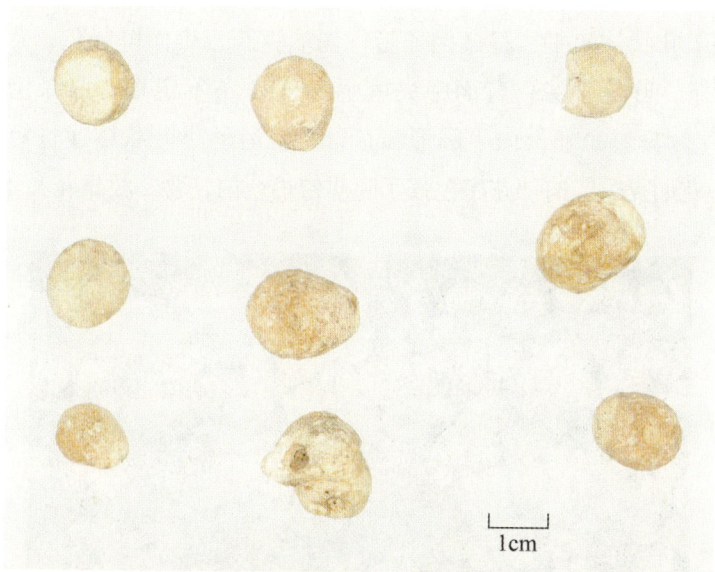

1cm

图 2-168-2　半夏药材

【质量要求】传统经验认为，本品以个大、皮净、色白、质坚实、粉性足者为佳。《中国药典》（2020 年版）规定，本品水分不得过 13.0%；总灰分不得过 4.0%；水溶性浸出物（冷浸法测定）不得少于 7.5%。

【功能主治】燥湿化痰，降逆止呕，消痞散结。用于湿痰寒痰，咳喘痰多，痰饮眩悸，风痰眩晕，痰厥头痛，呕吐反胃，胸脘痞闷，梅核气；外治痈肿痰核。

【用法用量】内服一般炮制后使用，3～9g。外用适量，磨汁涂或研末以酒调敷患处。

【禁忌】不宜与川乌、制川乌、草乌、制草乌、附子同用；生品内服宜慎。

【中药别名】水玉，地文，和姑，害田，示姑，羊眼半夏，地珠半夏，麻芋果，三步跳，老和尚头，老鸹头，地巴豆，无心菜根，老鸹眼，地雷公，狗芋头。

【本草考证】赵佳琛等学者通通过本草考证研究提出，古今药用半夏均为天南星科植物半夏，其典型形态特征为具一茎三叶的复叶结构，药用部位采用地下块茎，历代本草记载一直无争议。据《本草纲目》等典籍记载，山东齐州（今济南地区）所产半夏自汉唐至清代始终被奉为道地药材；清代后期逐渐形成以湖北荆州为核心的新兴产区，其产品习称"荆半夏"，以质地坚实、断面洁白著称。现代全国商品半夏主要分布于湖北、四川、安徽、浙江四省。

169. 紫萍

【分类学地位】浮萍科 Lemnaceae 紫萍属 *Spirodela*。在最新的 APG Ⅳ 系统中，紫萍已调整至天南星科 Araceae 紫萍属 *Spirodela*。

【植物形态】叶状体扁平，呈阔倒卵形，先端钝圆，表面鲜绿色，背面紫红色；具掌状脉 5 ～ 11 条，叶缘全缘；背面中央簇生 5 ～ 11 条不定根，白绿色，根冠尖锐易脱落；根基部一侧具繁殖囊，内生圆形新芽，萌发后幼小叶状体通过短柄与母体连接（图 2-169-1）。花期夏季，肉穗花序包藏于膜质佛焰苞内，含 2 枚雄花和 1 枚雌花。

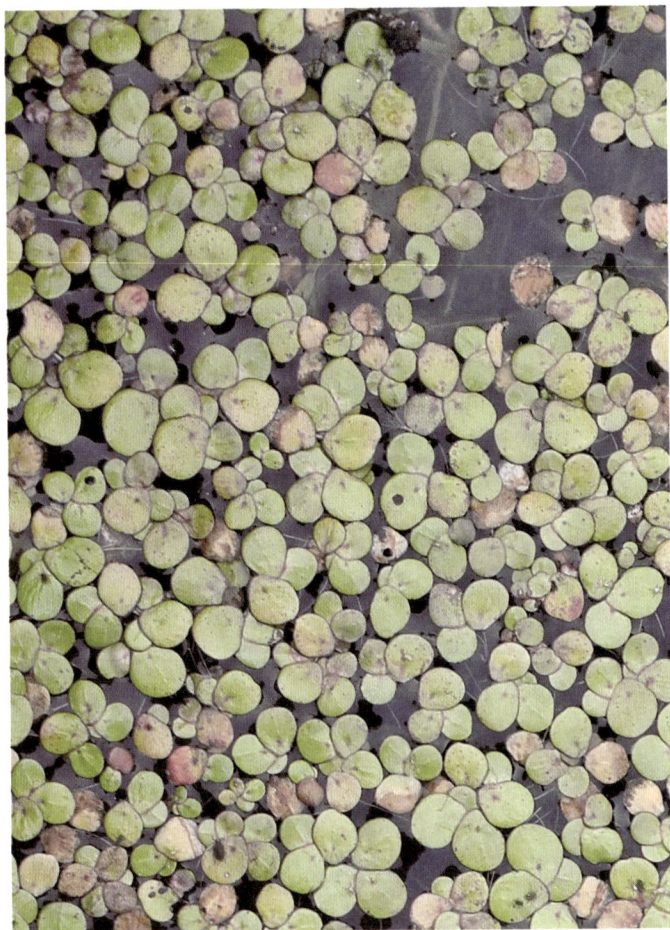

图 2-169-1　紫萍 *Spirodela polyrrhiza*（L.）Schleid.

【生境】群生于静水水体，包括水稻田、池塘、湖泊静水区及缓流沟渠；常与浮萍 *Lemna minor* L. 混生形成漂浮群落。

【入药部位】以干燥全草入药，药材名称为浮萍。

浮萍 Spirodelae Herba

【采收加工】6 ～ 9 月采收，洗净，除去杂质，晒干。

【药材性状】本品为扁平叶状体，呈卵形或卵圆形，长径 2 ～ 5mm。上表面淡绿色至灰绿色，偏侧有 1 小凹陷，边缘整齐或微卷曲。下表面紫绿色至紫棕色，着生数条须根。体轻，手捻易碎。气微，味淡。

【质量要求】《中国药典》（2020 年版）规定，本品水分不得过 8.0%。

【功能主治】宣散风热，透疹，利尿。用于麻疹不透，风疹瘙痒，水肿尿少。

【用法用量】3 ～ 9g。外用适量，煎汤浸洗。

【禁忌】表虚自汗者禁服。

【中药别名】水萍，水花，浮萍，萍子草，小萍子，浮萍草，水藓，水帘，九子萍，田萍。

● 170. 黑三棱

【分类学地位】黑三棱科 Sparganiaceae 黑三棱属 *Sparganium*。在最新的 APG Ⅳ 系统中，黑三棱已调整至香蒲科 Typhaceae 黑三棱属 *Sparganium*。

【植物形态】多年生水生或沼生草本植物（图 2-170-1）。块茎显著膨大，直径通常为茎粗的 2 ～ 3 倍或更粗；根状茎发达，粗壮。茎直立，粗壮，株高 0.7 ～ 1.2m，有时可达更高，挺水生长。叶片具明显中脉，上部扁平，下部背面呈龙骨状凸起或呈三棱形，基部扩展成鞘状。圆锥花序开展，具 3 ～ 7 个分枝，每个分枝上着生 7 ～ 11 个雄性头状花序和 1 ～ 2 个雌性头状花序；主轴顶端通常着生 3 ～ 5 个或更多雄性头状花序，不具雌性头状花序；花期时雄性头状花序呈球形；雄花花被片呈匙形，膜质，先端浅裂，早落，花丝细长呈丝状，弯曲，褐色，花药形态近倒圆锥形；雌花花被着生于子房基部，宿存，柱头分叉或不分叉，先端渐尖，子房无柄。果实为倒圆锥形，上部通常膨大形成冠状结构，表面具明显棱纹，成熟时呈褐色。

【生境】主要分布于海拔 1500m 以下的淡水水域，常见于湖泊边缘、河流沟渠、沼泽湿地及池塘浅水区域。

【入药部位】以干燥块茎入药，药材名称为三棱。

图 2-170-1　黑三棱 *Sparganium stoloniferum* Buch.-Ham.

三棱 Sparganii Rhizoma

【采收加工】季至次年春采挖，洗净，削去外皮，晒干。

【药材性状】本品呈圆锥形，略扁，长 2～6cm，直径 2～4cm。表面黄白色或灰黄色，有刀削痕，须根痕小点状，略呈横向环状排列。体重，质坚实。气微，味淡，嚼之微有麻辣感。

【质量要求】《中国药典》（2020 年版）规定，本品水分不得过 15.0%；总灰分不得过 6.0%；醇溶性浸出物（热浸法测定）不得少于 7.5%。

【功能主治】破血行气，消积止痛。用于癥瘕痞块，痛经，瘀血经闭，胸痹心痛，食积胀痛。

【用法用量】5 ～ 10g。

【禁忌】气虚体弱、血枯经闭者及孕妇忌服。

【中药别名】京三棱，光三棱。

🟢 171. 东方香蒲

【分类学地位】香蒲科 Typhaceae 香蒲属 *Typha*。

【植物形态】多年生水生或沼生草本植物（图 2-171-1）。根状茎乳白色，横走泥中。地上茎直立，粗壮，基部向上渐细，株高 1.3 ～ 2m。叶片狭条形，先端渐尖，全缘，光滑无毛；叶片上部扁平，下部腹面微凹，背面逐渐隆起呈凸形，横切面呈半圆形，叶内具发达的通气组织，细胞间隙大，呈海绵状；叶鞘开裂，抱茎。花序穗状，雌雄同株；雌雄花序紧密相连，雄花序位于上部，花序轴密被白色弯曲柔毛，自基部向上具 1 ～ 3枚叶状苞片，花后脱落；雌花序位于下部，基部具 1 枚叶状苞片，花后脱落；雄花通常由 3 枚雄蕊组成，偶见 2 或 4 枚，花药 2 室，条形，纵裂，花粉粒单体，近球形，花丝短，基部合生成短柄；雌花无小苞片；孕性雌花柱头匙形，外弯，子房纺锤形至披针形，子房柄纤细；不孕雌花子房倒圆锥形；小坚果椭圆形至长椭圆形；果皮具纵向排列的褐色斑点。种子褐色，微弯，表面具细网纹。

图 2-171-1　东方香蒲 *Typha orientalis* Presl

【生境】常群生于淡水生态系统，包括湖泊、池塘、沟渠、沼泽及河流缓流带。

【入药部位】以干燥花粉入药，药材名称为蒲黄。

蒲黄 Typhae Pollen

【来源】《中国药典》（2020 年版）规定，蒲黄药材的植物来源有多种，包括香蒲科植物水烛香蒲 *Typha angustifolia* L.、东方香蒲 *Typha orientalis* Presl 或同属植物。

【采收加工】夏季采收蒲棒上部的黄色雄花序，晒干后碾轧，筛取花粉。

【药材性状】本品为黄色粉末（图 2-171-2）。体轻，放水中则漂浮水面。手捻有滑腻感，易附着手指上。气微，味淡。

图 2-171-2　蒲黄药材

【质量要求】传统经验认为，本品以色鲜黄、手感光滑、纯净者为佳。《中国药典》（2020 年版）规定，本品不能通过七号筛的杂质不得过 10.0%；水分不得过 13.0%；总灰分不得过 10.0%；醇溶性浸出物（热浸法测定）不得少于 15.0%；按干燥品计算，含异鼠李素 -3-O- 新橙皮苷（$C_{28}H_{32}O_{16}$）和香蒲新苷（$C_{34}H_{42}O_{20}$）的总量不得少于 0.50%。

【功能主治】止血，化瘀，通淋。用于吐血，衄血，咯血，崩漏，外伤出血，经闭痛经，胸腹刺痛，跌扑肿痛，血淋涩痛。

【用法用量】5 ～ 10g，包煎。外用适量，敷患处。

【禁忌】孕妇慎服。

【中药别名】蒲厘花粉、蒲花、蒲棒花粉、蒲草黄。

【备注】在《中国植物志》中，东方香蒲的中文正名为香蒲。中药蒲黄的来源之一水烛香蒲（在《中国植物志》中，其中文正名为水烛）在黑龙江省亦有分布。水烛香蒲的叶片细胞间隙大，呈海绵状；叶鞘抱茎（图 2-171-3）。雌雄花序相距 2.5 ～ 6.9cm；雄花序轴具褐色扁柔毛，单出或分叉；叶状苞片 1 ～ 3 枚，花后脱落。小坚果长椭圆形，具褐色斑点，纵裂。种子深褐色。

图 2-171-3　水烛香蒲 *Typha angustifolia* L.

172. 天麻

【分类学地位】兰科 Orchidaceae 天麻属 *Gastrodia*。

【植物形态】植株高 30 ～ 100cm（图 2-172-1）。根状茎肥厚，呈块茎状，椭圆形至近哑铃形，肉质，具紧密排列的节，节上密被三角状宽卵形的鳞片状鞘。茎直立，呈橙黄色、黄褐色、灰棕色或蓝绿色，无绿色叶片，下部被覆4～7枚膜质鞘。总状花序长5～30cm，通常着花30～50朵；花苞片长圆状披针形，膜质；花梗和子房长0.8～1.2cm，略短于花苞片；花冠扭转，呈橙黄色、淡黄色、蓝绿色或黄白色，近直立；萼片与花瓣合生成的花被筒呈斜卵状圆筒形，顶端具5枚裂片；外轮裂片（萼片离生部分）呈卵状三角形，先端钝；内轮裂片（花瓣离生部分）近长圆形；唇瓣长圆状卵圆形，3裂，基部与蕊柱足末端及花被筒内壁贴生，并具1对肉质胼胝体，上部离生，表面密布乳头状突起，边缘具不规则短流苏；蕊柱足明显，长2～3mm。蒴果倒卵状椭圆形，具3条纵棱。

图 2-172-1　天麻 *Gastrodia elata* Bl.

【生境】多生长于针阔混交林或落叶阔叶林下透光处、林缘开阔地及灌丛边缘，海拔范围为 400 ~ 3200m。其在黑龙江省主要分布于张广才岭、完达山等南部山区，既有野生种群也有人工栽培。

【入药部位】干燥块茎入药，药材名称为天麻。

天麻 Gastrodiae Rhizoma

【采收加工】立冬后至次年清明前采挖，立即洗净，蒸透，敞开低温干燥。

【药材性状】本品呈椭圆形或长条形，略扁，皱缩而稍弯曲，长 3 ~ 15cm，宽 1.5 ~ 6cm，厚 0.5 ~ 2cm（图 2-172-2）。表面黄白色至黄棕色，有纵皱纹及由潜伏芽排列而成的横环纹多轮，有时可见棕褐色菌索。顶端有红棕色至深棕色鹦嘴状的芽或残留茎基；另端有圆脐形疤痕。质坚硬，不易折断，断面较平坦，黄白色至淡棕色，角质样。气微，味甘。

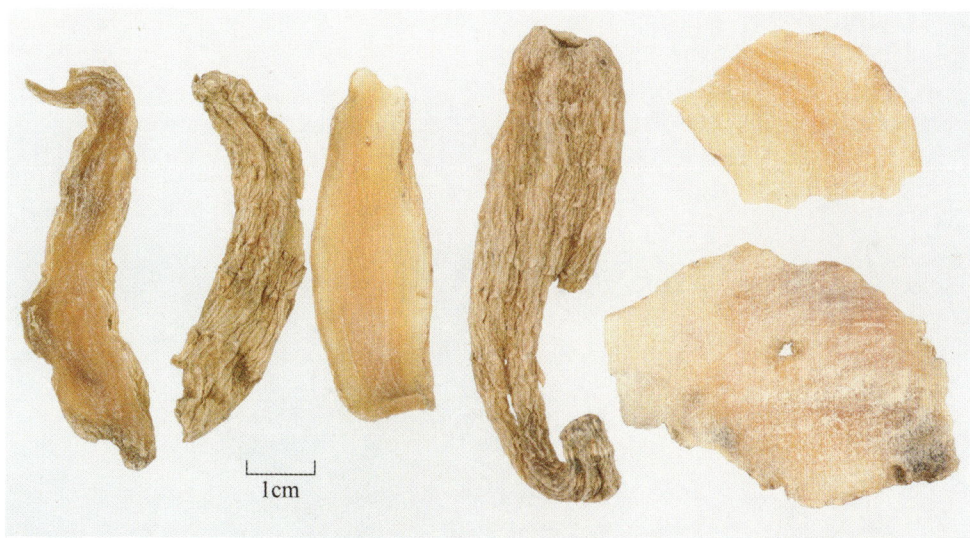

1cm

图 2-172-2 天麻药材

【质量要求】传统经验认为，本品以色黄白、质半透明、体肥大坚实者为佳，色灰褐、外皮未去净、体轻、断面中空者次之。《中国药典》（2020 年版）规定，本品水分不得过 15.0%；总灰分不得过 4.5%；二氧化硫残留量不得过 400mg/kg；按干燥品计算，含天麻素（$C_{13}H_{18}O_7$）和对羟基苯甲醇（$C_7H_8O_2$）的总量不得少于 0.25%。

【功能主治】息风止痉，平抑肝阳，祛风通络。用于小儿惊风，癫痫抽搐，破伤风，头痛眩晕，手足不遂，肢体麻木，风湿痹痛。

【**用法用量**】3 ～ 10g。

【**禁忌**】忌与御风草根同用，可能引起肠道不适。

【**中药别名**】赤箭，赤箭天麻，石箭，尔浦，明天麻，定风草根，白龙皮，鬼督邮，水洋芋，冬彭，离草，离母，神草根，独摇芝，合离根，合离草根，分离草，独摇根，自动草根，独采芝，赤箭脂，赤箭芝。